职业本科教育智能光电技术应用专业群产教融合新形态教材

FPGA 设计与实战演练

主　编 ◎ 孟奕峰　窦　瑶　钟　丽
副主编 ◎ 鲜昊宏　罗　悦

西南交通大学出版社
·成　都·

图书在版编目（CIP）数据

FPGA 设计与实战演练 / 孟奕峰，窦瑶，钟丽主编. -- 成都：西南交通大学出版社，2023.11
ISBN 978-7-5643-9619-0

Ⅰ. ①F… Ⅱ. ①孟… ②窦… ③钟… Ⅲ. ①可编程序逻辑器件 – 系统设计 Ⅳ. ①TP332.1

中国国家版本馆 CIP 数据核字（2023）第 226390 号

FPGA Sheji yu Shizhan Yanlian
FPGA 设计与实战演练

主编 / 孟奕峰 窦 瑶 钟 丽

策划编辑 / 李芳芳 李华宇 余崇波
责任编辑 / 李华宇
封面设计 / GT 工作室

西南交通大学出版社出版发行
（四川省成都市金牛区二环路北一段 111 号西南交通大学创新大厦 21 楼 610031）
营销部电话：028-87600564   028-87600533
网址：http：//www.xnjdcbs.com
印刷：四川玖艺呈现印刷有限公司

成品尺寸   185 mm×260 mm
印张   28.5   字数   659 千
版次   2023 年 11 月第 1 版
印次   2023 年 11 月第 1 次

书号   ISBN 978-7-5643-9619-0
定价   108.00 元

课件咨询电话：028-81435775
图书如有印装质量问题 本社负责退换
版权所有 盗版必究 举报电话：028-87600562

前 言

随着 EDA 技术的发展，其在电子信息、通信、自动化控制及计算机应用等领域的重要性日益突出。与此同时，随着技术市场对 EDA 技术需求的不断提高，产品的市场效率和技术要求也必然会反映到教学和科研领域中。EDA 技术在职业教育、本科和研究生教学中有两个明显的特点：其一，各专业中 EDA 教学实验课程的普及率和渗透率极高；其二，几乎所有实验项目都部分或全部融入了 EDA 技术，其中包括数字电子技术、计算机组成与设计、计算机接口技术、数字通信技术、嵌入式系统和 DSP 等实验内容，并且更多地注重创新性实验。这显然是科技发展和市场需求双重影响下的结果。口袋机硬件平台的产生适应了时代的发展要求，满足个性化定制和便携式操作要求，克服了 EDA 技术学习的时间和空间限制，最大限度地满足硬件调试和设计要求。

本书的内容包括 Verilog HDL 语法详细讲解，EDA 工程软件和硬件使用方法详解，以及具体工程案例实战，实验项目指导和口袋机硬件调试。教学安排以语言为基础，循序渐进地设计数字电路，并最终通过口袋机硬件平台调试完成复杂数字系统设计。通过本书的学习可以独立进行 FPGA 设计，完成数字系统设计，最终通过口袋机硬件平台实现数字系统。书中讲解的实战项目，任务明确、条理清晰、结构规范、系统性强，并对硬件电路进行优化设计，进行仿真验证和硬件调试，注重工程实践和实际应用。学生可以根据书中的大量实战进行知识扩展和创新设计。授课教师可以根据本课程的实验学时和教学内容的要求，以及学生的兴趣程度，以不同的方式或形式布置学生完成综合性、创新性项目。

本书有以下几方面的特色：

（1）基础内容精练。本书是针对 FPGA 工程应用的，所以基础理论及语法内容简洁凝练，主要提供一种查阅功能。

（2）实战项目特点突出。本书突出实践性，针对电类相关专业分别举例，并结合基础性应用，全方位介绍实际工程应用的开发方法。

（3）注重编程技巧，软件仿真测试及口袋机硬件调试。

（4）内容全面。本书采用的实战项目覆盖了电类相关专业，可以使读者得到丰富的工程开发方面的设计知识。

（5）"润物细无声"地融入课程思政元素。

本书由成都职业技术学院孟奕峰、窦瑶、钟丽担任主编，成都职业技术学院鲜昊宏、罗悦担任副主编。本书在编写过程中，得到了北京杰创永恒科技有限公司、成都工业学院、成都奕成科技股份有限公司的鼎力相助，参考和引用了有关专家的相关文献，在此一并表示衷心的感谢。

由于时间仓促和编者水平所限，书中难免有疏误和不当之处，恳请读者批评指正。

编　者

2023 年 10 月

扫一扫获取数字资源

目 录

基 础 篇

第 1 章　硬件开发平台及软件开发工具　002
1.1　EDA 技术概述　002
1.2　硬件开发平台口袋机介绍　011
1.3　集成开发环境 Quartus Ⅱ 安装　016
小结　022
习题　023

第 2 章　Verilog HDL 语言基础　024
2.1　开发流程实战演练：键控 LED 灯亮灭　024
2.2　Verilog 程序基础　047
2.3　结构化描述实战演练　061
2.4　数据流描述实战演练　065
2.5　行为描述实战演练　067
2.6　关系运算符实战演练　090
2.7　缩位运算符实战演练　091
2.8　位拼接运算符实战演练　092
2.9　移位运算符实战演练　092
2.10　仿真激励信号实战演练　093
小结　108
习题　108

入 门 篇

第 3 章　基础逻辑电路设计 ········ 112
- 3.1　编码器设计实战演练 ········ 112
- 3.2　译码器设计实战演练 ········ 119
- 3.3　数据选择器设计实战演练 ········ 124
- 3.4　数据分配器设计实战演练 ········ 128
- 3.5　算术逻辑单元设计实战演练 ········ 129
- 3.6　锁存器和触发器设计实战演练 ········ 131
- 3.7　寄存器实战演练 ········ 140
- 3.8　计数器设计实战演练 ········ 144
- 3.9　分频器设计实战演练 ········ 147
- 小结 ········ 149
- 习题 ········ 149

第 4 章　结构化逻辑电路设计 ········ 152
- 4.1　层次化设计实战演练 ········ 152
- 4.2　原理图设计实战演练 ········ 167
- 小结 ········ 181
- 习题 ········ 181

提 高 篇

第 5 章　状态机设计 ········ 184
- 5.1　有限状态机 ········ 184

5.2 状态机实战演练 ··· 186
小结 ·· 199
习题 ·· 199

第6章 IP核调用 ·· 200
6.1 锁相环调用实战演练 ·· 200
6.2 存储器调用实战演练 ·· 207
小结 ·· 233
习题 ·· 233

进 阶 篇

第7章 常用接口电路设计 ··· 236
7.1 按键操作实战演练 ··· 236
7.2 序列检测实战演练 ··· 246
7.3 数码管显示实战演练 ·· 248
7.4 矩阵键盘实战演练 ··· 260
7.5 点阵显示实战演练 ··· 269
7.6 RGB灯显示实战演练 ·· 278
7.7 蜂鸣器播放音乐实战演练 ·· 281
7.8 电机控制实战演练 ··· 291
7.9 总线控制实战演练 ··· 299
7.10 存储器控制实战演练 ·· 314
7.11 ADC/DAC实战演练 ·· 333
小结 ·· 340
习题 ·· 341

应 用 篇

第 8 章　复杂数字电路系统设计 ……………………………………………………… 344

8.1　简易数字钟设计实战 …………………………………………………………… 344

8.2　交通灯控制设计实战 …………………………………………………………… 349

8.3　电子密码锁设计 ………………………………………………………………… 357

8.4　频率计设计实战 ………………………………………………………………… 363

8.5　抢答器设计实战 ………………………………………………………………… 372

8.6　最大公约数算法实战 …………………………………………………………… 378

8.7　智能家居监控设计实战 ………………………………………………………… 390

8.8　设计与实战 ……………………………………………………………………… 415

小结 ……………………………………………………………………………………… 424

习题 ……………………………………………………………………………………… 425

附　录 ………………………………………………………………………………… 426

附录 A　口袋机 FPGA 引脚定义 ……………………………………………………… 426

附录 B　口袋机扩展模块简介 ………………………………………………………… 430

附录 C　常用基本逻辑符号对照 ……………………………………………………… 446

参考文献 ……………………………………………………………………………… 447

基础篇

本篇介绍 FPGA（现场可编程门阵列）设计与实现的基础知识，包括第 1 章和第 2 章。第 1 章首先介绍 EDA（电子设计自动化）技术的发展、主要内容、设计流程和方法；然后介绍本书所使用的硬件开发平台，介绍该硬件开发平台的常用接口电路及引脚定义；最后介绍 Quartus 集成开发环境的安装，为后续 FPGA 设计与实现做好准备。第 2 章通过简单实战演练掌握 FPGA 设计与实现的基础知识。首先通过一个简单实战演练完整演示 FPGA 设计与实现流程；然后介绍 Verilog HDL 程序设计基础，包括语言结构、数据结构、行为描述语句等，同时介绍用于逻辑仿真验证的 Testbench 技术、激励信号的产生及一些常用系统函数和任务的调用。

第 1 章　硬件开发平台及软件开发工具

学习引导

本章首先介绍 EDA 技术及其发展，以及 EDA 技术包含的主要内容及设计流程和方法；然后介绍本书所使用的硬件开发平台，以及该硬件开发平台的常用接口电路及引脚定义；最后介绍 Quartus 集成开发环境安装，为后续章节的实战演练做好准备。

学习目标

（1）了解 EDA 技术的主要内容、设计流程及方法，为后续实战演练提供理论依据；

（2）了解硬件开发平台资源、常用接口电路及引脚定义，为后续硬件调试提供依据；

（3）掌握 Quartus 集成开发环境的安装，为后续实战项目的开发与设计做好准备。

思政目标

本章围绕 EDA 技术发展历程中的重要事件展开讲述，在引导学生对专业知识进行探索的过程中，着重培养学生探索未知领域的好奇心、追求真理的信念，以及勇攀科学高峰的责任感和使命感。

1.1　EDA 技术概述

1.1.1　EDA 技术及其发展

电子设计自动化（Electronic Design of Automation，EDA）是电子设计与制造技术发展中的核心。EDA 技术是微电子技术和计算机技术结合发展的产物，融多学科于一体，是一门综合性学科。EDA 技术以大规模可编程逻辑器件为设计载体，以计算机为工具，在 EDA 工具软件平台上，对以硬件描述语言（Hardware Design Language，HDL）为系统逻辑描述手段完成的设计文件，自动地完成逻辑编译、逻辑化简、逻辑分割、逻辑综合、结构综合（布局布线）以及逻辑优化和仿真测试等功能，直至对目标芯片的适配编译、逻辑映射和编程下载等工作，实现既定性能的电子线路系统。EDA 技术使得设计者的工作仅限于利用软件的方式，即利用硬件描述语言和 EDA 软件来完成对系统硬件功能的实现。EDA 技术涉及面很广，内容丰富，从教学和实用角度看，主要应掌握大规模可编程逻辑器件、硬件描述语言、软件开发工具和硬件开发平台等方面内容。EDA 技术的出现不仅更好地保证了电子工程设计各级别的仿真、调试和纠错，为其发展带来强有力的技术支持，并且在电子、通信、化工、航空航天、生物等各个领域占有越来越重要的地位，很大程度上减轻了相关从业者的工作强度。EDA 技术渗透到电子产品设计的各个环节，是电子学领域的重要学科，形成一个独立的产业。没有 EDA 技术的支持，就不能完成超大规模集成电路的设计制造，反过来生产制造技术的不断进步也必将对 EDA 技术提出新的要求。

利用 EDA 技术进行电子系统设计，具有以下几个特点：

（1）用软件的方式设计硬件，缩短硬件设计周期；

（2）"自顶向下"的设计方法，简化设计流程；

（3）用软件方式设计的系统到硬件系统的转换由相关的开发软件自动完成；

（4）设计过程中可用相关软件进行功能和时序仿真；

（5）系统可现场编程、在线升级，简化系统的设计维护；

（6）整个系统可集成到一个芯片上，体积小、功耗低、可靠性高等。

EDA 技术在最近几年获得了飞速发展，应用领域也变得越来越广泛，其发展过程是现代电子设计技术的重要历史进程，主要包括以下几个阶段：

（1）早期阶段，即 CAD（计算机辅助设计）阶段。20 世纪 70 年代左右的社会已经存在中小规模的集成电路，当时人们采用传统的方式进行制图，设计印刷电路板和集成电路，不仅效率低、花费大，而且制作周期长。人们为了改善这一情况，开始运用计算机对电路板进行 PCB（进程控制块）设计，用 CAD 这一崭新的图形编辑工具代替电子产品设计中布图布线这类重复性较强的劳动，其功能包括设计规则检查、交互图形编辑、PCB 布局布线、门级电路模拟和测试等。

（2）发展阶段，即 CAE（计算机辅助工程）阶段。20 世纪 80 年代左右，EDA 技术已经到了一定的发展和完善阶段。由于集成电路规模逐渐扩大，电子系统变得越发复杂，为了满足市场需求，人们开始对相关软件进行进一步的开发，在把不同 EDA 工具合成到一种系统的基础上，完善了电路功能设计和结构设计。EDA 技术在此时期逐渐发展成半导体芯片的设计，已经能生产出可编程半导体芯片。

（3）成熟阶段。在 20 世纪 90 年代以后，微电子技术获得了突飞猛进的发展，集成几千万乃至上亿的晶体管只需一个芯片。这给 EDA 技术带来了极大的挑战，促使各大公司对 EDA 软件系统进行更大规模的研发，以高级语言描述、系统级仿真和综合技术为特点的 EDA 就此出现，使得 EDA 技术获得了极大的突破。

进入 21 世纪后，EDA 技术得到了更大的发展，电子设计成果以自主知识产权（IP）的方式得以表达和确认，软硬件 IP 核在电子行业的产业、技术和设计应用领域得到广泛应用。系统级、行为验证级硬件描述语言相继出现，更加方便复杂电子系统的设计和验证。

1.1.2　EDA 技术的主要内容

EDA 技术主要包含以下 4 个方面的内容：可编程逻辑器件、硬件描述语言、硬件开发平台和软件开发工具。其中，可编程逻辑器件是利用 EDA 技术进行电子设计系统的载体，即硬件设计对象；硬件描述语言是利用 EDA 技术进行电子系统设计的主要表达手段；软件开发工具（开发环境）是利用 EDA 技术进行电子系统设计的智能化、自动化设计工具；硬件开发平台是利用 EDA 技术进行电子系统设计的下载工具及硬件验证工具。

1. 可编程逻辑器件

传统数字系统通常采用具有固定逻辑功能的数字电路器件（如 74 系列等专用集成电路）进行设计，设计人员大量的时间花费在数字器件的选择上。可编程逻辑器件（Programmable Logic Device，PLD）是一种由用户根据自己的要求构造逻辑功能的数字集成电路。PLD 本身在未编程前没有确定的逻辑功能，就如同一张白纸，要由用户利用计算机辅助设计（原理图或硬件描述语言）方法表达设计思想，经过编译和仿真，生成目标文件，再由编程器或下载电缆将设计文件配置到目标器件中，形成该芯片独有的逻辑功能，PLD 就变成能满足用户需求的专用集成电路。其主要特点如下：

（1）缩短研制周期。对于用户而言，PLD 可像通用器件一样按一定的规格型号在市场购买，其功能的实现完全独立于集成电路（Integrated Circuit，IC）厂家，由用户自己设计完成，不必像传统 IC 那样花费样片制作等待时间。由于采用先进的 EDA 技术，PLD 的设计和编程均十分方便和有效，整个设计通常只需几天便可完成，缩短产品的研制周期，有利于产品的快速上市。

（2）降低设计成本。采用 PLD 设计不需要样片制作费用，在设计的初期或小批量的试制阶段，其平均单片成本很低。如果要转入大批量生产，由于已用 PLD 进行了原型验证，也比直接设计 IC 费用低、成功率高。

（3）提高设计灵活性。第一，PLD 在设计完成后可立即进行验证，有利于及早发现设计中的问题，完善设计；第二，大多数 PLD 器件可反复编程，为设计修改和产品升级带来了方便；第三，基于 SRAM（静态随机读写存储器）开关的 FPGA（现场可编程门阵列）具有动态重构特性，在系统设计中引入了"软硬件"（固件）的全新概念，使得电子系统具有更好的灵活性和自适应性。

一般的集成电路芯片的功能已经设置好，是固定不变的，而可编程逻辑器件（PLD）的优点在于允许用户编程（使用硬件描述语言，如 Verilog HDL 或 VHDL）来实现所需要的逻辑功能。用户首先用硬件描述语言来表示所需要实现的逻辑功能，然后经过编译和仿真生成目标文件，再由编程器或下载电缆将设计文件配置到目标器件中，PLD 就变成了能满足用户需求的专用集成电路（ASIC）。PLD 可以被重复编程，用户可以随时通过修改程序来修改器件的逻辑功能，而无须改变硬件电路。

大规模可编程逻辑器件主要有 FPGA 和 CPLD 两类。

FPGA 是 Field Programmable Gate Array 的缩写，即现场可编程门阵列。FPGA 是由存放在片内 RAM（随机存取存储器）中的程序来设置其工作状态的，因此工作时需要对片内的 RAM 进行编程。用户可以根据不同的配置模式，采用不同的编程方式。

FPGA 的编程无须专用的编程器，只需使用通用的 EPROM（可擦除可编程只读存储器）、PROM（可编程只读存储器）编程器即可。当需要修改 FPGA 功能时，只需要换一片 EPROM 即可。FPGA 能够反复使用。同一片 FPGA，采用不同的编程数据可以产生不同的电路功能。因此，FPGA 的使用非常灵活。

CPLD 是 Complex Programmable Logic Device 的缩写，即复杂可编程逻辑器件。CPLD 也是一种用户根据需要而自行构造逻辑功能的数字集成电路。其基本设计方法是借助集成开发软件平台，用原理图、硬件描述语言等方法，生成相应的目标文件，通过下载电缆（在"系统"编程）将代码直接传送到目标芯片中，从而实现数字系统的设计。

FPGA 和 CPLD 都是 PLD 器件，两者的功能基本相同，只是实现的硬件原理有所区别，所以有时可以忽略两者的区别，统称为可编程逻辑器件或 CPLD/FPGA。

使用 CPLD/FPGA，工程师可以通过传统的原理图输入法，或是硬件描述语言自由地设计一个数字系统。设计完成后，可以通过软件仿真来验证设计的正确性，可以利用 CPLD/FPGA 的在线修改功能随时修改设计而不必改变硬件电路。

尽管 FPGA 和 CPLD 都是可编程 ASIC 器件，有很多共同特点，但由于 CPLD 和 FPGA 结构上的差异，具有各自的特点：

（1）CPLD 更适合完成各种算法和组合逻辑，FPGA 更适合于完成时序逻辑。换句话说，FPGA 更适合于触发器丰富的结构，而 CPLD 更适合于触发器有限而乘积项丰富的结构。

（2）CPLD 的连续式布线结构决定了它的时序延迟是均匀的和可预测的，而 FPGA 的分段式布线结构决定了其延迟的不可预测性。CPLD 的速度比 FPGA 快，这是由于 FPGA 是门级编程，并且 CLB 之间采用分布式互联，而 CPLD 是逻辑块级编程，并且其逻辑块之间的互联是集总式的。

（3）CPLD 通过修改具有固定内连电路的逻辑功能来编程，FPGA 主要通过改变内部连线的布线来编程。FPGA 可在逻辑门下编程，而 CPLD 是在逻辑块下编程。

（4）CPLD 比 FPGA 使用起来更方便。CPLD 的编程采用 E^2PROM 或 FASTFLASH 技术，无须外部存储器芯片，使用简单。而 FPGA 的编程信息需存放在外部存储器上，使用方法复杂。

（5）在编程上 FPGA 比 CPLD 具有更大的灵活性。CPLD 主要是基于 E^2PROM 或 FLASH 存储器编程，编程次数可达上万次，优点是系统断电时编程信息也不丢失。CPLD 又可分为在编程器上编程和在系统编程两类。FPGA 大部分是基于 SRAM 编程，编程信息在系统断电时丢失，每次上电时，需从器件外部将编程数据重新写入 SRAM 中。其优点是可以编程任意次，可在工作中快速编程，从而实现板级和系统级的动态配置。

一般情况下，CPLD 保密性好，FPGA 保密性差。CPLD 的功耗要比 FPGA 大，且集成度越高越明显。FPGA 的集成度比 CPLD 高，具有更复杂的布线结构和逻辑实现。

2. 硬件描述语言

硬件描述语言（Hardware Describe Language，HDL）类似于计算机高级程序设计语言（如 C 语言等），它是一种以文本形式来描述数字系统硬件的结构和功能的语言，用它可以表示逻辑电路图、逻辑表达式，还可以表示更复杂的数字逻辑系统所完成的逻辑功能（即行为），可以从上层到下层（从抽象的系统级到具体的寄存器级）逐层描述设计者的设计思想。人们还可以用 HDL 编写设计说明文档，这种文档易于存储和修改，适用于不同的设计人员之间进行技术交流，还能被计算机识别和处理。

　　用硬件描述语言进行电路系统设计是当前 EDA 技术的一个重要特征。与传统的原理图设计方法相比，硬件描述语言更适合规模日益增大的电子系统，它还是进行逻辑综合优化的重要工具。硬件描述语言能使设计者在比较抽象的层次上描述设计的结构和内部特征，具有语言的公开性、设计与硬件工艺的无关性、宽范围的描述能力、便于组织大规模系统设计、便于设计的复用和继承等优点。

　　常用的硬件描述语言有 VHDL、Verilog HDL、System-Verilog 和 System C 等，而 VHDL 和 Verilog HDL 是当前最流行的，并已成为 IEEE 的工业标准硬件描述语言，得到众多 EDA 公司的支持，在电子工程领域已成为事实上的通用硬件描述语言。Verilog HDL 和 VHDL 作为描述硬件电路设计的语言，其共同的特点在于：能形式化地抽象表示电路的行为和结构，支持逻辑设计中层次与范围的描述，可借用高级语言的精巧结构来简化电路行为的描述，具有电路仿真与验证机制以保证设计的正确性，支持电路描述由高层到低层的综合转换，硬件描述与实现工艺无关（有关工艺参数可通过语言提供的属性包含进去），便于文档管理，易于理解和设计重用。但是 Verilog HDL 和 VHDL 又各有其自己的特点，由于 Verilog HDL 早在 1983 年就已推出，至今已有近 40 年的应用历史，因而 Verilog HDL 拥有更广泛的设计群体，成熟的资源也远比 VHDL 丰富。与 VHDL 相比 Verilog HDL 的最大优点是：它是一种非常容易掌握的硬件描述语言，只要有 C 语言的编程基础，再加上一些实际操作，一般读者就可掌握这种设计技术。而掌握 VHDL 设计技术就比较困难，这是因为 VHDL 不很直观，需要有 Ada 编程基础，一般需要较长时间才能掌握 VHDL 的基本设计技术。目前版本的 Verilog HDL 和 VHDL 在行为级抽象建模的覆盖范围方面也有所不同。一般认为 Verilog HDL 在系统级抽象方面比 VHDL 略差一些，而在门级开关电路描述方面比 VHDL 强得多。

　　尽管 Verilog HDL 和 VHDL 这两种语言在很多方面都有所不同，但在学习逻辑电路时，设计者使用任何一种语言都可以完成自己的任务。Verilog 的句法根源出自通用的 C 语言，较 VHDL 易学易用，入门比较容易，但学习时一定要明确硬件描述语言不同于一般程序语言的两点：时序性和并行性。Verilog 代码要描述电路何时进行何种动作，要有时序概念；实际电路中不同单元同时动作，对应 Verilog 代码中各语句块可以交换顺序而不影响设计功能。因此在书写 Verilog 代码时应该用电路设计思想而不能按照程序设计思想书写。

　　用 VHDL/Verilog HDL 语言开发 PLD/FPGA 的完整流程：

　　（1）文本编辑：用任何文本编辑器都可以进行，也可以用专用的 HDL 编辑环境。通常 VHDL 文件保存为.vhd 文件，Verilog 文件保存为.v 文件。

（2）功能仿真（也叫前仿真）：将文件调入 HDL 仿真软件进行功能仿真，检查逻辑功能是否正确（对简单的设计可以跳过这一步，只在布线完成以后进行时序仿真）。

（3）逻辑综合：将源文件调入逻辑综合软件进行综合，即把语言综合成最简的布尔表达式和信号的连接关系。逻辑综合软件会生成.edf（edif）的 EDA 工业标准文件。

（4）布局布线：将.edf 文件调入 PLD 厂家提供的软件中进行布线，即把设计好的逻辑安放到 CPLD/FPGA 内。

（5）时序仿真（也叫后仿真）：需要利用在布局布线中获得的精确参数，用仿真软件验证电路的时序。

（6）编程下载：确认仿真无误后，将文件下载到芯片中。

通常以上过程可以都在 PLD/FPGA 厂家提供的开发工具（如 QuartusⅡ、ISE 和 Vivado）中完成。

3. 硬件开发平台

硬件开发平台是利用 EDA 技术进行电子系统设计的下载及硬件验证工具。该平台提供芯片下载电路（类似于用于单片机开发的仿真器）及 EDA 实验/开发的外围资源，供硬件验证使用。硬件开发平台一般包括：① 实验或开发所需的各类基本信号发生模块，包括时钟、脉冲、高低电平等；② FPGA/CPLD 输出信息显示模块，包括数码显示、发光管显示、声响指示等；③ 监控程序模块，提供"电路重构软配置"；④ 目标芯片适配座以及上面的 FPGA/CPLD 目标芯片和编程下载电路。

4. 软件开发工具

软件开发工具是利用 EDA 技术进行电子系统设计的智能化的自动化设计工具，在 EDA 技术应用中占据极其重要的地位。EDA 工具大致可以分为 5 个模块，即设计输入编辑器、HDL 综合器、仿真器、适配器（或布局布线器）和下载器。

每个 FPGA/CPLD 生产厂家为了方便用户，往往都提供集成开发环境，基本都可以完成所有的设计输入、仿真、综合、布线和下载等工作。主流厂家的 EDA 集成开发工具有 Altera 的 QuartusⅡ和 Xilinx 的 Vivado 设计套件。

QuartusⅡ是 Altera 公司开发的第四代综合性 PLD 集成开发软件，支持多种设计输入方式，内嵌自有的综合器和仿真器，可以完成从设计输入到硬件配置的完整的 PLD 设计流程。该软件支持 Altera 公司的 IP 核，包含 LPM/Mega Function 宏功能模块，使用户可以充分利用成熟的模块，简化设计复杂性、加快设计速度。QuartusⅡ对第三方 EDA 工具的良好支持也使用户可以在设计流程的各个阶段使用熟悉的第三方 EDA 工具。

QuartusⅡ通过和 DSP Builder 工具与 Matlab/Simulink 相结合，可以方便地实现各种 DSP 应用系统。它支持 Altera 公司的片上可编程系统（SOPC）开发，集系统级设计、嵌入式软件开发、可编程逻辑设计于一体，是一种综合性的开发平台。

Vivado 是 Xilinx 公司于 2012 年发布的新一代集成开发平台，改变了传统设计环境和设计方法。Vivado 设计套件不仅包含传统寄存器传输级（RTL）到比特流的 FPGA 设计流程，而且提供全新的基于知识产权（IP）为中心思想的系统级设计流程。与前一代集成开发环境 ISE 相比，Vivado 设计套件在各方面性能都有明显提升。

Vivado 套件，相当于把 ISE、ISim、XPS、PlanAhead、ChipScope 和 iMPACT 等多个独立的套件集合在一个 Vivado 设计环境中，在这个集合的设计流程下，不同的设计阶段采用不同的工具来完成，此时 Vivado 可以自动变化菜单、工具栏，可以显著提高效率。基于 Vivado 的 IP 集成器（IPI），则把我们对硬件的配置更好地集成到我们的设计中，既极大地提高了对 IP 的使用和管理，也减小了软件和硬件之间的隔阂。Vivado HLS 则可以把现有的 C 代码，在一些特定的规范下直接转换为可综合的逻辑，这也将极大地提高实现和移植现有算法的速度。新一代 Vivado 开发套件的设计不仅可以实现传统的寄存器传输级（RTL）到比特流的 FPGA 设计流程，还可以实现系统级的设计。

本书所使用的 EDA 集成开发环境为 Quartus Ⅱ，它支持原理图、VHDL 和 Verilog HDL 文本文件，以及以波形与 EDIF 等格式的文件作为设计输入，并支持这些文件的任意混合设计。该软件具有门级仿真器，可以进行功能仿真和时序仿真，能够产生精确的设计结果。在适配之后，可生成供时序仿真用的 EDIF、VHDL 和 Verilog HDL 这 3 种不同格式的网表文件。

1.1.3　EDA 设计流程

1. 设计输入

利用 EDA 技术进行一项工程设计，首先需利用 EDA 工具的文本编辑器或图形编辑器将设计思路用文本方式或图形方式表达出来，进行排错编译，形成 HDL 文件格式，为进一步的逻辑综合做准备。

常用的源程序输入方式有以下三种。

（1）原理图输入方式：利用 EDA 工具提供的图形编辑器以原理图的方式进行输入。原理图输入方式比较容易掌握，直观且方便，所画的电路原理图（注意，这种原理图与利用 Protel 画的原理图有本质的区别）与传统的器件连接方式完全一样，很容易被人接受，而且编辑器中有许多现成的单元器件可以利用，也可以根据设计需要自行设计特定元件。然而原理图输入法也有它的缺点：随着设计规模增大，设计的易读性迅速下降，对于图中密密麻麻的电路连线，极难搞清电路的实际功能；一旦完成，电路结构的改变将十分困难，因而几乎没有可再利用的设计模块；移植困难、入档困难、交流困难、设计交付困难，因为不可能存在一个标准化的原理图编辑器。

（2）状态图输入方式：以图形的方式表示状态图进行输入。当填好时钟信号名、状态转换条件、状态机类型等要素后，就可以自动生成 HDL 程序。这种设计方式简化了状态机的设计。

（3）HDL 软件程序的文本方式：最一般化、最具普遍性的输入方法，任何支持 HDL 的 EDA 工具都支持文本方式的编辑和编译。

2. 综　合

综合过程将 HDL 的软件设计与硬件的可实现性挂钩，利用 EDA 软件系统的综合器进行逻辑综合。

综合器的功能就是将设计者在 EDA 平台上完成的针对某个系统项目的 HDL、原理图或状态机的描述，针对给定硬件结构组件进行编译、优化、转换和综合，最终获得门级电路其至更底层的电路描述文件。由此可见，综合器工作前，必须给定最后实现的硬件结构参数，它的功能就是将软件描述与给定硬件结构用某种网表文件的方式联系起来。显然，综合器是软件描述与硬件实现的一座桥梁。综合过程就是将电路的高级语言描述转换成低级的、可与 FPGA/CPLD 或构成 ASIC 的门阵列基本结构相映射的网表文件。

由于 HDL 仿真器的功能仿真是面向高层次的系统仿真，只能对 HDL 的系统描述做可行性评估测试，不针对任何硬件系统，因此基于这一仿真层次的许多 HDL 语句不能被综合器所接受。这就是说，这类语句的描述无法在硬件系统中实现（至少是现阶段），这时，综合器不支持的语句在综合过程中将被忽略。综合器对源 HDL 文件的综合是针对某一 PLD 供应商的产品系列的，因此，综合后的结果可以为硬件系统所接受，具有硬件可实现性。

3. 适　配

逻辑综合通过后必须利用适配器将综合后的网表文件针对某一具体的目标器件进行逻辑映射操作，其中包括底层器件配置、逻辑分割、逻辑优化、布线与操作，适配完成后可以利用适配所产生的仿真文件做精确的时序仿真。

适配器的功能是将由综合器产生的网表文件配置于指定的目标器件中，产生最终的下载文件。适配所选定的目标器件（FPGA/CPLD 芯片）必须属于综合器指定的目标器件系列。对于一般的可编程模拟器件所对应的 EDA 软件来说，一般仅需包含一个适配器就可了。通常，EDA 软件中的综合器可由专业的第三方 EDA 公司提供，而适配器则需由 FPGA/CPLD 供应商自己提供，因为适配器的适配对象直接与器件的硬件结构相对应。综合器和适配器分别是一套软件系统，而不是真实存在的硬件器件。

4. 仿　真

在编程下载前必须利用 EDA 仿真工具对适配生成的结果进行模拟测试。仿真就是让计算机基于一定的算法和仿真库对所设计的电路进行模拟，以验证设计的正确性，排除错误。仿真工具可以采用 PLD 公司的 EDA 开发工具，也可以选用第三方的专业仿真工具。

1）功能仿真

功能仿真是直接对 HDL、原理图描述或其他描述形式的逻辑功能进行测试模拟，以了解其实现的功能是否满足设计要求，仿真过程不涉及任何具体器件的硬件特性，最显著的特征是仿真信号没有延迟。在进行项目设计时，一般首先进行功能仿真，待确认设

009

计文件所表达的功能满足设计要求后，再进行综合、适配和时序仿真，以便发现设计项目的功能性设计缺陷。

2）时序仿真

时序仿真是接近真实器件运行特性的仿真，仿真文件中已包含器件硬件特性参数，因而仿真精度高。但时序仿真的仿真文件必须来自针对具体器件的综合器与适配器。综合后得到的 EDIF 等网表文件通常作为 FPGA/CPLD 适配器的输入文件，产生的仿真网表文件中包含精确的硬件延迟信息。时序仿真可以发现设计中由于硬件特性而产生的时序错误，结合功能仿真，设计者可以区分哪些是功能错误，哪些是时序错误。

5．编程下载

如果编译、综合、布线/适配和行为仿真、功能仿真、时序仿真等过程都没有发现问题，即满足设计要求，则可以将由 FPGA/CPLD 布线/适配器产生的配置/下载文件通过编程器或下载电缆载入目标芯片 FPGA 或 CPLD 中。

6．硬件验证

硬件仿真和硬件测试的目的，是在更真实的环境中检验 HDL 设计的运行情况。特别是对于在 HDL 程序设计上不是十分规范、语义上含有一定歧义的程序，硬件验证十分有效。

1.1.4　EDA 设计方法

电子线路设计采用的基本方法主要有三种：直接设计、自底向上设计和自顶向下设计。

直接设计就是将设计看成一个整体，将其设计为一个单电路模块，适合小型、简单的设计。

在较复杂的电子线路设计中，过去的基本思路是利用自底向上的设计方法，选择标准集成电路构成一个新系统。这样的设计方法采用已有现成集成电路构成电子系统，不仅效率低、成本高，而且容易出错，出错成本高。传统的数字系统设计通常采用拼接的方法进行，即由元器件焊接成电路板，再由电路板组合集成为数字系统。这样的系统一般采用标准集成电路，如 74/54 系列和一些标准功能的大规模集成电路。传统数字系统设计采用自下而上的设计方法，是以固定功能元件为基础，基于电路板的设计方法，属于元件级的设计方法。

采用可编程逻辑器件并利用 EDA 工具进行设计已成为现代数字系统设计的主流。它通过对器件内部的设计来实现数字系统的功能，是一种基于芯片的设计方法。设计师可以通过定义器件的内部逻辑和管脚，而将传统电路板设计的大部分工作放在芯片的设计中进行，通过对芯片的设计来实现数字系统的逻辑功能。由于可以灵活地优化内部功能模块的组合及定义管脚，所以可以大大地简化电路设计和减少电路板设计的工作量，从而增强了设计的灵活性，极大地提高了数字系统设计的工作效率，并提升了系统工作的可靠性。EDA 设计方法是自上而下的设计方法，属于芯片级的设计方法。

自上而下是指将数字系统的整体逐步分解为各个子系统和模块，若子系统规模较大，则还需将子系统进一步分解为更小的子系统和模块，层层分解，直至整个系统中各个子系统关系合理，并便于逻辑电路级的设计和实现为止。

自顶向下的设计方法首先从系统设计入手，在顶层对电路系统进行功能方框图的划分和结构设计；在方框图一级进行仿真、纠错，并用硬件描述语言对高层次的系统进行行为描述；在功能一级进行验证，然后用逻辑综合优化工具生成具体的门级逻辑电路网表，其对应的物理实现级可以是印制电路板或专用集成电路。这种设计方法有利于在设计的早期发现结构设计中的错误，提高设计的一次成功率，因而在现代电子系统设计中广泛采用。

一个较复杂的数字系统往往由许多功能模块构成，而设计者的新思想往往只体现于部分单元之中，其他单元的功能则是通用的，如 FFT、FIR、IIR、PCI 总线接口等。这些通用单元具有可重用性，适用于不同系统。FPGA 厂家及其第三方预先设计好这些通用单元并根据各种 FPGA 芯片的结构对布局和布线进行优化，从而构成具有自主知识产权的功能模块，称为 IP（Intellectual Property）模块，也可称为 IP 核（IP core）、知识产权模块。

IP 模块可分为硬件 IP（Hard IP）、软件 IP（Soft IP）和固件 IP（Firm IP）模块。硬件 IP 模块完成了布局布线和功能验证，并将设计映射到1C 硅片的物理版图上。硬件 IP 可靠性高，但价格昂贵，可重用性和灵活性差，往往不能直接转换到采用新工艺的芯片中。软件 IP 模块通常是可综合的寄存器级硬件描述语言模型，它包括仿真模型、测试方法和说明文档。但软件 IP 不是最有效的方法，因为用户在自己的系统中使用 IP 模块后，新的布局布线往往会降低 IP 模块的性能，甚至出现无法使用的情况。固件 IP 模块，又称为含有布局布线信息的软件 IP 模块。固件 IP 将带有布局布线信息的网表提供给用户，这样就避免了用户重新布局布线所带来的问题。设计者可以利用这些 IP 模块更快、更高效、更可靠地完成系统设计。

1.2 硬件开发平台口袋机介绍

1.2.1 口袋机介绍

对当今的硬件工程师而言，FPGA 的应用是同 PCB 设计一样必须掌握的技能，在数字化逻辑支撑整个现代科技的今天，不会使用 FPGA 也就意味着无法用数字逻辑的思维方式来解决问题，也就很难成为一个优秀的系统工程师，将会错过蓬勃发展的物联网、工业 4.0、人工智能等浪潮。

本书使用的硬件平台为某公司开发的口袋机，如图 1.2.1 所示。本口袋机选用 Altera 的主流 FPGA 的 Cyclone IV 的芯片，配备高速 DDR2 内存、高速 ADDA，性能能满足各类教学应用。FPGA 在数字世界里它无所不能，通过口袋机学习 FPGA 编程设计，构建数字逻辑的思想、并行设计的理念来解决实际问题。

图 1.2.1　口袋机

该口袋机本体有丰富的资源，同时可选择多种扩展模块，满足不同场景的教学功能，通过"课堂验证—教学实验—实践训练—项目实战"可随时、随地、随心地进行硬件描述语言编程实践练习，提升工程实践能力。

口袋机电路板正、反面如图 1.2.2 和图 1.2.3 所示，详细参数如下：

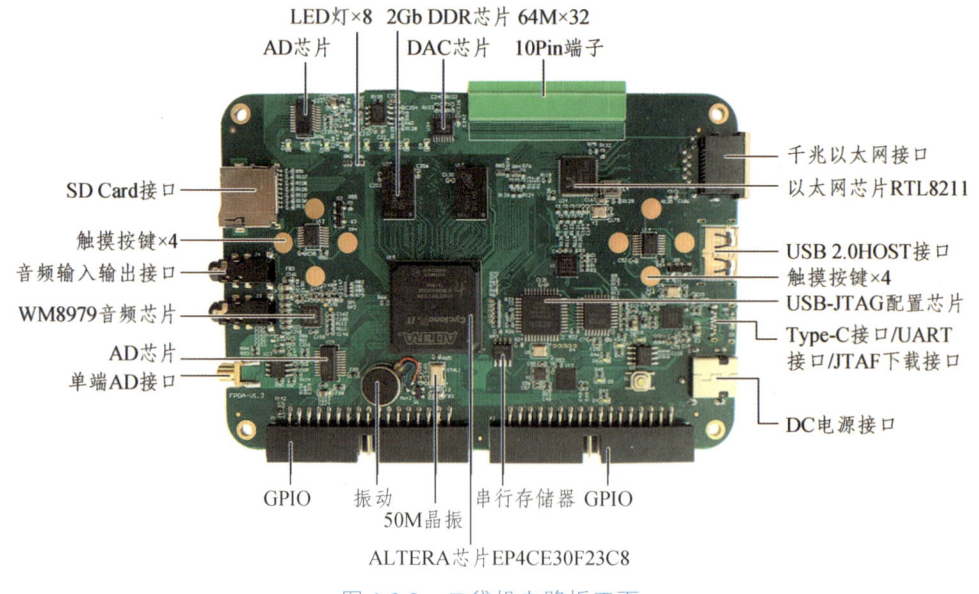

图 1.2.2　口袋机电路板正面

图 1.2.3　口袋机电路板反面

（1）FPGA：Altera EP4CE30F23C8；

（2）内存：2Gb DDR3（64 M × 32）；

（3）串行存储器：16 M EPCS Flash；

（4）存储：256 MB Flash；

（5）LED：8 User LEDs；

（6）按键：8 个触摸按键；

（7）拨码开关：5 × 拨码开关；

（8）仿真接口：1 × USB-C-JTAG/UART 仿真调试接口；

（9）以太网口：10/100/1000 M 以太网口；

（10）DAC 输出：1 路模拟输出；

（11）ADC 输入：1 路高速单端模拟输入（芯片采集速率高达 80 MHz），1 路高速差分模拟输入，4 路模拟输入；

（12）SD：MICRO Card；

（13）USB：USB OTG 2.0；

（14）供电电压：12 V/DC 5 V/USB-C；

（15）GPIO 接口：50GPIO；

（16）IEC455 接线端子：1 × 10pin；

（17）音频：Line-in，Line-out 接口；

（18）晶振：50 MHz；

（19）配置方式：JTAG。

1.2.2　常用接口电路及定义

口袋机各外设对应于 FPGA 的引脚定义见附录 A。常用接口电路介绍如下：

1. 电源电路

口袋机供电源和程序下载均通过 USB 端口完成。3.3 V 电源电路如图 1.2.4 所示，2.5 V 电源电路如图 1.2.5 所示。

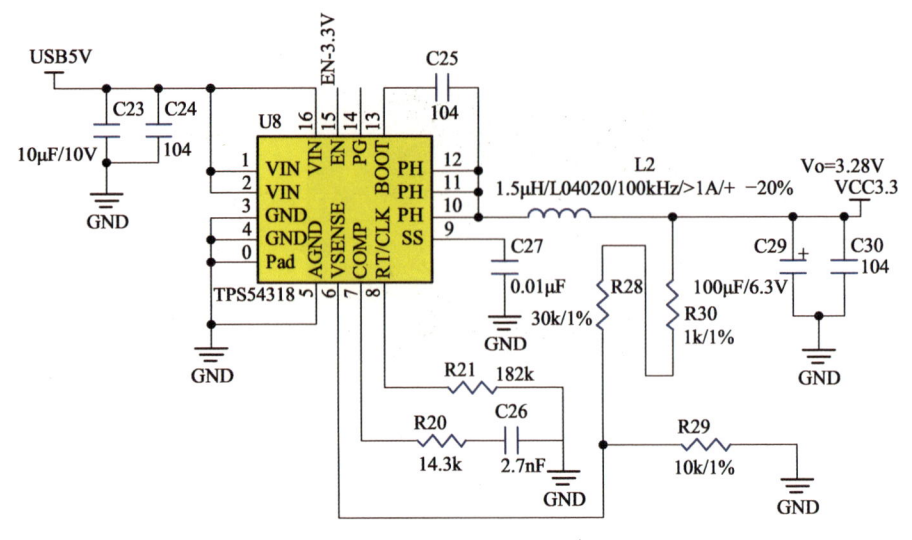

图 1.2.4　3.3 V 电源电路

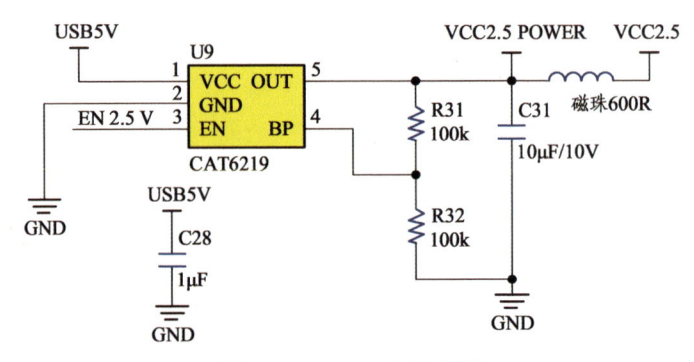

图 1.2.5　2.5 V 电源电路

2. 拨码开关电路

口袋机自带 4 位拨码开关 SW0～SW3，开关拨到上面时表示对 FPGA 的相应引脚输入高电平，拨到下面时表示对 FPGA 的相应引脚输入低电平，拨码开关电路及引脚定义如图 1.2.6 所示。如需要更多拨码开关，可以使用拨码开关外接模块。

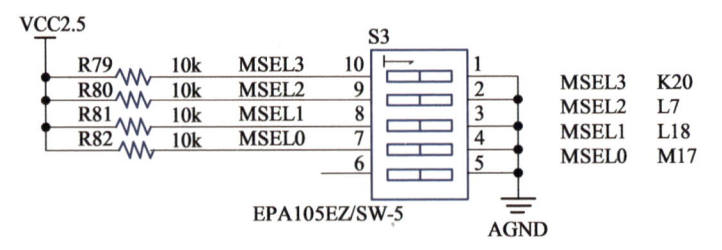

图 1.2.6　拨码开关电路

3. 按键电路

该口袋机上有 8 个触摸按键，当按下按键时，有振动，并表示对 FPGA 的相应引脚输入低电平，否则输入为高电平。按键电路及引脚定义如图 1.2.7 所示。

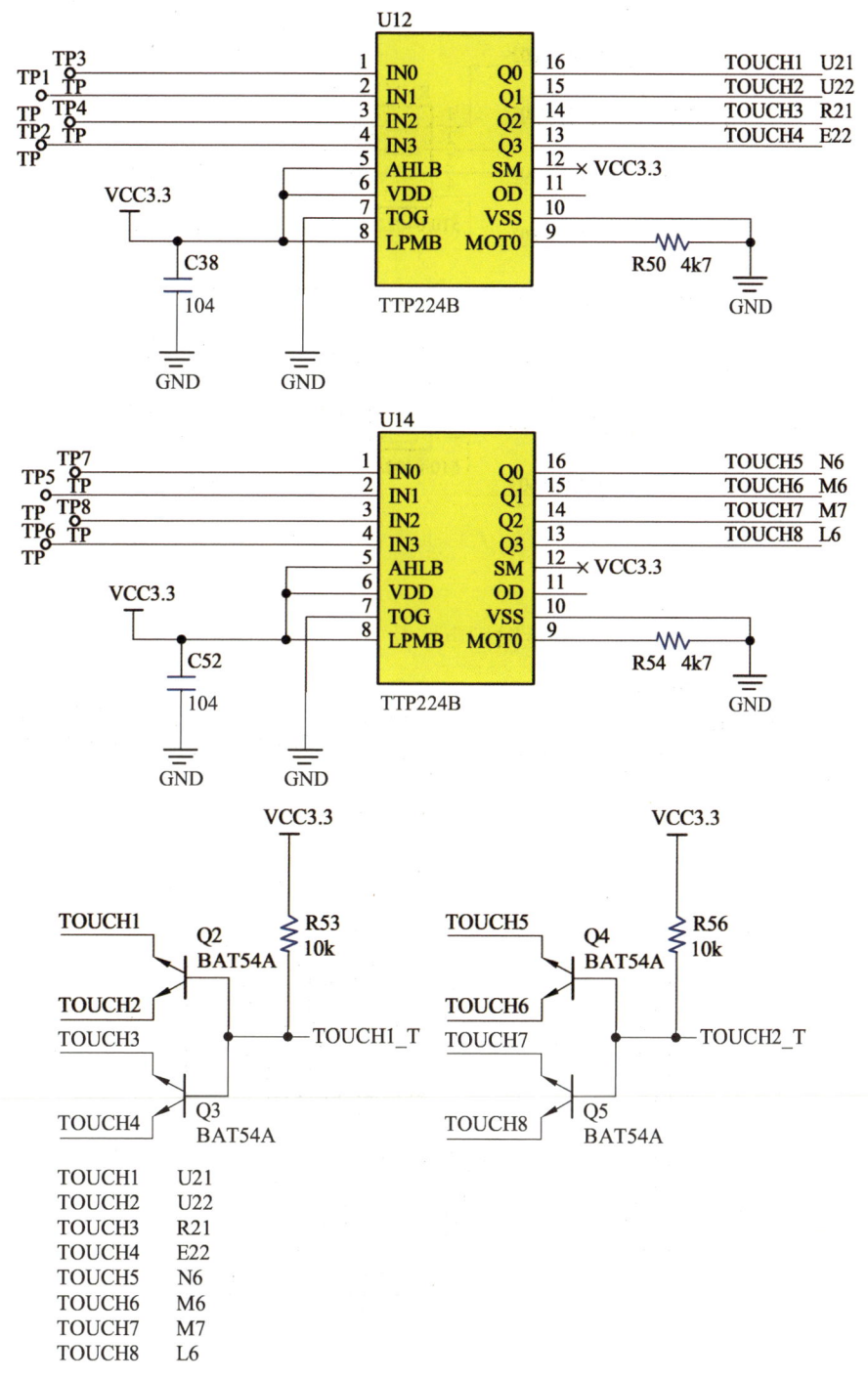

图 1.2.7　触摸按键电路

4. LED 电路

开发板上有 8 个 LED（发光二极管）灯 LD1～LD8。当 FPGA 的相应引脚输出低电平时，对应的 LED 灯点亮。LED 电路及引脚定义如图 1.2.8 所示。

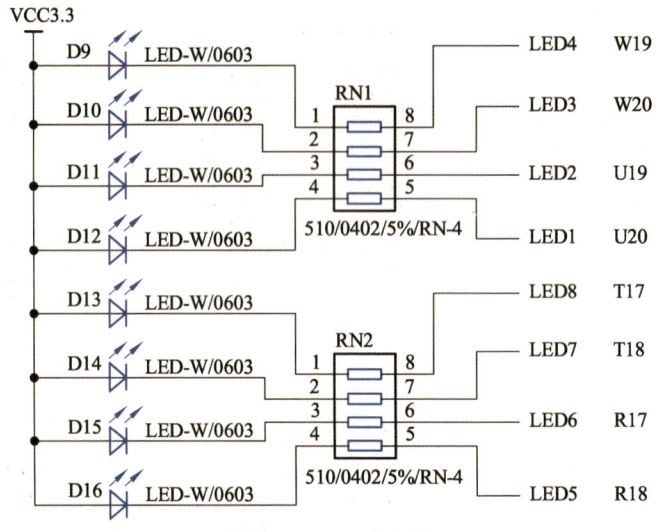

图 1.2.8　LED 电路

5. 系统时钟电路

口袋机使用 50 MHz 晶振。系统时钟电路及引脚定义如图 1.2.9 所示。

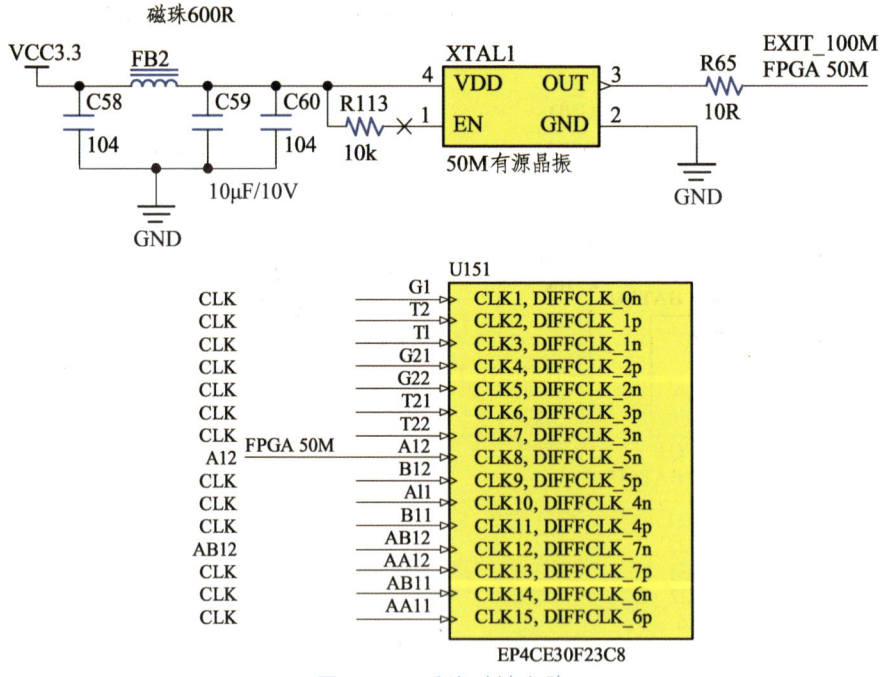

图 1.2.9　系统时钟电路

1.3　集成开发环境 Quartus Ⅱ 安装

Quartus Ⅱ 软件是 Altera 公司的集成 PLD 开发软件,该软件界面友好,使用便捷。在集成环境上可以完成设计输入(原理图输入、波形输入、文本输入等)、综合、适配、时序仿真和功能仿真、编程下载整个流程。它提供了一种与硬件结构无关的设计环境，使设计者能专注地进行输入、快速处理和器件编程，完成从设计输入到硬件配置的完整 PLD 设计流程。

本书推荐开发工具 QuartusⅡ 18.0，QuartusⅡ 18.0 的安装包中包含 ModelSimSetup、QuartusHelpSetup、QuartusSetup、SoCEDSSetup 四个安装文件以及一些常用的 Altera 器件库，如图 1.3.1 所示。

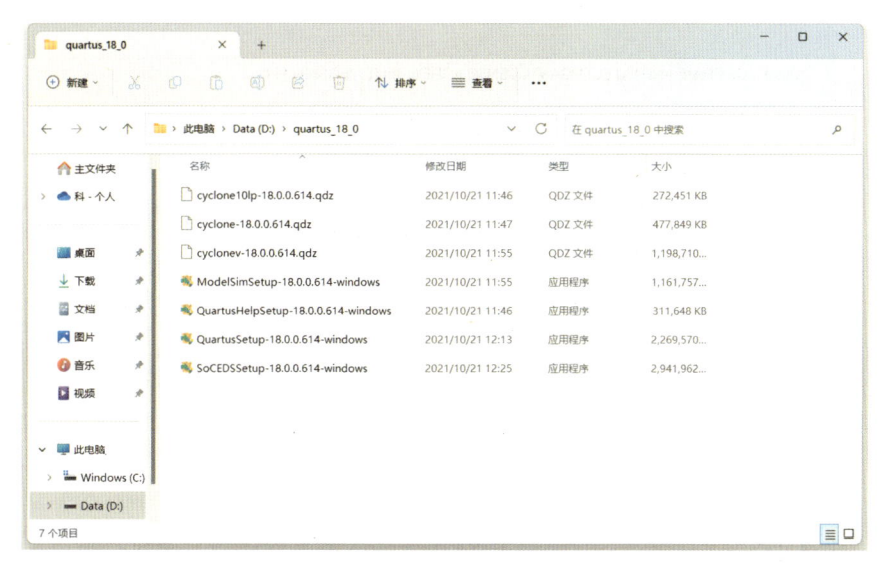

图 1.3.1　安装文件包

QuartusⅡ 18.0 的安装步骤如下：

（1）双击 QuartusSetup 安装文件，弹出如图 1.3.2 所示的界面。

图 1.3.2　安装界面

017

（2）单击 Next 按钮，弹出如图 1.3.3 所示的界面。

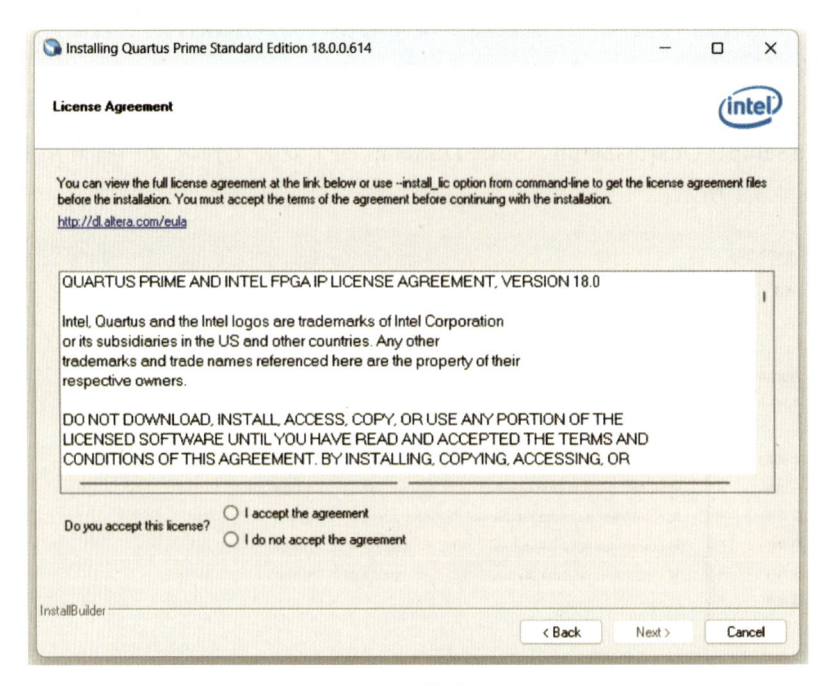

图 1.3.3　接受界面

（3）选择"I accept the agreement"单选选项，单击"Next"按钮，弹出如图 1.3.4 所示的安装默认路径界面。

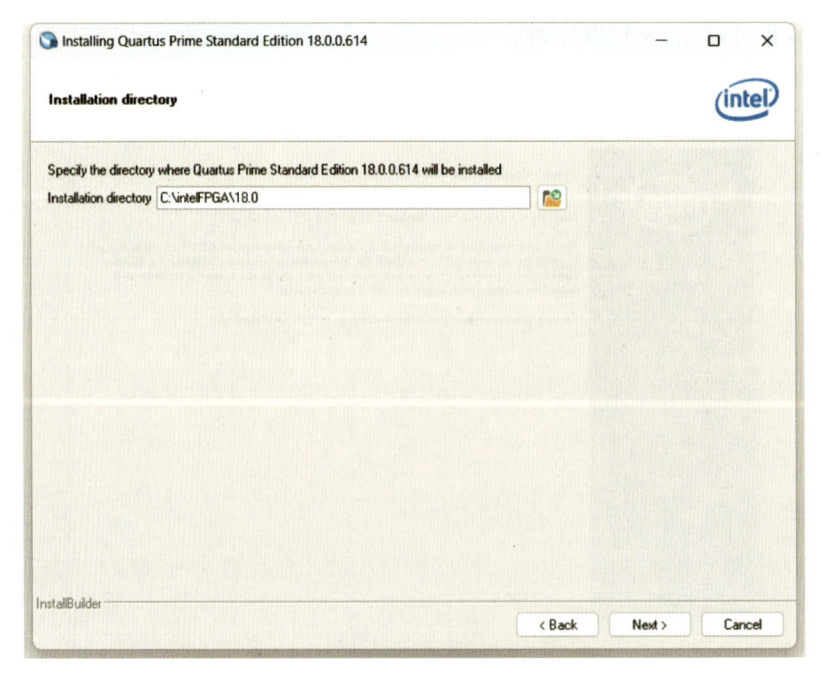

图 1.3.4　默认安装路径

（4）根据自己的需要修改软件的安装路径。在此处将路径修改为 D：\intelFPGA\18.0，如图 1.3.5 所示。

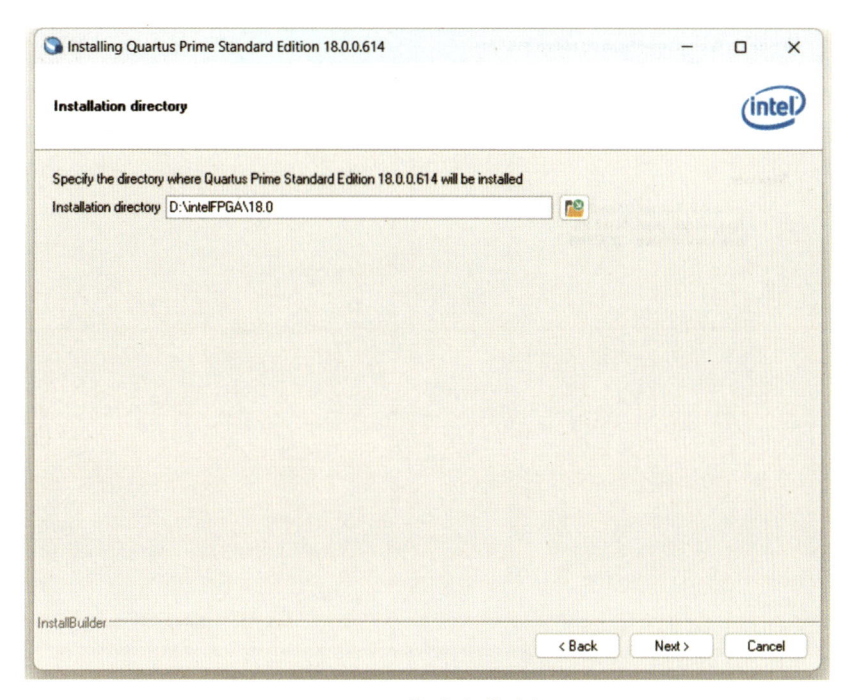

图 1.3.5　修改安装路径

（5）单击"Next"按钮，弹出如图 1.3.6 所示的界面。

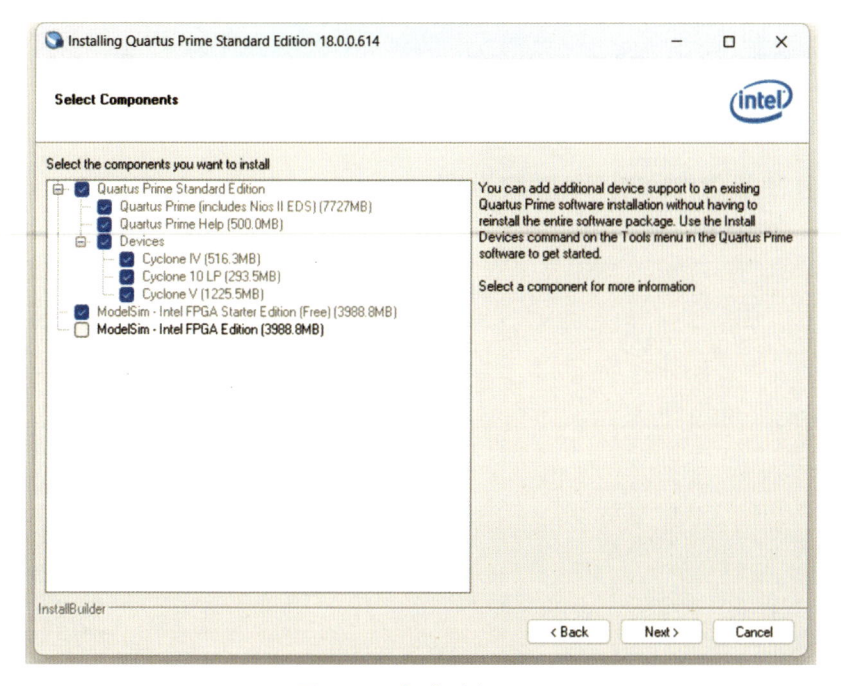

图 1.3.6　组件选择界面

（6）通过图 1.3.6 可以看出，安装软件已自动选中所需的编译软件 Quartus、仿真工具 ModelSim 和常用器件库，直接单击"Next"按钮即可，将弹出如图 1.3.7 所示的界面。

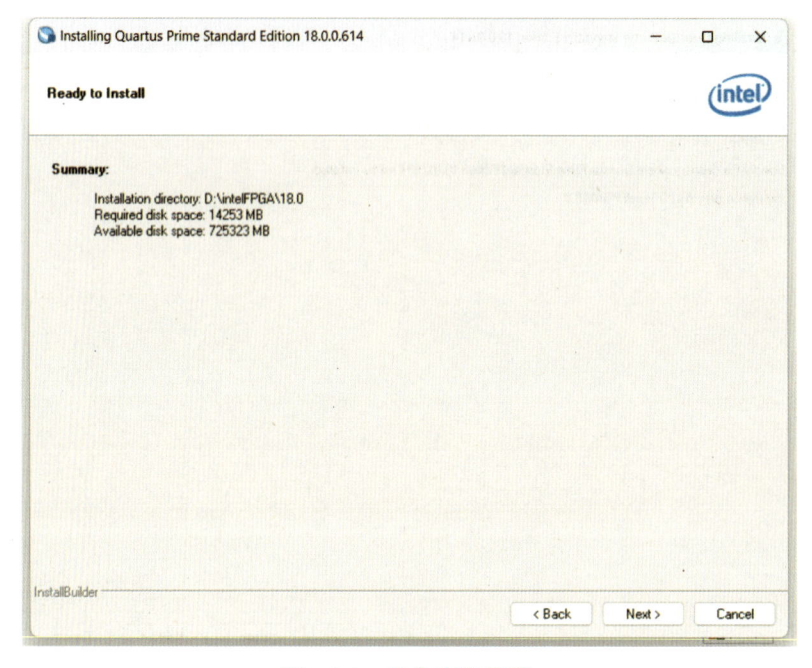

图 1.3.7　准备安装界面

（7）单击"Next"按钮，弹出如图 1.3.8 所示的界面。通过进度条可以了解软件的安装进度。安装过程比较缓慢，需要等待一段时间。

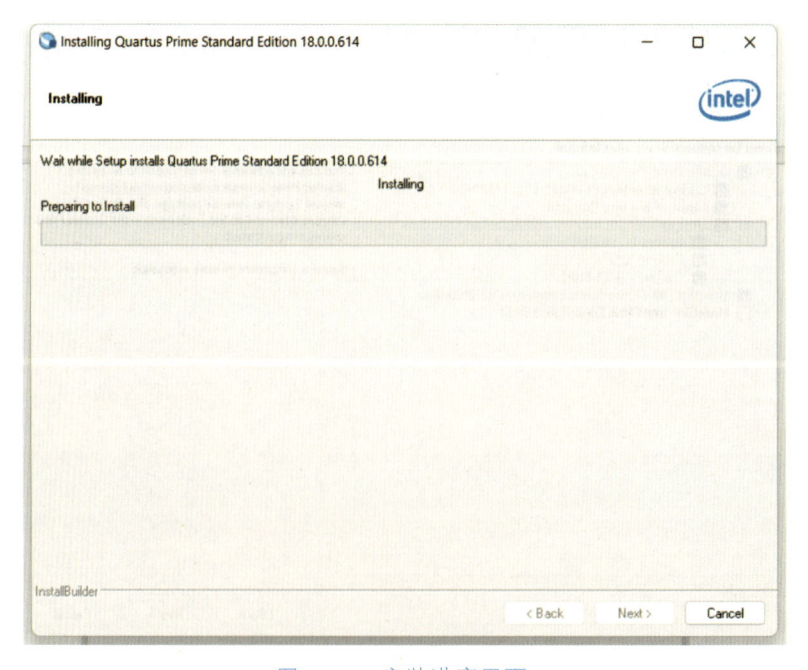

图 1.3.8　安装进度界面

（8）弹出如图1.3.9所示的界面时，说明软件已完成安装。单击"Finish"按钮，将弹出设备驱动程序的安装界面，如图1.3.10所示。

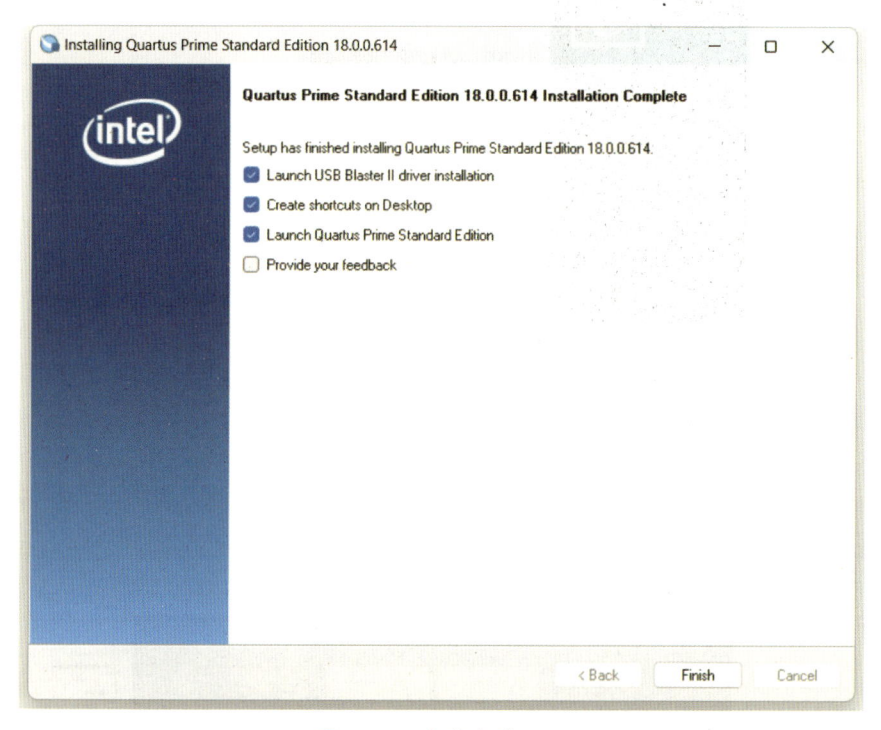

图1.3.9　安装完成界面

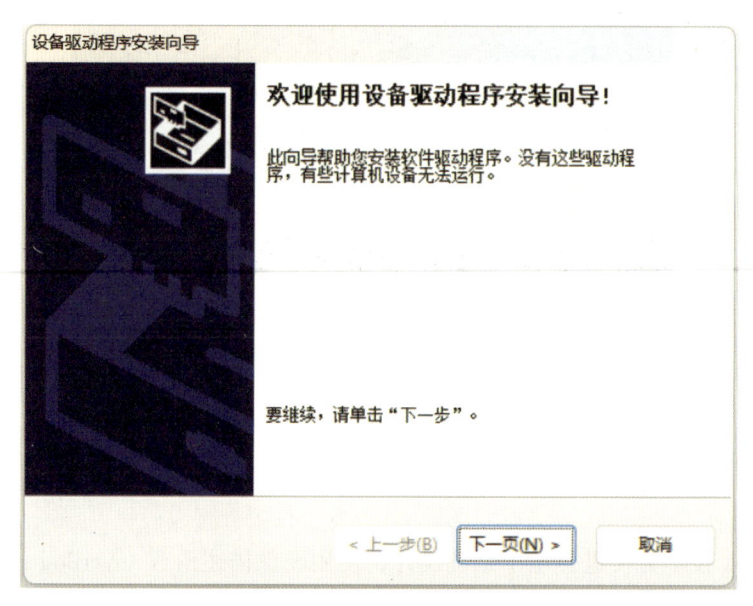

图1.3.10　设备驱动程序安装界面

（9）单击"下一页"按钮，设备驱动程序将自动开始安装。安装完成的界面如图1.3.11所示。

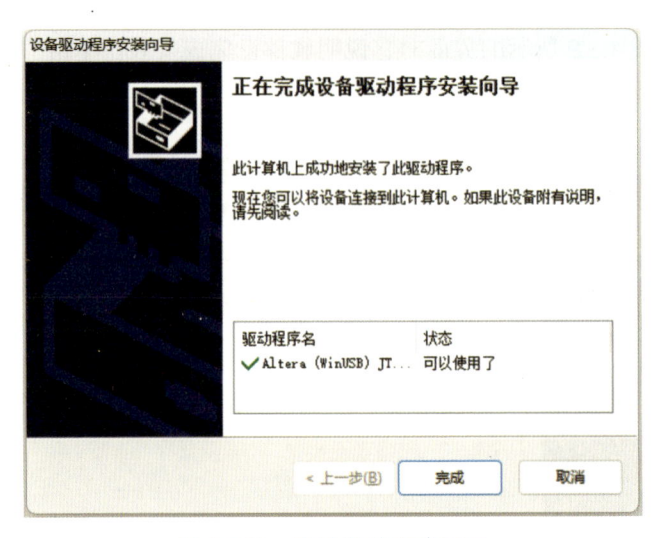

图 1.3.11　驱动安装完成界面

（10）单击"完成"按钮，Quartus Ⅱ 软件主界面出现在眼前，如图 1.3.12 所示。

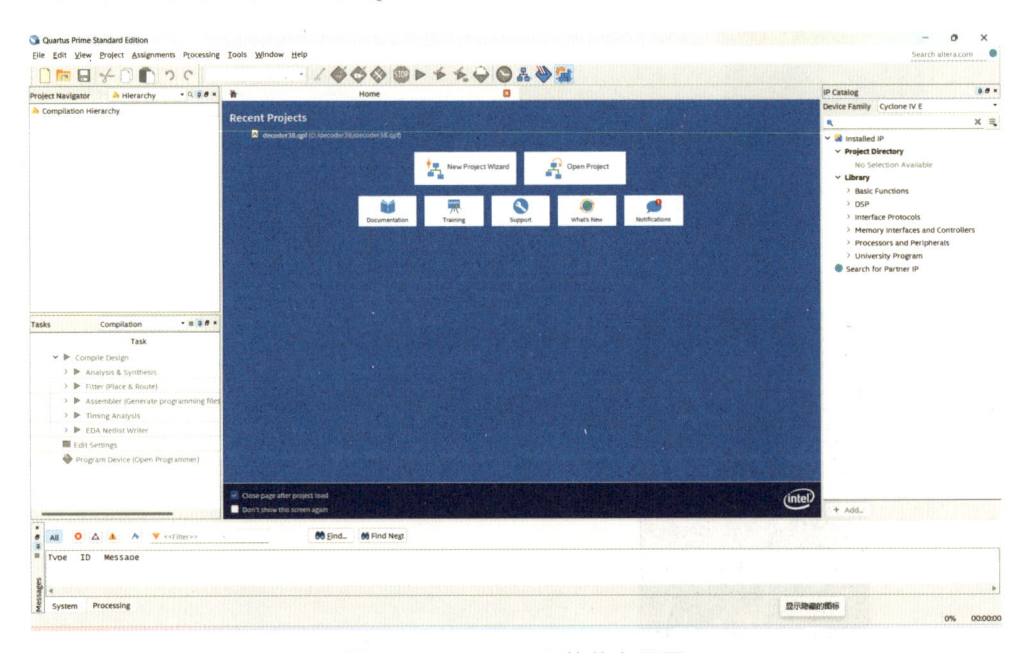

图 1.3.12　Quartus Ⅱ 软件主界面

【小结】

利用 EDA 技术方便进行电子系统设计，使用硬件描述语言（Verilog HDL/VHDL），用软件的方式设计硬件，用软件方式设计的系统到硬件系统的转换由有关开发软件工具自动完成，设计过程中可用有关软件进行各种仿真，系统可现场编程、在线升级，整个系统可以集成在一个芯片（FPGA/CPLD）上，体积小，功耗低，可靠性高。EDA 技术是现代电子设计的发展趋势。

【习题】

1-1　EDA 的英文全称是什么？EDA 的中文含义是什么？

1-2　常用硬件描述语言有哪几种？这些硬件描述语言在逻辑描述方面有什么区别？

1-3　名称解释：逻辑综合、逻辑适配、行为仿真、功能仿真、时序仿真。

1-4　CPLD 的英文全称是什么？CPLD 的结构主要由哪几部分组成？每部分的作用如何？

1-5　FPGA 的英文全称是什么？FPGA 的结构主要由哪几部分组成？每部分的作用如何？

1-6　简述 EDA 的 FPGA/CPLD 设计流程。

1-7　IP 在 EDA 技术的应用和发展中的意义是什么？

1-8　查阅 EDA 技术的最新发展方向。

第 2 章　Verilog HDL 语言基础

> **学习引导**
>
> 　　本章首先通过一个简单实战演练掌握 FPGA 开发与设计的流程；然后讲解 Verilog HDL 硬件描述语言的程序结构和语法；接着实战演练硬件电路设计的三种常用描述方法；最后实战演练一些运算符的操作，并介绍硬件电路仿真技术——Testbench。
>
> **学习目标**
>
> 　　（1）掌握 FPGA 开发与设计的流程，为后续实战演练提供参考；
> 　　（2）掌握常用 Verilog HDL 语法及三种硬件电路描述方法，为后续 FPGA 应用开发打下坚实的基础；
> 　　（3）掌握一些常用运算符操作，为后续硬件电路设计打下基础；
> 　　（4）理解和掌握不可综合的但可用于 Testbench 仿真的 Verilog HDL 语法部分，为后续硬件电路仿真验证打下基础。
>
> **思政目标**
>
> 　　本章首先开展一个简单实战演练，帮助学生掌握 FPGA 开发与设计的流程，在实践过程中，培养学生运用所学知识解决实际问题的能力，着重激发创新思维，锻炼实践能力。

2.1　开发流程实战演练：键控 LED 灯亮灭

2.1.1　Quartus Ⅱ 开发流程演练

下面实战演练一个简单的键控 LED 灯亮灭的设计。

1. 新建工程

（1）启动 Quartus Ⅱ 集成开发环境，出现主界面如图 2.1.1 所示。
（2）选择 "File" → "New Project Wizard" 进入新建工程向导，如图 2.1.2 所示。
（3）单击 "Next" 按钮，进入如图 2.1.3 所示对话框。这里工程存储地址为 D:/project/ch01/led 文件夹，工程名为 "led"，顶层模块名也为 "led"（建议取名最好一致）。
（4）单击 "Next" 按钮，进入如图 2.1.4 所示对话框，可以选择工程类型。

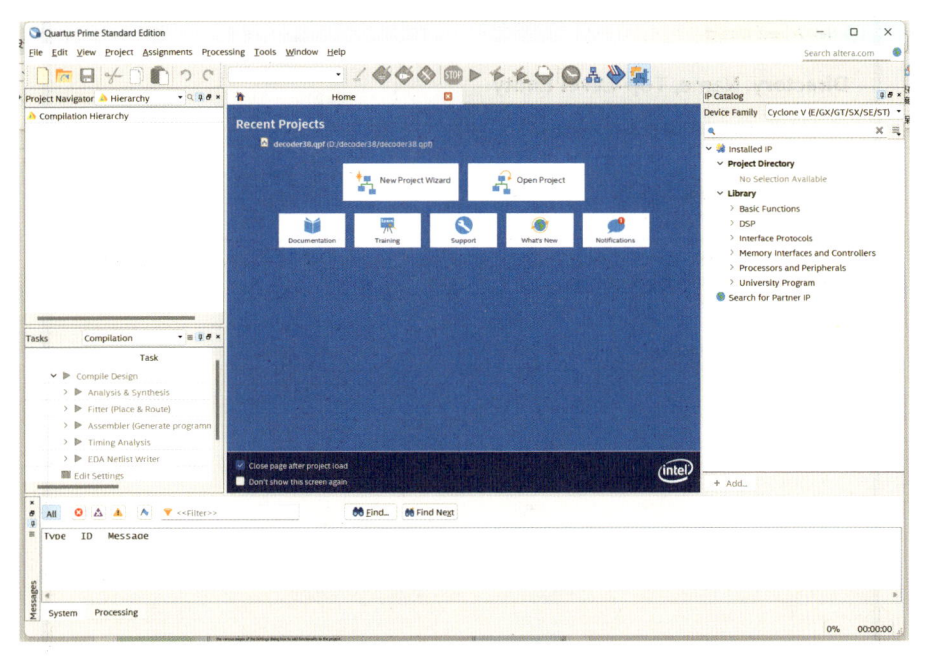

图 2.1.1　Quartus Ⅱ 主界面

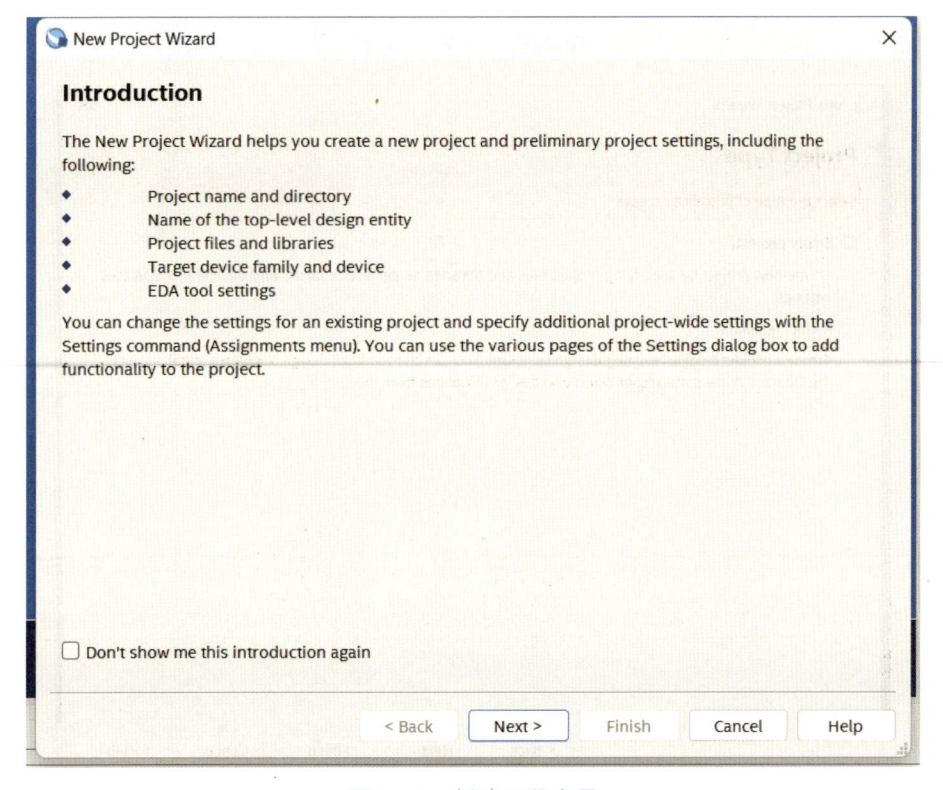

图 2.1.2　新建工程向导

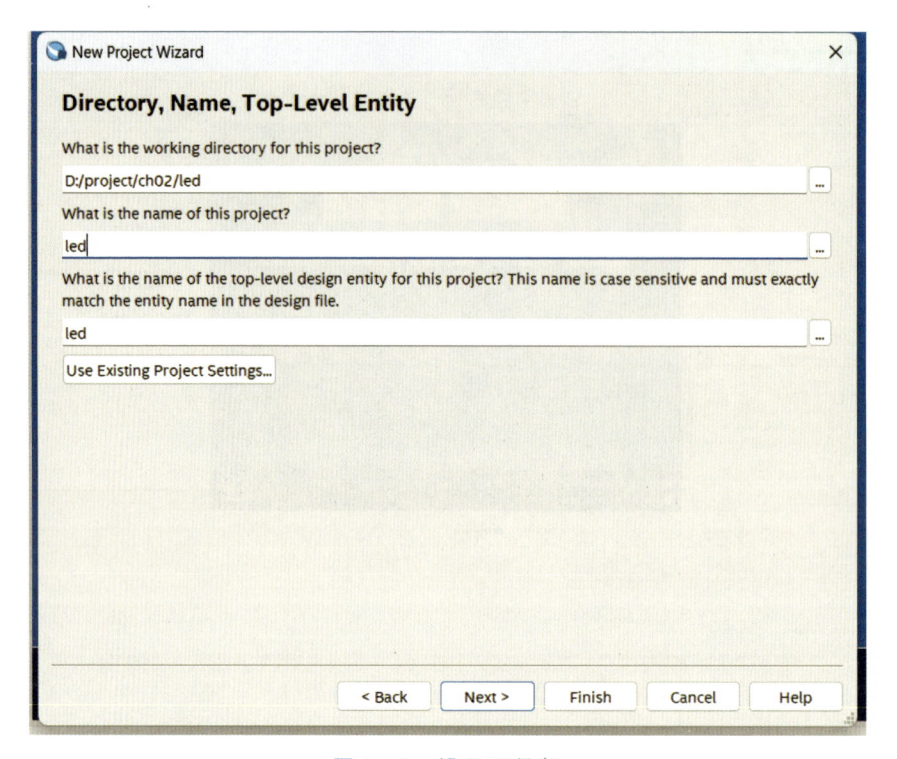

图 2.1.3　设置工程名

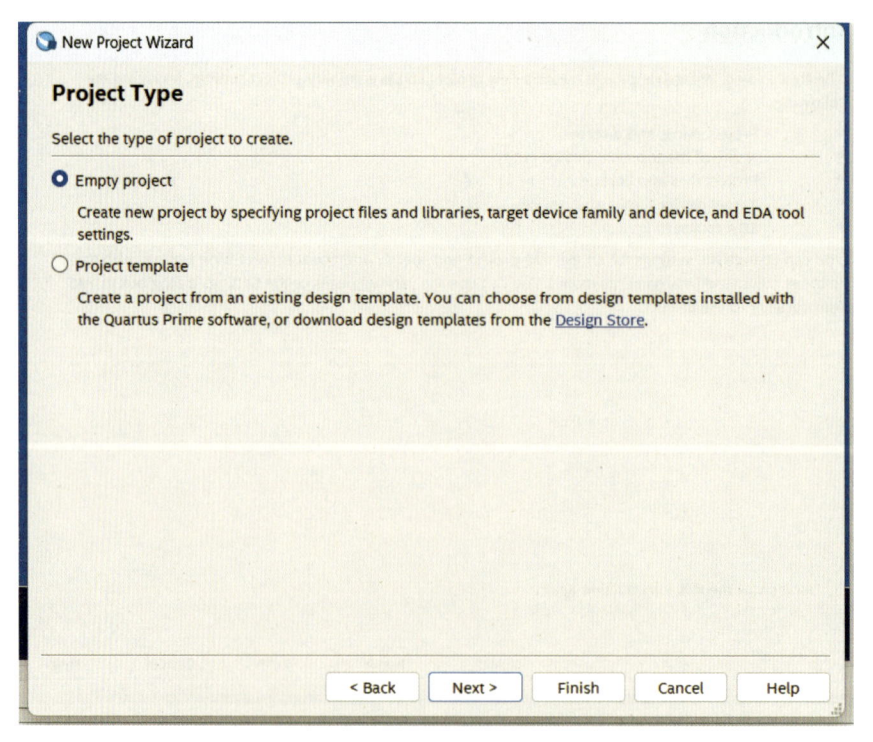

图 2.1.4　选择工程类型

（5）单击"Next"按钮，进入如图 2.1.5 所示对话框，可以添加已有设计文件。

图 2.1.5　添加文件

（6）单击"Next"按钮，进入如图 2.1.6 所示对话框，选择 FPGA 器件类型。口袋机使用 FPGA 器件为 Cyclone Ⅳ E 系列的 EP4CE30F23C8，器件引脚数为"484"，速度等级为"8"。

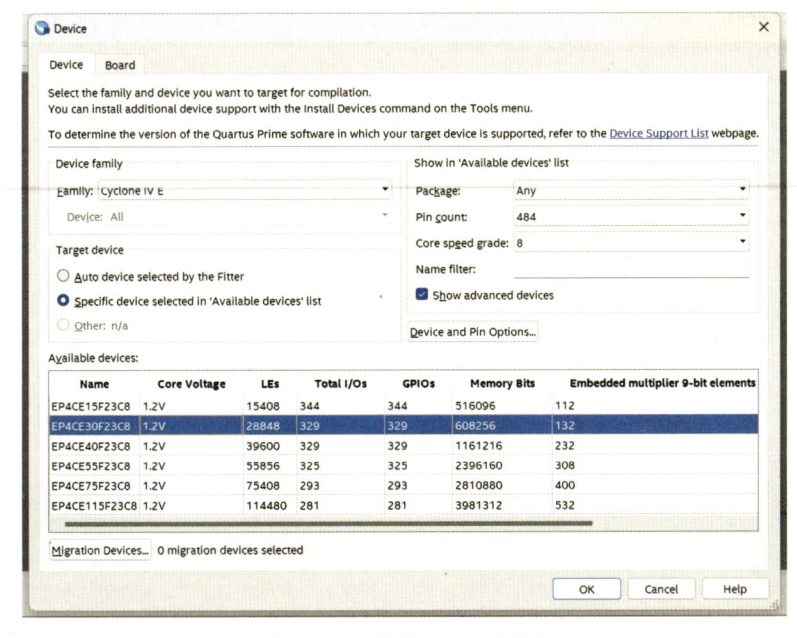

图 2.1.6　选择 FPGA 型号

（7）单击"Next"按钮，进入如图 2.1.7 所示对话框，选择 EDA 工具及语言。

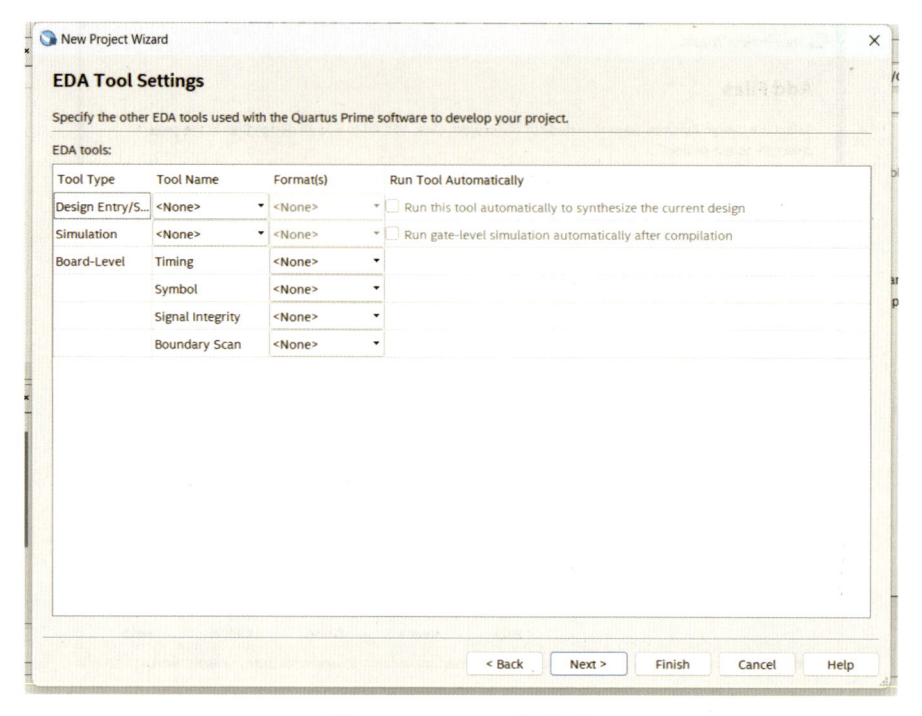

图 2.1.7　EDA 工具设置

（8）单击"Next"按钮，进入如图 2.1.8 所示对话框，显示工程设置报告。

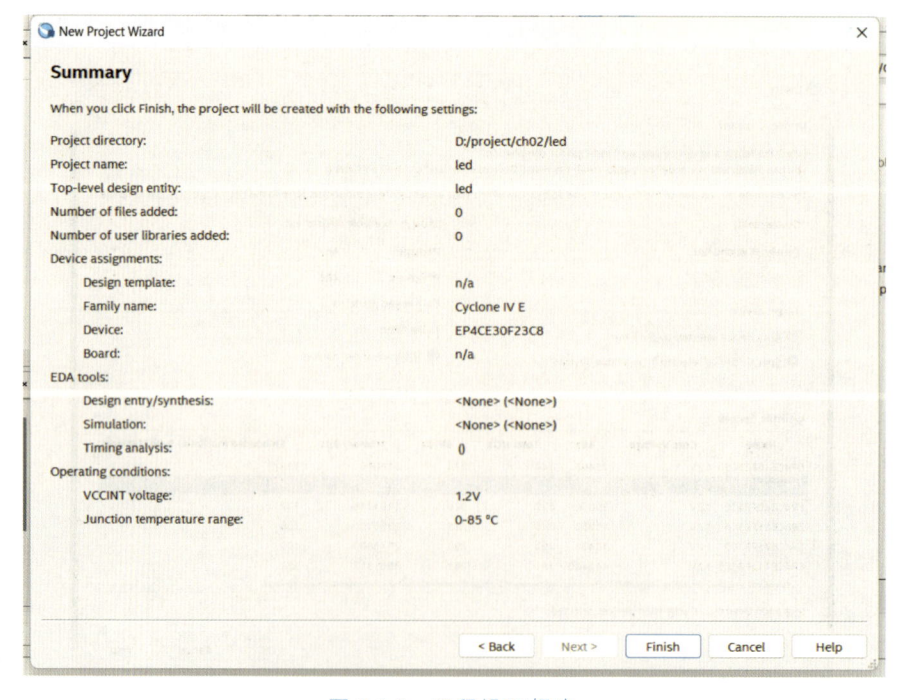

图 2.1.8　工程设置报告

（9）单击"Finish"按钮，进入如图 2.1.9 所示对话框，工程创建完成。

图 2.1.9　工程创建完成

2. 新建文本编辑器

通过以上操作，可创建一个新的工程。如果需要继续操作，如录入代码，则需要新建一个文本编辑器。

（1）选择"File"→"New"，显示如图 2.1.10 所示对话框，选择 Verilog HDL 文件。

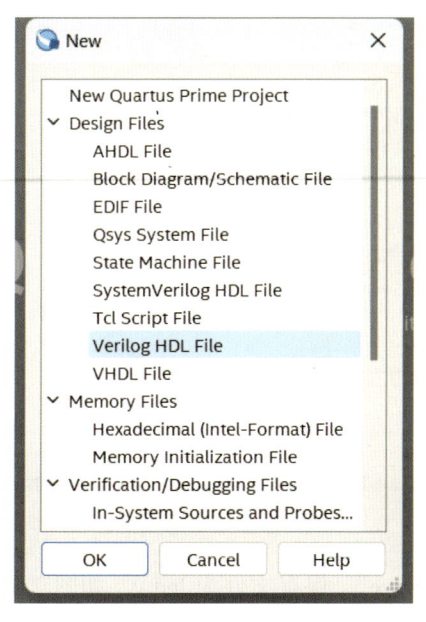

图 2.1.10　选择文本编辑器

（2）单击"OK"按钮即可新建一个文本编辑器，进入如图 2.1.11 所示界面。

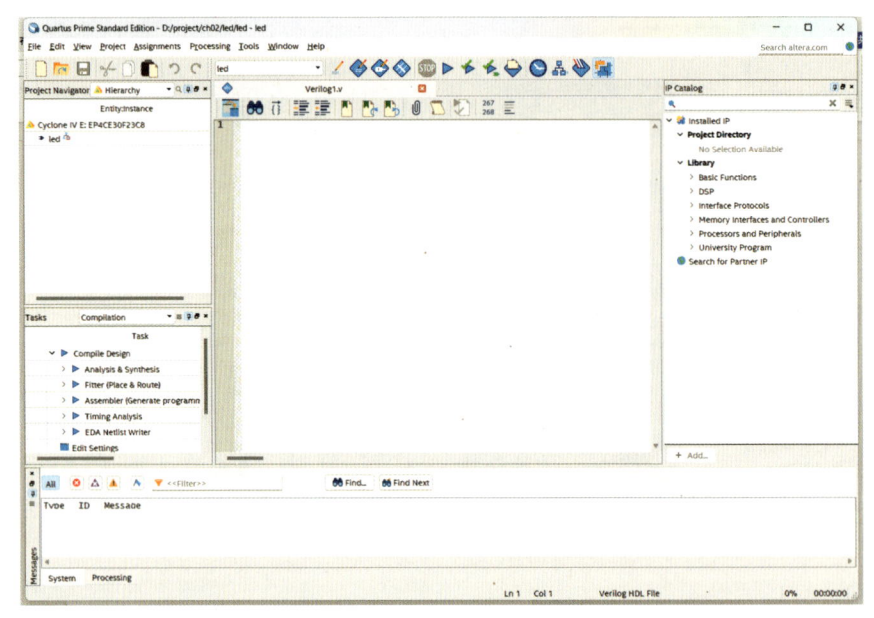

图 2.1.11　进入文本编辑器

3. 代码编译

（1）在新建文本编辑器后，就可以输入代码，如图 2.1.12 所示。

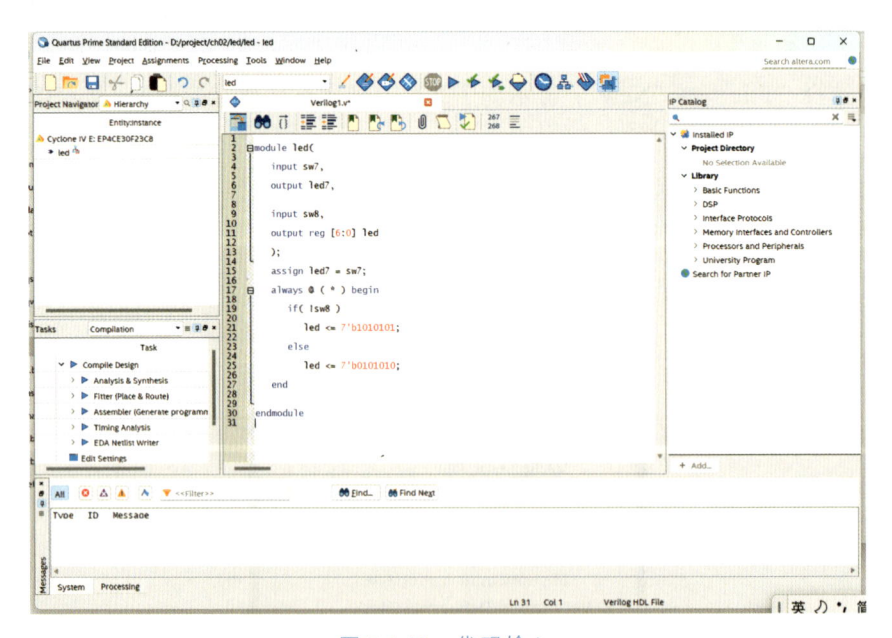

图 2.1.12　代码输入

（2）选择"File"→"Save"，保存文件为 led.v，如图 2.1.13 所示，文件名需要与模块名 led 一致。

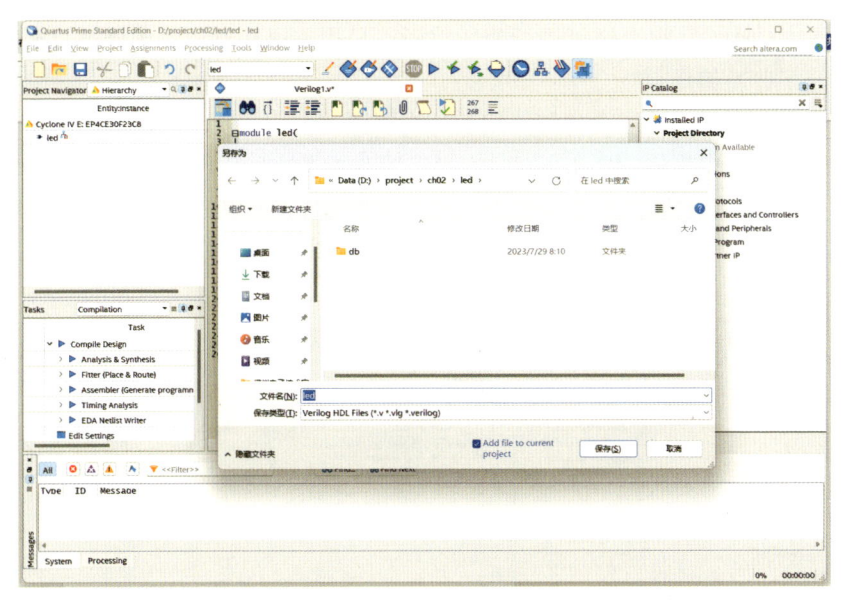

图 2.1.13　文件保存

（3）单击"保存"按钮即可对输入代码进行保存。

（4）在代码编写和保存完毕后，需要对其进行语法分析与综合，以便检查是否存在语法错误。如图 2.1.14 所示，对编写完的文件进行 RTL 分析及综合（也可按"Ctrl+L"组合键和"Ctrl+K"组合键对代码进行编译），显示没有错误才可以进行下一步。

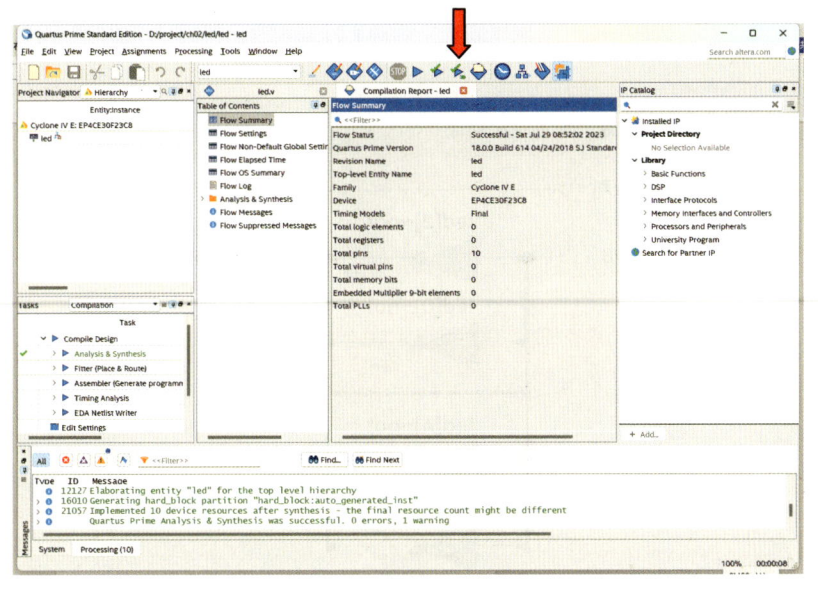

图 2.1.14　分析与综合

通过按"Ctrl+L"组合键可进行全编译：不但检查代码的语法，而且还会进行布线，即将代码映射成具体的电路。如果需要将代码下载到口袋机，则在下载之前必须进行一次全编译。全编译的时间相对较长。

031

通过按 "Ctrl+K" 组合键可进行普通编译：只检查语法错误，编译速度较快。在这里，只进行了普通编译。

（5）编译结束后，系统会告知使用者片内资源的使用情况。在图 2.1.14 中，可以发现最下面的报告栏中提示 "Quartus Prime Analysis & Synthesis was successful.0 errors, 1 warning"，且没有显示红色的错误报告，这就说明代码的语法正确。

（6）单击如图 2.1.15 所示命令，可以查看 RTL 图。RTL 图如图 2.1.16 所示。

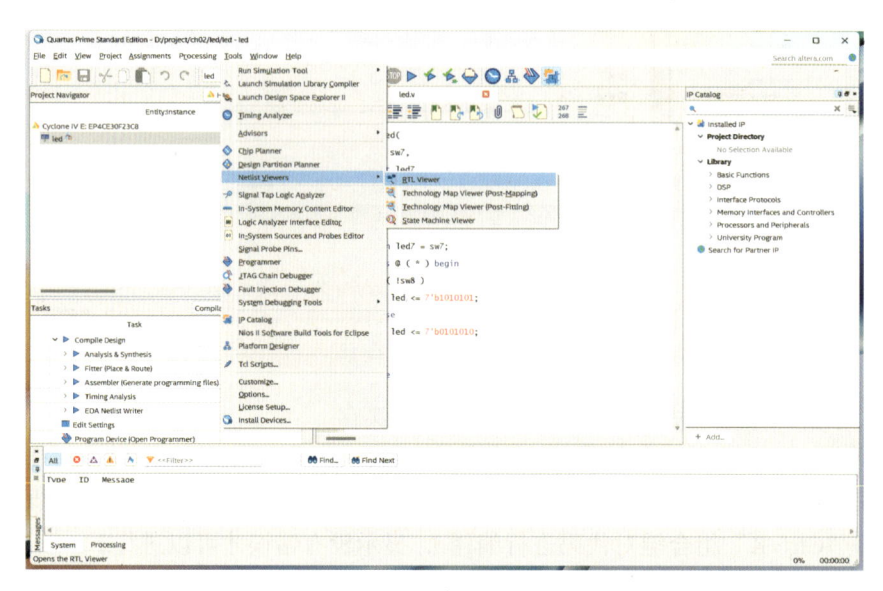

图 2.1.15 查看 RTL 图

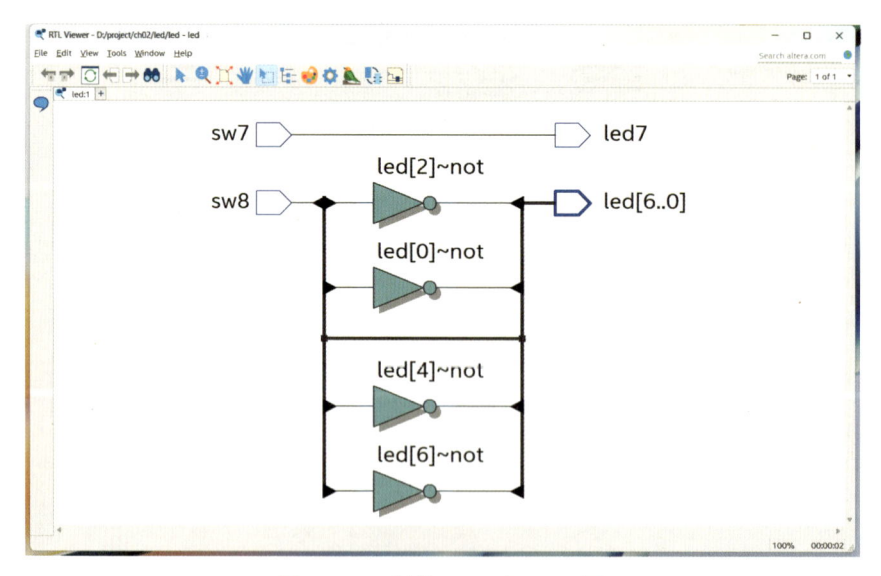

图 2.1.16 键控 LED 灯 RTL 图

4. 仿　真

即便在编译代码时可顺利通过，也只能说明代码的语法正确，那逻辑是否正确呢？

可以实现想要的功能吗？这就不得而知了，毕竟软件并不知道代码编写者的最终目的。可以进行仿真，通过波形查看代码的逻辑是否正确。下面通过实战演示 Quartus Ⅱ 集成的仿真工具进行仿真。

（1）在 Quartus Ⅱ 工程下，单击 "File" → "New"，如图 2.1.17 所示，选择新建 "University Program VWF" 文件，单击 "OK" 按钮。

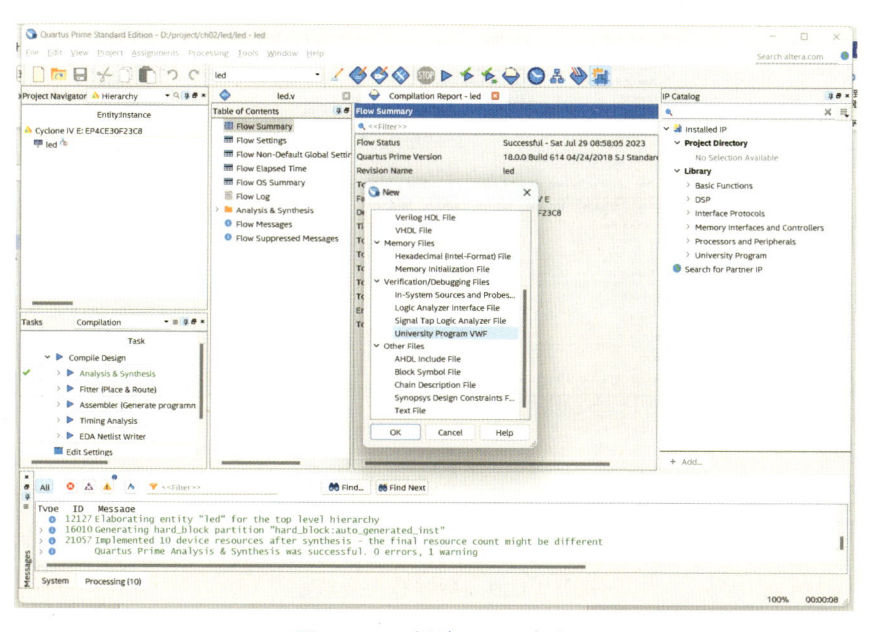

图 2.1.17　新建 VWF 文件

（2）选择 "Edit" → "Insert" → "Insert Node or Bus" 命令，如图 2.1.18 所示。

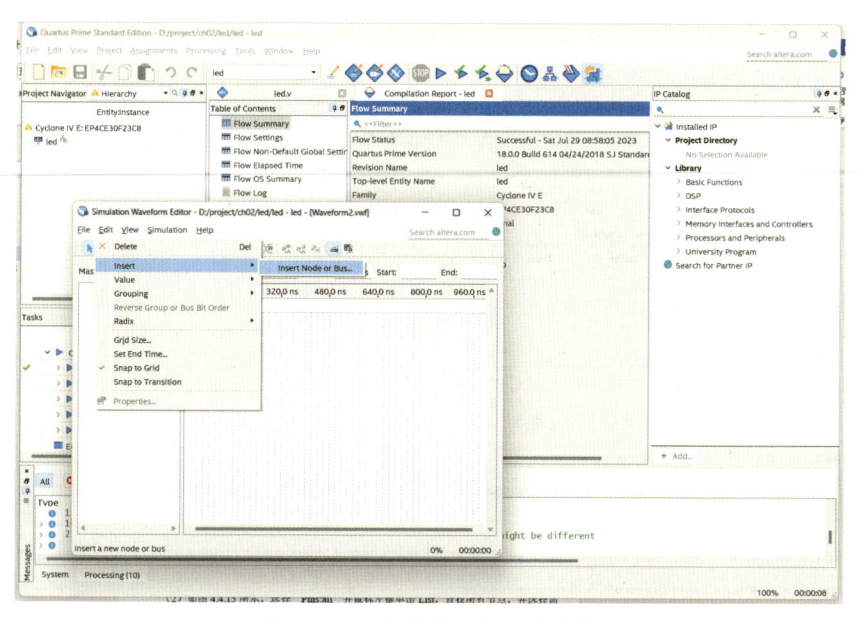

图 2.1.18　选择插入节点或总线

（3）在如图 2.1.17 所示界面中单击"Node Finder"按钮，出现如图 2.1.19 所示界面，选择"Pins：all"选项并单击 List 按钮，查找所有节点。

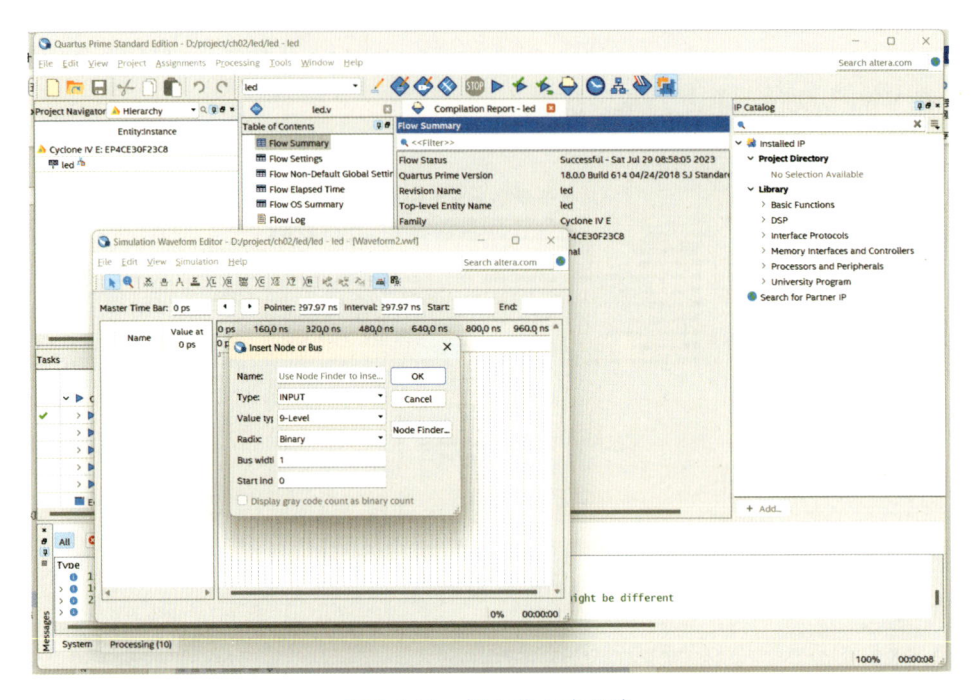

图 2.1.19　插入节点或总线

（4）在图 2.1.20 所示界面，单击">>"按钮，选择所有节点，如图 2.1.21 所示，单击"OK"按钮，出现如图 2.1.22 所示界面。

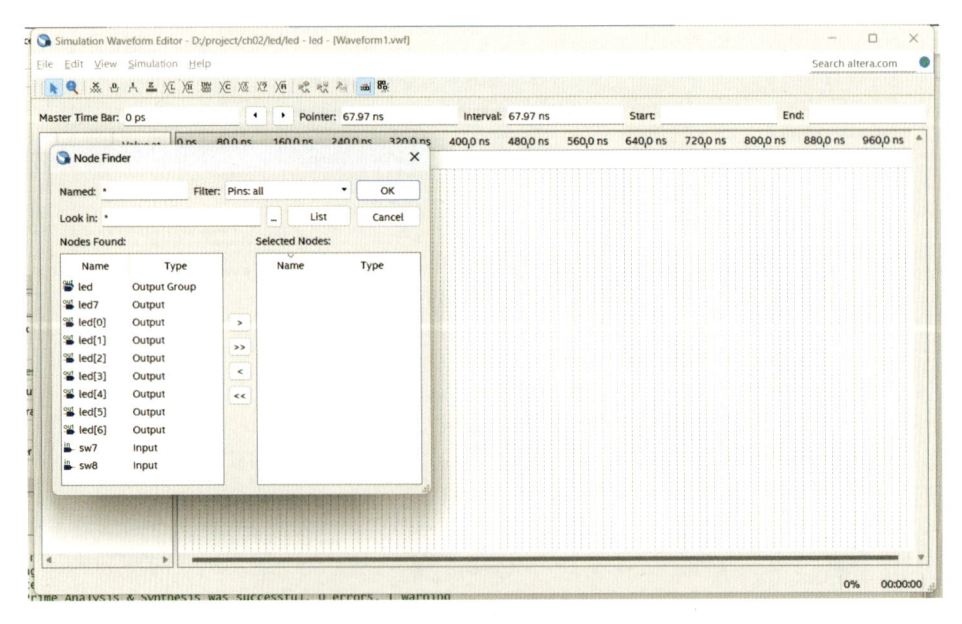

图 2.1.20　查找节点

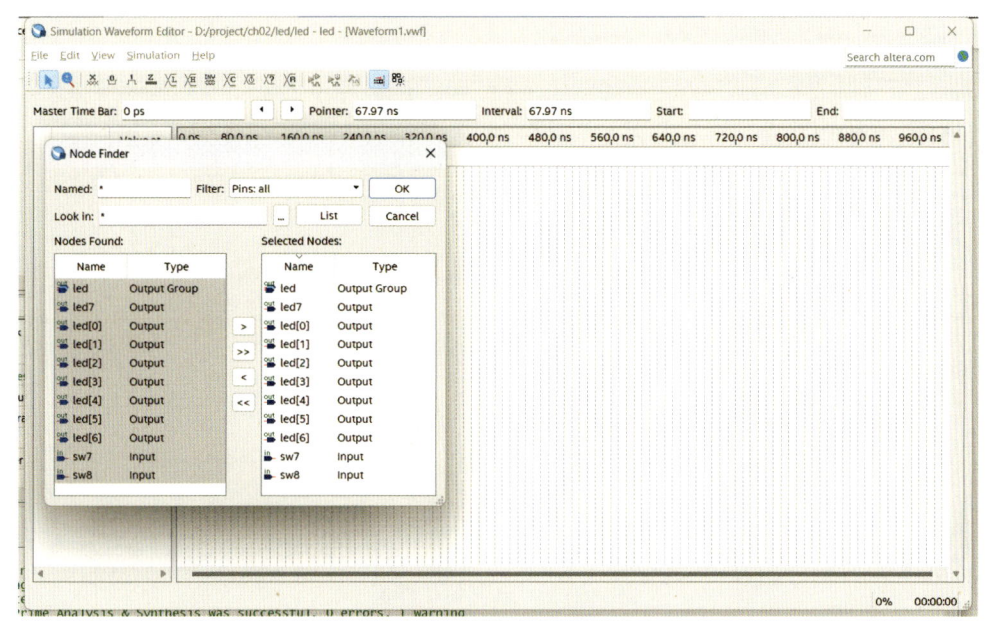

图 2.1.21 选择节点

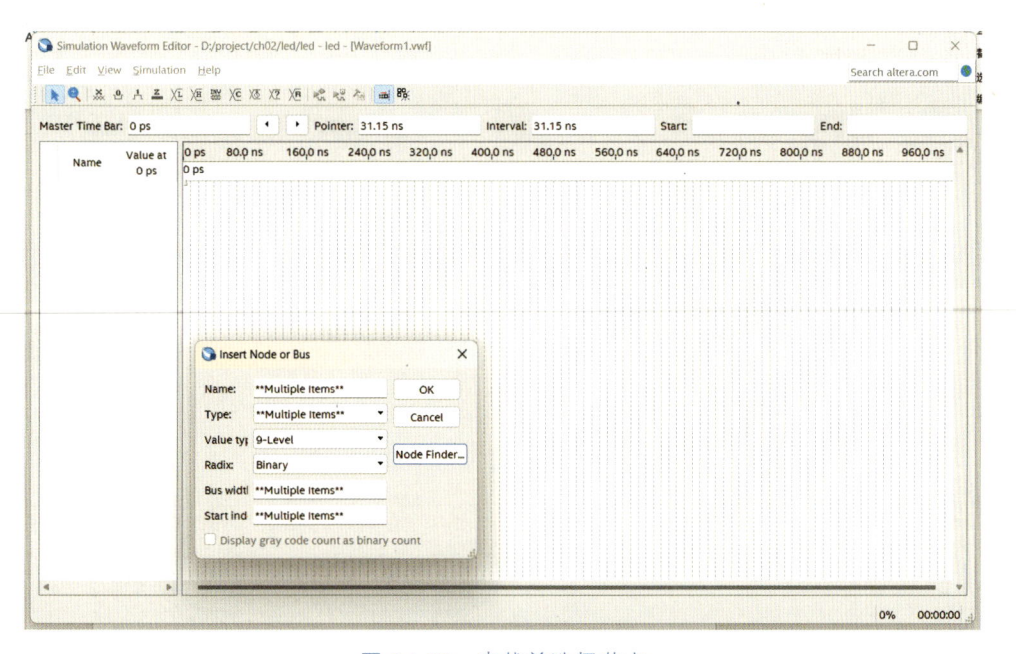

图 2.1.22 查找并选择节点

（5）单击"OK"按钮，出现如图 2.1.23 所示波形编辑界面。

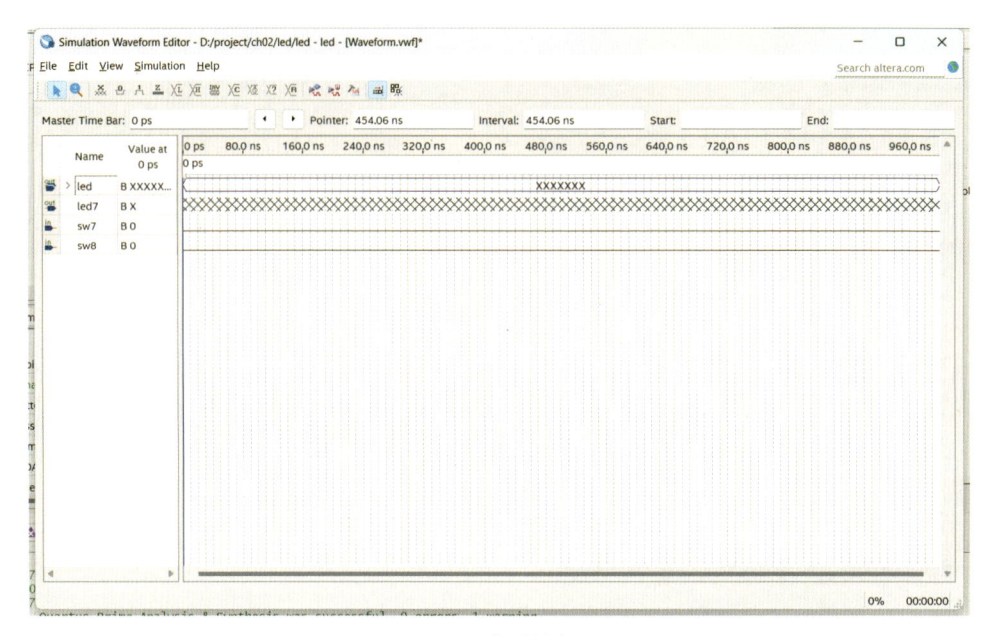

图 2.1.23　波形编辑界面

（6）编辑输入信号波形，如图 2.1.24 所示。

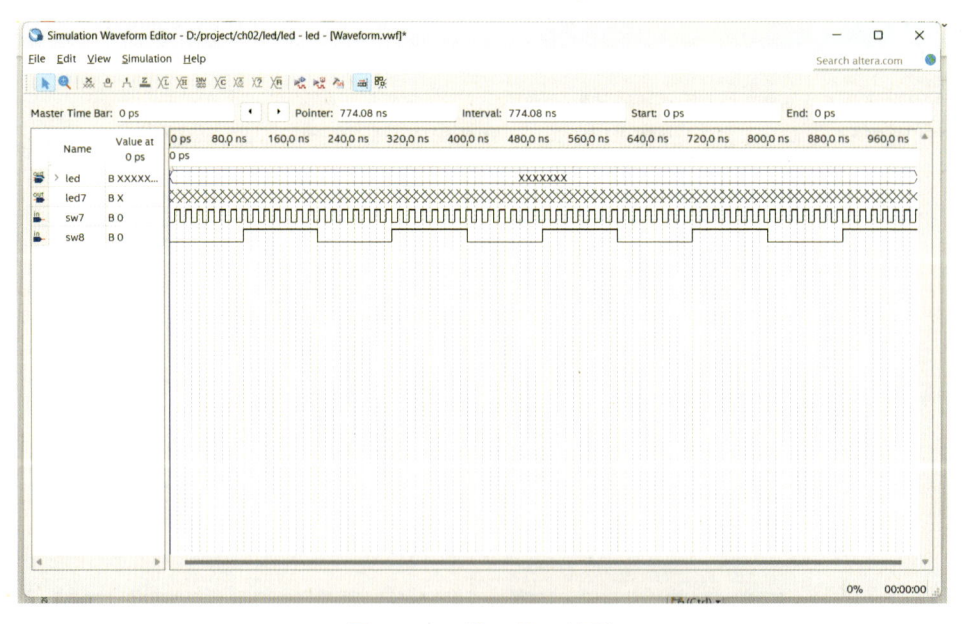

图 2.1.24　设置输入波形

（7）单击"File"→"Save"，出现如图 2.1.25 所示界面，保持默认文件名"Waveform"，单击"保存"按钮。

图 2.1.25　设置输入波形

（8）单击功能仿真"Run Functional Simulation"按钮进行功能仿真，出现如图 2.1.26 所示输出信号的功能仿真波形。

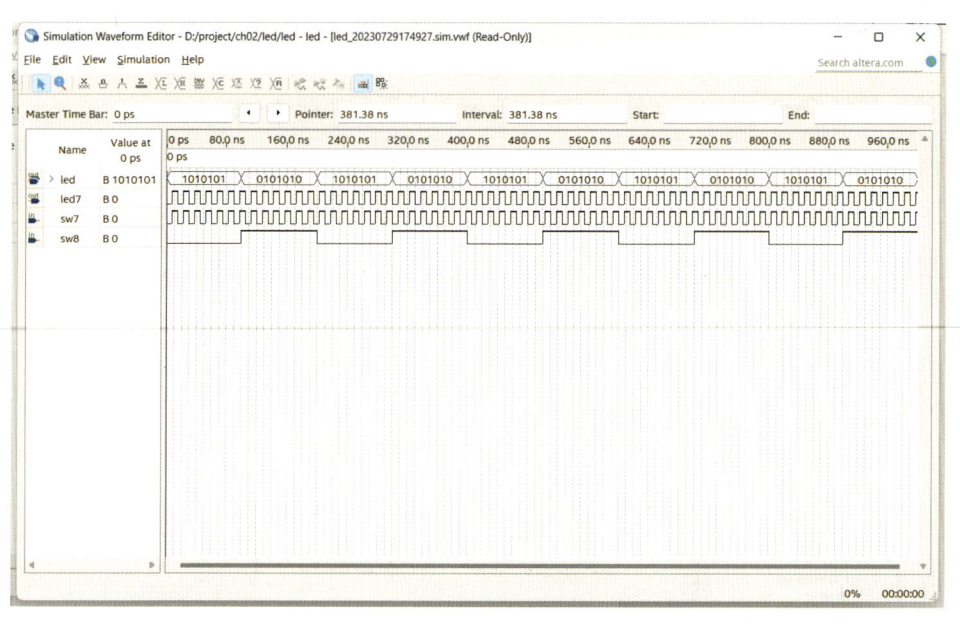

图 2.1.26　输出信号功能仿真波形

（9）如果要单击时序仿真"Run Timing Simulation"按钮进行时序仿真，则需要先对代码进行全编译，在 Quartus Ⅱ 工程中单击全编译按钮（"Ctrl+L"组合键），出现如图 2.1.27 所示输出信号的时序仿真波形。

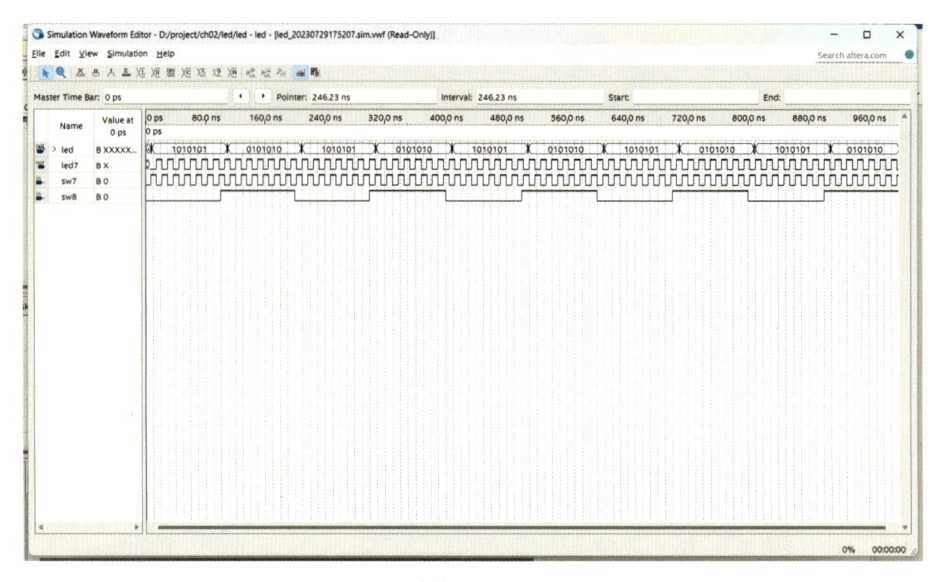

图 2.1.27　输出信号时序仿真波形

2.1.2　ModelSim 级联调试演练

以下实战演练借助第三方仿真软件 ModelSim 进行仿真，通过波形查看代码的逻辑是否正确。给待测的设计电路输入一定的信号，观察它的输出及内部执行过程。使用 ModelSim 仿真工具的步骤如下：

（1）在调用 ModelSim 之前，需要在 Quartus Ⅱ 工程中编写一段测试代码。新建文本编辑器，选择 Verilog HDL 文件，编写仿真测试代码后如图 2.1.28 所示。

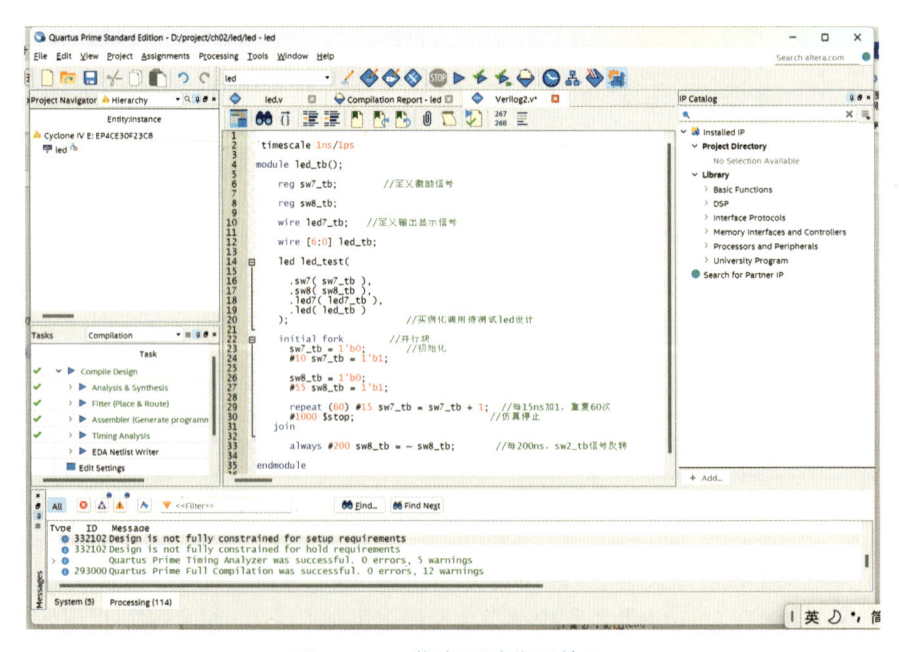

图 2.1.28　仿真测试代码输入

（2）单击"File"→"Save"，出现如图 2.1.29 所示界面，保存文件名 led_tb，单击"保存"按钮。

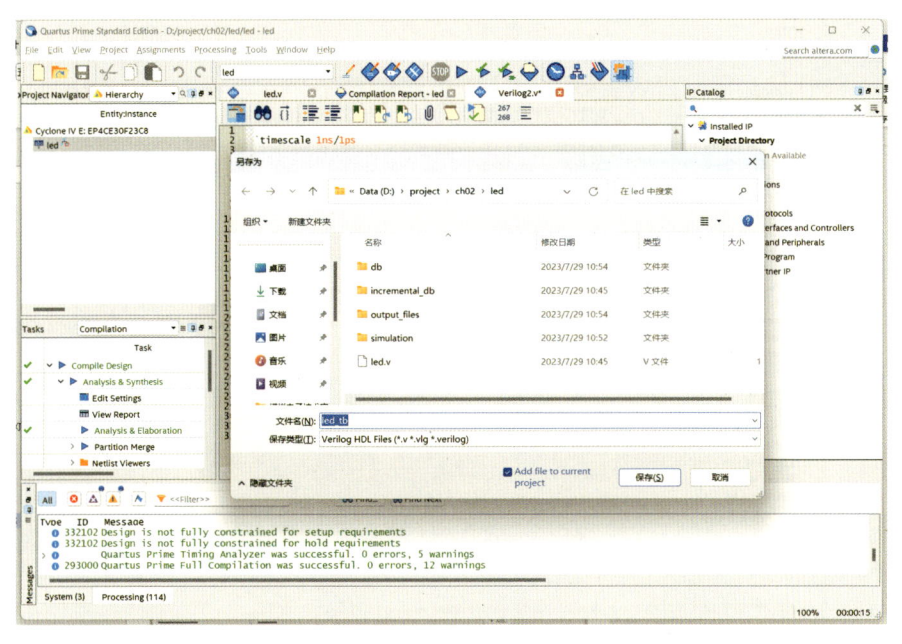

图 2.1.29 仿真测试代码保存

（3）在编写完测试代码后，需要对软件进行设置。右键单击工程名称 led，在弹出的快捷菜单中选择"Settings"选项，弹出如图 2.1.30 所示的界面，设置仿真工具 Tool name 为"ModelSim-Altera"，选中"Compile test bench"单选钮。

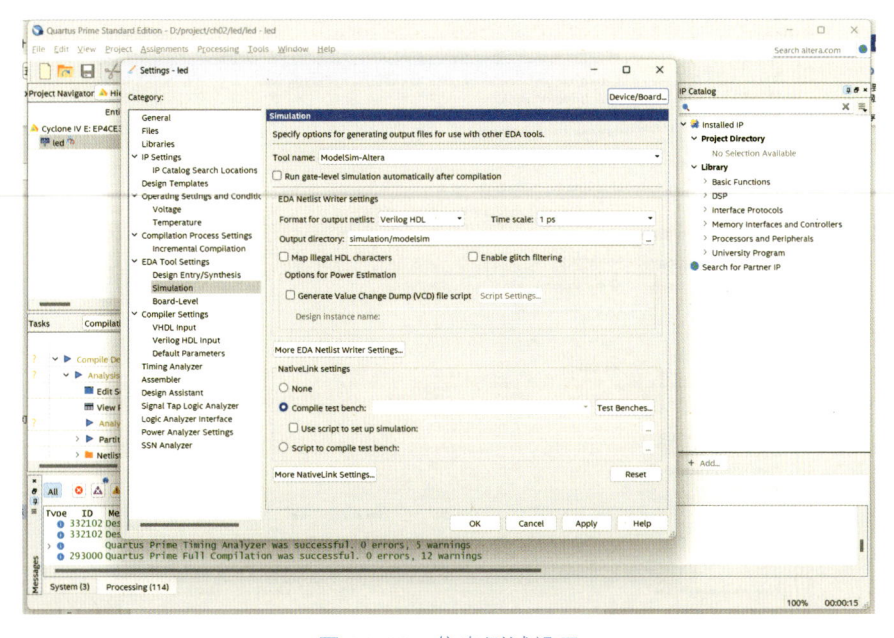

图 2.1.30 仿真测试设置

（4）单击"Test Benches"按钮，弹出如图 2.1.31 所示界面。

图 2.1.31　Test Benches 设置

（5）单击"New"按钮，弹出"New Test Bench Settings"对话框，输入测试文件名称"led_tb"，如图 2.1.32 所示。

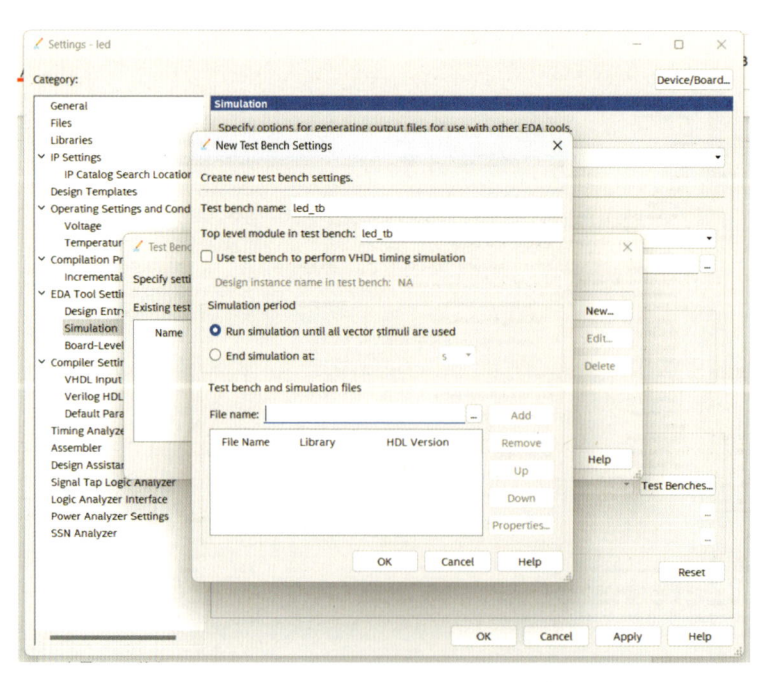

图 2.1.32　New Test Bench Settings 设置

（6）单击"File name"文本框右侧的"…"按钮，弹出如图 2.1.33 所示对话框，选中"led_tb.v"测试文件，单击"Open"按钮，返回"New Test Bench Settings"对话框，如图 2.1.34 所示。

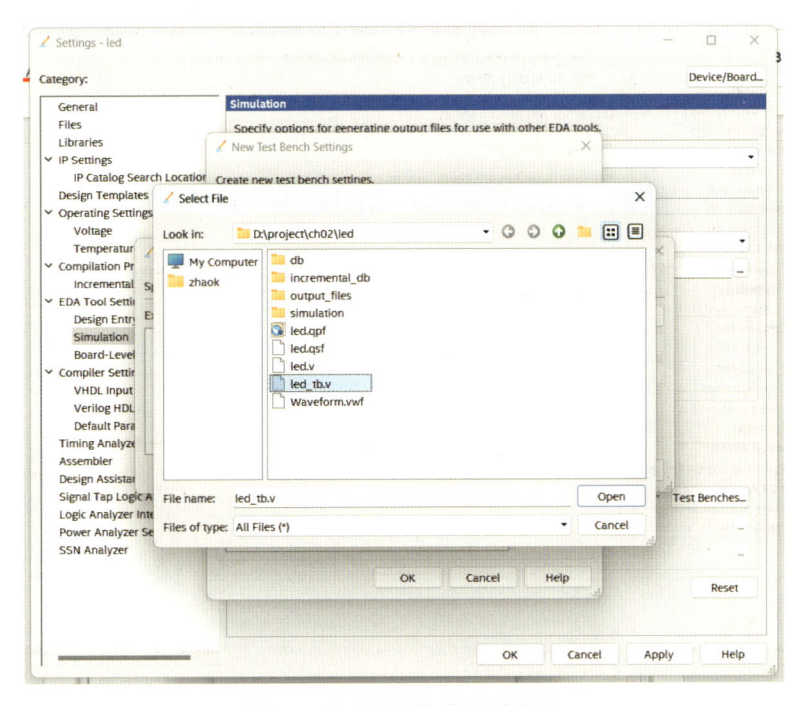

图 2.1.33　选择仿真测试文件

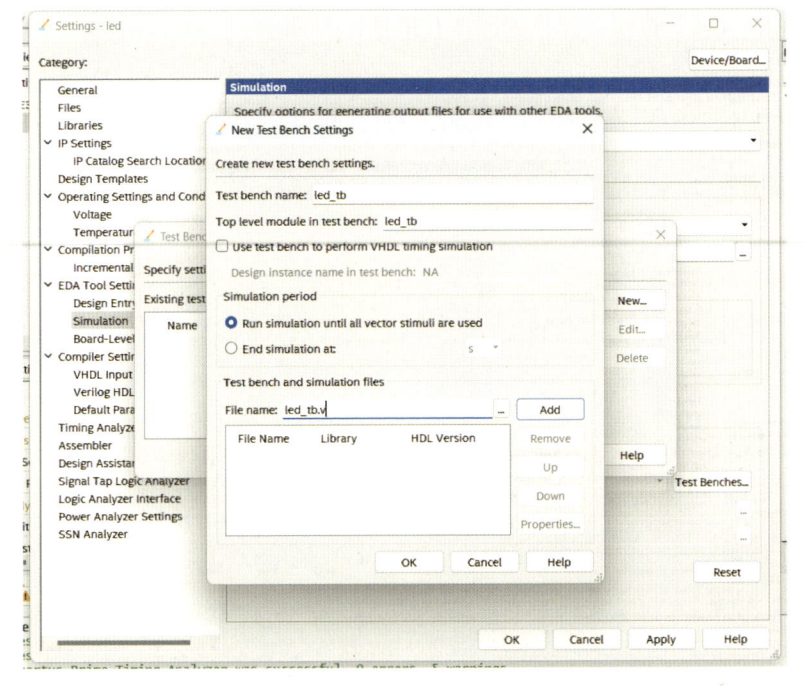

图 2.1.34　返回 New Test Bench Settings 设置

（7）单击"Add"按钮，将测试文件添加到如图 2.1.35 所示界面的下方列表框中。

图 2.1.35 添加测试文件

（8）单击"OK"按钮，弹出如图 2.1.36 所示界面。

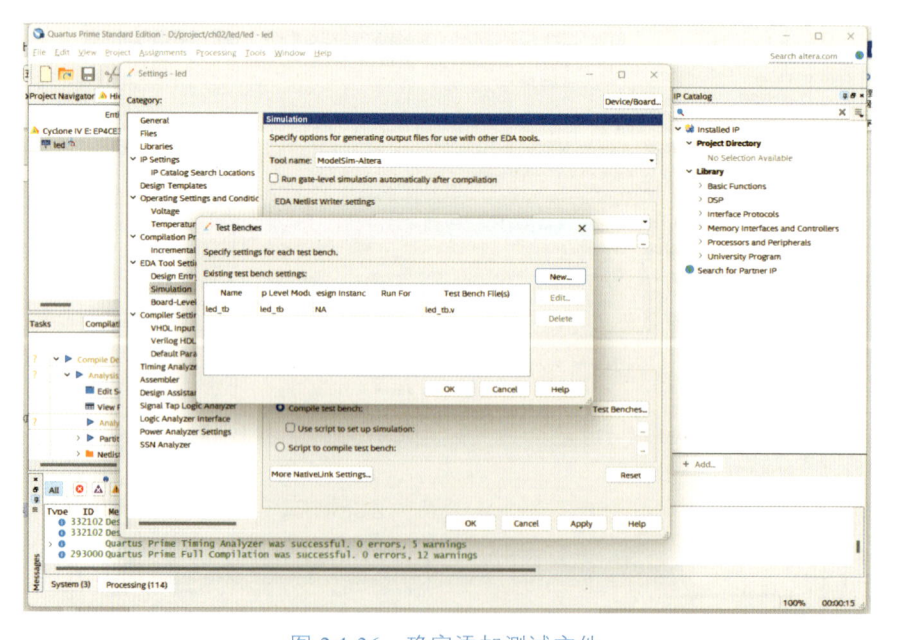

图 2.1.36 确定添加测试文件

（9）单击"OK"按钮，弹出如图 2.1.37 所示设置界面。

图 2.1.37　确定仿真设置

（10）先单击"Apply"按钮，再单击"OK"按钮，退出仿真设置对话框，返回如图 2.1.38 所示界面。

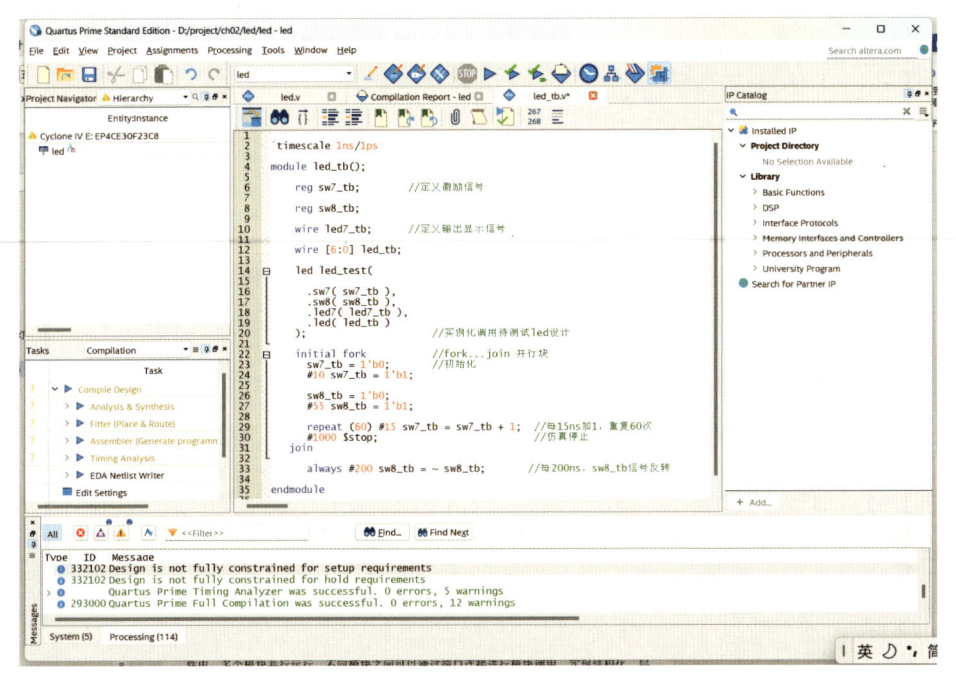

图 2.1.38　仿真设置完毕

（11）选择"Tools"→"Run Simulation Tool"→"RTL Simulation"，自动调用 ModelSim 软件，出现如图 2.1.39 所示界面。

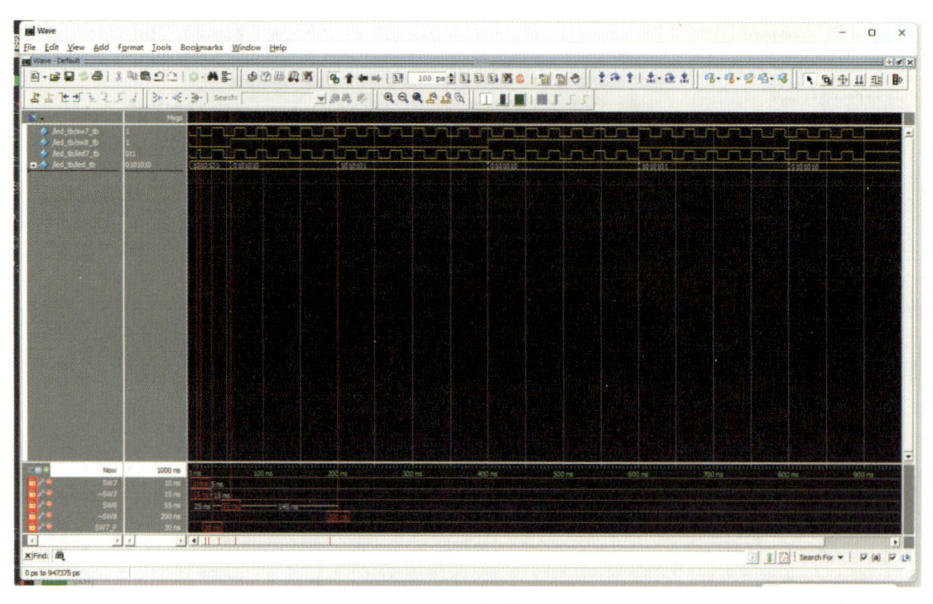

图 2.1.39　仿真波形

（12）将初始化仿真测试代码的并行块"fork…join"修改为顺序块"begin…end"，如图 2.1.40 所示。

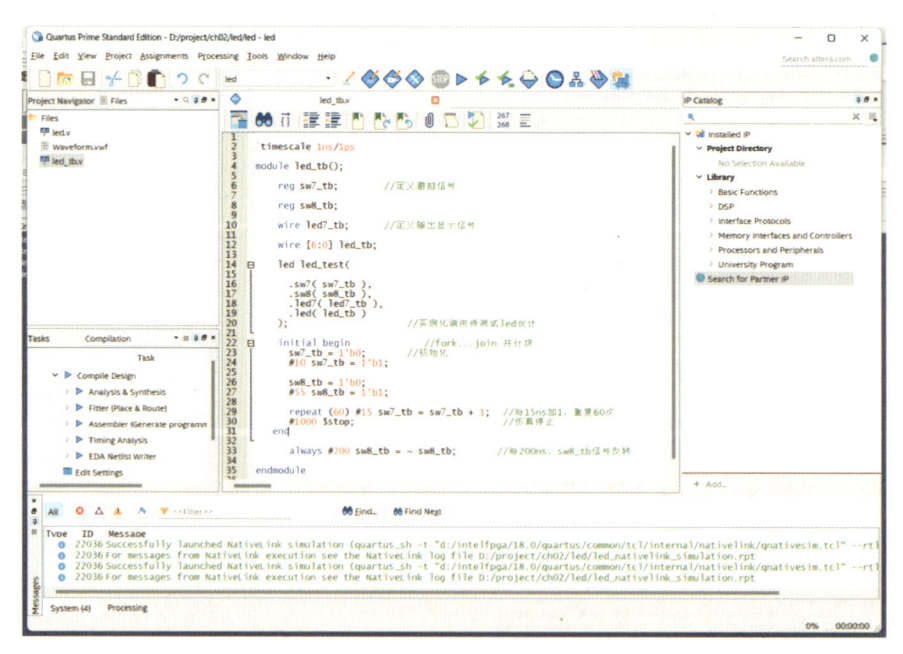

图 2.1.40　修改仿真测试代码

（13）进行 RTL 仿真后，出现界面如图 2.1.41 所示（可对比图 2.1.39 所示仿真波形）。

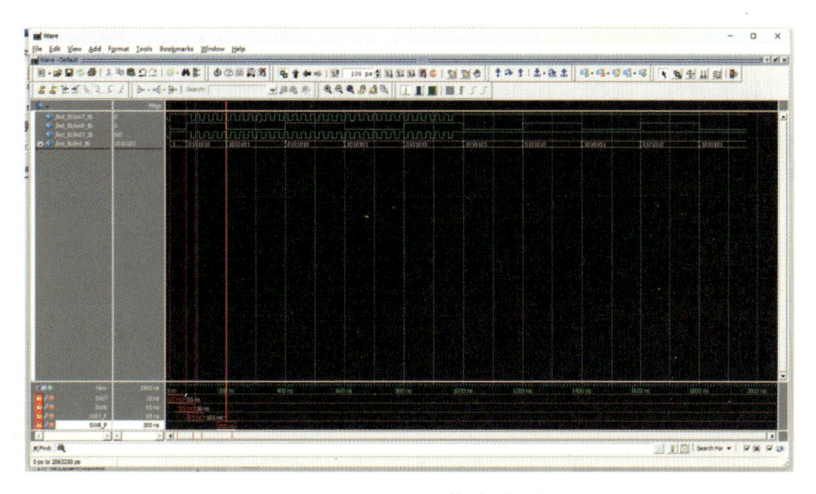

图 2.1.41　RTL 仿真波形

在 Verilog HDL 中有两种过程块,一种是 begin-end,是可综合的;另一种是 fork-join,常用于仿真测试。begin-end 语句块中的语句是顺序执行的,而 fork-join 语句块中的语句是被并行启动的,其执行终结要等待语句块中执行最慢的语句来结束。

2.1.3　口袋机硬件下载演练

在仿真测试完成后,本小节实战演练口袋机硬件下载测试。

(1) 选择"Assignments"→"Pin Planner",弹出 FPGA 引脚管理界面,进行引脚分配,如图 2.1.42 所示。

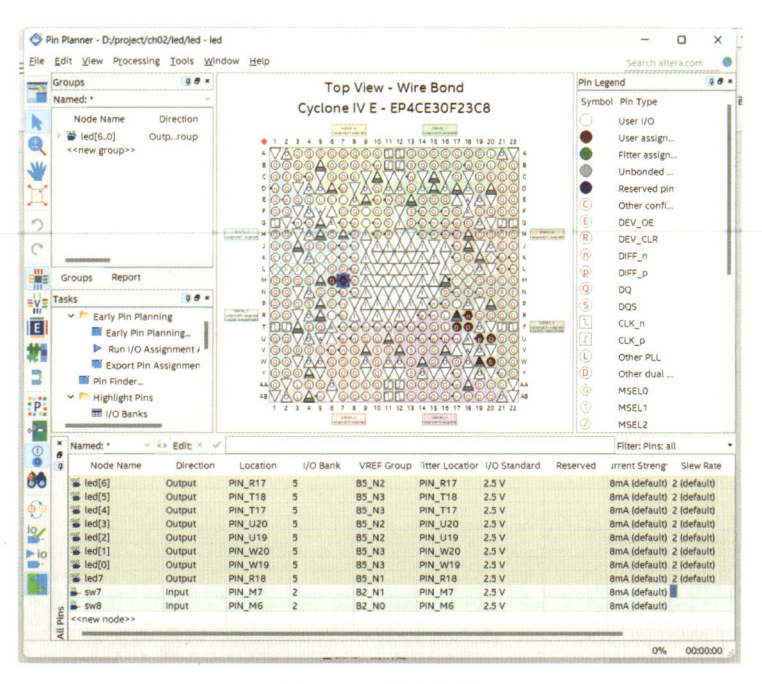

图 2.1.42　引脚分配

（2）在 QuartusⅡ工程中单击全编译按钮（"Ctrl+L"组合键），编译完成后，通过 USB 口连接口袋机硬件，选择"Tools"→"Programmer"，弹出如图 2.1.43 所示下载界面。

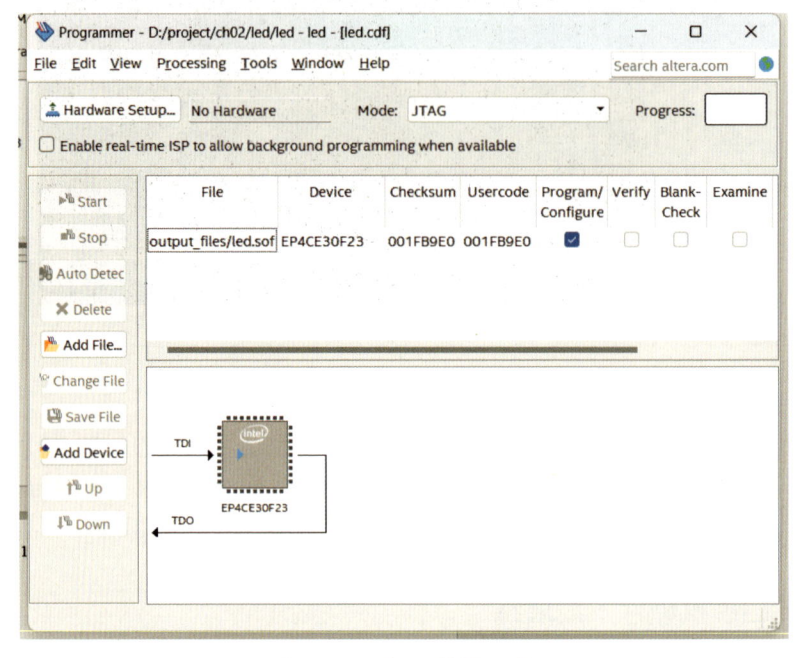

图 2.1.43　打开编译下载

（3）单击"Hardware Setup"按钮，弹出界面，选择"USB-Blaster"，如图 2.1.44 所示。

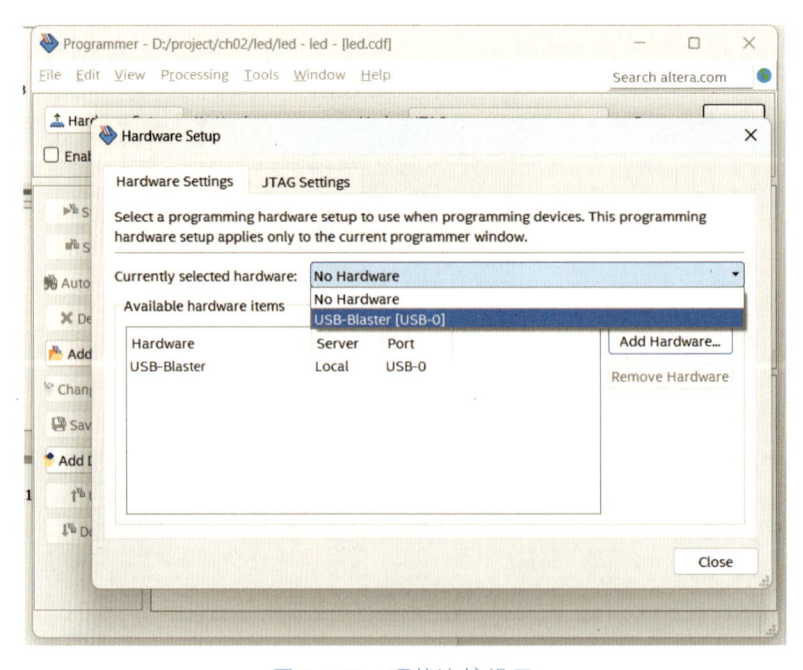

图 2.1.44　硬件连接设置

(4)单击"Close"按钮返回如图 2.1.45 所示下载界面。可以单击"Add File"选择需要下载的文件。选择好下载文件,单击"Start"按钮进行下载,右上角进度条显示"100%(Successful)"证明下载成功。

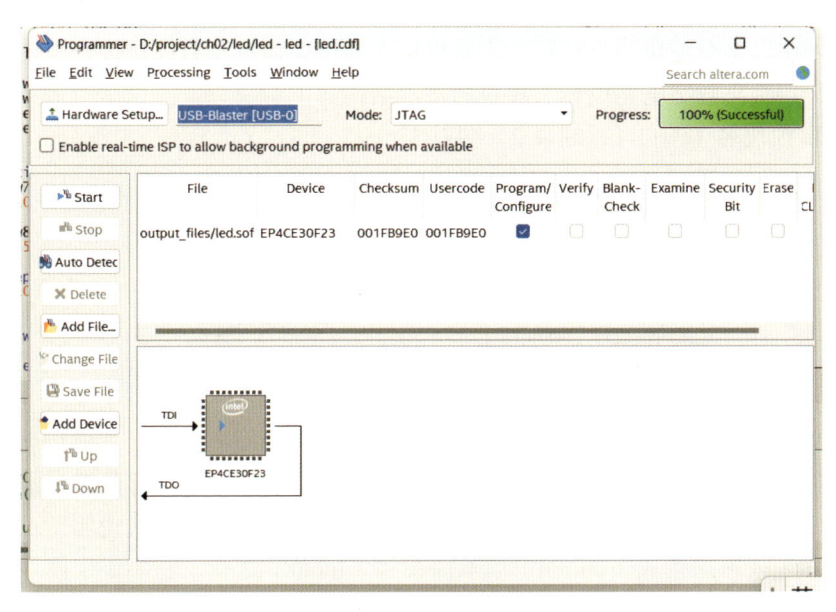

图 2.1.45　编译下载

(5)如图 2.1.46 所示,通过触摸按键 B 和触摸按键 D 控制 LED 的亮灭。触摸按键 B 控制 LED7 亮灭,触摸按键 D 控制 LED6~LED0 交替亮灭。

图 2.1.46　硬件显示

2.2　Verilog 程序基础

Verilog 语言继承了 C 语言的许多语法结构,同时又增加了一些新的规则,下面介绍 Verilog 程序的基础知识。

2.2.1　Verilog 基本程序结构

Verilog 描述的硬件电路就是一个模块（module），一个模块可以表示简单的门电路，也可以表示复杂功能的数字电路。一般一个模块就是一个文件，但也可以将多个模块放入一个文件中。多个模块并行运行，不同模块之间可以通过端口连接进行模块调用，实现结构化、层次化数字电路设计。模块的基本结构如下：

module 模块名（端口 1，端口 2，端口 3，…）

端口模式说明（input，output，inout）；
参数定义（可选）；　　　　　　　　　　 ｝说明部分
数据类型定义（wire，reg 等）；

实例化调用低层模块或基本门级元件；
连续赋值语句（assign）；　　　　　　　　 ｝逻辑功能描述部分，
过程块结构（initial，always）；　　　　　　 顺序可以任意
行为描述语句（endmodule）。

模块结构总是以关键词 module 开始，以关键词 endmodule 结束。"模块名"是定义该模块的唯一标识符，其后括号中定义的为端口列表，各端口以逗号隔开，端口名的定义符合标识符定义规则，但不能是 Verilog 定义的关键词。"端口模式说明"可以为输入模式（input）或输出模式（output）或双向模式（inout）之一，它决定了模块与外界交互信息的方式。input 模式模块只能从外界读取数据，output 模式模块向外界送出数据，而 inout 模式可以读数据也可以送出数据。"参数定义"是用符号常量代替数值常量，以增加程序的可读性和可修改性，这是一个可选择的语句。"数据类型定义"用来指定模块内所有信号的数据类型，常用类型包括寄存器型（reg）或线网型（wire）等。模块中所用到的所有信号分为端口信号和内部信号，出现在端口列表的信号是端口信号，其他的信号为内部信号。信号都必须进行数据类型的定义，如果没有定义，则默认为 wire 型。不能将 input 和 inout 类型的端口信号定义为 reg 数据类型。

模块中最核心的部分是逻辑功能描述，通常使用三种不同风格来描述逻辑电路的功能。

（1）结构化描述方式：实例化调用低层模块或基本门级元件的方法，即调用其他已定义过的低层次模块或 Verilog 内部预先定义好的基本门级元件对整个电路的功能进行描述（对只使用基本门级元件描述电路的方法，也可以称为门级描述方式）。

（2）数据流描述方式：使用连续赋值语句（assign）对电路的逻辑功能进行描述。通过说明数据的流程对模块进行描述。此方式特别适用于组合逻辑电路的建模。

（3）行为描述方式：使用过程块结构描述电路功能。过程块结构有 initial 和 always 语句等。过程块结构内部是行为语句（比较抽象的高级程序语句，如过程赋值语句、if 语句、case 语句等）。行为描述侧重于描述模块的逻辑功能，不涉及实现该模块的具体硬件电路结构。

硬件电路设计人员可以选用这三种方式中的任意一种或混合使用几种描述电路的逻辑功能，并且在程序中排列的先后顺序是任意的。在数字电路设计中，术语"寄存器传输级（RTL）描述"，在很多情况下是指能够被逻辑综合工具接受的行为和数据流的混合描述。在经过综合工具综合之后，综合结果一般都是门级结构描述。

2.2.2 Verilog 基本语法规则

1. 关键词

关键词（又称保留字）是 Verilog 中预留的用于定义语言结构的特殊字符串，通常为小写的英文字符串。在 Verilog 中有 100 个左右预定义的关键词，见表 2.2.1。

表 2.2.1 Verilog 关键词

always	and	assign
begin	buf	bufif0
bufif1	case	casex
casez	cmos	deassign
default	defparam	disable
edge	else	end
endcase	endmodule	endfunction
endprimitive	endspecify	endtable
endtask	event	for
force	forever	fork
function	highz0	highz1
if	initial	inout
input	integer	join
large	macromodule	medium
module	nand	negedge
nmos	nor	not
notif0	notif1	or
output	parameter	pmos
posedge	primitive	pull0
pull1	pullup	pulldown
rcmos	real	realtime
reg	releses	repeat
rnmos	rpmos	rtran
rtranif0	rtranif1	scalared
small	specify	specparam
strength	strong0	strong1
supply0	supply1	table
task	time	tran

049

续表

tranif0	tranif1	tri
tri0	tri1	triand
trior	trireg	vectored
wait	wand	weak0
weak1	while	wire
wor	xnor	xor

2. 标识符

给程序代码中的对象（如模块名、电路的输入和输出端口、变量等）取名所用的字符串称为标识符。标识符通常由英文字母、数字、$符和下划线"_"组成，并且规定标识符的第一个字符必须以英文字母或下划线开始，不能以数字或$符开头。Verilog HDL 标识符不能与保留关键词重名。特别注意，Verilog HDL 是一种区分大小写的语言，即对大小写敏感，因此在书写代码时应特别注意区分大小写，以避免出错。例如：clk、counter8、_net、bus_D 等都是合法的标识符；74HC138、$counter、a*b 则是非法的标识符；A 和 a 是两个不同的标识符；以$开始的字符串是为系统函数保留的，如"$display"，系统函数将在后面的章节中介绍。

转义标识符以"\"开始，以空白符（空格、制表符 Tab 键、换行符）结束，可包含任意可打印的字符，而其头尾（反斜线和空白符）不作为本身转义标识符内容的一部分。例如：

```
reg clk;
reg \clk ;
```

clk 与\clk 是一样的，将反斜线和空白符之间的字符逐个进行处理，在";"前必须加入一个空白符，否则";"会被解释为标识符字符串的一部分。

3. 间隔符

Verilog 的间隔符（又称为空白符）包括空格符（\b）、Tab 键（\t）、换行符（\n）及换页符。如果间隔符不是出现在字符串中，则没有特殊的意义，使用间隔符主要起分隔文本的作用，在必要的地方插入适当的空格或换页符，可以使文本错落有致，便于阅读和修改。在综合时，则该间隔符被忽略。所以 Verilog 是自由格式，即编写程序时，可以跨越多行书写，也可以在一行内书写。

4. 注释符

Verilog 支持两种形式的注释符：/*……*/和//。其中，/*……*/为多行注释符，用于写多行注释；//为单行注释符，以双斜杠//开始到行尾结束为注释文字。注释只是为了改善程序的可读性，在编译时不起作用。

5. 逻辑值集合

鉴于硬件电路的特殊性，为了表示数字逻辑电路的状态，Verilog 语言规定了下列 4 种基本的逻辑值：

（1）0：逻辑 0 或逻辑假；
（2）1：逻辑 1 或逻辑真；
（3）x（X）：未知状态（仿真时表示不确定的值，或者综合时表示不关心）；
（4）z（Z）：高阻态。

2.2.3 常量及其表示

在程序运行过程中，其值不能被改变的量称为常量。Verilog 中的常量可由前面介绍的 4 种基本逻辑值组成。有 3 种类型的常量：整数型常量、实数型常量和字符串型常量。其中整数型常量是可以逻辑综合的，而实数型常量和字符串常量用于逻辑仿真。

1. 整数型常量

整数型常量有 4 种进制表示方式：二进制整数（b 或 B）、十进制整数（d 或 D）、十六进制整数（h 或 H）、八进制整数（o 或 O）。

整数型常量有两种常用的表示方法：一是使用简单的十进制数形式表示常量，如 30、-2 都是十进制数表示的常量，用这种方法表示的常量被认为是有符号的常量；二是使用带基数的形式表示常量，其格式为

```
[<位宽>]'<进制><数值>
```

其中位宽和进制均可缺省，但一般建议书写完整使代码一目了然。采用缺省位宽（这由具体的机器系统决定，但至少 32 位）。省略进制，则默认为十进制数。例如：47 对应为 32'd47。

数值是进制数基数内合法字符或者 x（代表不定值）、z（代表高阻值）。在数字电路中，一个 x 可以用来代表十六进制数的四位二进制数、八进制数的三位、二进制数的一位的状态。z 的表示方式同 x 类似。z 还有一种表达方式是可以写作"?"。在使用 case 表达式时建议使用这种写法，以提高程序的可读性。例如：

```
4'b10x0      //位宽为 4 的二进制数，从低位数起第二位为不定值
4'b101z      //位宽为 4 的二进制数，从低位数起第一位为高阻值
12'dz        //位宽为 12 的十进制数，其值为高阻值（第一种表达方式）
12'd?        //位宽为 12 的十进制数，其值为高阻值（第二种表达方式）
8'h4x        //位宽为 8 的十六进制数，其低四位值为不定值
```

一个数字可以被定义为负数，只需在位宽表达式前加一个负号，负号必须写在数字定义表达式的最前面。注意：负号不可以放在位宽和进制之间，也不可以放在进制和具体的数之间。例如：

```
-8'd5        //这个表达式代表 5 的补数（用八位二进制数表示）
8'd-5        //非法格式
```

2. 实数型常量

实数型常量也有两种表示方法：一是使用简单的十进制计数法，如 0.1、2.0、5.67 等都是十进制计数法表示的实数型常量；二是使用科学记数法，由数字和字符 e 或 E 组成，e 或 E 的前面必须要有数字而且后面必须为整数。Verilog 语言中可以将实数转换为整数，将实数通过四舍五入的方法转换成最接近的整数。

3. 字符串型常量

字符串是双引号内的字符序列，但字符串不允许分成多行书写。在表达式和赋值语句中，字符串要转换成无符号整数，用一串 8 位 ASCII 值表示，每一个 8 位 ASCII 码代表一个字符（包括空格）。例如，为了存储字符串 "hello world!"，就需要定义一个 8×12 位的变量。

为了改善可读性和方便将来修改程序，Verilog 允许用参数定义语句定义一个标识符来代表一个常量，称为符号常量，以利用代码更改或模块复用。在 Verilog HDL 中用 parameter 来定义符号常量。定义格式为

```
parameter    参数名1=表达式，参数名2=表达式，…，参数名n=表达式；
```

parameter 是参数型数据的确认符，确认符后跟着一个用逗号分隔开的赋值语句表。在每一个赋值语句的右边必须是一个常数表达式。也就是说，该表达式只能包含数字或先前已定义过的参数。例如：

```
parameter    msb=7;                              //定义参数 msb 为常量 7
parameter    a=25, f=29;                         //定义两个常量参数
parameter    r=5.7;                              //声明 r 为一个实型常数
parameter    byte_size=8, byte_msb=byte_size-1;  //用常数表达式赋值
parameter    average_delay = (r + f)/2;          //用常数表达式赋值
parameter    signed [15:0] WIDTH;                //定义参数 WIDTH 为有正负号,宽度为 16
```

2.2.4 变量及其数据类型

在程序运行过程中其值可以改变的量称为变量，在 Verilog 中变量的数据类型表示数字电路中的物理连线、数据存储和传送单元等物理量。在 Verilog 语言中，有两大类型的变量：线网型变量和寄存器型变量。

1. 线网型变量

线网类型是硬件电路中元件之间实际连线的抽象，如器件的引脚、内部器件（如与门的输出）等。线网型变量代表的是物理连线，不能储存逻辑值，它的值由驱动元件的值决定。当线网型变量没有被驱动元件驱动时，线网的默认值为高阻态 z（线网 trireg 除外，它的默认值为 x）。

线网类型的声明格式如下：

```
线网类型    [signed]    [位宽]    线网名;
```

其中，[signed]表示声明一个带有符号的变量，默认情况下变量无符号。

线网类型包含多种不同功能的子类型，但可综合的子类型只有 wire、tri、supply0 和 supply1 四种，其他子类型还有 tri0（下拉类型）、tri1（上拉类型）、wand（线与类型驱动）、wor（线或类型驱动）、triand（三态线与类型）、trior（三态线或类型）、trireg 等。最常用的线网类型由关键词 wire 定义。Verilog 程序模块中输入、输出信号类型缺省时自动定义为 wire 型。wire 型信号可以用作任何方程式的输入，也可以用作"assign"语句或实例元件的输出。

wire 型信号的格式如下：

```
wire [n-1:0] 数据名1, 数据名2, …, 数据名i;  //共i条总线,每条总线内有n条线路
```

或

```
wire [n:1] 数据名1, 数据名2, …, 数据名i;
```

wire 是 wire 型数据的确认符，[n-1: 0]和[n: 1]代表该数据的位宽，即该数据有几位。最后跟着的是数据的名字。如果一次定义多个数据，数据名之间用逗号隔开。声明语句的最后要用分号表示语句结束。例如：

```
wire    a;           //定义了一个1位的名为a的wire型数据
wire [7:0] b;        //定义了一个8位的名为b的wire型数据
wire [4:1] c, d;     //定义了两个4位的名为c和d的wire型数据
```

2. 寄存器型变量

寄存器类型表示一个抽象的数据存储单元，它具有状态保持作用。寄存器型变量只能在 initial 或 always 内部被赋值。寄存器型变量在没有被赋值前，它的默认值是 x。

Verilog 语言中，有 4 种寄存器类型的变量：

（1）reg：用于行为描述中对寄存器型变量的说明；

（2）integer：32 位有符号的整数型变量；

（3）real：64 位有符号的实数型变量，默认值是 0；

（4）time：64 位无符号的时间型变量。

常用的寄存器类型用关键词 reg 进行声明。reg 型变量表示一个抽象的数据存储单元，变量的值从一条赋值语句保持到下一条赋值语句。如果没有明确地说明寄存器型变量，一般是无符号数。reg 型变量的定义格式如下：

```
reg [signed] [位宽]数据名1, 数据名2, …数据名i;
```

reg 是 reg 型数据的确认标识符，位宽用[n-1: 0]或[n: 1]来表示，即该数据有 n 位（bit）。最后跟着的是数据的名字。如果一次定义多个数据，数据名之间用逗号隔开。声明语句的最后要用分号表示语句结束。例如：

```
reg    a;            //定义了一个1位的名为a的reg型数据
reg [3:0]  b;        //定义了一个4位的名为b的reg型数据
reg [4:1]  c, d;     //定义了两个4位的名为c和d的reg型数据
```

对于 reg 型数据，其赋值语句的作用就像改变一组触发器的存储单元的值。在 Verilog 中有许多构造（construct）用来控制何时或是否执行这些赋值语句。这些控制构造可用来描述硬件触发器的各种具体情况，如触发条件用时钟的上升沿等，或用来描述具体判断逻辑的细节，如各种多路选择器。reg 型数据的缺省初始值是不定值。reg 型数据可以赋正值，也可以赋负值。但当一个 reg 型数据是一个表达式中的操作数时，它的值被当作是无符号值，即正值。例如：当一个 4 位的寄存器用作表达式中的操作数时，如果开始寄存器被赋值 – 1，则在表达式中进行运算时，其值被认为是+15。

integer、real、time 三种寄存器类型变量都是纯数字的抽象描述，不对应任何具体的硬件电路。

integer 型变量通常用于对整数型常量进行存储和运算，整数型变量至少有 32 位，在算术运算中 integer 型数据被视为有符号的数，负数用二进制补码的形式存储。例如：

```
integer i;          //一个整数变量i
i=-6;               //i 值为 32'b111…11010
```

real 型变量通常用于对实数型常量进行存储和运算，可以用十进制或科学记数法表示。实数声明不能定义范围，其默认值为 0。当实数值被赋给一个 integer 型变量时，后者得到一个接近实数值的一个整数值。

time 型变量注意用于存储仿真的时间，它只存储无符号数，其默认值为 0。每个 time 型变量存储一个至少 64 位的时间值，为了得到当前的仿真时间，常调用系统函数$time。

在数字电路的仿真中，经常需要对存储器（如 RAM、ROM）进行建模。Verilog 通过对 reg 型变量进行扩展，建立数组来对存储器建模，数组中的每个单元通过一个数组索引进行寻址。Verilog 只能对存储器进行字寻址，不能对存储器中的字进行按位寻址。定义存储器的格式如下：

```
reg [n-1:0] 存储器名[m-1:0];
```

或

```
reg [n-1:0] 存储器名[m:1];
```

在这里，reg[n-1: 0]定义了存储器中每一个存储单元的大小，即该存储单元是一个 n 位的寄存器。存储器名后的[m-1: 0]或[m: 1]则定义了该存储器中有多少个这样的寄存器。最后用分号结束定义语句。例如：

```
reg [7:0]  a[255:0];
```

这个例子定义了一个名为 a 的存储器，该存储器有 256 个 8 位的存储器。该存储器的地址范围是 0～255。

注意：对存储器进行地址索引的表达式必须是常数表达式。

另外，在同一个数据类型声明语句里，可以同时定义存储器型数据和 reg 型数据。例如：

```
parameter    wordsize=16, memsize=256;   //定义两个参数
reg [wordsize-1:0]  mem[memsize-1:0], writereg, readreg;
```

尽管 memory 型数据和 reg 型数据的定义格式很相似，但要注意其不同之处。如一个由 n 个 1 位寄存器构成的存储器组是不同于一个 n 位的寄存器的。例如：

```
reg [n-1:0]  reg_a;          //一个 n 位的寄存器
reg mem_a [n-1:0];           //一个由 n 个 1 位寄存器构成的存储器组
```

一个 n 位的寄存器可以在一条赋值语句里进行赋值，而一个完整的存储器则不行。例如：

```
reg_a =0;                    //合法赋值语句
mem_a =0;                    //非法赋值语句
```

如果想对 memory 中的存储单元进行读写操作，必须指定该单元在存储器中的地址。下面的写法是正确的。

```
mem_a[3]=0;                  //给 memory 中的第 3 个存储单元赋值为 0
```

进行寻址的地址索引可以是表达式，这样就可以对存储器中的不同单元进行操作。表达式的值可以取决于电路中其他的寄存器的值。例如可以用一个加法计数器来做 RAM 的地址索引。

3. 向　　量

线网和寄存器类型的数据可以声明为向量（即位宽大于 1）。如果未指定位宽，则默认为变量（1 位）。

向量通过位宽定义语法[msb：lsb]指定地址范围。括号中最左边的数总是代表向量最高有效位，最右边的数则代表最低有效位。msb 和 lsb 必须是常数值或 parameter 参数，或者是可以在编译时计算为常数的表达式，且可以为任意符号的整数值，即正数、负数或零均可。msb 可以大于、等于甚至小于 lsb，例如：

```
wire a;                      //标量线网 a
reg i;                       //标量寄存器 i
reg[7:0] data;               //向量寄存器 data
wire[7:0] dt1;               //向量线网 dt1
wire[1:8] dt2;               //msb 可以小于 lsb
reg[-1:-5] dt3;              //msb 和 lsb 均可以为负数
```

4. 数　　组

线网和变量可以声明为一个数组，数组中的每一个元素可以是标量也可以是向量。数组的定位格式为

```
数据类型 [位宽] 数据名[地址范围];
```

其右边的地址范围指定了该数组的每一维的元素的个数，例如：

```
wire bus [5:0]              //6个位宽为1的wire型数据组成的一维数组
reg [7:0] data [3:0]        //4个位宽为8的reg型数据组成的一维数组
tri [3:0] output [7:0]      //8个位宽为4的tri型数据组成的一维数组
```

一维 reg 型数组比较特殊，其通常被称为存储器，下面以此为例来详细讨论一位数组的概念。Verilog 设计中常常需要用到 RAM/ROM 型存储器模型，这些存储器模型可以使用寄存器变量的一位数组形式来描述。数组中的每个单元通过一个数组地址来指定，每个单元的位宽可为一位或多位，其定义格式为

```
reg [位宽] 存储器名 [地址范围];
```

例如：

```
reg data1 [7:0];            //8个1位的寄存器组成的存储器data1
reg [7:0] data2 [7:0];      //8个8位的寄存器组成的存储器data2
```

通过把每个单元的地址作为数组的下标，可以访问存储器中某个特定的单元。对存储器中的单元进行读/写操作必须指定单元地址。所以一个完整的存储器不能在一条赋值语句中完成，必须分别对每个单元赋值。例如：

```
data2[0]                    //data2存储器中的第一个单元
data2 = 0;                  //非法的语句
data1[0] = 0;               //合法的语句
data2[7] = 8'hff;           //合法的语句
```

另外，可以用系统函数$readmemb 和$readmemh 来对存储器进行赋值，具体使用方法在后面的章节中介绍。

2.2.5 表达式

表达式由操作数和运算符组成，根据运算符的意义计算出一个结果值。Verilog 语言设计中，表达式通常出现在赋值语句的等号右边，计算一个结果并赋值给等号左边的变量。

1. 操作数

操作数包含多种数据类型，但是某些语法结构要求特定类型的操作数。通常，操作数可以是常数、整数、实数、变量、参数、存储器、位选（向量 wire 或 reg 型数据的其中一位）、域选（向量 wire 或 reg 型数据的其中一组选定的位）、函数调用等。

2. 赋　值

对变量可以进行整体赋值操作，也可以指定对向量其中的某一位或若干相邻位进行赋值操作，例如：

```
wire a;                              //标量线网 a
wire [7:0] data;                     //向量网线 data
wire [7:0] dt1;                      //向量线网 dt1
wire [7:0] dt2;                      //向量线网 dt2
reg [-1:-5] dt3;                     //向量寄存器 dt3

assign a = 1'b0;                     //连续赋值语句
assign data = 8'b0001_1110;          //连续赋值语句
assign dt1[5:2] = dt2[3:0] ;         //对 dt1 的若干位赋值
initial
    dt3[-3] = dt1[0];                //对 dt3 的某一位赋值
```

3. 位宽处理

表达式运算结果的位宽由最大操作数的位宽决定，若出现在赋值语句中，由赋值等号左端的变量位宽决定。例如：

```
wire [3:0] a, b;
wire [5:0] sum;
assign sum = a + b;     //左边的 sum 最大位宽为 6 位，所以运算结果为 6 位
```

上例中，最大位宽为表达式左边的 sum，a+b 的结果如果溢出，溢出位存储在 sum[4] 中，多余高位由 0 填充。若位宽不足（假设 sum 位宽为 4），操作结果的溢出部分会被丢掉。

对于一较大的表达式，其运算中间结果同样按照上面的规则取最大操作数的位宽进行运算。如果表达式中有一个操作数为无符号数，则位宽较小的所有操作数会由 0 补齐至最大位宽；如果表达式中所有操作数均为有符号数，则位宽较小的所有操作数会由其符号位补齐至最大位宽，再进行运算。

2.2.6 运算符及其优先级

1. 运算符 Verilog

Verilog 语言提供了 30 多个运算符，对逻辑电路综合有用的部分运算符见表 2.2.2。按照功能，运算符可以大致分为算术运算符、逻辑运算符、关系运算符、移位运算符等几大类。按照参与运算的操作数的个数，运算符可以分为单目、双目和三目运算符，单目运算符只对一个操作数进行运算；双目运算符是指一个运算符需要带两个操作数，即对两个操作数进行运算；三目运算符需要带三个操作数。

（1）算术运算符又称为二进制运算符，在进行整数除法运算时，结果值要略去小数部分，只取整数部分。而进行取模运算时，结果值的符号位采用模运算式里第一个操作数的符号位。

注意：在进行算术运算操作时，如果某一个操作数有不确定的值 x，则整个结果也为不定值 x。

表 2.2.2　Verilog 的运算符

类型	符号	功能说明	类型	符号	功能说明
算术运算符	+ - * / %	二进制加 二进制减 二进制乘 二进制除 求余	关系运算符 （双目运算符）	> < >= <= == != === !==	大于 小于 大于或等于 小于或等于 相等 不相等 相等 不相等
位运算符 （双目运算符）	~ & | ^ ^~ 或 ~^	按位取反 按位与 按位或 按位异或 按位同或	缩位运算符 （单目运算符）	& ~& | ~| ^ ^~ 或 ~^	缩位与 缩位与非 缩位或 缩位或非 缩位异或 缩位同或
逻辑运算符 （双目运算符）	! && ||	逻辑非 逻辑与 逻辑或	移位运算符 （双目运算符）	>> << <<< >>>	右移 左移 算数左移 算数右移
位拼接运算符	{,} {{}}	将多个操作数拼接成为一个操作数	条件运算符 （三目运算符）	?:	根据条件表达式是否成立，选择表达式

（2）逻辑运算符的运算结果是 1 位，"!"是单目运算符，其余是二目运算符。如果操作数由多位组成，若操作数的每一位都是 0，则认为该操作数具有逻辑 0 值；反之，若操作数中的某一位是 1，则认为该操作具有逻辑 1 值；如果任一个操作数为 x 或 z，则逻辑运算的结果为不定值 x。例如设变量 A、B 的值分别为 2'b10 和 2'b00，则 A 为逻辑 1，B 为逻辑 0，于是!A=0，!B=1，A&&B=0，A||B=1。

（3）在进行关系运算时，如果声明的关系是假的（false），则返回值是 0；如果声明的关系是真的（true），则返回值是 1；如果某个操作数的值不定，则关系是模糊的，返回值是不定值 x。

逻辑相等（==）和逻辑不等（!=）又称为逻辑相等运算符，其结果由两个操作数的值决定。由于操作数中某些位可能是不定值 x 和高阻值 z，结果可能为不定值 x。而相等（===）和非相等（!==）运算符则不同，它在对操作数进行比较时对某些位的不定值 x 和高阻值 z 也进行比较，两个操作数必须完全一致，其结果才是 1，否则为 0，不会出现 x。"==="和"!=="运算符常用于 case 表达式的判别，所以又称为"case 等式运算符"。这四个相等运算符的优先级别是相同的，例如：

```
a=0; b=1; c=3'b1x1; d=3'b1x1;
a==b;              //等于逻辑值 0
a!=b;              //等于逻辑值 1
c==a;              //等于逻辑值 x
c===d;             //等于逻辑值 1
c!==d;             //等于逻辑值 0
if(A==1'bx)   $display("AisX");    //当 A 等于 X 时，这个语句不执行
if(A===1'bx)  $display("AisX");    //当 A 等于 X 时，这个语句执行
```

（4）位运算符中除 ~ 是单目运算符以外，均为二目运算符。两个长度不同的数据进行位运算时，系统会自动地将两者按右端对齐。位数少的操作数会在相应的高位用 0 填满，以使两个操作数按位进行操作。

（5）在 Verilog 语言中有一个特殊的运算符：位拼接运算符{}。用这个运算符可以把两个或多个信号的某些位拼接起来进行运算操作。其使用方法如下：

{信号 1 的某几位，信号 2 的某几位，…，…，信号 n 的某几位} 即把某些信号的某些位详细地列出来，中间用逗号分开，最后用大括号括起来表示一个整体信号，例如：

```
{a, b[3:0], w, 3'b101}
```

也可以写成

```
{a, b[3], b[2], b[1], b[0], w, 1'b1, 1'b0, 1'b1}
```

在位拼接表达式中不允许存在没有指明位数的信号。这是因为在计算拼接信号的位宽的大小时必须知道其中每个信号的位宽。

位拼接还可以用重复法来简化表达式，例如：

```
{4{w}}              //这等同于{w, w, w, w}
```

位拼接还可以用嵌套的方式来表达，例如：

```
{b, {3{a, b}}}      //这等同于{b, a, b, a, b, a, b}
```

用于表示重复的表达式，如上例中的 4 和 3，必须是常数表达式。

（6）缩位运算符是 Verilog 语言中新增加的，它和位运算符是有区别的。位运算符是将两个操作数按对应位进行的逻辑运算，操作数是几位数，则运算结果也是几位数。而缩位运算是对单个操作数的所有位逐步地从左至右两两进行相应运算，最后的运算结果是 1 位二进制数，例如：

```
a=4'b0101;
&a          //等于 0
|a          //等于 1
^a          //等于 0
```

（7）移位运算符包括<<（左移位运算符）、>>（右移位运算符）、<<<（算数左移）和>>>（算数右移）。其使用方法如下：

a>>n（a>>>n）或a<<n（a<<<n），a代表要进行移位的操作数，n代表要移几位，n被认为是一个无符号数，若其为x或z，则移位结果为x。对于移位产生的空位，两种逻辑移位运算都用0来填补移出的空位，对于算数移位左移运算空位用0填充，而算数右移则由符号位来填充。例如：

```
module shift;
reg [3:0]  start, result;
initial begin
start = 1;              //start 在初始时刻设为值 0001
result =（start<<2）;   //移位后，start 的值为 0100，然后赋给 result
end;
endmodule
```

从上面的例子可以看出，start 在移过两位以后，用 0 来填补空出的位。进行移位运算时应注意移位前后变量的位数，例如：

```
4'b1001<<1 ;    //等于 5'b10010
4'b1001<<2;     //等于 6'b100100
1<<6;           //等于 32'b1000000
4'b1001>>1;     //等于 4'b0100
4'b1001>>4;     //等于 4'b0000
-10>>>3;        //等于-2
```

（8）条件运算符共有三个操作数，是唯一的三目运算符。它首先计算条件表达式的值，根据条件表达式的值从两个表达式中选择一个表达式作为输出结果，如果条件表达式的值为 x，真假表达式都会进行计算，然后对两个结果逐位比较，取相等值，而不等值由 x 代替。格式如下：

条件表达式?真表达式:假表达式；

条件表达式常用于数据流建模中的条件赋值，作用类似于多路选择器。例如：

```
assign data = en ? dout : 8b'z ;
```

此外，条件操作符还可以嵌套使用，例如：

```
assign data = en ?（select ? dout1 : dout2）: 8b'z ;
```

2. 运算符优先级

Verilog 运算符的优先级见表 2.2.3。优先级的顺序从下向上依次增加。列在同一行的运算符优先级相同。所有运算符在表达式中都是从左向右结合（条件运算符除外），使用圆括号可以改变运算的顺序。

表 2.2.3 运算符的优先级

类型	运算符	优先级别
取反	! ~ -（求2的补码）	最高优先级 ↑
算术	* / % + -	
移位	>> << >>> <<<	
关系	< <= > >=	
等于	== != === !==	
缩位	& ~& ^ ^~ | ~|	
逻辑	&& ||	
条件	?:	
拼接	{} {{}}	最低优先级

注：小括号可以改变默认优先级。为了避免混淆，对于复杂的表达式，建议使用小括号。

2.3 结构化描述实战演练

结构化描述方式与电路结构一一对应，建模前必须设计好详细、具体的电路图，通过实例化调用已有的用户编好的低层次模块或 Verilog 预先定义的基本门级元件，并使用线网来连接各器件，描述出逻辑电路中元件或模块彼此的连接关系。模块定义中是不允许嵌套定义模块的，模块之间的相互调用只能通过实例化实现。定义好的模块相当于一个模板，使用模板可以创建一个对应的实际对象。当一个模块被调用时，Verilog 语言可以根据模板创建一个对应的模块对象，这个对象有自己的名字、参数、端口连接关系等。使用定义好的模板创建对象的过程称为实例化，创建的对象称为实例。每个实例必须有唯一的名字。对已定义好的模块进行实例化引用的语法格式如下：

  模块名 实例名 (端口连接关系列表)；

模块端口与之连接的信号的数据类型必须遵循：输入端口在模块内部必须为 wire 型数据，在模块外部可以连接 wire 或 reg 型数据；输出端口在模块内部可以为 wire 或 reg 型数据，在模块外部必须连接到 wire 型数据；连接两个端口位宽可以不同，但仿真结果可能因 Verilog 仿真器不同，通常有警告。

2.3.1 实例化基本门级元件

Verilog 内置如表 2.3.1 所示的 12 种基本门级元件，实例化元件格式如下：

```
门类型 实例名（输出，输入，控制信号）；
```

例如：

```
nand NAND1 ( out, in1, in2, in3 ) ;
not  NOT1( out1, out2, in ) ;
bufif0 BUFF0( out, in, ctrl) ;
```

上例实例化了三输入与非门、二输出反相器和低电平控制的缓冲器，其中实例名 NAND1、NOT1、BUFF0 可以省略，圆括号中的输出、输入变量、控制信号必须与原理图对应，且输出变量在前，输入其次，控制信号在后。

表 2.3.1 基本门级元件

类 型	元件符号	功能说明
多输入门	and	多输入与门
	nand	多输入与非门
	or	多输入或门
	nor	多输入或非门
	xor	多输入异或门
	xnor	多输入同或门
多输出门	buf	多输出缓冲器
	not	多输出反相器
三态门	bufif0	控制端低电平有效的三态缓冲器
	bufif1	控制端高电平有效的三态缓冲器
	notif0	控制端低电平有效的三态反相器
	notif1	控制端高电平有效的三态反相器

2.3.2 实例化底层模块

实例化用户定义的底层模块必须指定实例名，层次化设计中，父模块例化子模块时，有两种例化方法，即端口映射可以采用名字关联也可以按顺序关联，但关联方式不能混合使用。

第一种方式是命名端口连接方式，其语法格式为

```
模块名 实例名 （.端口名（连线1）, .端口名2（连线2）,…）；
```

用命名端口连接方式进行连接，每个连接关系用一个点开头，然后是需要进行连接的模块的端口名，端口后面的括号中指定该端口需要连接到当前层次模块的哪个信号。

由于端口连接关系列表中明确指定了端口的连接关系，各个端口在连接列表中的顺序可以随意改变，而不影响实际连接结果。若某个端口不连接，则在连接列表中不列出该端口，但此写法通常会在仿真工具编译时报警。因此在忽略某个端口时，在端口连接关系列表中写出这个端口，但不指定它所连接的信号，而是打一个空括号，这种写法更有利于程序的可读性。

第二种方式是顺序端口连接方式，其语法格式为

```
模块名 实例名 (连线名1,连线2,…);
```

用顺序端口连接方式进行连接，不需要给出模块端口名，只需要按一定的顺序列出需要连接到的信号名即可。Verilog 语言将根据端口在模块声明列表中的声明顺序，把信号和模块端口连接起来。排列在顺序端口列表第一位的信号，将连接到模块端口声明列表中排在第一位的端口。使用顺序端口连接方式进行实例化时，不能随意改变端口连接列表中信号的排列顺序，否则会产生错误的连接关系。注意，顺序端口连接参考的是端口声明顺序而非定义顺序。

参数型常量经常用于定义延迟时间和变量宽度等。参数值可以在编译时被改变。

【例 2.3.1】 设计底层待实例化的一位全加器模块，带有参数。

```
//带参数的底层模块，定义一个1位全加器
module fadder (A, B, Cin, Sum, Cout);      //端口声明
    input A, B;                             //端口定义
    input Cin;
    output Sum, Cout;
parameter S_delay=1,C_delay=2;   //定义两个延时参数 S_delay 与 C_delay
assign #S_delay Sum = A ^ B ^ Cin;
//Sum 等于三个输入的异或并延时 1 个时间单位赋值
assign #C_delay Cout = (A ^ B) & Cin | A & B;
//Cout 为进位信号输出端，计算并延时 2 个时间单位赋值
endmodule
```

通过在模块实例化引用中指定新参数值（例 2.3.2 和例 2.3.3）或使用 defparam 语句对被引用模块或实例中已定义的参数进行修改（例 2.3.4）。

1）模块实例化引用改变参数值

在模块实例化引用中指定新参数值有两种不同形式，即按位置赋参数值（例 2.3.2）和按照名称赋参数值（例 2.3.3）。

【例 2.3.2】 按命名端口连接方式实例化底层的一位全加器模块，并按名称赋值参数改变参数值。

```
//按名称赋参数值
module fadder_delay (i_A, i_B, i_Cin, o_Sum, o_Cout);
```

```
        output o_Sum, o_Cout;       //端口定义
        input i_A, i_B;
        input i_Cin;
    //实例化底层模块fadder,新参数的赋值与参数名称一一对应
    fadder #(.S_delay(2),.C_delay(3)) u_fadder_delay
        (.A(i_A),.B(i_B),.Cin(i_Cin),.Sum(o_Sum),.Cout(o_Cout) );
    endmodule
```

【例2.3.3】 按顺序端口连接方式实例化底层的一位全加器模块,并按顺序改变参数值。

```
    //按位置赋参数值
    module fadder_delay (i_A, i_B, i_Cin, o_Sum, o_Cout);
        output o_Sum, o_Cout;       //端口定义
        input i_A, i_B;
        input i_Cin;
    //实例化底层模块fadder
    //第一个数值2赋值给参数S_delay,因为其是fadder中第一个声明的参数
    //第二个数值3赋值给C_delay,因为其是fadder中第二个声明的参数
        fadder #(2,3) u_fadder_delay
          ( i_A, i_B, i_Cin, o_Sum, o_Cout );
    endmodule
```

例2.3.3中信号A连接的是i_A端口,而与输出端口o_Sum在端口定义时定义在第一位无关。在顺序端口连接方式进行实例化时,若某个端口不做连接,可以在端口连接列表中留出其位置,但不指定任何连接的信号。需要注意某个端口悬空,必须要在连接列表中预留位置(即用空格逗号隔开)。

2)defparam语句改变参数值

格式:

```
defparam(包含层次路径)参数1, …, (包含层次路径)参数n;
```

【例2.3.4】 实例化底层的一位全加器模块,使用defparam语句改变参数值。

```
    //defparam语句改变参数值
    module fadder_delay (i_A, i_B, i_Cin, o_Sum, o_Cout);
        input i_A, i_B;
        input i_Cin;
        output o_Sum, o_Cout;
        //实例化底层模块fadder,使用命名端口连接方式
```

```
        fadder u_fadder_delay
            (.A(i_A), .B(i_B), .Cin(i_Cin), .Sum(o_Sum), .Cout(o_Cout) );
        //将底层模块的时延参数分别改成2和3
        defparam u_fadder_delay.S_delay=2, u_fadder_delay.C_delay=3;
    endmodule
```

2.4 数据流描述实战演练

2.4.1 连续赋值语句

对于小规模电路设计，Verilog 门级描述可以很好地完成设计工作。设计者可以通过实例化预定义的门单元和自定义功能模块的方式构建整个电路模型。但是对于大规模的电路设计几乎不可能通过逐个实例化门单元的方式来构建电路，设计者往往需要从更高层次入手进行电路描述。数据流描述是设计者从数据在各存储单元之间进行流动和运算的角度，对电路功能进行的描述。利用数据流描述方式，设计者可以借助 Verilog 提供的高层次运算符（如+、*等），直接对数据进行高层次的数学和逻辑运算建模，而不关心具体的门级电路结构。

在数字电路中，信号经过逻辑电路的过程就像数据在电路中流动，即信号从输入流向输出。当输入变化时，总会在一定的时间后在输出端呈现出效果。数据流描述就是模拟数字电路的这一特点。数据流描述一般使用连续赋值语句 assign 实现，主要用于实现组合逻辑电路。

Verilog 的连续赋值语句是进行数据流描述的基本语法。它表示对线网的赋值，且赋值发生在任意右边信号发生变化时。连续赋值语句右边表达式的值发生变化后，左边变量值在同一时刻发生相应改变，没有时间上的间隔。连续赋值语句的功能等价于门级描述，但层次高于门级描述，可以方便、灵活地用来进行组合逻辑的建模。

连续赋值语句必须以 assign 开头，出现在与门单元实例化相同的代码层次。其语法如下：

```
        assign [延迟] wire 型变量=表达式;
```

注意：Verilog 的行为描述中也可以有 assign 开头的赋值语句，称为过程连续赋值语句。过程连续赋值语句出现在 always 或者 initial 语句之中，其功能与连续赋值语句没有直接关系，且不可综合。

关键词 assign 后面添加可选的延迟参数，用于在仿真时模拟组合电路的门延迟。等号左边必须是 wire 型变量，不能是 reg 型。等号右边是表达式，Verilog 表达式提供了丰富的运算符，可以在高层次对数据进行各种运算。表达式的运算结果通过连续赋值语句赋值到组合逻辑的输出信号。

此外，Verilog 表达式还允许多位宽操作数的直接运算，而门单元只能连接位宽为 1 的端口信号。

连续赋值语句可以在变量声明时对变量赋值，我们称这种赋值方式为隐式的连续赋值。隐式的连续赋值不需要关键词 assign，只需在变量声明时，将等号和表达式直接添加在变量名后面。

因此，一个连续赋值语句，往往可以简化数字电路的设计，使设计者可以专注于算法的设计和优化。

2.4.2 数据流描述实战

连续赋值语句是 Verilog 数据流建模的基本语句，用于对线网进行赋值，在工程实践中经常用于组合逻辑电路。利用各种表达式及算术运算符，可以快速地设计复杂的数学和逻辑运算。

【例 2.4.1】 利用连续赋值语句描述的四位加法器。

```verilog
module adder4(
    input [3:0] a,
    input [3:0] b,
    input cin,
    output [3:0] sum,
    output cout
    );
assign { cout,sum }= a + b + cin;  //直接用'+'运算符进行加法运算
endmodule
```

构建更高位宽的加法器，只需要扩大赋值语句左、右变量的位宽即可。

【例 2.4.2】 利用连续赋值语句描述构建的 8×8 乘法器。

```verilog
module multiplier_8×8 (
    input [7:0] a,
    input [7:0] b,
    output [15:0] p
    );
assign p = a * b;                   //直接用'*'运算符进行乘法运算
endmodule
```

对于乘法操作，赋值语句左边变量的位宽往往是右边表达式各个操作数的位宽之和。这是防止左边变量没有足够的位宽来存储可能的最大乘法结果而造成的数据丢失。

在进行逻辑综合时，综合工具自动综合优化出来的门级电路，其性能已经达到甚至超过了人们用门级描述设计的相同功能的电路。

2.5 行为描述实战演练

直接根据电路的外部行为进行建模，而与硬件电路结构无关，这种建模方式称为行为描述。行为建模从一个很高的抽象角度来表示电路，通过定义输入-输出响应的方式描述硬件行为。行为描述一般使用 initial 和 always 过程块结构，其他所有的行为语句只能出现在这两种过程结构语句里面。这两种过程块结构分别代表一个独立的执行过程，二者不能嵌套使用，每个 initial 和 always 语句模块它们都是并行的。行为描述加入了多种灵活的控制功能，因此其主要用于构建更为复杂的时序逻辑和行为级仿真模型。但是，按照一定规范书写的行为描述语句也可以用来构建组合逻辑模型。行为语句主要包括：块语句、过程赋值语句、条件语句和循环语句。

2.5.1 过程块结构

过程块结构主要包括 initial 过程块结构和 always 过程块结构。

1. initial 过程块

initial 过程块主要用于仿真测试，用来对变量进行初始化或生产激励波形，从模拟 0 时刻开始执行，指定的内容只执行一次，一个模块可以有多个 initial 块结构，都是同时从 0 时刻开始并行执行。initial 过程块不能进行逻辑综合，其格式如下：

```
initial
begin/fork
    延时控制1    行为语句1;
    延时控制2    行为语句2;
    …
    延时控制n    行为语句n;
end/join
```

延时控制表示行为语句执行前的"等待时延"，缺省表示从 0 时刻开始。延时控制的格式：#延时数。例如：

```
reg a,b,c;
initial
    a=1'b0;                    // initial 中只有一条赋值语句，可以直接写出
// initial 中有多条赋值语句，需要使用 begin 和 end 块语句括起来
initial begin
    b=1'b0;
    c=1'b0;
end
```

上例使用 initial 语句对变量 a，b，c 做了初始化。由于没有时序控制语句出现，这两条初始化语句都是从仿真 0 时刻同时开始执行，在同一仿真时间将初始值 0 赋给 a，b，c，且不分先后。

如果在某条语句前加上实现延时控制语句"#延迟数"，那么相关赋值过程会在前面的赋值语句后完成，经过指定的延迟时间后再执行，且指定的延迟时间不同，则执行的时刻不同。通过这种方式可以生成特定的激励波形，例如：

```
reg[ 3: 0] a;
initial begin
    a=4'b0000;
    #5 a= 4'b0001;
    #5 a= 4'b0011;
    #5 a= 4'b0010;
    #5 a= 4'b0110;
end
```

上例中的 a 值在 0 时刻为"0000"，到 5 个时间单位延迟后变成"0001"，在 10 个时间单位延迟时变成"0011"，在 15 个时间单位延迟时变成"0010"，在 20 个时间单位延迟时变成"0110"，即从 0 时刻到 20 个时间单位延迟内每隔 5 个时间单位延迟，产生一个 4 位二进制的变化 a，在 20 个时间单位延迟后 a 赋值为"0110"。

2. always 过程块

always 过程块是一直重复执行的，可被综合也可用于仿真，多个 always 过程块并行执行，与书写前后顺序无关，其格式如下：

```
always @ （敏感信号列表）
begin
    行为语句 1；
    行为语句 2；
    …
    行为语句 n；
end
```

敏感信号列表中信号发生指定的变化就会触发 always 过程块的运行，敏感信号列表是可选的。敏感信号列表中使用"*"，即 always@（*）或 always@*，表示在该敏感信号列表中加入了当前 always 过程块的所有输入，避免综合与仿真不匹配的问题。如果 always@()中敏感信号列表不全，可能导致综合与仿真结果不一致的问题；如果一个 always 没有敏感信号列表，则这个 always 语句将会产生一个仿真死循环。例如：

```
always clk = ~clk;
```

这个 always 将会生成一个 0 延迟的无限循环跳变过程，发生仿真死锁。如果加上延时控制，则这个 always 语句将变为一条非常有用的描述语句。例如：

```
always #10 clk = ~clk;
```

这个例子生成了一个周期为 20 单位的无限循环的信号波形，常用这种方法来描述时钟信号，作为仿真时激励信号来测试所设计的电路。

常用的敏感信号列表有电平触发信号和边沿触发信号。用 always 设计组合逻辑电路时，将所有的输入变量都列入敏感信号列表，不能包含任何边沿触发信号，只要有逻辑变量发生改变就会触发 always 过程块执行。在 always 语句中添加阻塞赋值语句，并利用表达式的各种运算符，就可以像数据流描述中那样设计出组合逻辑电路。但不同于数据流描述，always 结构化过程语句中的赋值语句，等号左边的变量必须是 reg 型的。例如：

```
always @ (a or b or c)
always @(a,b,c)
always @ (*)
always @ *
```

用 always 设计时序电路时，采用边沿触发条件，Verilog 提供了 posedge（上升沿）和 negedge（下降沿）两个关键字描述。例如：

```
always @ （posedge clk）//clk 上升沿触发
always @ （posedge clk or negedge clear）
```

2.5.2 块语句

块语句包括串行块 begin-end 和并行块 fork-join 两种。当块内只有一条语句时，可以省略 begin-end 或 fork-join。串行块内的各条语句按它们在块内的位置顺序执行，如果在仿真时有延时控制，则每条语句的延时控制都是相对于前一条语句结束时刻的延时控制。并行块内各条语句各自独立地同时开始执行，各条语句的起始执行时间都等于进入该语句块的时间。在具有延时控制的仿真时，各语句的延时都是相对于进入并行块的时间同时延时。如串行块和并行块分别存在于不同的 initial 或 always 结构中，它们是并行执行的。当串行块和并行块嵌套在同一个 initial 或 always 中，内层语句可以看作是外层语句的一条普通语句，内层语句块的执行时间由外层语句块的规则决定，而内层语句块开始执行时，其内部语句的执行遵守内层块的规则。块语句可以有块名，起名的方法是在 begin 或 fork 后面添加"：名字"。

2.5.3 过程赋值语句

在 initial 和 always 过程块结构中的赋值语句为过程赋值语句，多用于对 reg 型变量进行赋值，被赋值后其值保持不变，直到赋值进程又被触发，变量才能赋予新值。过程赋值语句分为阻塞赋值和非阻塞赋值两种。

1. 非阻塞（Non_Blocking）过程赋值

以赋值操作符"<="来标识的赋值操作被称为非阻塞过程赋值。非阻塞过程赋值语句的特点如下：

（1）在 begin-end 串行语句块中，一条非阻塞过程赋值语句的执行不会阻塞下一条语的执行，也就是说，在本条非阻塞过程赋值语句对应的赋值操作执行完之前，下一条语句也可以执行。

（2）仿真进程在遇到非阻塞过程赋值语句后，首先计算其右端赋值表达式的值，然后等到仿真进程结束后再将该计算结果赋给变量，也就是说，此时的赋值操作是在同一仿真时刻上的其他普通操作结束后才得以执行的。

【例 2.5.1】 使用非阻塞赋值方式描述电路。

```
always @ ( posedge clk )
begin
    b <= a;      //语句 S1
    c <= b;      //语句 S2
end
```

例 2.5.1 的 "always" 块中用了非阻塞赋值方式，定义了两个 reg 型信号 b 和 c，clk 信号的上升沿到来时，语句 S1 开始执行，即 a 的值得到计算（对 b 的赋值操作要等到当前时间步结束才能执行）。由于语句 S1 是一条非阻塞过程赋值语句，所以语句 S1 的执行不会阻塞语句 S2 的执行，语句 S2 随即开始执行，即 b 的值得到计算，由于此时在语句 S1 中对 b 的赋值操作还没有执行，所以计算得到的赋值表达式取值是 b 的初值。这里应该用到了两个触发器。注意：赋值是在 "always" 块结束后执行的，c 应为原来 b 的值。这个 "always" 块实际描述的电路功能如图 2.5.1 所示。

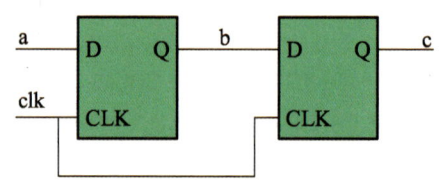

图 2.5.1 非阻塞过程赋值

2. 阻塞（Blocking）过程赋值

以赋值操作符 "=" 来标识的赋值操作被称为阻塞过程赋值。阻塞过程赋值语句的特点如下：

（1）串行语句块（begin-end）中的各条阻塞过程赋值语句将以它们的排列次序依次执行。

（2）阻塞过程赋值语句的执行过程：① 计算右端赋值表达式的值；② 立即将计算结果赋给 "=" 左端的被赋值变量。

阻塞过程赋值语句的这两个特点表明：仿真进程在遇到阻塞型过程赋值语句时，将计算表达式的值，并立即将其结果赋给等式左边的被赋值变量；在串行语句块中，下一条语句的执行会被本条阻塞型过程赋值语句所阻塞，只有在当前这条阻塞过程赋值语句所对应的赋值操作执行完后，下一条语句才能开始执行。

【例 2.5.2】 使用阻塞赋值方式描述电路。

```
always @(posedge  clk)
begin
   b = a;
   c = b;
end
```

例 2.5.2 的"always"块中用了阻塞赋值方式。clk 信号的上升沿到来时，将发生如下的变化：b 马上取 a 的值，c 马上取 b 的值（即等于 a），生成的电路图如图 2.5.2 所示。其只用了一个触发器来寄存器 a 的值，又输出给 b 和 c。这大概不是设计者的初衷，如果采用例 2.5.1 的非阻塞赋值方式就可以避免这种错误。

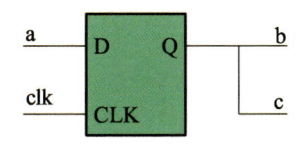

图 2.5.2　阻塞过程赋值

非阻塞赋值方式和阻塞赋值方式的区别常给设计人员带来问题。问题主要是给"always"块内的 reg 型信号的赋值方式不易把握。例如在"always"模块内的 reg 型信号采用下面的这种赋值方式：

```
b <= a;
```

这种方式的赋值并不是马上执行的，也就是说"always"块内的下一条语句执行后，b 并不等于 a，而是保持原来的值。"always"块结束后，才进行赋值。而另一种赋值方式——阻塞赋值方式：

```
b = a;
```

这种赋值方式是马上执行的。也就是说执行下一条语句时，b 已等于 a。尽管这种方式看起来很直观，但是可能会引起麻烦。

阻塞赋值和非阻塞赋值是学习 Verilog 语言的一个难点，多条阻塞赋值语句是顺序执行的，而多条非阻塞语句是并行执行的。在使用 always 块描述组合逻辑电路时使用阻塞赋值，在含有时序逻辑电路的 always 块描述时使用非阻塞赋值。不要在同一个 always 块内同时使用阻塞赋值和非阻塞赋值。无论是使用阻塞赋值还是非阻塞赋值，不要在不同的 always 块内对同一个变量进行过程赋值。

3．阻塞赋值与非阻塞赋值对比

阻塞赋值操作符使用"="表示。"阻塞"是指在过程块结构（initial 和 always）中，对于 begin-end 顺序块，当前的赋值语句阻断了其后的语句，也就是说后面的语句必须等到当前的赋值语句执行完毕才能执行。而且阻塞赋值可以看成是一步完成的，即计算等号右边的值并同时赋给左边变量。对于 fork-join 并行块，阻塞赋值也不会阻断其后的赋值操作。

非阻塞赋值操作符使用"<="表示。"非阻塞"是指在过程块结构（initial 和 always）中，当前的赋值语句不会阻断其后的语句，非阻塞语句可以认为是并发执行的。非阻塞语句可以认为是赋值计算和赋值执行两个步骤进行的：

（1）在进入过程块结构后，先计算所有非阻塞赋值语句右端表达式的值；

（2）赋值执行动作是在过程块结构最后时刻，用所有赋值计算的结果同时去改变赋值号左边的值，因此非阻塞赋值中值的改变是同时进行的，与赋值计算时语句的先后顺序没有关系。

【例 2.5.3】 阻塞赋值的 Verilog HDL 描述电路 a。

```
module circuit_a(
    input a,
    input b,
    input c,
    input clk,
    output reg f,
    output reg g );

    always @ ( posedge clk )
    begin
        f = a & b;
        g = f | c;
    end
endmodule
```

通过 Quartus Ⅱ 软件进行 RTL 分析，到如图 2.5.3 所示的 RTL 级原理图。对输出 f 和 g 进行阻塞赋值，赋值过程一个步骤就完成。在时钟信号 clk 上升沿时，进入过程块结构内部，阻塞赋值首先改变了 f 的值，然后用改变后的 f 值和 c 进行或运算，改变 g 的值。

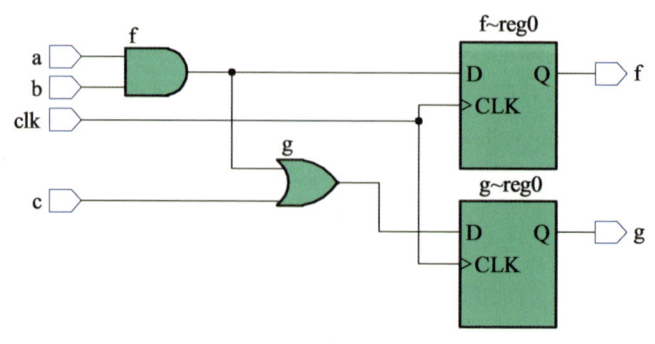

图 2.5.3　阻塞赋值 RTL 原理图

【例 2.5.4】 非阻塞赋值的 Verilog HDL 描述电路 b。

```
module circuit_b(
    input a,
    input b,
    input c,
    input clk,
    output reg f,
    output reg g );

    always @ ( posedge clk )
    begin
        f <= a & b;
        g <= f | c;
    end
endmodule
```

通过 Quartus Ⅱ 软件进行 RTL 分析，得到如图 2.5.4 所示的 RTL 级原理图。对输出 f 和 g 进行非阻塞赋值，非阻塞赋值分两个步骤进行。在时钟信号 clk 上升沿时，进入过程块结构内部，非阻塞赋值同时计算 f 和 g 的值，但 f 和 g 的值并没有执行赋值更改操作，此时 g <= f|c 语句中的 f 是没有更改的 f 值，所以需要首先存储 f 的值，然后用存储的 f 值和 c 进行或运算，在过程块结构退出时，同时执行对 f 和 g 的赋值执行，可以看出非阻塞赋值分为赋值计算和赋值执行两个过程。

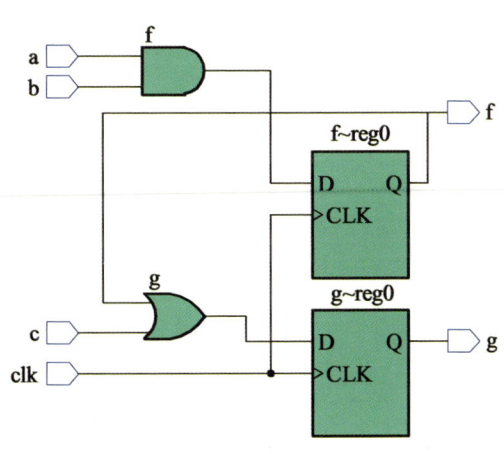

图 2.5.4 非阻塞赋值 RTL 原理图

【例 2.5.5】 阻塞赋值的 Verilog HDL 描述电路 c。

```
module circuit_c(
    input a,
```

```
    input b,
    input c,
    input clk,
    output reg f,
    output reg g );

    always @ ( posedge clk )
    begin
        g = f | c;
        f = a & b;
    end
endmodule
```

与例 2.5.3 比较，改变对输出 f 和 g 阻塞赋值的顺序，由于在 begin-end 顺序块中顺序执行，执行第一条阻塞赋值语句需要知道 f 的值，所以需要使用寄存器先存储 f 的值，将保存的上一次 f 值与 c 运算后阻塞赋值给 g，然后执行第二次阻塞赋值语句得到 g 的值，功能与例 2.5.3 非阻塞描述相同，RTL 电路图如图 2.5.4 所示。

【例 2.5.6】非阻塞赋值的 Verilog HDL 描述电路 d。

```
module circuit_d(
    input a,
    input b,
    input c,
    input clk,
    output reg f,
    output reg g );

    always @ ( posedge clk )
    begin
        g <= f | c;
        f <= a & b;
    end
endmodule
```

与例 2.5.3 比较，改变对输出 f 和 g 非阻塞赋值的顺序，在时钟信号 clk 上升沿时，进入过程块结构内部，非阻塞赋值同时计算 g 和 f 的值，但 g 和 f 的值并没有执行赋值更改操作，此时的 g <= f | c 语句中的 f 是没有更改的 f 值，所以需要首先存储 f 的值，然后用存储的 f 值和 c 进行或运算，在过程块结构退出时，同时执行对 g 和 f 的赋值执行，非阻塞赋值分为赋值计算和赋值执行两个过程。通过查看 RTL 原理图，与图 2.5.4

相同，所以改变非阻塞赋值的顺序，并不影响电路功能。

关于阻塞和非阻塞的应用一般遵循以下原则：

（1）用 always 块写组合逻辑电路时，采用阻塞赋值。

（2）时序电路建模时，使用非阻塞赋值。

（3）锁存器电路设计时，使用非阻塞赋值。

（4）在同一个 always 块中同时建立时序和组合逻辑电路时，用非阻塞赋值。

（5）在同一个 always 块中不要同时使用阻塞和非阻塞赋值。

2.5.4 条件语句

1. if-else 语句

if 语句用来判定所给定的条件是否满足，根据判定的结果（真或假）决定执行给出的两种操作之一。Verilog HDL 语言提供了三种形式的 if 语句。

（1）if（表达式）语句；

例如：

```
if ( a > b )   out1 <= int1;
```

（2）if（表达式）语句 1；
　　　else 　语句 2；

例如：

```
if ( a>b )    out1<=int1;
else          out1<=int2;
```

（3）if（表达式 1）语句 1；
　　else if（表达式 2）语句 2；
　　else if（表达式 3）语句 3；
　　　⋮
　　else if（表达式 m）语句 m；
　　else 语句 n；

例如：

```
if ( a>b )       out1<=int1;
else if ( a==b ) out1<=int2;
else  out1<=int3;
```

说明：

① 三种形式的 if 语句中，在 if 后面都有"表达式"，其一般为逻辑表达式或关系表达式。系统对表达式的值进行判断，若为 0、x、z，按"假"处理；若为 1，按"真"处理，执行指定的语句。

② 第二、第三种形式的 if 语句中,在每个 else 前面有一分号,整个语句结束处有一分号。这是由于分号是 Verilog 语句中不可缺少的部分,这个分号是 if 语句中的内嵌套语句所要求的。

如果无此分号,则出现语法错误。但应注意,不要误认为上面是两个语句(if 语句和 else 语句),它们都属于同一个 if 语句。else 子句不能作为语句单独使用,它必须是 if 语句的一部分,与 if 配对使用。

③ 在 if 和 else 后面可以包含一个内嵌的操作语句(如上例),也可以有多个操作语句,此时,用 begin 和 end 这两个关键词将几个语句包含起来形成一个复合块语句。例如:

```
if ( a>b )
begin out1<=int1; out2<=int2; end
else
begin out1<=int2; out2<=int1; end
```

注意:在 end 后不需要再加分号。因为 begin-end 内是一个完整的复合语句,不需再附加分号。

④ 允许一定形式的表达式简写方式。例如:

```
if (表达式)      等同于   if ( 表达式== 1 )
if (!表达式)     等同于   if ( 表达式!= 1 )
```

⑤ if 语句的嵌套是指在 if 语句中又包含一个或多个 if 语句,其一般形式如下:

```
if (表达式 1)
    if (表达式 2)    语句 1;   (内嵌 if)
    else 语句 2;
else
    if (表达式 3)    语句 3;   (内嵌 if)
    else 语句 4;
```

应当注意,if 与 else 的配对关系,else 总是与它上面的最近的 if 配对。如果 if 与 else 的数目不一样,为了实现程序设计者的意图,可以用 begin_end 块语句来确定配对关系。例如:

```
if ( )
    begin
    if ( )   语句 1;   (内嵌 if)
    end
else    语句 2;
```

这时 begin_end 块语句限定了内嵌 if 语句的范围,因此 else 与第一个 if 配对。注意,

begin_end 块语句在 if_else 语句中的使用，因为有时 begin_end 块语句的不慎使用会改变逻辑行为，例如：

```
if(index>0)
    for(scani=0;scani<index;scani=scani+1)
    if(memory[scani]>0)
    begin
    $display("...");
    memory[scani]=0;
    end
else  /*错误*/
$display("error-indexiszero");
```

尽管程序设计者把 else 写在与第一个 if（外层 if）同一列上，希望与第一个 if 对应，但实际上 else 是与第二个 if 对应的，因为它们相距最近。正确的写法应当是这样的：

```
if(index>0)
    begin
    for(scani=0;scani<index;scani=scani+1)
    if(memory[scani]>0)
        begin
        $display("..."); memory[scani]=0;
        end
    end
else   /*错误*/
$display("error-indexiszero");
```

⑥ if_else 例子。下面的例子取自某程序中的一部分，这部分程序用 if-else 语句来检测变量 index 以决定三个寄存器 modify_segn 中哪一个的值应当与 index 相加作为 memory 的寻址地址，并且将相加值存入寄存器 index 以备下次检测使用。程序的前 10 行定义寄存器和参数。

//定义寄存器和参数。

```
reg [31:0] instruction, segment_area[255:0];
reg [7:0] index;
reg [5:0] modify_seg1, modify_seg2, modify_seg3;
parameter
segment1=0,    inc_seg1=1,
segment2=20,   inc_seg2=2,
segment3=64,   inc_seg3=4,
```

077

```
data=128;
//检测寄存器 index 的值
if（index<segment2）
    begin
    instruction = segment_area[index + modify_seg1];
    index = index + inc_seg1;
    end
else if（index<segment3）
    begin
    instruction = segment_area[index + modify_seg2];
    index = index + inc_seg2;
    end
else if （index<data）
    begin
    instruction = segment_area[index + modify_seg3];
    index = index + inc_seg3; end
else
    instruction = segment_area[index];
```

2. case 语句

case 语句是一种多分支选择语句。if 语句只有两个分支可供选择，而实际问题中常常需要用到多分支选择，Verilog 语言提供的 case 语句直接处理多分支选择。case 语句通常用于微处理器的指令译码，它的一般形式如下：

（1）case（表达式） <case 分支项>　endcase
（2）casez（表达式）<case 分支项>　endcase
（3）casex（表达式）<case 分支项>　endcase

case 分支项的一般格式如下：

```
分支表达式：              语句
缺省项（default 项）：     语句
```

说明：

① case 括弧内的表达式称为控制表达式，case 分支项中的表达式称为分支表达式。控制表达式通常表示为控制信号的某些位，分支表达式则用这些控制信号的具体状态值来表示，因此分支表达式又可以称为常量表达式。

② 当控制表达式的值与分支表达式的值相等时，就执行分支表达式后面的语句。如果所有的分支表达式的值都没有与控制表达式的值相匹配的，就执行 default 后面的语句。

③ default 项可有可无，一个 case 语句里只准有一个 default 项。

下面是一个简单地使用 case 语句的例子。该例子中对寄存器 rega 译码以确定 result 的值。

```
reg [15:0] rega;
reg [9:0]  result;
case ( rega )
    16 'd0: result = 10 'b0111111111;
    16 'd1: result = 10 'b1011111111;
    16 'd2: result = 10 'b1101111111;
    16 'd3: result = 10 'b1110111111;
    16 'd4: result = 10 'b1111011111;
    16 'd5: result = 10 'b1111101111;
    16 'd6: result = 10 'b1111110111;
    16 'd7: result = 10 'b1111111011;
    16 'd8: result = 10 'b1111111101;
    16 'd9: result = 10 'b1111111110;
    default: result = 'bx;
endcase
```

④ 每一个 case 分项的分支表达式的值必须互不相同，否则就会出现矛盾现象（对表达式的同一个值，有多种执行方案）。

⑤ 执行完 case 分项后的语句，则跳出该 case 语句结构，终止 case 语句的执行。

⑥ 在用 case 语句表达式进行比较的过程中，只有当信号的对应位的值能明确进行比较时，比较才能成功。因此，要注意详细说明 case 分项的分支表达式的值。

⑦ case 语句的所有表达式的值的位宽必须相等，只有这样控制表达式和分支表达式才能进行对应位的比较。一个经常犯的错误是用'bx,'bz 来替代 n'bx,n'bz，这样写是不对的，因为信号 x,z 的缺省宽度是机器的字节宽度，通常是 32 位（此处 n 是 case 控制表达式的位宽）。

case 语句与 if-else 语句的对比：

① 在执行 case 语句时，控制表达式的值和分支语句之间的比较是一种"全等比较"，也就是说，只有在分支语句和控制表达式的值完全相同（对应的每一位完全相同）的情况下，才能认为分支语句和控制表达式的值相等，对应的语句块才会被执行。

② 在执行 if-else 条件语句时，会按照优先级的顺序执行语句；在执行 case 分支控制语句时，各分支语句之间无优先级之分，只要控制表达式的值和分支语句相等，就能执行对应的语句块。

③ 与 case 语句中的控制表达式和多分支表达式这种比较结构相比，if-else-if 结构中的条件表达式更为直观一些。

④ 对于那些分支表达式中存在不定值 x 和高阻值 z 位时，case 语句提供了处理这种情况的手段。下面的两个例子介绍了处理 x，z 值位的 case 语句。

【例 2.5.7】 使用 case 语句处理分支表达式中存在 z 或 x 位的情况。

```
case ( select[1:2] )
    2 'b00: result = 0;
    2 'b01:           result = flaga;
    2 'b0x, 2 'b0z:   result = flaga? 'bx : 0;
    2 'b10:           result = flagb;
    2 'bx0,2 'bz0:    result = flagb? 'bx : 0;
    default:          result = 'bx;
endcase
```

【例 2.5.8】 使用 case 语句对 z 或 x 的显示进行处理。

```
case(sig)
    1 'bz:    $display("signal is floating");
    1 'bx:    $display("signal is unknown");
    default:  $display("signal is %b", sig);
endcase
```

Verilog 语言针对电路的特性提供了 case 语句的其他两种形式，用来处理 case 语句比较过程中不必考虑的情况（don't care condition）。其中 casez 语句用来处理不考虑高阻值 z 的比较过程，casex 语句则将高阻值 z 和不定值都视为不必关心的情况。所谓不必关心的情况，即在表达式进行比较时，不将该位的状态考虑在内。这样，在 case 语句表达式进行比较时，就可以灵活地设置以对信号的某些位进行比较。看下面的两个例子：

【例 2.5.9】 使用 casez 语句处理不考虑高阻值 z 的比较过程。

```
reg[7:0] ir;
casez(ir)
    8 'b1???????: instruction1(ir);
    8 'b01??????: instruction2(ir);
    8 'b00010???: instruction3(ir);
    8 'b000001??: instruction4(ir);
endcase
```

【例 2.5.10】 使用 casex 语句不考虑高阻值 z 和不定值的比较过程。

```
reg[7:0] r, mask;
mask = 8'bx0x0x0x0;
casex(r^mask)
    8 'b001100xx: stat1;
    8 'b1100xx00: stat2;
```

```
            8 'b00xx0011: stat3;
            8 'bxx001100: stat4;
        endcase
```

3. 条件描述的完备性

Verilog 程序设计中容易犯的一个通病是由于不正确地使用语言，生成了并不想要的锁存器。下面我们给出了一个在"always"块中不正确地使用 if 语句造成这种错误的例子。

【例 2.5.11】 使用 if 语句，条件描述不完备产生锁存器。

```
always @ (a or b)
    begin
        if (a) q <= b;
    end
```

【例 2.5.12】 使用 if 语句，条件描述完备不产生锁存器。

```
always @ (a or b)
    begin
        if (a)   q <= b;
        else     q <= 0;
    end
```

检查一下左边的"always"块，if 语句保证了只有当 a = 1 时，q 才取 d 的值。这段程序没有写出 a = 0 时的结果，那么当 a = 0 时会怎么样呢？

在"always"块内，如果在给定的条件下变量没有赋值，这个变量将保持原值，也就是说会生成一个锁存器。

如果设计人员希望当 a = 0 时 q 的值为 0，else 项就必不可少了。注意看右边的"always"块，整个 Verilog 程序模块综合出来后，"always"块对应的部分不会生成锁存器。

Verilog 程序另一种偶然生成锁存器的情况是在使用 case 语句时缺少 default 项的情况下发生的。

【例 2.5.13】 使用 case 语句，条件描述不完备产生锁存器。

```
always @ (sel[1:0] or a or b)
    case( sel[1:0] )
        2'b00: q <= a;
        2'b11: q <= b;
    endcase
```

【例 2.5.14】 使用 case 语句，条件描述完备不产生锁存器。

```
always @ (sel[1:0] or a or b)
    case( sel[1:0] )
        2'b00: q <= a;
        2'b11: q <= b;
        default: q <= 0;
    endcase
```

case 语句的功能是：在某个信号（sel）取不同的值时，给另一个信号（q）赋不同的值。注意看例 2.5.13，如果 sel = 2'b00，q 取 a 值，而 sel = 2'b11，q 取 b 的值。这个例子中不清楚的是：如果 sel 取 2'b00 和 2'b11 以外的值时 q 将被赋予什么值？结果程序即默认为 q 保持原值，这就会自动生成锁存器。

例 2.5.14 中 q 的赋值很明确，程序中的 case 语句有 default 项，指明了如果 sel 不取 2'b00 或 2'b11 时，编译器或仿真器应赋给 q 的值。程序所示情况下，q 赋为 0，因此不生成锁存器。

以上就是怎样来避免隐形生成锁存器的错误。如果用到 if 语句，最好写上 else 项。如果用 case 语句，最好写上 default 项。遵循上面两条原则，就可以避免发生这种错误，使设计者更加明确设计目标，同时也增强了 Verilog HDL 程序的可读性。

2.5.5 循环语句

在 Verilog 语言中存在着四种类型的循环语句，它们用来控制执行语句的执行次数。下面对各种循环语句进行详细的介绍。

1. forever 语句

Forever：连续的执行语句。forever 语句的格式如下：

```
forever 语句；
```

或

```
forever begin  多条语句 end
```

forever 循环语句常用于产生周期性的波形，用来作为仿真测试信号。它与 always 语句的不同处在于不能独立写在程序中，而必须写在 initial 块中。其具体使用方法将在"事件控制"这一节里详细地加以说明。

2. repeat 语句

Repeat：连续执行一条语句 n 次。repeat 语句的格式如下：

```
repeat（表达式） 语句；
```

或

```
repeat（表达式） begin  多条语句 end
```

在 repeat 语句中，其表达式通常为常量表达式。下面的例子中使用 repeat 循环语句及加法和移位操作来实现一个乘法器。

```verilog
parameter size=8, longsize=16;
reg [size:1] opa, opb;
reg [longsize:1] result;
begin:mult
reg [longsize:1] shift_opa, shift_opb;
shift_opa = opa;
shift_opb = opb;
result = 0;
repeat(size)
begin
    if(shift_opb[1])
    result = result + shift_opa;
    shift_opa = shift_opa <<1;
    shift_opb = shift_opb >>1;
end
end
```

3. while 语句

While：执行一条语句直到某个条件不满足，如果一开始条件即不满足（为假），则语句一次也不能被执行。while 语句的格式如下：

while（表达式） 语句

或

while（表达式） begin 多条语句 end

下面举一个 while 语句的例子，该例子用 while 循环语句对 rega 这个 8 位二进制数中值为 1 的位进行计数。

```verilog
begin:count1s
    reg [7:0] tempreg;
    count=0;
    tempreg = rega;
    while(tempreg)
    begin
     if(tempreg[0])  count = count + 1;
        tempreg = tempreg>>1;
    end
end
```

4. for 语句

for 通过以下三个步骤来决定语句的循环执行。

（1）先给控制循环次数的变量赋初值；

（2）判定控制循环的表达式的值，如为假则跳出循环语句，如为真则执行指定的语句后，转到第（3）步；

（3）执行一条赋值语句来修正控制循环变量次数的变量的值，然后返回第（2）步。

for 语句的一般形式：

```
for（表达式 1；表达式 2；表达式 3） 语句
```

它的执行过程如下：

① 先求解表达式 1。

② 求解表达式 2，若其值为真（非 0），则执行 for 语句中指定的内嵌语句，然后执行下面的第③步；若为假（0），则结束循环，转到第⑤步。

③ 若表达式为真，在执行指定的语句后，求解表达式 3。

④ 转回上面的第②步继续执行。

⑤ 执行 for 语句下面的语句。

for 语句最简单的应用形式是很易理解的，其形式如下：

```
for（循环变量赋初值；循环结束条件；循环变量增值） 执行语句
```

for 循环语句实际上相当于采用 while 循环语句建立以下的循环结构：

```
begin
循环变量赋初值；
while（循环结束条件）
begin
    执行语句
    循环变量增值；
end
end
```

这样对于需要 8 条语句才能完成的一个循环控制，for 循环语句只需 2 条即可。

下面分别举两个使用 for 循环语句的例子。例 2.5.15 用 for 语句来初始化 memory；例 2.5.16 则用 for 循环语句来实现前面用 repeat 语句实现的乘法器。

【例 2.5.15】 for 语句初始化 memory。

```
begin:init_mem
    reg[7:0] tempi;
    for(tempi = 0; tempi < memsize; tempi = tempi + 1)
        memory[tempi] = 0;
end
```

【例 2.5.16】 for 语句实现乘法器。

```
parameter  size = 8, longsize = 16;
reg[size:1] opa, opb;
reg[longsize:1] result;
begin:mult
    integer bindex;
    result=0;
    for( bindex = 1; bindex <= size; bindex = bindex + 1 )
        if(opb[bindex])
            result = result + (opa << (bindex - 1));
end
```

在 for 语句中，循环变量增值表达式可以不必是一般的常规加法或减法表达式。下面是对 rega 这个 8 位二进制数中值为 1 的位进行计数的另一种方法。

```
begin: count1s
    reg[7:0] tempreg;
    count=0;
    for(tempreg = rega; tempreg; tempreg = tempreg >> 1)
        if(tempreg[0])
            count = count + 1;
end
```

5. disable 语句

一般情况下，循环语句都留有正常的出口用于退出循环，但是有些特殊情况下，需要强制退出循环，就可以使用 disable 语句。在使用 disable 强制退出循环时，必须给循环部分起个名字，起名的方法是在 begin 后面添加 ": 名字"。

```
//做 4 次加 1 操作后强制退出循环，然后继续执行后续操作
begin: adder
    for ( i = 0 ; i < 5; i = i + 1)
    begin
        sum = sum +1;
        if ( i ==3) disable adder;
    end
end
后续操作 1;
后续操作 2;
```

2.5.6 任务和函数

在 Verilog 语言中任务和函数提供了在一个描述中从不同位置执行公共程序的能力，将一个大程序可以分解成较小程序，更容易阅读和调试源文件描述。

任务和函数的区别：

（1）在一个仿真时间单位内执行函数，而任务可以包含时间控制语句。

（2）函数不能调用任务，但任务可以调用函数和其他任务。

（3）函数至少有一个 input 类型的参数，没有 output 或 inout 类型的参数，而任务可以有任意多个和任意类型的参数。

（4）一个函数返回一个值，而任务不返回值。

（5）函数是通过一个值来响应输入的值，函数作为表达式内的一个操作数；而任务可以支持多个输入并计数出多个结果的值，返回传递的 output 和 inout 类型的参数结果。

（6）函数定义中，不能包含任何时间控制，如#、@和 wait 等，而任务无此限制。

（7）函数不能有任何非阻塞赋值或过程连线赋值语句，不能有任何时间触发。

例如，定义一任务或函数对一个 16 位的字进行操作让高字节与低字节互换，把它变为另一个字（假定这个任务或函数名为：switch_bytes）。

任务返回的新字是通过输出端口的变量，因此 16 位字字节互换任务的调用源码是这样的：

```
switch_bytes(old_word, new_word);
```

任务 switch_bytes 把输入 old_word 的字的高、低字节互换放入 new_word 端口输出。而函数返回的新字是通过函数本身的返回值，因此 16 位字字节互换函数的调用源码是这样的：

```
new_word = switch_bytes(old_word);
```

下面分别介绍任务和函数语句的要点。

1. 任 务

如果传给任务的变量值和任务完成后接收结果的变量已定义，就可以用一条语句启动任务。任务可以启动其他的任务，其他任务又可以启动别的任务，可以启动的任务数是没有限制的。不管有多少任务启动，只有当所有的启动任务完成以后，控制才能返回。

1）任务的定义

定义任务的语法如下：

任务：

```
task <任务名>;
    <端口及数据类型声明语句>
    <语句1>
    <语句2>
```

```
            ⋮
        <语句 n>
    endtask
```

这些声明语句的语法与模块定义中对应声明语句的语法是一致的。

2）任务的调用及变量的传递

启动任务并传递输入、输出变量的声明语句的语法如下：

任务的调用：

```
        <任务名>（端口1，端口2，…，端口n）;
```

下面的例子说明怎样定义任务和调用任务：

任务定义：

```
    taskmy_task;
        input a, b;
        inout   c;
        output d, e;
            ⋮
        <语句>        //执行任务工作相应的语句
            ⋮
        c = foo1;    //赋初始值
        d = foo2;    //对任务的输出变量赋值
        e = foo3;
    endtask
```

任务调用：

```
    my_task(v, w, x, y, z);
```

任务调用变量（v, w, x, y, z）和任务定义的 I/O 变量（a, b, c, d, e）之间是一一对应的。当任务启动时，由 v, w 和 x 传入的变量赋给了 a, b 和 c，而当任务完成后的输出又通过 c, d 和 e 赋给了 x, y 和 z。下面是一个具体的例子用来说明怎样在模块的设计中使用任务，使程序容易读懂。

【例 2.5.17】 程序模块中使用任务。

```
    module traffic_lights;
        reg clock, red, amber, green;
        parameter    on=1, off=0, red_tics=350,
                    amber_tics=30, green_tics=200;
        //交通灯初始化
        initial red=off;
```

```
        initial amber=off;
        initial green=off;
    //交通灯控制时序
        always  begin
            red=on;   //开红灯
            light (red, red_tics);   //调用等待任务
            green=on;    //开绿灯
            light (green, green_tics);  //等待
            amber=on;    //开黄灯
            light (amber, amber_tics);  //等待
        end
    //定义交通灯开启时间的任务
    task light(color, tics);
        output  color; input[31:0] tics;
        begin
            repeat (tics) @(posedge clock);//等待tics个时钟的上升沿
            color=off;//关灯
        end endtask
    //产生时钟脉冲的always块
    always begin
            #100 clock=0;
            #100 clock=1;
        end
    endmodule
```

这个例子描述了一个简单的交通灯的时序控制,并且该交通灯有它自己的时钟产生器。

2. 函　数

函数的目的是返回一个用于表达式的值。

定义函数的语法:

```
function <返回值的类型或范围> (函数名);
    <端口说明语句>
    <变量类型说明语句>
begin
<语句>
  ⋮
end
endfunction
```

注意<返回值的类型或范围>这一项是可选项，如缺省则返回值为一位寄存器类型数据。下面用例子说明：

```
function [7:0] getbyte;
    input [15:0] address;
    begin
        <说明语句>    //从地址字中提取低字节的程序
        getbyte = result_expression; //把结果赋予函数的返回字节
    end
endfunction
```

从函数返回的值：函数的定义蕴含声明了与函数同名的、函数内部的寄存器。如在函数的声明语句中<返回值的类型或范围>为缺省，则这个寄存器是一位的，否则是与函数定义中<返回值的类型或范围>一致的寄存器。函数的定义把函数返回值所赋值寄存器的名称初始化为与函数同名的内部变量。下面的例子说明了这个概念：getbyte 被赋予的值就是函数的返回值。

函数的调用：通过将函数作为表达式中的操作数来实现的。

其调用格式如下：

```
<函数名>（<表达式>,…,<表达式>）
```

其中函数名作为确认符。下面的例子中通过对两次调用函数 getbyte 的结果值进行位拼接运算来生成一个字。

```
word = control ? {getbyte(msbyte),getbyte(lsbyte)} : 0;
```

函数的使用规则：与任务相比，函数的使用有较多的约束。下面给出的是函数的使用规则：

（1）函数的定义不能包含有任何的时间控制语句，即任何用 # 、@、或 wait 来标识的语句。

（2）函数不能启动任务。

（3）定义函数时至少要有一个输入参量。

（4）在函数的定义中必须有一条赋值语句给函数中的一个内部变量赋以函数的结果值，该内部变量具有和函数名相同的名字。

举例说明：下面的例 2.5.18 定义了一个可进行阶乘运算的名为 factorial 的函数，该函数返回一个 32 位的寄存器类型的值，该函数可向后调用自身，并且打印出部分结果值。

【例 2.5.18】 程序模块中使用函数。

```
module tryfact;
    //函数的定义
    function[31:0] factorial;
        input[3:0] operand;
        reg [3:0] index;
```

```verilog
        begin
            factorial = operand? 1 : 0;
            for(index = 2; index <= operand; index = index + 1)
                factorial = index * factorial;
        end
    endfunction
    //函数的测试
    reg[31:0] result;
    reg[3:0]  n;
    initial begin
        result=1;
        for(n = 2; n <= 9; n = n + 1) begin
            $display("Partial result n= %d result= %d", n, result);
            result = n * factorial(n) /( (n*2) + 1 );
        end
        $display( "Finalresult=%d", result);
    end
endmodule    //模块结束
```

2.6 关系运算符实战演练

在进行关系运算时，如果声明的关系是假的（false），则返回值为 0；如果声明的关系是真的（true），则返回值为 1；如果某个作数的值不定，则返回值为不定值。

例如，有以下代码：

```verilog
//表达意义相同
a < size-1;
a < (size-1);


//表达意义不同
size - (1 < a);
size - 1 < a;
```

当执行表达式"size-(1<a)"时，先计算关系表达式"(1<a)"，返回值为 0 或 1，再执行"size-（0 或 1）"；当执行表达式"size-1<a"时，先计算"size-1"，再与 a 进行比较。

在数字系统中，特别是在计算机中常需要对两个数的大小进行比较。数值比较器就是对两个二进制数 a 和 b 进行比较的逻辑电路，比较结果有 a>b、a<b 和 a=b 三种情况。

以下通过参数化设计方法设计数值比较器,用来比较 N 位数据 a 和 b 的大小,通过修改参数 N 的大小方便修改比较数据的位宽,方便设计移植。

【例 2.6.1】 数值比较器的 Verilog HDL 描述。

```
module compare_3 ( y , a , b );
parameter N = 3;           //参数化位宽,默认为3
input  [N-1:0] a ;         //数据a
input  [N-1:0] b ;         //数据b
output [2:0] y ;           //比较结果输出,y[2]代表a<b,y[1]代表a=b,y[0]代表a>b
reg [2:0] y ;
always @ ( a or b )
begin
   if ( a > b )         y <= 3'b001;
   else if ( a == b )   y <= 3'b010;
   else                 y <= 3'b100;
end
endmodule
```

关键词 parameter 用来定义常量 N,通过改变 N 的值,可以很容易地改变整个设计,改变被比较数据的位数。

2.7 缩位运算符实战演练

缩位运算符是单目运算符,可进行"与"或"非"运算。利用缩位运算符进行"与"或"非"运算的规则类似于位运算符的"与"或"非"运算的规则,但两者的运算过程不同。位运算符是对操作数的相应位进行"与"或"非"运算,操作数是几位数,运算结果也是几位数。缩位运算符是对单个操作数进行"与"或"非"的递推运算,最后的运算结果是一个二进制数。

缩位运算符的具体应用过程如下:
(1)将操作数的第一位与第二位进行"与"或"非"运算。
(2)将上一步的运算结果与第三位进行"与"或"非"运算,以此类推,直到最后一位。

应用缩位运算符,例如:

```
    reg [3:0] B;
    reg C;
    C = &B;
```

以上代码相当于如下语句:

```
    C = ( ( B[0] & B[1] ) & B[2] ) & B[3];
```

当变量 B 的 4 位全为 1(高电平)时,通过执行"与"运算,终输出的变量 C 为高电平。如果在变量 B 中存在 0，那么输出的变量 C 因执行"与"运算，最终会得到低电平。

2.8 位拼接运算符实战演练

位拼接运算符是将多个小的表达式合并成一个大的表达式，用符号"{}"来实现多个表达式的连接运算，各个表达式之间用","隔开。

【例 2.8.1】 使用位拼接运算符。

```
module shift(clk,rst_n,led_out);
    input clk;              //系统输入
    input rst_n;            //系统复位
    output reg [3:0] led_out;    //led 驱动端口
    always @ (posedge clk or negedge rst_n) begin
        if(!rst_n) begin
            led_out<=4'b0111;        //点亮其中一盏灯
        end
        else begin
            led_out<=(led_out[0],led_out[3:1]); //实现流水灯
        end
    end
endmodule
```

每次操作均把最低位放到最高位，其他三位右移，从而从逻辑上实现了移位，形成了循环。在每个时钟周期，0 都会右移一位，直至到达最低位，将其放在最高位后，继续从最高位向最低位移动，如此循环下去。很多操作（如串/并转换等）使用位拼接运算符，会使代码变得简单。

2.9 移位运算符实战演练

移位运算符是双目运算符，即将运算符左边的操作数左移或右移指定的位数，并用 0 来补充空闲位。在应用移位运算符时一定要注意，操作中的空闲位将用 0 来填充，也就是说，不管一个二进制数的原值为何，只要一直移位，最终都会变为 0，所以，通过移位运算符一直移位，就可把一切数值归零。

在 Verilog HDL 中有两种移位运算符：<<（逻辑左移）和 >>（逻辑右移）。

【例 2.9.1】 使用移位运算符。

```
module shift(clk, rst_n, a, b);
    input clk;
```

```
    input rst_n;
    output reg [3:0] a;
    output reg [3:0] b;
    always @ ( posedge clk or negedge rst_n) begin
        if ( !rst_n ) begin
            a<=1;
            b<=4;
        end
        else begin
            a <= ( a << 1 );
            b <= ( b >> 1);
        end
    end
endmodule
```

每次 a 都左移一位，后面补 0，直至将逻辑 1 溢出，保持为 0；每次 b 都右移一位，前面补 0，直至将逻辑 1 溢出，保持为 0。

可用移位运算符代替乘法和除法运算，即将左移一位视为乘以 2，将右移一位视为除以 2（尤其是除法，通过使用移位运算符，可节省系统资源）。使用移位运算符的前提是要进行数据位宽的拓展，不然数值将全部变为 0。

2.10 仿真激励信号实战演练

逻辑仿真是逻辑验证的一种方法，验证是芯片设计过程中非常重要的一个环节。任何无缺陷的芯片都是验证出来了，而不是设计出来的。验证过程的准确和完备，在一定程度上决定了芯片的命运。本节重点介绍仿真的概念、仿真平台的搭建，以及如何利用高效的仿真平台来验证设计。仿真是使用 EDA 工具，通过对实际情况的模拟，验证设计的正确性。在 FPGA/CPLD 设计领域，最常用的仿真工具是第三方工具——ModelSim，也可以使用 EDA 集成开发环境自带仿真器进行仿真。主流的功能验证方法是对 RTL 级代码进行仿真，给设计增加一定的激励信号，观察响应结果。当然，仿真激励必须能够完整地体现设计规格，验证的覆盖率要尽可能全面。

2.10.1 Testbench 简介

什么是 Testbench？顾名思义就是测试平台的意思。仿真时 Testbench 用来产生测试激励信号给待测试设计（DUT），同时检查待测设计的输出是否与预期一致，从而达到验证设计功能的目的。基于 Testbench 的仿真流程如图 2.10.1 所示，使用 HDL（硬件描述语言）编制 Testbench（仿真文件），为 DUT 提供激励信号并正确实例化 DUT，将仿真数据显示在终端或存为文件，也可以显示在波形窗口中供分析检查，或通过用户接口自动比较仿真结果与理想值，分析设计的正确性，并分析 Testbench 自身的覆盖率和正确性。

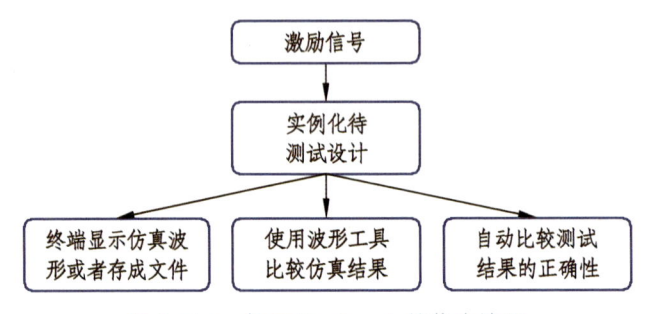

图 2.10.1　基于 Testbench 的仿真流程

2.10.2　激励信号

在进行仿真激励前，先对待测试设计进行实例化，实例化方法参照模块调用方法。接下来进行仿真激励编写，快速掌握一些测试激励的写法是非常重要的，可以有效提高代码的质量，减少错误产生，并能全面覆盖测试信号。

initial 和 always 是两种基本的过程结构语句，在仿真开始时就相互并行执行。通常来说，被动地检测响应时使用 always 语句，而主动地产生激励时则使用 initail 语句。initial 和 always 的区别是 initial 语句只执行一次，而 always 语句不断地重复执行。但是，如果希望在 initial 里多次运行一个语句块，可以在 initial 里嵌入循环语句（如 while、repeat、for 和 forever 等），例如：

```
initial begin
    forever    //永远执行
    begin
        ⋮
    end
end
```

而 always 语句通常只有在一些条件发生时才能执行，例如：

```
always @ (posedge Clock) begin
    SigA=SigB;
    ⋮
end
```

当发生 Clock 上升沿时，执行 always 操作，begin-end 中的语句顺序执行。

下面分别介绍时钟信号和复位信号等激励信号的常用编写方法。

1. 产生时钟信号

（1）用 initial 语句产生时钟信号的方法如下：

```
//产生一个周期为 10 的时钟信号
parameter PERIOD = 10;
reg clk;
initial begin
    clk = 0;
    forever
        # (PERIOD/2) clk = ~ clk;
end
```

（2）用 always 语句产生时钟的方法如下：

```
//用 always 语句产生一个周期为 10 的时钟信号
parameter PERIOD = 10;
reg clk;
initial
    clk = 0;   // 将 CLK 初始化为 0
always
    # (PERIOD/2) clk = ~ clk;
```

以上两种方法所产生的时钟信号波形如图 2.10.2 所示。

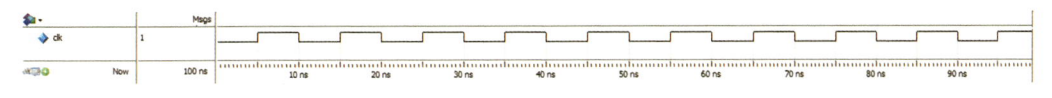

图 2.10.2　时钟信号波形

（3）有时在设计中会用到占空比不是 50%的时钟信号，如可以用 always 语句实现占空比为 40%的时钟信号，代码如下：

```
//占空比为 40%的时钟
parameter  Hi_Time = 4, Lo_Time = 6;
reg clk;
always begin
    # Hi_Time clk = 0;
    # Lo_Time clk = 1;
end
```

以上代码所产生的时钟信号波形如图 2.10.3 所示。

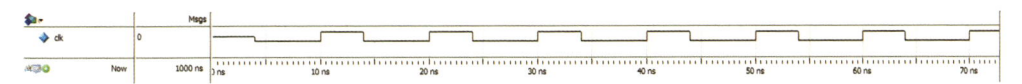

图 2.10.3　占空比为 40%的时钟信号波形

（4）如果需要产生固定数目的时钟脉冲，可以在 initial 语句中使用 repeat 语句来实现，代码如下：

```verilog
//两个周期的时钟信号
parameter PulseCount = 4, PERIOD = 10;
reg clk;
initial begin
    clk = 0;
    repeat (PulseCount)
       # (PERIOD/2) clk = ~ clk;
end
```

以上代码所产生的时钟信号波形如图 2.10.4 所示。

图 2.10.4　两个周期的时钟信号波形

（5）相移时钟信号的产生代码如下：

```verilog
//相移为 2 的时钟信号
parameter H_TIME = 5 , L_TIME = 10 , PHASE_SHIFT = 2;
reg Absolute_clk1;        //寄存器变量
wire Derived_clk;         //线网变量
always begin
    # H_TIME Absolute_clk1 = 0;
    # L_TIME Absolute_clk1 = 1;
end
assign # PHASE_SHIFT Derived_clk = Absolute_clk1;
```

这里首先使用 always 语句产生了一个 Absolute_clk1 基准时钟信号，然后用 assign 语句将该基准时钟延时，产生了一个相移为 2 的 Derived_clk 相移时钟信号，波形如图 2.10.5 所示。

图 2.10.5　相移为 2 的时钟信号波形

值得注意的是，在图 2.10.5 中的 Absolute_clk1 为 register（寄存器）型变量，初始值为 X；而 Derived_clk 为 wire（线网）型变量，初始值为 Z。

2. 产生复位信号

复位信号不是周期信号，因此可以使用 initial 语句产生一个值序列。

（1）异步复位信号的产生代码如下：

```
//异步复位信号
parameter PERIOD = 10;
reg Rst;
initial begin
    Rst = 1;
    # PERIOD Rst = 0;
    # (5* PERIOD) Rst = 1;
end
```

Rst 为低有效，以上代码在 10 ns 时开始复位，复位持续时间为 50 ns，如图 2.10.6 所示。

图 2.10.6 异步复位信号波形

（2）同步复位信号的产生代码如下：

```
//同步复位信号
reg Rst;
reg CLK;
always #10 CLK = ~ CLK;
initial begin
    CLK = 0;
    Rst = 1;
    @( negedge CLK) //等待时钟下降沿
    Rst = 0;
    # 30;
    @( negedge CLK) //等待时钟下降沿
    Rst = 1;
end
```

该代码首先采用 always 语句产生周期为 20 ns 的 CLK 时钟信号，时钟信号初始设为 0，并将 Rst 初始化为 1，然后在第一个 CLK 的下降沿处开始复位。再延时 30 ns，接着在下一个时钟下降沿处撤销复位。这样，复位的产生和撤销都避开了时钟的有效上升沿，因此这种复位可以认为是时钟下降沿的同步复位，如图 2.10.7 所示。

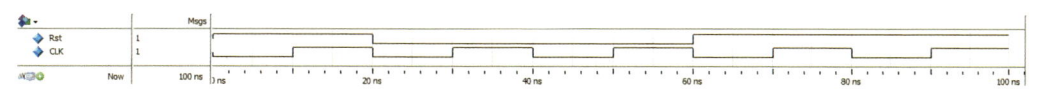

图 2.10.7 同步复位信号波形

（3）另一种同步复位信号的实现方法如下：

```verilog
//同步复位信号
reg Rst;
reg CLK;
always #10 CLK = ~ CLK;
initial begin
    Rst = 1;
    CLK = 0;
    @( negedge CLK) //等待时钟下降沿
    Rst = 0; //复位开始
    repeat (3) @( negedge CLK);    //经过 3 个时钟下降沿
    Rst = 1; //复位撤销
end
```

该代码首先将 Rst 初始化为 1，在第一个 CLK 的下降沿处开始复位，然后经过 3 个时钟下降沿，在第 4 个时钟下降沿处撤销复位信号 Rst，如图 2.10.8 所示。

图 2.10.8 同步复位信号波形

3. 产生并行激励信号

如果希望在仿真的某一时刻同时启动多个任务，可以采用 fork-join 语法结构。例如在仿真开始 100 ns 后，如果希望同时启动发送和接收任务，而不是发送完毕后再进行接收，可以采用如下代码：

```verilog
//并行激励
initial begin
  #100;
  fork  //并行操作
    Send task
    Receive task
  join
end
```

2.10.3 系统自定义函数和任务

在编写 Testbench 时，一些系统函数和系统任务可以产生测试激励，显示调试信息，协助定位。

例如使用 display 语句在仿真器中打印出地址和数据：

```verilog
$ display ("Addr: % b -> DataWrite: % d" , Mpi_addr , Data_out);
```

同时，也可以利用时序检查的系统任务来检查时序，例如：

```
$setup (Sig_D , posedge CLK , 1);
// 如果在 CLK 上升沿到达之前的 1 ns 时间内 Sig_D 发生跳变，则将给出建立时间违反告警
$hold(posedge CLK , Sig_D, 0.1);
//如果在 CLK 上升沿到达之后的 0.1 ns 时间内 Sig_D 发生跳变，则将给出保持时间违反告警
```

另外，也可以利用$random()系统函数来产生测试激励数据，例如：

```
Data_out = {$random} % 256; //产生 0 ~ 255 的数据
```

$time 系统函数可以用来返回当前的仿真时间，协助仿真。

能够用于 Testbench 中的系统任务和函数有很多，它们的使用方法大同小异，非常简单。感兴趣的读者可以参考其他 Verilog 的语法资料。

在编写测试激励时，往往需要从已有的文件中读入数据，或者把数据写入文件中，以便做进一步分析。那么在 Verilog 语言中这是如何实现的呢？

先来看看如下代码：

```
req [7:0] DataSource [0:47] ;//定义一个二维数组（存储单元）
$readmemh ( "Read_In_File.txt" , DataSource );
```

该代码的含义是将 Read_In_File 文件中的数据读入 DataSource 数组中，然后就可以直接使用这些数据了。

向文件中写入数据的代码如下：

```
integer Write_Out_File;        // 定义一个整数的文件指针
//打开文件
Write_Out_File = $fopen ("Write _ Out _File. txt") ;
//往文件中写入内容
$fdisplay (Write_Out_File , "@ % h\ n % h" , Mpi_addr , Data_in ) ;
// 关闭文件
$fclose (Write_Out_File);
```

Verilog HDL 语言中共有以下一些系统函数和任务：$bitstoreal, $rtoi, $display, $setup, $finish, $skew, $hold, $setuphold, $itor, $strobe, $period, $time, $printtimescale, $timefoemat, $realtime, $width, $real tobits, $write, $recovery。

在 Verilog 语言中，每个系统函数和任务前面都用一个标识符$来加以确认。这些系统函数和任务提供了非常强大的功能。下面对一些常用的系统函数和任务分别加以介绍。

1. $display 和$write 任务

$display 和$write 任务的格式如下：

```
$display(p1, p2, …, pn);
$write(p1, p2, …, pn);
```

这两个系统任务的作用是用来输出信息，即将参数 p2 到 pn 按参数 p1 给定的格式输出。参数 p1 通常称为"格式控制"，参数 p2 至 pn 通常称为"输出表列"。这两个任务的作用基本相同。$display 自动地在输出后进行换行，$write 则不是这样。如果想在一行里输出多个信息，可以使用$write。在$display 和$write 中，其输出格式控制是用双引号括起来的字符串，它包括两种信息：

（1）格式说明：由"%"和格式字符组成。它的作用是将输出的数据转换成指定的格式输出。格式说明总是由"%"字符开始的。对于不同类型的数据用不同的格式输出。表 2.10.1 中给出了几种常用的输出格式。

表 2.10.1　常用的输出格式

输 出 格 式	说　　　明
%h 或%H	以十六进制数的形式输出
%d 或%D	以十进制数的形式输出
%o 或%O	以八进制数的形式输出
%b 或%B	以二进制数的形式输出
%c 或%C	以 ASCII 码字符的形式输出
%v 或%V	输出网络型数据信号强度
%m 或%M	输出等级层次的名字
%s 或%S	以字符串的形式输出
%t 或%T	以当前的时间格式输出
%e 或%E	以指数的形式输出实型数
%f 或%F	以十进制数的形式输出实型数
%g 或%G	以指数或十进制数的形式输出实型数（无论何种格式都以较短的结果输出）

（2）普通字符：需要原样输出的字符。其中一些特殊的字符可以通过表 2.10.2 中的转码序列来输出。表中的字符形式用于格式字符串参数中，用来显示特殊的字符。

表 2.10.2　转码序列

转 码 序 列	功　　　能
\n	换行
\t	横向跳格（即跳到下一个输出区）
\\	反斜杠字符\
\"	双引号字符"
\o	1 到 3 位八进制数代表的字符
%%	百分符号%

在$display 和$write 的参数列表中，其"输出表列"是需要输出的一些数据，可以是表达式。下面举几个例子说明。

【例 2.10.1】 使用$display 任务。
```
module disp;
initial
begin
    $display("\\\t%%\n\"\o101");
end
endmodule
输出结果为
\%
"A
```
从上面的这个例子中可以看到一些特殊字符的输出形式，八进制数 101 就是 ASCII 字符 A。

【例 2.10.2】 使用$display 任务进行最多位数显示。
```
module disp;
reg[31:0] rval;
Pulldown(pd);
initial
begin
    rval=101;
    $display("rval=%h hex %d decimal", rval, rval);
    $display("rval=%o otal %b binary", rval, rval);
    $display("rval has %c ascii character value",rval);
    $display("pd strength value is %v",pd);
    $display("current scope is %m");
    $display("%s is ascii value for 101",101);
    $display("simulation time is %t",$time);
end
endmodule
```
输出结果：
```
rval=00000065 hex 101 decimal
rval=00000000145 octal 00000000000000000000000001100101 binary
rval has e ascii character value
pd strength value is StX
current scope is disp
e is ascii value for 101
simulation time is 0
```
在$display 中，输出列表中数据的显示宽度是自动按照输出格式进行调整的。这样在显示输出数据时，在经过格式转换以后，总是用表达式的最大可能值所占的位数来显示表达式的当前值。在用十进制数格式输出时，输出结果前面的 0 值用空格来代替。对于其他进制,输出结果前面的 0 仍然显示出来。例如对于一个值的位宽为 12 位的表达式，如按照十六进制数输出，则输出结果占 3 个字符的位置，如按照十进制数输出，则输出结果占 4 个字符的位置。这是因为这个表达式的最大可能值为 FFF（十六进制）、4095（十进制）。可以通过在%和表示进制的字符中间插入一个 0 自动调整显示输出数据宽度的方式，例如：

```
$display("d=%0h a=%0h",data,addr);
```

这样在显示输出数据时，在经过格式转换以后，总是用最少的位数来显示表达式的当前值。

【例 2.10.3】 使用$display 任务进行最少位数显示。

```
module printval;
reg [11:0]r1;
initial
begin
    r1=10;
    $display("Printing with maximum size=%d=%h",r1,r1);
    $display("Printing with minimum size=%0d=%0h",r1,r1);
end enmodule
```

输出结果：

```
Printing with maximum size=10=00a:
printing with minimum size=10=a;
```

如果输出列表中表达式的值包含有不确定的值或高阻值，其结果输出遵循以下规则：

（1）在输出格式为十进制数的情况下：

① 如果表达式值的所有位均为不定值，则输出结果为小写的 x。

② 如果表达式值的所有位均为高阻值，则输出结果为小写的 z。

③ 如果表达式值的部分位为不定值，则输出结果为大写的 X。

④ 如果表达式值的部分位为高阻值，则输出结果为大写的 Z。

（2）在输出格式为十六进制数和八进制数的情况下：

① 每 4 位二进制数为一组代表一位十六进制数，每 3 位二进制数为一组代表一位八进制数。

② 如果表达式值相对应的某进制数的所有位均为不定值，则该位进制数的输出的结果为小写的 x。

③ 如果表达式值相对应的某进制数的所有位均为高阻值，则该位进制数的输出结果为小写的 z。

④ 如果表达式值相对应的某进制数的部分位为不定值，则该位进制数输出结果为大写的 X。

⑤ 如果表达式值相对应的某进制数的部分位为高阻值，则该位进制数输出结果为大写的 Z。

对于二进制输出格式，表达式值的每一位的输出结果为 0、1、x、z。下面举例说明。语句输出结果为：

```
$display("%d", 1'bx);           输出结果为: x
$display("%h",14'bx0_1010);     输出结果为: xxXa
$display("%h %o",12'b001x_xx10_1x01,12'b001_xxx_101_x01);
输出结果为: XXX 1x5X
```

注意：因为$write 在输出时不换行，要注意它的使用。可以在$write 中加入换行符\n，以确保明确的输出显示格式。

2. 系统任务$monitor

系统任务$monitor 的格式如下：

```
$monitor(p1,p2,…, pn);
$monitor;
$monitoron;
$monitoroff;
```

任务$monitor 提供了监控和输出参数列表中的表达式或变量值的功能。其参数列表中的输出控制格式字符串和输出表列的规则和$display 中的一样。当启动一个带有一个或多个参数的$monitor 任务时，仿真器则建立一个处理机制，使得每当参数列表中变量或表达式的值发生变化时，整个参数列表中变量或表达式的值都将输出显示。如果同一时刻，两个或多个参数的值发生变化，则在该时刻只输出显示一次。但在$monitor 中，参数可以是$time 系统函数。这样参数列表中变量或表达式的值同时发生变化的时刻可以通过标明同一时刻的多行输出来显示，例如：

```
$monitor($time, "rxd=%b txd=%b",rxd,txd);
```

在$display 中也可以这样使用。注意在上面的语句中，",," 代表一个空参数。空参数在输出时显示为空格。

$monitoron 和$monitoroff 任务的作用是通过打开和关闭监控标志来控制监控任务$monitor 的启动和停止，这样使得程序员可以很容易地控制$monitor 何时发生。其中$monitoroff 任务用于关闭监控标志，停止监控任务$monitor，$monitoron 则用于打开监控标志，启动监控任务$monitor。通常在通过调用$monitoron 启动$monitor 时，不管$monitor 参数列表中的值是否发生变化，总是立刻输出显示当前时刻参数列表中的值，这用于在监控的初始时刻设定初始比较值。在缺省情况下，控制标志在仿真的起始时刻就已经打开了。在多模块调试的情况下，许多模块中都调用了$monitor，因为任何时刻只能有一个$monitor 起作用，所以需配合$monitoron 与$monitoroff 使用，把需要监视的模块用$monitoron 打开，在监视完毕后及时用$monitoroff 关闭，以便把$monitor 让给其他模块使用。$monitor 与$display 的不同处还在于$monitor 往往在 initial 块中调用，只要不调用$monitoroff，$monitor 便不间断地对所设定的信号进行监视。

3. 时间度量系统函数$time

在 Verilog 中有两种类型的时间度量系统函数：$time 和$realtime。用这两个时间度量系统函数可以得到当前的仿真时刻。

1）系统函数$time

$time 可以返回一个 64 位的整数来表示的当前仿真时刻值。该时刻是以模块的仿真时间尺度为基准的。下面举例说明。

【例 2.10.4】 系统函数$time 的使用。

```
`timescale 10 ns/1ns
module test;
reg set;
parameter   p=1.6;
initial
begin
    $monitor($time,"set=",set);
    #p set=0;
    #p set=1;
end
endmodule
```

输出结果：

```
0 set=x
2 set=0
3 set=1
```

在这个例子中，模块 test 想在时刻为 16 ns 时设置寄存器 set 为 0，在时刻为 32 ns 时设置寄存器 set 为 1。但是由$time 记录的 set 变化时刻却和预想的不一样。这是由下面两个原因引起的：

（1）$time 显示时刻受时间尺度比例的影响。在上面的例子中，时间尺度是 10 ns，因为$time 输出的时刻总是时间尺度的倍数，这样将 16 ns 和 32 ns 输出为 1.6 和 3.2。

（2）因为$time 总是输出整数，所以在将经过尺度比例变换的数字输出时，要先进行取整。在上面的例子中，1.6 和 3.2 经取整后为 2 和 3 输出。注意：时间的精确度并不影响数字的取整。

2）$realtime 系统函数

$realtime 和$time 的作用是一样的，只是$realtime 返回的时间数字是一个实型数，该数字也是以时间尺度为基准的。下面举例说明。

【例 2.10.5】 系统函数$realtime 的使用。

```
`timescale10 ns/1ns
module test;
reg set;
```

```
parameter    p=1.55;
initial
begin
    $monitor($realtime,"set=",set);
    #p set=0;
    #p set=1;
end
endmodule
```
输出结果：
```
0 set=x
1.6 set=0
3.2 set=1
```

从上面的例子可以看出，$realtime 将仿真时刻经过尺度变换以后即输出，不需进行取整操作。所以$realtime 返回的时刻是实型数。

4. 系统任务$finish

系统任务$finish 的格式如下：

```
$finish;
$finish(n);
```

系统任务$finish 的作用是退出仿真器，返回主操作系统，也就是结束仿真过程。任务$finish 可以带参数，根据参数的值输出不同的特征信息。如果不带参数，默认$finish 的参数值为 1。下面给出了对于不同的参数值，系统输出的特征信息：

0：不输出任何信息；
1：输出当前仿真时刻和位置；
2：输出当前仿真时刻、位置和在仿真过程中所用的 memory 及 CPU 时间。

5. 系统任务$stop

系统任务$stop 的格式如下：

```
$stop;
$stop(n);
```

$stop 任务的作用是把 EDA 工具（如仿真器）置成暂停模式，在仿真环境下给出一个交互式的命令提示符，将控制权交给用户。这个任务可以带有参数表达式。根据参数值（0，1 或 2）的不同，输出不同的信息。参数值越大，输出的信息越多。

6. 系统任务$readmemb 和$readmemh

在 Verilog 程序中有两个系统任务$readmemb 和$readmemh 用来从文件中读取数据到存储器中。这两个系统任务可以在仿真的任何时刻被执行使用，其使用格式共有以下 6 种：
（1）$readmemb（"<数据文件名>"，<存储器名>）；
（2）$readmemb（"<数据文件名>"，<存储器名>，<起始地址>）；

（3）$readmemb（"<数据文件名>"，<存储器名>，<起始地址>，<结束地址>）；

（4）$readmemh（"<数据文件名>"，<存储器名>）；

（5）$readmemh（"<数据文件名>"，<存储器名>，<起始地址>）；

（6）$readmemh（"<数据文件名>"，<存储器名>，<起始地址>，<结束地址>）；

在这两个系统任务中，被读取的数据文件的内容只能包含空白位置（空格、换行、制表符（tab）和form-feeds）、注释行（//形式的和/*...*/形式的都允许）和二进制或十六进制的数字（数字中不能包含位宽说明和格式说明）。对于$readmemb 系统任务，每个数字必须是二进制数字；对于$readmemh 系统任务，每个数字必须是十六进制数字。数字中不定值 x 或 X，高阻值 z 或 Z，和下划线（_）的使用方法及代表的意义与一般 Verilog 程序中的用法及意义是一样的。另外，数字必须用空白位置或注释行来分隔开。

在下面的讨论中，地址一词指对存储器（memory）建模的数组的寻址指针。当数据文件被读取时，每一个被读取的数字都被存放到地址连续的存储器单元中去。存储器单元的存放地址范围由系统任务声明语句中的起始地址和结束地址来说明，每个数据的存放地址在数据文件中进行说明。当地址出现在数据文件中，其格式为字符"@"后跟上十六进制数。例如：

    @hh…h

对于这个十六进制的地址数中，允许大写和小写的数字。在字符"@"和数字之间不允许存在空白位置。可以在数据文件里出现多个地址。当系统任务遇到一个地址说明时，系统任务将该地址后的数据存放到存储器中相应的地址单元中去。

对于上述 6 种系统任务格式补充说明如下：

（1）如果系统任务声明语句中和数据文件里都没有进行地址说明，则默认的存放起始地址为该存储器定义语句中的起始地址。数据文件里的数据被连续存放到该存储器中，直到该存储器单元存满为止或数据文件里的数据存完。

（2）如果系统任务中说明了存放的起始地址，没有说明存放的结束地址，则数据从起始地址开始存放，存放到该存储器定义语句中的结束地址为止。

（3）如果在系统任务声明语句中，起始地址和结束地址都进行了说明，则数据文件里的数据按起始地址开始存放到存储器单元中，直到该结束地址，而不考虑该存储器的定义语句中的起始地址和结束地址。

（4）如果地址信息在系统任务和数据文件里都进行了说明，那么数据文件里的地址必须在系统任务中地址参数声明的范围之内，否则将提示错误信息，并且装载数据到存储器中的操作被中断。

（5）如果数据文件里的数据个数和系统任务中起始地址及结束地址暗示的数据个数不同的话，也要提示错误信息。

下面举例说明：

先定义一个有 256 个地址的字节存储器 mem：

    reg[7:0] mem[1:256];

下面给出的系统任务以各自不同的方式装载数据到存储器 mem 中。

```
initial $readmemh("mem.data",mem);
initial $readmemh("mem.data",mem,16);
initial $readmemh("mem.data",mem,128,1);
```

第一条语句在仿真时刻为 0 时，将装载数据到以地址是 1 的存储器单元为起始存放单元的存储器中去。第二条语句将装载数据到以单元地址是 16 的存储器单元为起始存放单元的存储器中去，一直到地址是 256 的单元为止。第三条语句将从地址是 128 的单元开始装载数据，一直到地址为 1 的单元。在第三种情况中，当装载完毕，系统要检查在数据文件里是否有 128 个数据，如果没有，系统将提示错误信息。

7. 系统任务 $random

这个系统函数提供了一个产生随机数的手段。当函数被调用时返回一个 32 位的随机数，它是一个带符号的整型数。

$random 一般的用法是：$ramdom % b；其中 b>0，它给出了一个范围在（-b+1）到（b-1）的随机数。下面给出一个产生随机数的例子：

```
reg[23:0] rand;
rand = $random % 60;
```

上面的例子给出了一个范围在 -59 到 59 的随机数，下面的例子通过位并接操作产生一个值在 0 到 59 之间的数。

```
reg[23:0] rand;
rand = {$random} % 60;
```

利用这个系统函数可以产生随机脉冲序列或宽度随机的脉冲序列，以用于电路的测试。下面例子中的 Verilog 模块可以产生宽度随机的随机脉冲序列的测试信号源，在电路模块的设计仿真时非常有用。读者可以根据测试的需要，模仿下例，灵活使用$random系统函数编制出与实际情况类似的随机脉冲序列。

【例 2.10.6】系统任务 $random 的使用。

```
`timescale 1ns/1ns
module random_pulse(dout);
output [9:0] dout;
reg dout;
integer delay1,delay2,k;
initial
begin
    #10 dout=0;
    for (k = 0; k < 100; k = k + 1)
    begin
        delay1 = 20 * ( {$random} % 6);
        // delay1 在 0 到 100 ns 间变化
```

```
            delay2 = 20 * ( 1 + {$random} % 3);
            // delay2 在 20 到 60 ns 间变化
            #delay1 dout = 1 << ({$random} %10);
            //dout 的 0 到 9 位中随机出现 1，出现的时间在 0 到 100 ns 间变化
            #delay2 dout = 0;
            //脉冲的宽度在 20 ns 到 60 ns 间变化
        end
    end
endmodule
```

【小结】

本章首先实战演练了 FPGA 开发与设计的完整流程；然后重点讲述了 Verilog HDL 硬件描述语言的语法知识，包括程序基本结构、Verilog HDL 基本语法、关键词、标识符命名规则等，介绍常量的分类及表示方法、变量的定义及表示、各种运算符及其优先级；接下来重点从结构化、数据流和行为描述三个方面进行实战演练，详细讲述了程序设计方法及语法知识；再通过一些运算符操作实例加强语法知识的掌握；最后讲述逻辑仿真，对所设计的硬件电路进行仿真测试，介绍了激励信号编写和系统函数及任务的调用。

【习题】

2-1 在 Verilg HDL 的操作符中，哪些操作符的运算结果总是一位？试举例说明。

2-2 变量类型 wire 型和 reg 型有什么本质区别？它们可以用于什么类型的语句中？

2-3 阻塞赋值和非阻塞赋值有何区别？

2-4 在 Verilog HDL 语言中，下列标识符是否正确？

（1）system1　　（2）2reg　　（3）_2to1mux　　（4）exec$　　（5）FourBIT_adder

2-5 在 Verilog HDL 语言中规定的四种基本逻辑值是什么？

2-6 在 Verilog HDL 程序中，如果没有说明输入和输出变量的数据类型，试问它们默认的数据类型是什么？

2-7 请选择正确的答案。

（1）"//" 的含义是（　　）。

　　A. 脚本文件中的注释符号　　　　B. Verilog module 中的注释符号
　　C. 左移符号　　　　　　　　　　D. 除法

（2）"/* */" 的含义是（　　）。

　　A. 脚本文件中的注释符号　　　　B. Verilog module 中的注释符号
　　C. 乘法　　　　　　　　　　　　D. 除法

（3）变量 X 在 always 语句块中被赋值，应该被定义的数据类型为（　　）。

　　A. wire　　　　B. parameter　　　　C. reg　　　　D. int

（4）always @（posedge clk）语句在以下哪种情况下被执行（　　）。
　　A. Clk 为高电平　　　　　　　　B. clk 为低电平
　　C. clk 为上升沿　　　　　　　　D. clk 为下降沿
（5）"/" 的含义是（　　）。
　　A. 脚本文件中的注释符号　　　　B. Verilog module 中的注释符号
　　C. 乘法　　　　　　　　　　　　D. 除法
（6）"*" 的含义是（　　）。
　　A. 脚本文件中的注释符号　　　　B. Verilog module 中的注释符号
　　C. 乘法　　　　　　　　　　　　D. 除法
（7）变量 Y 在 assign 语句中被赋值，应该被定义的数据类型为（　　）。
　　A. wire　　　　　　　　　　　　B. parameter
　　C. reg　　　　　　　　　　　　 D. int
（8）always @（clk）语句在以下哪种情况下被执行（　　）。
　　A. Clk 为高电平　　　　　　　　B. clk 为低电平
　　C. clk 为上升沿　　　　　　　　D. clk 电平变化时

入门篇

本篇主要介绍常用数字逻辑电路的设计与实现以及结构化设计逻辑电路的方法,包括第3章和第4章。第3章首先介绍典型组合逻辑电路的设计与实现,包括编码器、译码器、数据选择器、数据分配器、算术逻辑单元,通过仿真测试验证设计的正确性,并对所用到的重点语法进行讲解及比较。接着介绍典型时序逻辑电路的设计与实现,包括触发器、锁存器、寄存器和计数器和分频器,通过仿真测试验证设计的正确性,并对所用到的重点语法进行讲解及比较。

第 3 章 基础逻辑电路设计

> **学习引导**
>
> 本章重点介绍以下基础逻辑电路的设计：组合逻辑电路包括编码器、译码器、数据选择器、数据分配器、和算术逻辑单元电路；时序逻辑电路包括锁存器、触发器、寄存器、计数器和分频器电路；同时对各电路进行相应的仿真测试。
>
> **学习目标**
>
> （1）掌握 QuartusⅡ工程软件的使用方法，进一步掌握 Verilog HDL 语言结构；
> （2）掌握组合逻辑电路的设计方法以及对组合逻辑电路的仿真测试方法；
> （3）掌握时序逻辑电路的设计方法以及时序逻辑电路的仿真测试方法。
>
> **思政目标**
>
> 本章主要讲述基础逻辑电路设计流程，着重强调电路设计中每一个细节的重要性，以此培养学生扎实的专业技能和精益求精的工作习惯。

3.1 编码器设计实战演练

编码是用二进制代码表示不同事物的过程。具有编码功能的电路称为编码器。编码器分为普通编码器和优先编码器，二进制编码器的结构框图如图 3.1.1 所示。本节将实战演练二进制普通编码器和二进制优先编码器设计。

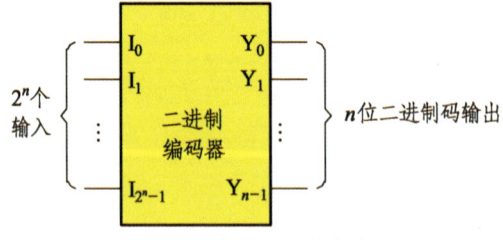

图 3.1.1 编码器的结构框图

3.1.1 普通编码器

普通编码器是指任何时候只允许输入一个有效编码信号，否则输出就会发生混乱。下面实战演练 8 线-3 线编码器，其中输入信号 I 为八个待编码信息，高电平有效，输出三位编码信号 Y 以二进制原码形式输出。

【例 3.1.1】 普通编码器的 Verilog HDL 描述。

```verilog
module encoder83( i,y );
    input [7:0] i;              //8个输入待编码信息
    output reg [2:0] y;         //3位二进制代码输出
    always @ ( i ) begin
        case ( i )              //case 分支语句，不具有优先级
            8'b0000_0001 : y = 3'b000;
            8'b0000_0010 : y = 3'b001;
            8'b0000_0100 : y = 3'b010;
            8'b0000_1000 : y = 3'b011;
            8'b0001_0000 : y = 3'b100;
            8'b0010_0000 : y = 3'b101;
            8'b0100_0000 : y = 3'b110;
            8'b1000_0000 : y = 3'b111;
            default : y = 3'b000;
        endcase
    end
endmodule
```

上例设计采用了 case 语句，case 语句是一种多分支语句，类似真值表直接表述方式的描述，具有直观和层次清晰的特点，在电路描述中具有广泛而又独特的应用。case 语句将条件表达式依次与各分支项进行匹配，无优先级，case 语句允许出现多个分支取值同时满足 case 表达式的情况，这种情况下将执行最先满足表达式的分支项，然后跳出 case 语句，不再检测其余分支项目。除非所有条件中的选择情况能完整覆盖 case 语句中的表达式取值，否则最后一个分支必须加上 default 语句，用来表示完成以上已列的所有分支中未列出的其他取值的逻辑操作。

【例 3.1.2】 普通 8 线-3 线编码器的 Testbench 仿真测试。

```verilog
`timescale 1ns/1ps
module encoder83_tb;
    reg [7:0] x;            //加入激励信号
    wire [2:0] y;           //显示的输出信号
    encoder83 TEST(
        .i(x),
        .y(y));             //实例化待测设计
    initial
    begin
        x = 1;              //初始化 x
        repeat (7) #10 x = x * 2 ;    //每延迟 10 ns, x 信号左移一位
```

```
            #10 x=0;
         repeat (130)  #5 x = x + 1;    //每延迟 5 ns，x 信号加 1，重复 130 次
            #10 $stop;
      end
endmodule
```

仿真波形如图 3.1.2 所示，初始化激励信号 x 为二进制数 0000_0001，每延迟 10 ns，激励信号左移一位，重复 7 次，每次输入仅有 1 个高有效输入位，输出有效编码代码依次是二进制码 000，001，010，011，100，101，110，111。第 80 ns 时，x=0000_0000，从 85 ns 开始，x 每延迟 5 ns 加 1，80～90 ns 期间此时输出编码均为 000，无法区分是有效编码还是无效编码，说明普通编码器任何时刻有且仅能有一个有效信息输入，否则编码输出混乱。

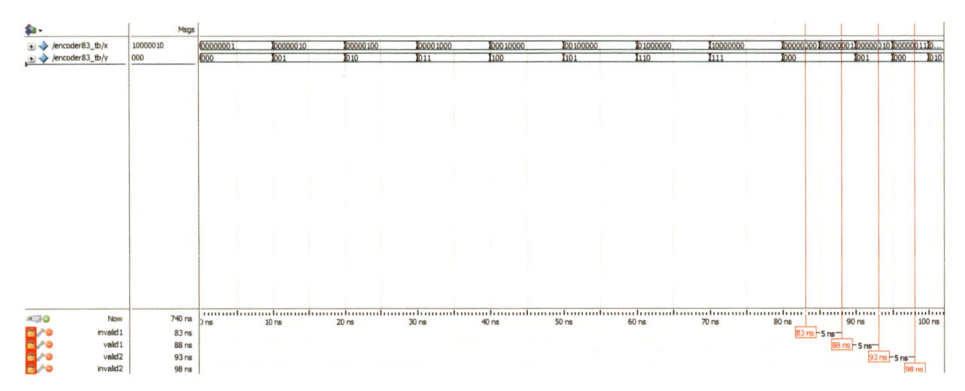

图 3.1.2　普通 8 线-3 线编码器仿真波形

3.1.2　优先编码器

优先编码器允许同时输入两个以上的有效编码信号。当同时输入几个有效编码信号时，优先编码器能按预先设定的优先级别，只对其中优先权最高的一个信号进行编码。下面通过两种方式编写了优先编码器 CD4532，输入信号 I 为八个待编码信息，高电平有效，输出三位编码信号 Y 以二进制原码形式输出，该编码器具有使能输入端 EI，高电平有效；状态标识位 GS，标识输出编码为有效编码或无效编码，高电平有效；输出使能信号 EO 方便优先编码器扩展使用。优先编码器如图 3.1.3 所示。

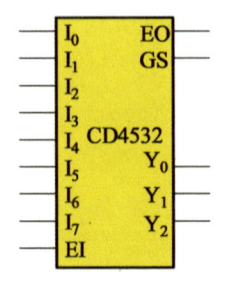

图 3.1.3　优先编码器 CD4532

【例 3.1.3】 优先编码器的 Verilog HDL 描述实例 1。

```verilog
module pencoder83_1(ei, i, y, gs, eo);
    input ei;                    //使能输入
    input [7:0] i;               //输入信号
    output reg [2:0] y;          //输出编码
    output reg gs, eo;           //状态标识 gs, 输出使能 eo
    always @ ( * )
    begin
        if ( !ei )  begin    //使能 ei 低电平, 无效
            y = 0;
            gs= 0;                   //标识位低电平, 标志输出编码 y 为无效编码
            eo= 0;
        end
        else begin           //使能 ei 高电平, 有效
            if ( i[7] == 1 ) begin      //i[7]优先级最高
                y = 3'b111;
                gs = 1;
                eo = 0;
            end
            else if ( i[6] == 1 ) begin
                y = 3'b110;
                gs = 1;
                eo = 0;
            end
            else if ( i[5] == 1 ) begin
                y = 3'b101;
                gs = 1;
                eo = 0;
            end
            else if ( i[4] == 1 ) begin
                y = 3'b100;
                gs = 1;
                eo = 0;
            end
            else if ( i[3] == 1 ) begin
                y = 3'b011;
                gs = 1;
```

```
                    eo = 0;
                end
                else if ( i[2] == 1 ) begin
                    y = 3'b010;
                    gs = 1;
                    eo = 0;
                end
                else if ( i[1] == 1 ) begin
                    y = 3'b001;
                    gs = 1;
                    eo = 0;
                end
                else if ( i[0] == 1 ) begin    //i[0]优先级最低
                    y = 3'b000;
                    gs = 1;
                    eo = 0;
                end
                else begin      //没有信号编码时
                    y = 3'b000;
                    gs = 0;      //标识位低电平,标志输出编码 y 为无效编码
                    eo = 1;      //只有此时输出使能有效,方便级联低位芯片
                end
            end
        end
endmodule
```

【例 3.1.4】 优先编码器的 Testbench 仿真测试 1。

```
`timescale 1ns/1ps
module pencoder83_1_tb;
    reg ei;                     //加入激励信号 ei
    reg [7:0] i;                //加入激励信号 i
    wire [2:0] y;               //输出编码 y
    wire gs, eo;                //输出状态标识信号 gs 和输出使能 eo 信号
    pencoder83_1 TEST(
        .ei(ei),
        .i(i),
        .y(y),
        .gs(gs),
```

```
            .eo(eo) );              //实例化优先编码器
    initial begin
        ei = 0;                  //初始化 ei
        i = 1;                   //初始化 i
        #10 ei = 1;              //延迟 10 ns，使能 ei
        repeat (7)  #10 i = i * 2 ;    //每延迟 10 ns，激励 i 左移一位
        #10 i=0;                 //没有有效编码输入 i
        repeat (130)  #5 i = i + 1;    //每延迟 5 ns，输入 i 加 1
        #10 $stop;
    end
endmodule
```

仿真波形如图 3.1.4 所示，从图中可以看出，前 10 ns 时间段，ei 使能低电平无效，状态标识 gs 为低电平无效，表示此时输出编码 000 为无效编码，输出使能 eo 为低电平，不能够级联低位芯片。从 10 ns 开始，使能 ei 有效，初始化激励信号 i 为 0000_0001，每延迟 10 ns，激励信号左移一位，重复 7 次，每次输入仅有 1 个高有效输入，输出有效编码代码依次是 000，001，010，011，100，101，110，111，且 gs 为有效高电平。第 90 ns 时，i = 0000_0000，输出编码均为 000，gs 为低电平，表示此时编码 000 为无效编码输出，但输出使能 eo 为高电平，可以用来驱动低位编码芯片，实现编码器功能扩展。从 95 ns 开始，i 每延迟 5 ns 加 1，第 95 ns 时，i = 0000_0001，输出编码为 000，gs 为高电平，表示此时编码 000 为有效编码输出，状态标识 gs 用来区分是有效编码还是无效编码。在 100 ns 时，i = 0000_0010，在 105 ns 时 i = 0000_0011，此时输出编码均为 001，说明优先对 i[1]进行编码输出，通过波形说明优先编码器允许多个有效信息输入。

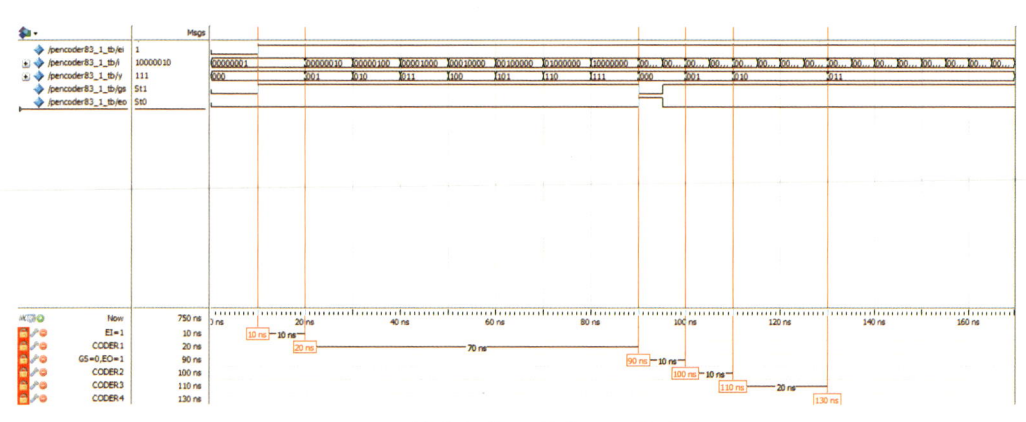

图 3.1.4 优先 8 线-3 线编码器仿真波形

优先编码器实例 1（见例 3.1.3）采用 if-else if-else 语句实现了优先级判断，而没有使用 case 语句实现，注意区别。if 语句指定一个有优先级的编码逻辑，而 case 语句生成的逻辑是并行的，不具有优先级。If-else if-else 结构速度较慢，但占用 FPGA 的面积小；case 结构速度较快，但占用面积较大，需要设计者平衡。

【例 3.1.5】 优先编码器的 Verilog HDL 描述实例 2。

```verilog
module pencoder83_2(ei, i, y, gs, eo);
    input ei;                   //使能输入
    input [7:0] i;              //信号输入
    output reg [2:0] y;         //三位编码输出
    output reg gs, eo;          //状态标识gs,输出使能eo
    always @ ( * )
    begin
        if ( !ei ) begin        //使能ei低电平时,初始化
            y =3'b000;
            gs = 0;
            eo = 0;
        end
        else begin              //使能ei高电平,编码器工作
            gs = 1;
            eo = 0;
            casex(i)            //分支结构,具有优先级
                8'b1xxx_xxxx: y = 3'd7;
                8'b01xx_xxxx: y = 3'd6;
                8'b001x_xxxx: y = 3'd5;
                8'b0001_xxxx: y = 3'd4;
                8'b0000_1xxx: y = 3'd3;
                8'b0000_01xx: y = 3'd2;
                8'b0000_001x: y = 3'd1;
                8'b0000_0001: y = 3'd0;
                default: begin  //无有效信号输入时
                    y = 3'b000;
                    gs = 0;
                    eo = 1;     //只有此时输出使能有效,方便级联低位芯片
                end
            endcase
        end
    end
endmodule
```

例 3.1.5 采用 casex 语句,casex 语句将 x 和 z 值都看作无关位,通过分支匹配实现优先级判断。硬件电路设计中要注意,if-else if-else 和 casex 语句可以实现优先级设计,注意与 case 语句的区别。

【例 3.1.6】 优先编码器的 Testbench 仿真测试 2。

```verilog
`timescale 1ns/1ps
module pencoder83_2_tb;
    reg ei;                     //加入激励信号 ei
    reg [7:0] i;                //加入激励信号 i
    wire [2:0] y;               //输出编码 y
    wire gs, eo;                //输出状态标识信号 gs 和输出使能 eo 信号
    pencoder83_2 TEST(
        .ei(ei),
        .i(i),
        .y(y),
        .gs(gs),
        .eo(eo)
    );                          //实例化优先编码器
    initial
    begin
        ei = 0;                 //初始化 ei
        i = 1;                  //初始化 i
        #10 ei = 1;             //延迟 10 ns，使能 ei
        repeat (7) #10 i = i * 2 ;    //每延迟 10 ns，激励 i 左移一位
        #10 i=0;                //没有有效编码输入 i
        repeat (130) #5 i = i + 1;    //每延迟 5 ns，输入 i 加 1
        #10 $stop;
    end
endmodule
```

仿真波形与图 3.1.4 一样，说明两种描述优先编码器的方式都正确。方式 1 采用了 if 语句和 else if 语句的嵌套，具有优先级。方式 2 采用 casex 分支语句，也具有优先级。

3.2 译码器设计实战演练

译码是编码的逆过程，它能将二进制码翻译成代表某一特定含义的信号。具有译码功能的电路称为译码器。译码器主要分为二进制译码器、非二进制译码器和显示译码器。本节实战演练译码器的设计。

3.2.1 二进制译码器

二进制译码器将输入的二进制代码翻译成代表特定含义的输出。下面设计 3 线-8 线

译码器 74HC138，原理图如图 3.2.1 所示，该译码器有三个使能端 E，三位二进制代码输入端 A，八个输出端，且输出低电平有效。

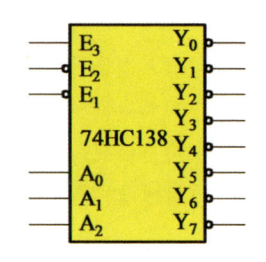

图 3.2.1　74HC138 译码器

【例 3.2.1】 译码器的 Verilog HDL 描述实例。

```
module decoder38( e,a,y );
    input [3:1] e;              //使能信号 E3, E2, E1
    input [2:0] a;              //译码地址
    output reg [7:0] y;         //译码输出
    integer i;                  //定义中间变量，整数型 i, 用于 for 循环语句
    always @ ( e or a )
    begin
        y = 8'b1111_1111;       //初始输出均无效
        for ( i = 0; i <= 7; i = i + 1 )
        if (( e == 3'b100 ) && ( a == i ))
            y[i] = 0;  //对应地址的输出端输出有效低电平
        else y[i] = 1;
    end
endmodule
```

本例中使用了一种循环语句 for 语句，循环变量为 i，用于指示循环的次数，循环变量常被定义为 integer 整数型。integer 整数型的定义不需要特定指出数据位数，默认为 32 位宽的二进制数，是可以综合的。此循环语句的执行过程可以分为以下 3 个步骤。

（1）首先得到循环次数的初始值 i=0；
（2）在循环开始前，判断是否满足继续循环的条件 i<=7，否则跳出循环；
（3）在本次循环结束时，计算循环控制变量的值 i = i + 1。

循环语句 repeat 语句与 for 语句不同，repeat 语句的循环次数在进入循环语句之前就已经决定了，无须循环变量控制。

【例 3.2.2】 译码器的 Testbench 仿真测试。

```
`timescale 1ns/1ps
module decoder38_tb;
    reg [3:1] e, a;             //定义激励信号
    wire [7:0] y;               //定义输出显示
```

```
decoder38 TEST(
    .e(e),
    .a(a),
    .y(y));                    //实例化调用待测试设计译码器
initial fork                   //并行块
    e = 3'b100;                //初始化,使能译码器
    a = 3'b000;                //译码地址初始值
    repeat (7) #80 e = e + 1;  //每 80 ns,使能 E 加 1,重复 7 次
    repeat (56) #10 a = a + 1; //每 10 ns 译码地址加 1,重复 56 次
        #600 $stop;
join
endmodule
```

仿真波形如图 3.2.2 所示,通过使用并行块语句 fork-join 语句实现了并行激励,三位使能信号 e 和地址信号 a 都是从 0 时刻延迟,使能信号每 80 ns 变化一次,同时在使能信号不变时,地址信号变化从 000 至 111 变化 8 次,通过波形发现在使能为二进制 110 时,地址信号对应的输出译码为低电平,否则输出为 1111_1111 全部无效,仿真波形验证译码器设计正确。

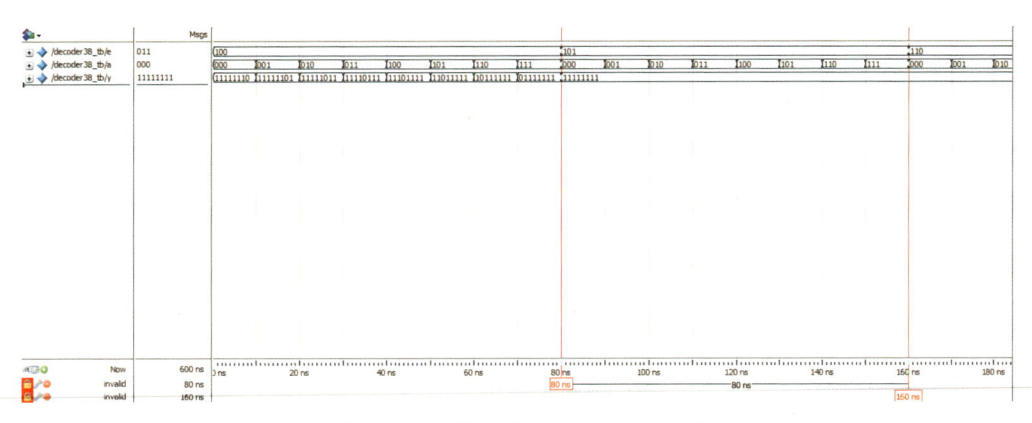

图 3.2.2 3 线-8 线译码器仿真波形

在 Verilog HDL 中有两种过程块,一种是 begin-end,是可综合的;另一种是 fork-join,常用于仿真测试。begin-end 语句块中的语句是顺序执行的,而 fork-join 语句块中的语句是被并行启动的,其执行终结要等待语句块中执行最慢的语句来结束。

3.2.2 显示译码器

下面介绍驱动共阴七段数码管的显示译码器设计。74HC4511 显示译码器如图 3.2.3 所示,其中 LT 为数码管测试信号,其为低电平时数码管译码显示为字形 8;BL 为动态熄灭数码管信号,低电平有效,同时 LT 应为无效高电平;LE 为锁存数码管显示信号,

高电平有效，且同时 LT 和 BL 为无效高电平；正常译码时，LE 应为低电平，BL 为高电平，LT 为高电平。在正常译码时，若输入 D 的数据为 1010～1111 六种输入时，显示译码器使数码管熄灭。

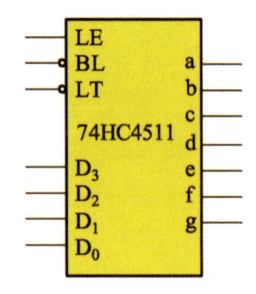

图 3.2.3 74HC4511 显示译码器

【例 3.2.3】 显示译码器的 Verilog HDL 描述实例。

```
module decoder74HC4511(
    input le, bl, lt,              //锁存信号 le,动态熄灭信号 bl,测试信号 lt
    input [3:0] data,              //数据输入
    output reg a,b,c,d,e,f,g);     //七段数码输出
    always @ ( * )                 // * 表示默认所有输入信号均为敏感信号
    begin
    casex ({le, bl, lt})           //三个信号具有优先级
    3'b011: case(data)             //采用分支语句进行真值表描述,不具优先级
      4'b0000: {a,b,c,d,e,f,g} = 7'b1111110; //显示数字 0
      4'b0001: {a,b,c,d,e,f,g} = 7'b0110000; //显示数字 1
      4'b0010: {a,b,c,d,e,f,g} = 7'b1101101; //显示数字 2
      4'b0011: {a,b,c,d,e,f,g} = 7'b1111001; //显示数字 3
      4'b0100: {a,b,c,d,e,f,g} = 7'b0110011; //显示数字 4
      4'b0101: {a,b,c,d,e,f,g} = 7'b1011011; //显示数字 5
      4'b0110: {a,b,c,d,e,f,g} = 7'b0011111; //显示数字 6
      4'b0111: {a,b,c,d,e,f,g} = 7'b1110000; //显示数字 7
      4'b1000: {a,b,c,d,e,f,g} = 7'b1111111; //显示数字 8
      4'b1001: {a,b,c,d,e,f,g} = 7'b1111011; //显示数字 9
      4'b1010: {a,b,c,d,e,f,g} = 7'b0000000; //不显示
      4'b1011: {a,b,c,d,e,f,g} = 7'b0000000; //不显示
      4'b1100: {a,b,c,d,e,f,g} = 7'b0000000; //不显示
      4'b1101: {a,b,c,d,e,f,g} = 7'b0000000; //不显示
      4'b1110: {a,b,c,d,e,f,g} = 7'b0000000; //不显示
      4'b1111: {a,b,c,d,e,f,g} = 7'b0000000; //不显示
    endcase
```

```
        3'bxx0: {a,b,c,d,e,f,g} = 7'b1111111;   //数码管所有二极管点亮，显示字形8
        3'bx01: {a,b,c,d,e,f,g} = 7'b0000000;   //动态熄灭数码管
        3'b111: {a,b,c,d,e,f,g} = {a,b,c,d,e,f,g}; //锁存数码管显示内容
        default: ;
        endcase
    end
endmodule
```

本例采用了 case 嵌套，casex 语句体现了 LE，BL，LT 三个信号的控制优先级。本例中使用了并位运算符{}，它可以将多个信号按二进制位拼接起来，作为一个多位信号使用。

【例 3.2.4】 显示译码器的 Testbench 仿真测试。

```
`timescale 1 ns/1 ps
module decoder74HC4511_tb( );
    reg le, bl, lt;        //锁存信号 le，动态熄灭信号 bl，测试信号 lt
    reg [3:0] data;        //数据输入
    wire a,b,c,d,e,f,g;    //七段数码输出

    decoder74HC4511 test(
        .le(le),
        .bl(bl),
        .lt(lt),
        .data(data),
        .a(a),
        .b(b),
        .c(c),
        .d(d),
        .e(e),
        .f(f),
        .g(g)
    );  //实例化调用
    initial begin
        data = 4'b0000;
        {le,bl,lt} = 3'b010;
        repeat(8) #80 {le,bl,lt} = {le,bl,lt} + 1;
        #50 $stop;
    end
    always #5 data = data + 1;
endmodule
```

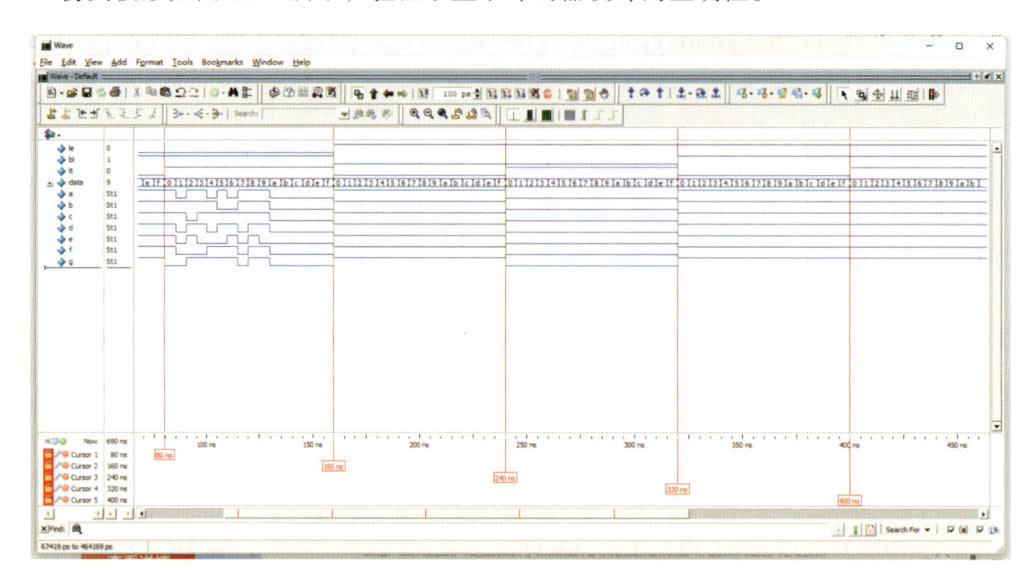

仿真波形如图 3.2.4 所示，验证了显示译码器设计的正确性。

图 3.2.4　显示译码器仿真波形

3.3　数据选择器设计实战演练

在多路数据传送过程中，能够根据需要将其中任意一路选出来的电路，称为数据选择器，也称为多路选择器或多路开关（Multiplexer）。数据选择器是根据给定的通道选择信号，从一组输入信号中选出指定的一个送至输出端的组合逻辑电路，其原理图如图 3.3.1 所示。本节实战演练二选一数据选择器设计和四选一数据选择器设计。

3.3.1　二选一数据选择器

二选一数据选择器通过通道选择端 S 来选择输入数据 D_0 或 D_1，逻辑符号如图 3.3.2 所示。

图 3.3.1　数据选择器原理图　　　图 3.3.2　二选一数据选择器

【例 3.3.1】二选一数据选择器的 Verilog HDL 描述实例。

```
module mux21a(
    input d1,              //数据端 1
```

```
    input d0,           //数据端 0
    input s,            //通道选择端
    output y );         //数据输出端
    assign y = s ? d1 : d0;    //s=1 时选择 d1,否则选择 d0
endmodule
```

本例采用了三目条件语句,操作符"? :",使设计书写简洁。当"?"前条件表达式为真时,选择并计算":"前表达式的值,否则选择并计算":"后表达式的值。

3.3.2 四选一数据选择器

四选一数据选择器的逻辑符号如图 3.3.3 所示。

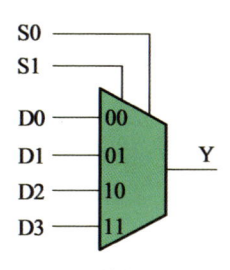

图 3.3.3 四选一数据选择器逻辑符号

【例 3.3.2】 四选一数据选择器的 Verilog HDL 描述实例 1。

```
module mux41a_1(
    input d0,           //数据端 d0
    input d1,           //数据端 d1
    input d2,           //数据端 d2
    input d3,           //数据端 d3
    input [1:0] s,      //地址选择端
    output y);          //输出端口定义
    reg temp;           //定义 reg 型中间变量
    always @ ( * )
        begin
            case (s)
                2'b00: temp = d0;
                2'b01: temp = d1;
                2'b10: temp = d2;
                2'b11: temp = d3;
                default: temp = d0;    //默认选择数据 d0
            endcase
```

```
        end
    assign y = temp;                //连续赋值输出
    endmodule
```
采用 case 语句，通过行为描述的方法，表述了四选一数据选择器的功能。

【例 3.3.3】 四选一数据选择器的 Verilog HDL 描述实例 2。

四选一数据选择器的逻辑表达式如下：

$$Y = \overline{S_1}\,\overline{S_0}D_0 + \overline{S_1}S_0D_1 + S_1\overline{S_0}D_2 + S_1S_0D_3$$

根据逻辑表达式可以采用连续赋值语句实现。

```
module mux41a_2(
    input d0,              //数据端 d0
    input d1,              //数据端 d1
    input d2,              //数据端 d2
    input d3,              //数据端 d3
    input [1:0] s,         //地址选择端
    output y);             //输出端口定义
    assign y = ( ~s[1] & ~s[0] & d0 )
            |( ~s[1] &  s[0] & d1 )
            |(  s[1] & ~s[0] & d2 )
            |(  s[1] &  s[0] & d3 );   //连续赋值，逻辑表达式
endmodule
```
通过数据流的形式，描述了四选一数据选择器的逻辑功能。

【例 3.3.4】 四选一数据选择器的 Verilog HDL 描述实例 3。

```
module mux41a_3(
    input d0,              //数据端 d0
    input d1,              //数据端 d1
    input d2,              //数据端 d2
    input d3,              //数据端 d3
    input [1:0] s,         //地址选择端
    output y);             //输出端口定义
    reg temp;              //定义 reg 型中间变量
    always @( * )
        begin
            if ( s == 2'b00 ) temp = d0;
            else if ( s == 2'b01 ) temp = d1;
```

```
            else if ( s == 2'b10 ) temp = d2;
            else temp = d3;
        end
    assign y = temp;
endmodule
```

采用行为描述方法，通过 if 语句实现逻辑功能。

【例 3.3.5】 四选一数据选择器的 Testbench 仿真测试。

```
`timescale 1ns/1ps
module mux41a_tb;
reg d0,d1,d2,d3;
reg [1:0] s;
wire y;
mux41a_4 mux(d0,d1,d2,d3,s,y);  //可实例化 mux41a_1~mux41a_4 任意一待测对象
    initial
    begin
        d0 = 0;
        d1 = 0;
        d2 = 0;
        d3 = 0;
        s = 2'b00;              //给定初始值
        fork                    //并行块语句
            repeat(100)  #10  d0 = ~ d0;    //D0 周期 20 ns
            repeat(50)   #20  d1 = ~ d1;    //D1 周期 40 ns
            repeat(25)   #40  d2 = ~ d2;    //D2 周期 80 ns
            repeat(10)   #100 d3 = ~ d3;    //D3 周期 200 ns
            repeat(5)    #200 s = s + 1;    //S 每 200 ns 自动加 1
        join
        $stop;
    end
endmodule
```

可以分别对例 3.3.2、例 3.3.3 和例 3.3.4 描述的四选一数据选择器进行仿真，仿真波形均如图 3.3.4 所示。采用并行激励信号，数据端 d0～d3 为四种不同频率的数据信号，通过仿真可以看出，根据选择信号 s 的不同值，输出信号 y 选择输出不同的数据端信号。当 s=00 时，输出 y 选择数据 d0；当 s=01 时，输出 y 选择数据 d1；当 s=10 时，输出信号 y 选择数据 d2；当 s=11 时，输出信号 y 选择 d3 数据；仿真结果显示 4 种描述四选一数据选择器的实例设计均正确。

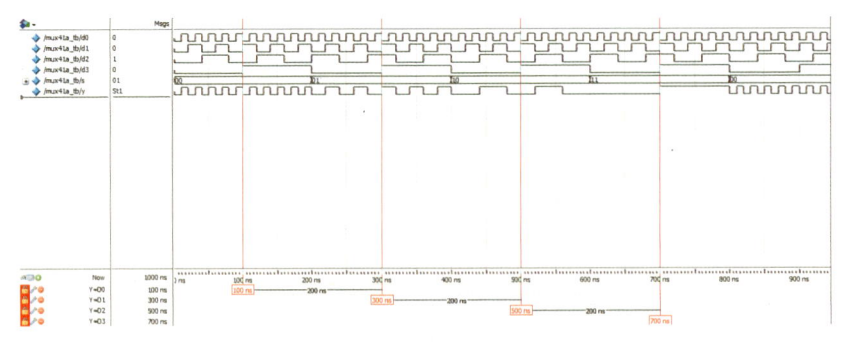

图 3.3.4　四选一数据选择器仿真波形

3.4　数据分配器设计实战演练

数据分配器相当于多输出的单刀多掷开关，它是将公共数据线上的数据通过通道选择信号送到不同的通道上去的逻辑电路。一分四数据分配器原理图如图 3.4.1 所示。本节实战演练数据分配器设计。

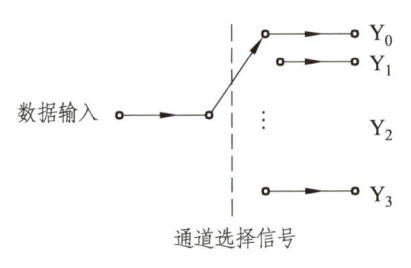

图 3.4.1　一分四数据分配器原理图

【例 3.4.1】 一分四数据分配器的 Verilog HDL 描述。

```
module demux14a (
    input data,                //公共数据输入端
    input s1, s0, en,          //通道选择信号 s1、s0；使能信号 e
    output reg y0, y1, y2, y3 );    //数据输出端
    always @(*)                // *表示默认所有输入端口信号都作为敏感信号
      case(en)
        1'b1: case ({s1, s0})      //使能有效
          2'b00: begin y0 = data; y1 = 1'bz; y2 = 1'bz; y3 = 1'bz; end
              //数据分配到 y0，其他输出高阻态
          2'b01: begin y0 = 1'bz; y1 = data; y2 = 1'bz; y3 = 1'bz; end
              //数据分配到 y1，其他输出高阻态
          2'b10: begin y0 = 1'bz; y1 = 1'bz; y2 = data; y3 = 1'bz; end
              //数据分配到 y2，其他输出高阻态
```

```
            2'b11: begin y0 = 1'bz; y1 = 1'bz; y2 = 1'bz; y3 = data; end
            //数据分配到y3,其他输出高阻态
        endcase
    //使能无效
        default: begin y0 = 1'bz; y1 = 1'bz; y2 = 1'bz; y3 = 1'bz; end
        endcase
endmodule
```

z 或 Z 表示高阻态，不区分大小写，高阻态还可以用问号"？"来表示。

3.5　算术逻辑单元设计实战演练

算术逻辑单元（ALU）是能实现多组算术运算和逻辑运算的组合逻辑电路。大部分ALU都可以完成以下运算：

（1）整数算术运算（加、减，有时还包括乘和除，不过成本较高）；

（2）位逻辑运算（与、或、非、异或等）；

（3）移位运算，移位可被认为是乘以 2 或除以 2。

下面实战演练设计一个简单的算术逻辑单元电路。

【例 3.5.1】 算术逻辑单元电路的 Verilog HDL 描述。

```
module alu(
    input [3:0] a,              //操作数a
    input [3:0] b,              //操作数b
    input [2:0] sel,            //功能选择sel
    output reg[4:0] out);       //输出结果out
    always@(a or b or sel)  begin
        case(sel)
            3'b000 : out = a;           //输出a
            3'b001 : out = a + b;       //输出a,b相加
            3'b010 : out = a - b;       //输出a,b相减
            3'b011 : out = a / b;       //输出a,b相除
            3'b100 : out = a % b;       //输出a,b求余
            3'b101 : out = a * b;       //输出a,b相乘
            3'b110 : out = a << b;      //左移
            3'b111 : out = a >> b;      //右移
            default: out = 5'bx;
        endcase
    end
endmodule
```

【例 3.5.2】 算术逻辑单元的 Testbench 仿真测试。

```verilog
`timescale 1ns/1ps
module alu_tb( );
    reg[3:0] a,b;
    reg[2:0] sel;
    wire[4:0] out;
    alu ALU( .a(a),.b(b),
            .sel(sel),
            .out(out));
    initial begin
        a=4'b0000;
        b=4'b0000;
        sel=3'b0000;
    end
    always
        fork
            #10 sel = 3'b000;
            #20 sel = 3'b001;
            #30 sel = 3'b010;
            #40 sel = 3'b011;
            #50 sel = 3'b100;
            #60 sel = 3'b101;
            #70 sel = 3'b110;
            #80 sel = 3'b111;
            #10 a = 4'b0110;
            #20 a = 4'b0100;
            #15 b = 4'b0001;
            #30 b = 4'b0010;
            #100 $stop;
        join
endmodule
```

仿真波形如图 3.5.1 所示，仿真情况如下：

0~10ns : sel=0 : out=a=0;
10~20ns : sel=0 : out=a=6;
20~30ns : sel=1 : out=a+b=5;
30~40ns : sel=2 : out=a-b=2;
40~50ns : sel=3 : out=a/b=2;

```
50~60ns  : sel=4 : out=a%b=0;
60~70ns  : sel=5 : out=a*b=8;
70~80ns  : sel=6 : out=a<<b=16;
80~100ns : sel=7 : out=a>>b=1;
```

通过图 3.5.1 所示的仿真波形验证了例 3.5.1 算术逻辑单元设计的正确性。

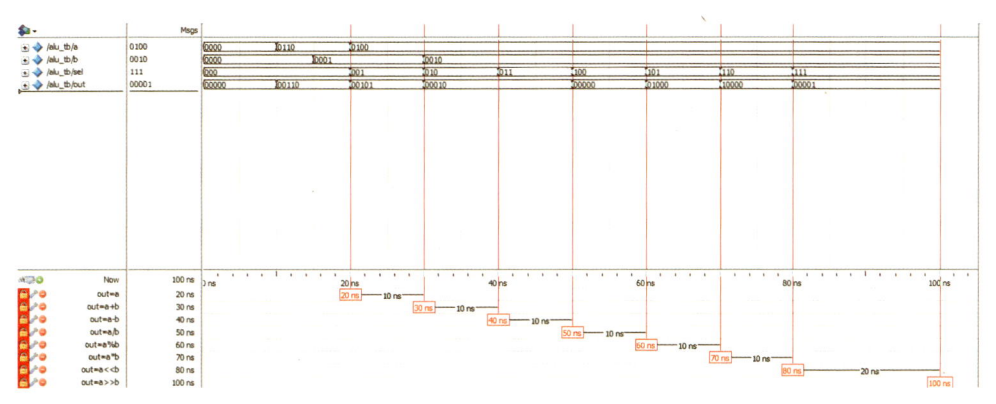

图 3.5.1 ALU 仿真波形

3.6 锁存器和触发器设计实战演练

锁存器和触发器的共同点是具有"0"和"1"两个稳定状态，一旦状态被确定，就能自行保持。一个锁存器或触发器能存储一位二进制码。

锁存器和触发器的不同点在于，锁存器是对脉冲电平敏感的存储电路，在特定输入脉冲电平作用下改变状态；而触发器是对脉冲边沿敏感的存储电路，在时钟脉冲的上升沿或下降沿的变化瞬间改变状态。

3.6.1 锁存器

【例 3.6.1】 8 位 D 锁存器的 Verilog HDL 描述。

```
module d_latch
    #(parameter N = 8)(     //参数化,默认位宽8位
    output reg [N-1:0] q,   //状态信号q
    input [N-1:0] d,        //激励信号d
    input e );              //使能信号,高电平有效
    always @ ( e, d)
        if (e) q <= d;      //当e=1时d被锁存入d
endmodule
```

下面介绍存储单元锁存器的工作情况：
（1）使能信号 e 由 0 变为高电平 1 时，过程语句被启动，于是顺序执行 if 语句，而

此时恰好满足 if 语句的条件，即 e = 1 时，执行语句 q <= d，将 d 的数据赋值给 q，更新 q 的值，并结束 if 语句。

（2）使能信号 e 发生了电压变化，从 1 变到 0。此时无论 d 是否变化，都将启动过程语句去执行 if 语句，但此时 e=0，if 语句的条件不满足，就无法执行赋值语句，导致 q 只能保持原值，也就意味着需要在设计模块中引入存储元件。

（3）使能信号 e 没有发生任何变化，且一直为 1，而敏感信号 d 发生改变，这时也启动过程语句去执行 if 语句，恰好满足 if 语句的条件，执行语句 q <= d，将 d 的数据赋值给 q，更新 q 的值，并结束 if 语句。

（4）使能信号 e 没有发生任何变化，且一直为 0，而敏感信号 d 发生改变，此时也启动过程语句去执行 if 语句，但由于 e = 0，不满足 if 语句的条件，就无法执行赋值语句，导致 q 只能保持原值，也就意味着需要在设计模块中引入存储元件。

锁存器的描述过程中，在条件语句中有意不把所有可能的条件对应的操作表达出来，而只列出满足条件下的操作，从而使综合器解释为不满足条件时应该不进行赋值，而保持原来的数据，实现了时序逻辑电路。但在 FPGA 中综合器引入的锁存器不属于现成的基本时序模块，需要用含有反馈的组合电路构建，所以比直接调用 D 触发器需要额外耗费组合逻辑资源。

【例 3.6.2】 8 位 D 锁存器的 Testbench 仿真测试。

```
`timescale 1 ns/1 ps
module d_latch_tb ( );
    wire [7:0] q;
    reg [7:0] d;
    reg e;
    d_latch test(.q(q),
                 .e(e),
                 .d(d) );   //实例化待测试设计
    initial begin
        e = 0;
        d = 0;
        #10 e = 1;
        forever #10 d = d + 1;
    end
    initial begin
        #100 e = 0;
        #50  e = 1;
        #50  $stop;
    end
endmodule
```

仿真波形如图 3.6.1 所示，在前 10 ns 时间段，使能信号 e 为无效低电平，状态信号 q 为未知值 X；10～100 ns，使能信号 e 高电平有效后，状态信号 q 等于激励信号 d；在 100～150 ns，使能信号 e 无效，状态 q 始终保持 100 ns 时 d 的二进制值 00001000；在 150 ns 时，使能信号 e 又有效，状态信号 q 等于激励信号 d 的二进制值 00001110。

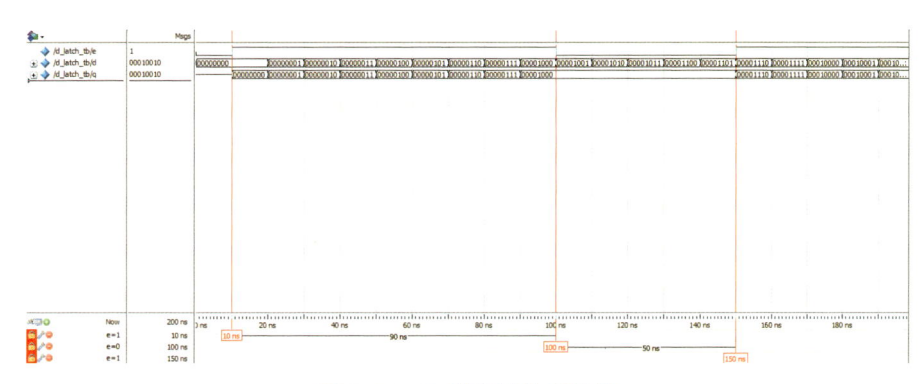

图 3.6.1　D 锁存器仿真波形

3.6.2　触发器

【例 3.6.3】 8 位 D 触发器的 Verilog HDL 描述。

```
module d_ff( q, d, clk);
    parameter N = 8;              //参数化，位宽 8
    output reg [N-1:0] q;         //状态信号
    input [N-1:0] d;              //激励信号
    input clk;                    //时钟信号
    always @ ( posedge clk)
        q <= d;
endmodule
```

在过程语句的敏感信号列表中使用 posedge clk 表示对时钟信号 clk 的上升沿敏感。当时钟信号 clk 出现一个上升沿时，敏感信号将启动过程语句，执行赋值操作；否则不执行赋值操作，则 q 就保持原来的数据，实现了时序模块的描述。采用 posedge clk 这种敏感信号描述本身起着告诉综合器构建边沿触发型时序元件的标志作用，而不用此敏感信号描述产生的时序电路就如同例 3.6.1 产生的时序电路为电平敏感性时序电路。

与 posedge clk 描述对应的还有 negedge clk，negedge clk 作为下降沿敏感的描述。

【例 3.6.4】 8 位 D 触发器的 Testbench 仿真测试。

```
`timescale 1ns/1ps
module d_ff_tb( );
    wire [7:0] q;
    reg [7:0] d;
    reg clk;
```

```
    d_ff test(.q(q),
           .clk(clk),
           .d(d) );              //实例化待测设计
    initial begin
        clk = 0;                 //初始 clk
        d = 0;                   //初始 d 信息
        forever #10 d = d + 1;   //改变激励信号 d
    end
    initial begin
        forever #6 clk = clk + 1;   //周期 12 ns 的时钟激励信号
        #150  $stop;
    end
endmodule
```

仿真波形如图 3.6.2 所示,在前 6 ns 时间段,时钟信号 clk 没有上升沿触发,状态信号 q 为未知 X;在 6 ns 时,时钟信号 clk 上升沿触发 D 触发器,将 d 信号赋给状态信号 d,并一直保持到下一个上升沿 18 ns 时刻才更新,时钟 clk 一个周期内其余时刻 q 的状态保持不变。

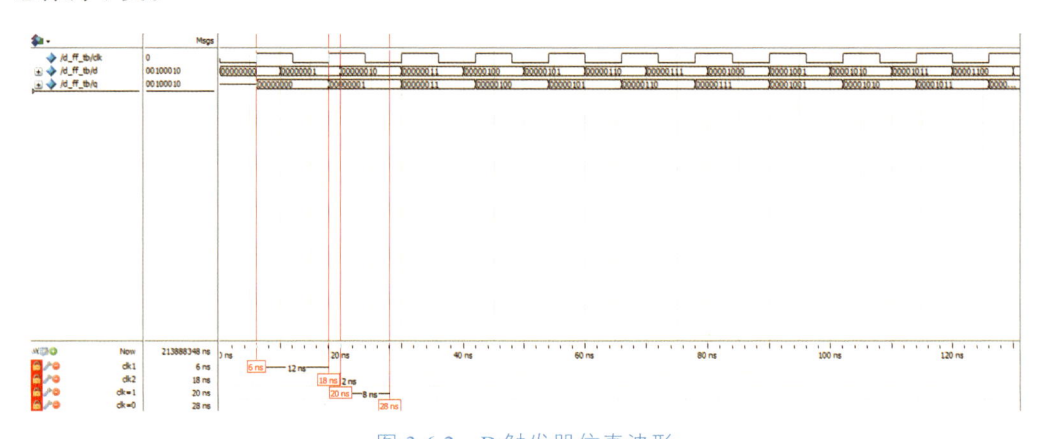

图 3.6.2 D 触发器仿真波形

【例 3.6.5】 具有异步置位和异步复位 D 触发器的 Verilog HDL 描述。

```
module dff_b( q, qn, d, clk, sd, rd);
    output reg q, qn;
    input d;
    input clk, sd, rd;                              //时钟信号,置位信号,复位信号
    always @ (posedge clk, negedge sd, negedge rd) begin
                                                    //时钟、置位、复位敏感
        if (!sd) begin q <= 1'b1; qn <= 1'b0; end
                                                    //异步低电平置位,优先级最高
```

```
        else if (!rd) begin q <= 1'b0; qn <= 1'b1; end
                                        //异步低电平复位
        else begin q <= d; qn <= ~d; end     //触发
    end
endmodule
```

程序的执行过程是这样的，无论时钟信号 clk 或复位信号 rd 是否有跳变，只要 sd 置位信号有一个下降沿跳变，即刻启动过程执行 if 语句，对 q 置位 1，然后跳出 if 语句。此后如果置位信号 sd 一直保持为低电平，则无论时钟信号 clk 或复位信号 rd 是否有跳变，状态 q 恒输出 1，这就是异步置位，并且具有最高优先级。如果复位信号 rd 有下降沿跳变，且异步置位信号 sd 没有下降沿跳变，无论时钟信号 clk 是否有跳变，else if 分支语句被执行，对状态 q 进行复位操作，q 为 0，然后跳出语句，所以异步复位信号 rd 的优先级没有异步置位信号 sd 优先级高。只有异步置位信号 sd 和异步复位信号 sd 均不是低电平，此时时钟信号 clk 有上升沿跳变时，执行 else 分支，执行赋值操作 q <= d，从而更新状态 q 值，否则将保持 q 值不变。

根据上面的实例介绍，Verilog 的敏感信号分为两个类型，即边沿敏感信号和电平敏感信号。使用关键词 posedge 或 negedge 的属于边沿敏感信号，且每个过程语句中只能放置一种类型的敏感信号，不能混放。如写成以下形式将是错误的：

```
    always @ ( posedge clk, sd, rd)
    always @ ( posedge clk, negedge sd, rd)
    always @ ( posedge clk, sd, negedge rd)
```

如果希望使置位信号 sd 为高电平异步置位，以下形式也是不正确的，因为高电平置位信号 sd 需要和 posedge 匹配。

```
    always @ ( posedge clk, negedge sd, negedge rd) begin
       if (sd) …
```

例如，需要设计异步置位信号 sd 为低电平置位，异步复位信号 rd 为高电平复位时，则需要写成如下形式：

```
    always @ ( posedge clk, negedge sd, posedge rd) begin
       if (!sd) …
       else if (rd) …
```

【例 3.6.6】 具有异步置位和异步复位 D 触发器的 Testbench 仿真测试。

```
`timescale 1ns/1ps
module dff_b_tb( );
    wire q, qn;
    reg d, sd, rd;
    reg clk;
    dff_b TEST(
```

```verilog
        .q(q),
        .qn(qn),
        .clk(clk),
        .d(d),
        .rd(rd),
        .sd(sd) );                      //实例化待测设计
    initial fork
        clk = 0;
        d = 0;
        sd = 0;
        rd = 0;
        forever #10 d = d + 1;          //改变D信号
        forever #100 rd = rd + 1;       //改变复位信号
        forever #200 sd = sd + 1;       //改变置位信号
        #1000 $stop;
    join
    always #7 clk = ~clk;               //产生时钟激励
endmodule
```

仿真波形如图 3.6.3 所示,只要置位信号 sd 有效,低电平时,无论复位信号取何值,状态 q 被置 1,说明置位信号 sd 的优先级高于复位信号 rd,如在 200 ns 之前;只有当置位信号 sd 无效,复位信号 rd 有效时(低电平),状态 q 复位为 0,如在 200～300 ns;置位信号 sd 和复位信号 rd 都不需要时钟信号 clk 配合,所以是异步置位和复位,或者称为直接置位和复位。当置位和复位信号均无效时,时钟信号 clk 的上升沿触发时,使触发器次态信号等于激励信号 d,如 315 ns 和 329 ns 时,时钟信号 clk 上升沿后,状态信号 q 的值分别为上升沿前 d 的值 1 和 0;在没有时钟信号 clk 上升沿的其他时刻,状态 q 保持不变。

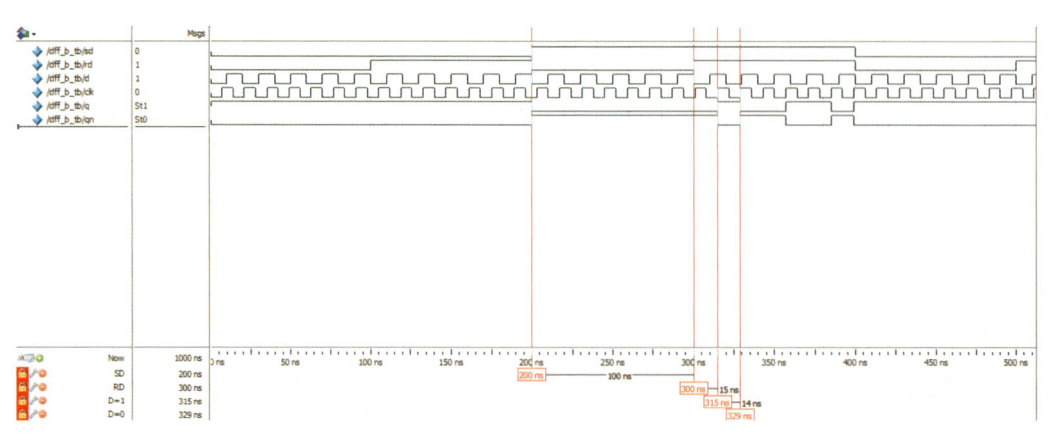

图 3.6.3 异步置位和复位 D 触发器仿真波形

【例 3.6.7】 具有同步置位和同步复位 D 触发器的 Verilog HDL 描述。

```verilog
module dff_c( q,qn,d,clk,sd,rd);
    output reg q, qn;
    input d;
    input clk, sd, rd;                        //时钟信号，置位信号，复位信号
    always @ ( posedge clk) begin             //只对clk敏感
        if (!sd) begin q <= 1'b1; qn<= 1'b0; end
                                              //同步置位低电平有效，优先级最高
        else if (!rd) begin q <= 1'b0; qn<= 1'b1; end
                                              //同步复位低电平有效
        else begin q <= d; qn<= ~d; end       //触发
    end
endmodule
```

程序的执行过程是这样的，只有时钟信号 clk 有上升沿跳变时，才会进入过程语句，执行 if 语句；接下来判断 if 语句的条件是否满足。如果置位信号 sd 为低电平，q 输出 1，这就是同步置位；如果置位信号 sd 为高电平同时复位信号 rd 是低电平，则 else if 分支语句被执行，对状态 q 进行复位操作，q 为 0，此时为同步复位，所以同步置位信号 sd 的优先级比同步复位信号 rd 的优先级高；如果同步置位信号 sd 和同步复位信号 rd 均不是低电平，此时在时钟信号 clk 上升沿跳变时，执行 else 分支，执行赋值操作 q <= d，从而更新状态 q 值，否则将保持 q 值不变；当时钟信号 clk 没有上升沿跳变时，不会执行 if 语句，同步置位信号 sd 和同步复位信号 rd 均不会起作用，状态 q 值保持不变。

【例 3.6.8】 具有同步置位和同步复位 D 触发器的 Testbench 仿真测试。

```verilog
`timescale 1ns/1ps
module dff_c_tb( );
    wire q, qn;
    reg d, sd, rd;
    reg clk;
    dff_c TEST(
            .q(q),
            .qn(qn),
            .clk(clk),
            .d(d),
            .rd(rd),
            .sd(sd) );                        //实例化待测设计
    initial fork
        clk = 0;
        d = 0;
```

```
            sd = 0;
            rd = 0;
            forever #10 d = d + 1;        //改变 D 信号
            forever #100 rd = rd + 1;     //改变复位信号
            forever #200 sd = sd + 1;     //改变置位信号
            #1000 $stop;
        join
        always #7 clk = ~clk;             //产生时钟激励
    endmodule
```

仿真波形如图 3.6.4 所示，由于 always 结构块设计只对时钟信号 clk 上升沿敏感，只有 clk 出现上升沿，才检测置位信号 sd 和复位信号 rd，所以是和时钟 clk 同步的置位和复位。从仿真图可以看出，在 7 ns 时，时钟上升沿，同时置位信号有效（低电平），所以此时才置位触发器的状态 q 为 1；同样，在 203 ns 时，时钟信号 clk 上升沿到来，同步置位信号无效（高电平），同步复位信号有效（低电平），此时触发器状态 q 被复位为 0。当置位和复位信号均无效时，时钟信号 clk 的上升沿触发时，使触发器次态信号等于激励信号 d，如 315 ns 和 329 ns 时，时钟信号 clk 上升沿后，状态信号 q 的值分别为上升沿前 d 的值 1 和 0；在没有时钟信号 clk 上升沿的其他时刻，状态 q 保持不变。

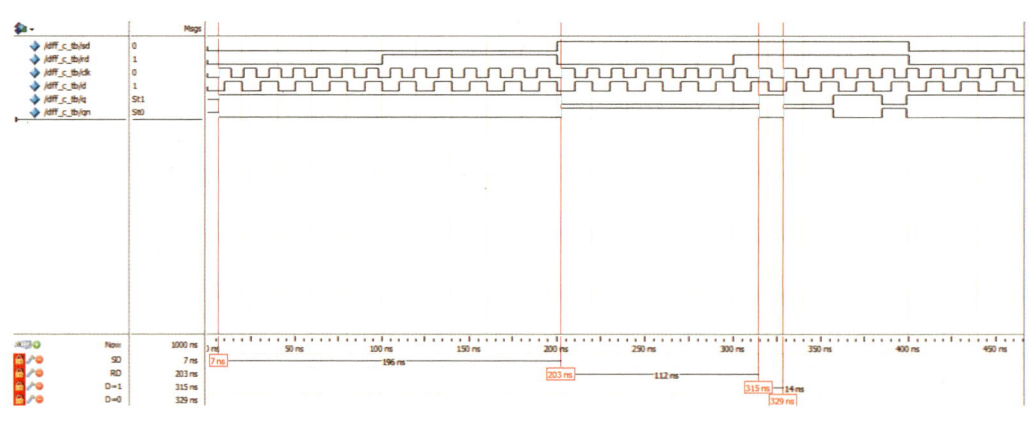

图 3.6.4　同步置位和复位的 D 触发器仿真波形

【例 3.6.9】具有异步复位和同步置位 JK 触发器的 Verilog HDL 描述。

```
    module jk_ff( q, qn, j, k, sd, rd, clk);
        output reg q;                  //状态
        output qn;
        input j, k;                    //j, k 信号
        input clk, sd, rd;             //时钟，置位，复位
        assign qn = ~q;

        always @ ( posedge clk or posedge rd )  //主要敏感信号
```

```
        if (rd) q <= 1'b0;              //异步复位,高电平有效,优先级最高
        else if (sd) q <= 1'b1;          //同步置位,高电平有效
        else                              //jk 触发
            case ({j, k})
                2'b00: q <= q;            //保持
                2'b01: q <= 1'b0;         //置 0
                2'b10: q <= 1'b1;         //置 1
                2'b11: q <= ~q;           //翻转
            endcase
endmodule
```

异步复位信号 rd 为高电平有效,优先级最高,同时需要和敏感信号列表中的 posedge rd 表述相匹配;同步置位信号 sd 为高电平有效;JK 触发器功能描述使用了 case 语句,相当于描述了 JK 触发器的功能表。

【例 3.6.10】具有异步复位和同步置位 JK 触发器的 Testbench 仿真测试。

```
`timescale 1ns/1ps
module jk_ff_tb( );
    wire q, qn;
    reg j, k, sd, rd;
    reg clk;
    jk_ff TEST(
        .q(q),
            .qn(qn),
            .clk(clk),
            .j(j),
            .k(k),
            .rd(rd),
            .sd(sd) );         //实例化待测设计
    initial fork               //并行语句,初始化
        clk = 0;
        j = 0;
        k = 0;
        sd = 1;
        rd = 1;
        repeat (50) #20 j = ~j;
        repeat (40) #30 k = ~k;
        forever #200 rd = rd + 1;
        forever #400 sd = sd + 1;
```

```
        #1000 $stop;
    join
    always #7 clk = ~clk;
endmodule
```

仿真波形如图 3.6.5 所示，在 400 ns 时刻，当异步复位信号 rd 为 1 时，状态 q 为 0，与 clk 无关；当异步复位信号 rd 为 0，同步置位信号 sd 为 1 时，在 203 ns 时，clk 上升沿到来时状态 q 置 1，体现了同步置位；当异步复位信号 rd 和同步置位信号 sd 均为无效低电平时，在时钟信号 clk 上升沿时触发，JK 触发器的状态转换准确，如在 609 ns、623 ns、637 ns 和 651 ns 时刻。

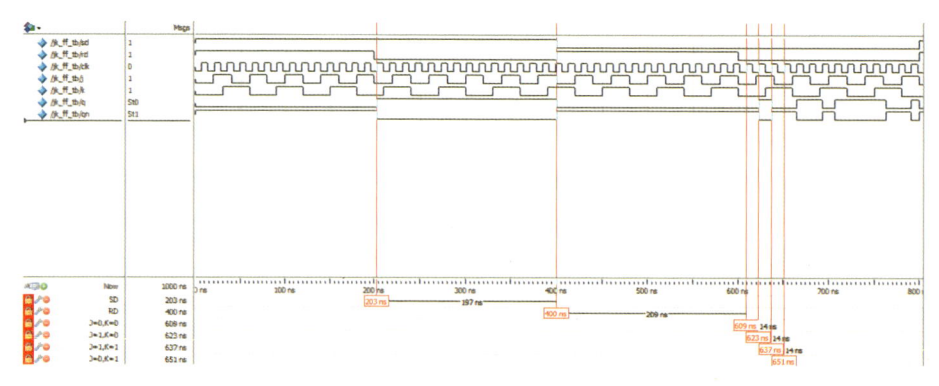

图 3.6.5　JK 触发器仿真波形

3.7　寄存器实战演练

寄存器是数字系统中用来存储二进制数据的逻辑部件。一个触发器可存储一位二进制数据，由 N 个触发器组成的寄存器可存储 N 位二进制数据。由八个触发器构成的八位寄存器的逻辑图如图 3.7.1 所示。$D_0 \sim D_7$ 是八位数据输入端，在 CP 脉冲的上升沿作用下，$D_0 \sim D_7$ 端的数据同时存入相应的触发器。输出使能信号 OE 端控制三态输出，当 OE 为高电平时，输出高阻状态；当 OE 为低电平时，触发器存储的数据通过三态门输出端 $Q_0 \sim Q_7$ 并行输出。

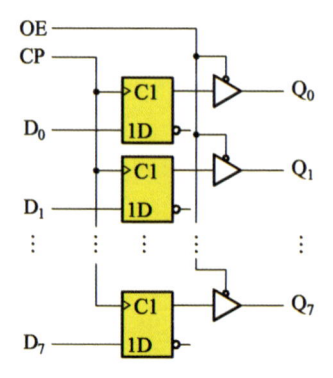

图 3.7.1　寄存器 74X374

【例 3.7.1】 寄存器 74X374 的 Verilog HDL 描述。

```
module register74X374 (
    input oe, cp,
    input [7:0] d,
    output reg [7:0] q
    );

    always @ ( posedge cp or posedge oe )
      begin
        if (oe) q<= 8'bz;       //使能无效,输出高阻态
        else q <= d;            //存入和读出数据
      end
endmodule
```

在设计中,如果需要引入三态门,则在控制信号作用下,可使输出呈高阻态,用高阻态数据 Z 或 z(不区分大小写)对变量赋值,这里的 z 表示 8 个逻辑位。但需要注意,Z 或 z 与普通数值不同,它只能对端口变量赋值,不能在电路模块中被信号所传递。

移位寄存器只能用脉冲边沿敏感的触发器,而不能用电平敏感的锁存器来构成,否则在时钟脉冲有效电平期间,锁存器的输出跟随输入变化的特性将使一位操作失去控制。用行为级描述 always 描述一个四位双向移位寄存器,具有异步清零、同步置数、左移、右移和保持等功能。下面设计四位双向移位寄存器 74HC194,其原理图如图 3.7.2 所示,该移位寄存器具有低电平异步清零端 CR、模式控制端 S_1 和 S_0、串行右移输入端 D_{SR}、串行左移输入端 D_{SL}、四位并行输入端 $D_0 \sim D_3$、四位输出端 $Q_0 \sim Q_3$。

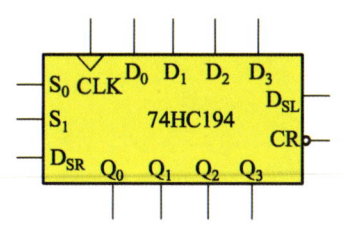

图 3.7.2 移位寄存器 74HC194

【例 3.7.2】 移位寄存器 74HC194 的 Verilog HDL 描述。

```
module shift74HC194 (s1,s0,dsl,dsr,d,clk,rst_n,q);
    input s1,s0;              //控制输入
    input dsl, dsr;           //串行输入端
    input clk, rst_n;         //时钟及异步清零
    input [3:0] d;            //并行置入端
    output [3:0] q;           //寄存器输出
    reg [3:0] q;
```

```verilog
always @ (posedge clk or negedge rst_n)
begin
    if ( !rst_n ) q <= 4'b0000;         //异步清零，低电平有效
    else
        case ({s1, s0})
            2'b00: q <= q;              //保持
            2'b01: q <= {q[2:0], dsr};  //右移
            2'b10: q <= {dsl, q[3:1]};  //左移
            2'b11: q <= d;              //并行输入
            default: ;
        endcase
end
endmodule
```

本例移位寄存器的工作方式是：当异步清零信号 rst_n 有效时，寄存器输出清零。当清零信号 rst_n 为无效高电平时，时钟信号 clk 出现上升沿时，移位寄存器的功能由控制端 s_1 和 s_0 决定。q <= {q[2：0]，dsr}语句使用非阻塞赋值，将上一时钟周期寄存器中低 3 位和串行右移输入信号 dsr 同时赋值给下一时钟周期的寄存器，利用非阻塞赋值的"并行"特性实现移位寄存器的右移位。同理，q <= {dsl, q[3：1]}语句实现了移位寄存器的左移位；q <= q 语句实现了移位寄存器的并行预置数功能。

【例 3.7.3】移位寄存器 74HC194 的 Testbench 仿真测试。

```verilog
`timescale 1ns/1ps
module shift74HC194_tb( );
    wire [3:0] q;
    reg [3:0] d;
    reg dsl,dsr;
    reg clk, rst_n, s1,s0;

    shift74HC194 TEST(
        .q(q),
        .d(d),
        .clk(clk),
        .dsl(dsl),
        .dsr(dsr),
        .rst_n(rst_n),
        .s1(s1),
        .s0(s0)
```

```verilog
    );
    initial
    fork
        clk = 0;
        d = 4'b0101;
        dsl = 0;  dsr = 1;
        rst_n = 0;
        s1 = 1; s0 = 1;
        #10 rst_n = 1;
    join

    initial
    fork
        forever #60 s0 = s0 + 1;
        forever #120 s1 = s1 + 1;
        #2000 $stop;
    join

    always #7 clk = ~clk;
endmodule
```

仿真波形如图 3.7.3 所示，通过仿真波形可以看出，通过 rst_n 信号可以实现异步清零；当控制信号 s1s0 为二进制数 11 时，时钟信号 clk 上升沿将 d 并行置入寄存器，如在 21 ns 时刻；当控制信号 s1s0 为二进制数 01 时，如在 133 ns 时刻，时钟信号 clk 上升沿时将 dsr 输入端数据右移进入移位寄存器最低位，原来的低三位向高三位移动；当控制信号 s1s0 为二进制数 10 时，如在 63 ns 时刻，时钟信号 clk 上升沿时将 dsl 输入端数据左移进入移位寄存器的最高位，原来的高三位向低三位移动；当控制信号 s1s0 为二进制数 00 时，移位寄存器实现保持功能，如在 189 ns 时刻。

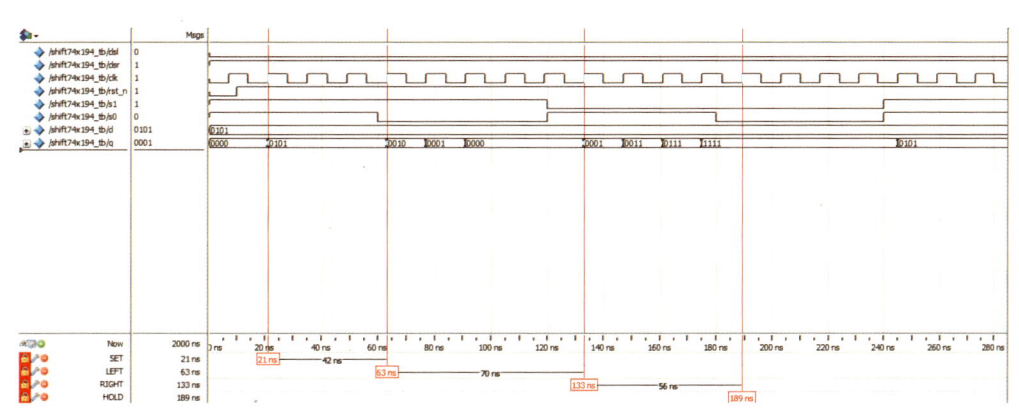

图 3.7.3 移位寄存器仿真波形

3.8 计数器设计实战演练

用 Verilog 描述具有使能端、异步清零、同步置数、计数、保持功能的同步四位二进制加计数器。下面设计四位同步二进制加计数器 74HC161，原理图如图 3.8.1 所示。该计数器具有两个高电平使能端 CET 和 CEP、低电平异步清零端 CR、低电平同步置位端 PE、四位并行置数端 D、四位数据输出端 Q 和一位进位信号 TC。

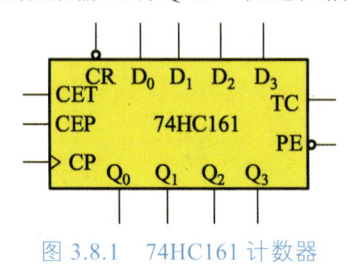

图 3.8.1 74HC161 计数器

【例 3.8.1】 四位二进制加计数器 74X161 的 Verilog HDL 描述。

```verilog
module counter74HC161 (
    input cep, cet, pe_n, cp, cr_n,         //输入端口声明
    input [3:0] d,                          //并行数据输入
    output tc,                              //进位输出
    output reg [3:0] q                      //数据输出端口及变量的数据类型声明
);
    wire ce;                                //中间变量声明

    assign ce= cep & cet;                   //ce=1 时，计数器计数
    assign tc = cet & q[3] & q[2] & q[1] & q[0];//产生进位输出信号

    always @(posedge cp, negedge cr_n)
      begin
        if ( !cr_n ) q<= 4'b0000;           //实现异步清零功能
        else if ( !pe_n ) q <= d;           //pe_n=0, 同步装入输入数据
        else if ( ce ) q <= q+1'b1;         //加 1 计数
        else q <= q;                        //输出保持不变
      end
endmodule
```

此计数器的功能：

（1）当 cr_n = 0 时，计数器异步清零；

（2）当 cr_n = 1，pe_n = 0 时，随着时钟信号 cp 上升沿，计数器进行同步置数；

（3）当 cr_n = 1，pe_n = 1 时，使能信号 cep = cet = 1，随着时钟信号 cp 的上升沿，计数器能正常加 1 计数，tc 表示计数器的进位信号。

【例 3.8.2】 四位二进制加计数器 74X161 的 Testbench 仿真测试。

```verilog
`timescale 1ns/1ps
module counter74HC161_tb();
    reg cep, cet, pe_n, cp, cr_n;   //输入端口声明
    reg [3:0] d;                    //并行数据输入
    wire tc;                        //进位输出
    wire [3:0] q;                   //数据输出端口及变量的数据类型声明

counter74HC161 TEST ( .cep(cep),
            .cet(cet),
            .pe_n(pe_n),
            .cp(cp),
            .cr_n(cr_n),    //输入端口声明
            .d(d),          //并行数据输入
            .tc(tc),        //进位输出
            .q(q)   );      //数据输出端口及变量的数据类型声明

    initial
    fork
        cp = 0;
        cr_n = 1; #15 cr_n = 0; #25 cr_n = 1;
        pe_n = 1; #25 pe_n = 0; #35 pe_n =1;
        d = 4'b1100;
        cep = 0; # 28 cep = 1; # 250 cep = 0;
        cet = 0; # 30 cet = 1; # 235 cet = 0;
        #1000 $stop;
    join

    always #10 cp = ~cp;

endmodule
```

仿真波形如图 3.8.2 所示。从仿真波形可以看出，如在 15 ns 时刻，电路具有异步清零信号 cr_n（低电平有效），优先级最高；如在 30 ns 时刻，当清零信号无效时，同步置位信号 pe_n（低电平有效），在时钟信号 cp 上升沿时将外部 d 的信号赋值给计数器状态信号 q；如在 30～90 ns，在清零和置位信号均无效时，使能信号 cep 和 cet 高电平有效，时钟信号 cp 上升沿，计数器加 1 计数；如在 90 ns 时刻，tc 为四位二进制计数器进位信号，当 cet、q3、q2、q1 和 q0 均为高电平时，进位信号 tc 为 1；如在 250 ns 时刻，当 cep 或 cet 信号有一个为无效信号，计数器保持。

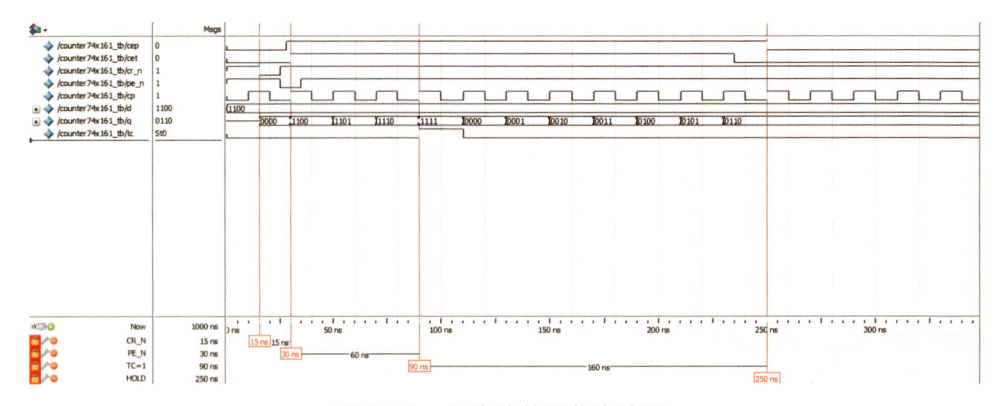

图 3.8.2 同步计数器仿真波形

除了模为 2^n 的二进制计数器外，工程上还经常需要其他模数的计数器。下例实战演练十进制加计数器设计。

【例 3.8.3】非二进制加计数器的 Verilog HDL 描述。

```
module m10_counter(
    input en, clk, rst_n,           //输入端口声明
    output reg cout,                //进位信号
    output reg [3:0] q              //数据输出端口及变量的数据类型声明
);
    always @ (posedge clk, negedge rst_n)
        if( !rst_n ) q <= 4'b0000;              //异步清零,低电平有效
        else if ( en ) begin                    //同步使能,高电平有效
            if ( q < 4'b1001) q <= q + 1'b1;    //当q小于9时,允许累加
            else q <= 4'b0000;                  //否则下一个时钟后清0返回初值
        end
    always @ (q)
        if (q == 4'b1001) cout = 1;             //当q = 9时,输出进位标志cout 为1
        else cout = 0;                          //否则,输出进位标志为0
endmodule
```

此计数器是十进制加计数器，并具有异步清零信号 rst_n，低电平有效，cout 为计数器进位标志位。

程序中使用了不等式操作符号，对于不等式操作符号，当两个表达式或两个数据进行比较操作时，如果比较结果为真，则输出 1，否则输出为 0。

【例 3.8.4】非二进制加计数器的 Testbench 仿真测试。

```
`timescale 1ns/1ps
module m10_counter_tb();
    reg en, clk, rst_n;
    wire cout;
```

```
        wire [3:0] q;
        m10_counter TEST( .en(en),
                    .clk(clk),
                    .rst_n(rst_n),
                    .cout(cout),
                    .q(q) );       //例化待测计数器
        initial fork
            clk = 0;
            en = 1; #20 en = 0 ;#50 en = 1;
            rst_n = 0; #30 rst_n = 1;
            #1000 $stop;
        join
        always # 8 clk = ~clk;
    endmodule
```

仿真波形如图 3.8.3 所示，它清晰展示了该计数器的工作性能。从波形可以看出，计数器是异步清零，优先级最高；使能信号需要与时钟信号 cp 同步，如在 56 ns 时刻，才可以使计数器加 1，进位信号为 cout，在 184 ns 时刻输出为 1，由于设计中进位信号采用 always @（q）过程产生组合电路，故在计数值为 9 时，cout = 1，相当于下降沿代表进位。

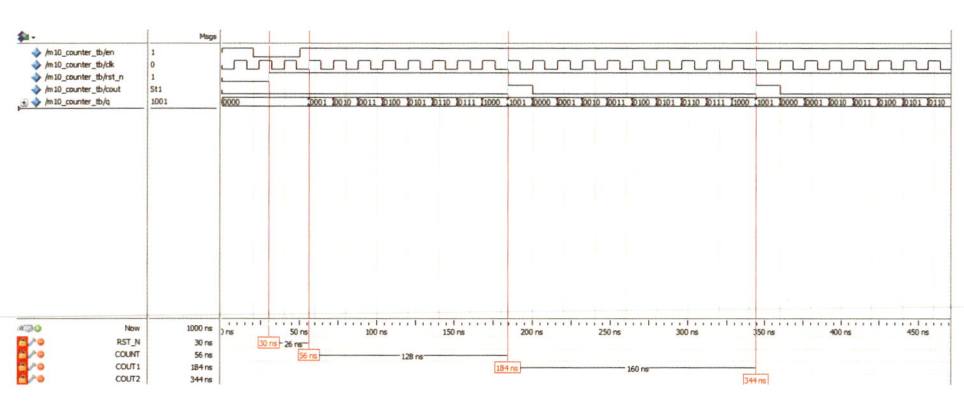

图 3.8.3　十进制计数器仿真波形

3.9　分频器设计实战演练

在数字逻辑电路设计中，分频器是一种基本电路，通常用来对某个给定频率进行分频，以得到所需的频率。在实际电路设计中，可能需要多种频率值，用本节介绍的方法基本可以解决问题。

假设有一个 50 MHz 的时钟信号，现在用 Verilog HDL 设计一个分频电路，产生占空比为 50%，频率为 1 Hz 的秒脉冲输出。

【例 3.9.1】 分频器的 Verilog HDL 描述。

```verilog
module divider #( parameter CLK_FREQ = 50000000, //系统时钟输入频率: 50 MHz
                  parameter  CLK_OUT_FREQ = 1 ) //分频器输出时钟频率:1 Hz
           ( input clk, rst_n,
             output reg clk_out  );

    parameter integer N = CLK_FREQ/(2 * CLK_OUT_FREQ) - 1;
    // log2 constant function

    function integer log2(input integer x);
        integer i;
        begin
            i = 1;
            while (2**i < x)
            begin
                i = i + 1;
            end
            log2 = i;
        end
    endfunction

    parameter M = log2( N ) - 1;
    reg [M:0] counter;            //内部结点

    always @ (posedge clk or negedge rst_n)
    begin
        if( !rst_n )              //异步清零
        begin
            clk_out <= 0;
            counter <= 0;
        end
        else
        begin
            if ( counter < N )
                counter <= counter + 1'b1;//分频计数器加 1 计数
            else
            begin
```

```
                counter <= 0;
                clk_out <= ~ clk_out;
            end
        end
    end
endmodule
```

【小结】

本章首先重点介绍了常用组合逻辑电路的 Verilog HDL 设计以及对所设计电路的仿真测试，包括以下几方面内容：

（1）编码器设计，包括二进制普通编码器和优先编码器，掌握 case 和 if 语句的区别；

（2）译码器设计，包括二进制译码器和显示译码器；

（3）数据选择器设计，掌握对选择器设计的不同描述方式；

（4）数据分配器设计；

（5）算术逻辑单元设计。

本章接下来重点介绍了用 Verilog HDL 描述锁存器、触发器、寄存器和计算器的建模方法，并对所描述电路进行仿真测试，包括以下几方面内容：

（1）锁存器和触发器建模，掌握同步/异步的复位/置位信号的描述；

（2）寄存器建模，包括普通寄存器和移位寄存器；

（3）计数器建模，包括同步二进制计数器、任意进制计数器和分频器。

【习题】

3-1 使用 assign 连续赋值语句，写出下列逻辑函数定义的逻辑电路的 Verilog HDL 描述。

（1）$L_1 = (B+C)(\overline{A}+D)\overline{B}$

（2）$L_2 = (\overline{B}C + ABC + B\overline{C})(A+\overline{D})$

（3）$L_3 = C(AD+B) + \overline{A}B$

3-2 图题 3-2 是一个将 4 位格雷码转换为自然二进制码的代码转换电路，试用 Verilog HDL 数据流方式描述该电路，然后用 Quartus Ⅱ 软件进行逻辑功能仿真，并给出仿真波形。

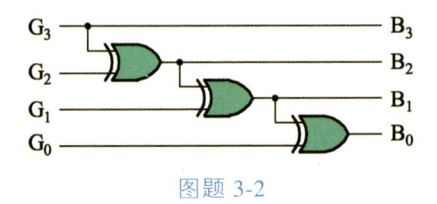

图题 3-2

3-3 试用 Verilog HDL 行为级描述方式，写出 4 线-2 线优先编码器，然后用 Quartus Ⅱ 软件进行逻辑功能仿真，并给出仿真波形。

3-4 说明下列 Verilog HDL 程序所描述电路的功能，并画出逻辑图。
```
module Circuit_a(
    input [1:0] a, b,
    input s, e,
    output [1:0] y
);
    assign y = e ? ( s ? a : b) : 'bz;
endmodule
```
3-5 试用行为建模方式描述一个下降沿触发的 T 触发器，要求具有异步置零功能。

3-6 试说明下列程序所完成的逻辑功能，并画出它的逻辑图。
```
module d_latch_rst(
    input   rd, control, d,
    output reg q
);
    always @ ( rd or control or d )
        if ( ~rd ) q <= 1'b0;
        else if    ( control )
            q <= d;
endmodule
```
3-7 阅读下列程序，说明它所完成的功能。
```
module shiftn( q, pdata, serialdata, load, cp );
    input   serialdata, cp, load;
    input [ n-1 :0 ] pdata;
    output reg    [ n- 1:0 ] q;
    parameter n = 8;
    integer k;
    always @ ( posedge cp )
        if ( load ) q <= pdata;
        else
            begin
                for ( k=0; k<n-1; k=k+1 )
                    q[k] <= q[k+1];
                q[n-1] <= serialdata;
            end
endmodule
```
3-8 试用 Verilog HDL 语言描述一个 4 位二进制可逆计数器。要求如下：
（1）电路具有五种功能，异步清零、同步置数、递增计数、递减计数和保持原来状态不变。而且当计数器递增计数到最大时，产出一个高电平有效的进位信号 C_0；当计数器递减计数到最小值 0 时，产生一个高电平有效的借位信号 B_0。

（2）用 Quartus Ⅱ 软件进行逻辑功能仿真，并给出仿真波形。

3-9 试用 Verilog HDL 语言描述一个带有使能端和异步清零端的同步模 10 计数器。

3-10 假设有一个 50 MHz 的时钟信号源，试用 Verilog HDL 设计一个分频电路，以产生 1 Hz 的秒脉冲输出，要求输出信号的占空比为 50%。

3-11 试用 Verilog HDL 语言描述一个变模计数器，在控制信号 S 和 T 的组合分别为 00、01、10、11 的控制下，实现同步模 5、模 8、模 10 和模 12 计数，并要求具有异步清零和暂停计数的功能。最后采用 Quartus Ⅱ 软件进行逻辑功能仿真，并给出仿真波形。

3-12 试用行为建模方式描述一个下降沿触发的 T 触发器，要求具有异步置零功能。

3-13 试说明下列程序所完成的逻辑功能，并画出它的逻辑图。

```
module d_latch_rst(
    input   rd, control, d,
    output reg q
);
    always @ ( rd or control or d )
        if ( ~rd ) q <= 1'b0;
        else if   ( control )
            q <= d;
endmodule
```

3-14 阅读下列程序，说明它所完成的功能。

```
module shiftn( q, pdata, serialdata, load, cp );
    input   serialdata, cp, load;
    ipnut [ n-1 :0 ] pdata;
    output reg reg    [ n-1:0 ] q;
    parameter n = 8;
    integer k;
    always @ ( posedge cp )
        if ( load ) q <= pdata;
        else
            begin
                for ( k=0; k<n-1; k=k+1 )
                    q[k] <= q[k+1];
                q[n-1] <= serialdata;
            end
endmodule
```

第4章　结构化逻辑电路设计

> **学习引导**
>
> 本章重点介绍逻辑电路的两种设计方法：一是介绍层次化的设计方法，实现程序的可移植，掌握设计比较复杂的数字系统；二是通过原理图的设计方法，通过可视化的设计以及程序移植实现较复杂电路。
>
> **学习目标**
>
> （1）掌握 Quartus 环境下进行层次化的设计方法；
> （2）掌握 Quartus 环境下进行原理图的设计方法；
> （3）掌握程序的可移植、程序调用及模块化的设计方法。
>
> **思政目标**
>
> 本章以结构化逻辑电路设计案例为依托，培养学生的系统分析及综合设计能力，同时，在设计过程中强调对细节的关注，以此助力学生培育严谨的专业素养和精益求精的工匠精神。

4.1　层次化设计实战演练

4.1.1　四位数据加法器

算术运算是数字系统的基本功能，更是计算机中不可缺少的组成单元。而加法器是算术运算电路中的基本单元，包括半加器和全加器。如果只考虑两个加数本身，而不考虑低位进位的加法运算，称为半加器。而全加器能进行被加数、加数和来自低位的进位信号相加，并根据求和结果给出该位的进位信号。

一位数据半加器，是指两个一位数据相加时，不考虑低位进位的相加，其逻辑图如图 4.1.1 所示。下面设计采用门级调用描述。

【例 4.1.1】　一位数据半加法器的 Verilog HDL 描述。

```
module halfadder (s, c, a, b);
    input a, b;     //被加数A，加数B
    output s, c;    //和为S，进位为C

    xor (s, a, b); //调用门级电路，实例名可省，调用顺序先输出，后输入
    and (c, a, b); //调用门级电路，实例名可省，调用顺序先输出，后输入
endmodule
```

一位数据全加器，是指两个一位二进制数相加时，考虑低位进位的加法。全加器的设计可以根据逻辑表达式或真值表设计，也可以采用行为描述或结构化描述。下面采用层次化描述设计方法。一位数据全加器如图 4.1.2 所示，调用例 4.1.1 的一位半加器和底层标准或门来实现一位数据全加器。

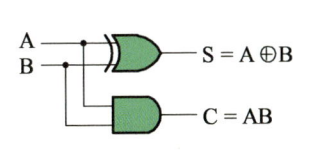

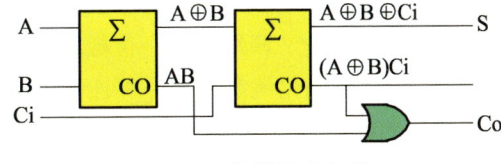

图 4.1.1　半加器原理逻辑图

图 4.1.2　一位数据全加器

【例 4.1.2】一位数据全加法器的 Verilog HDL 描述。

```
module fulladder (s, co, a, b, ci);
    input a, b, ci;              //被加数 A，加数 B，低位进位 Ci
    output s, co;                //和 S，向高位进位 Co
    wire s1, d1, d2;             //内部节点信号
    halfadder HA1 (s1, d1, a, b);//端口信号按照位置对应关联，顺序固定
    halfadder HA2 (.a(s1), .b(ci), .s(s),.c(d2));
                                 //端口信号按照名称对应关联，顺序任意
    or G1(co, d2, d1);           //调用底层标准或门，注意调用顺序，先输出后输入
endmodule
```

下面通过例 4.1.3 实现四位数据加法器，其采用层次化设计方法，电路如图 4.1.3 所示。通过调用 4 次一位数据全加器，而全加器的设计可以调用例 4.1.2 所设计的模块。

图 4.1.3　四位数据加法器组成电路

【例 4.1.3】层次化设计四位数据加法器的 Verilog HDL 描述。

```
module adder_4bit (s, c3, a, b, c_1);
    input [3:0] a, b;        //4 位被加数 A 和 B
    input c_1;               //最低位进位 C_1
    output [3:0] s;          //4 位和
    output c3;               //向最高位的进位信号
    wire c0, c1, c2;         //内部进位信号
```

```verilog
        fulladder FA0 (s[0], c0, a[0], b[0], c_1),     //调用 1 位全加器
                  FA1 (s[1], c1, a[1], b[1], c0),
                  FA2 (s[2], c2, a[2], b[2], c1),
                  FA3 (s[3], c3, a[3], b[3], c2);
endmodule
```

本例通过元件例化，调用 4 次一位数据全加器，串联实现多位数据相加，结构清晰，思路明确。其中元件例化就是引入一种连接关系，将预先设计好的模块定义为一个元件，然后利用特定的调用语句将此元件与当前设计实体中的端口相连接，从而为当前设计实体引进新的低一级的设计模块。通过元件例化是使 Verilog HDL 设计模块构成自上而下层次设计的一种重要途径。元件例化是可以多层次的，一个调用了较低层次元件的顶层设计实体模块本身也可以被更高层次设计实体调用，成为更高层次设计实体的一个元件。

【例 4.1.4】 四位数据加法器的 Testbench 仿真测试。

```verilog
`timescale 1ns/1ps
module adder_4bit_tb ( );

    reg [3:0] a, b;      //4 位被加数 A 和 B
    reg c_1;             //最低位进位 C_1
    wire [3:0] s;        //4 位和
    wire c3;             //向最高位的进位信号

    adder_4bit ADD(
        .a(a),
        .b(b),
        .c_1(c_1),
        .s(s),
        .c3(c3)
    );                   //实例化调用四位加法器

    initial fork
        a = 4'b0000;
        b = 4'b0011;
        c_1 = 1'b0;

        repeat(32) #5 a = a + 1;
        repeat(16) #10 b = b + 1;
        #100  c_1 = 1'b1;
        #200 $stop;
```

```
    join

endmodule
```

实战演练过程如下：

（1）参照 2.1.1 小节新建工程，如图 4.1.4 所示。

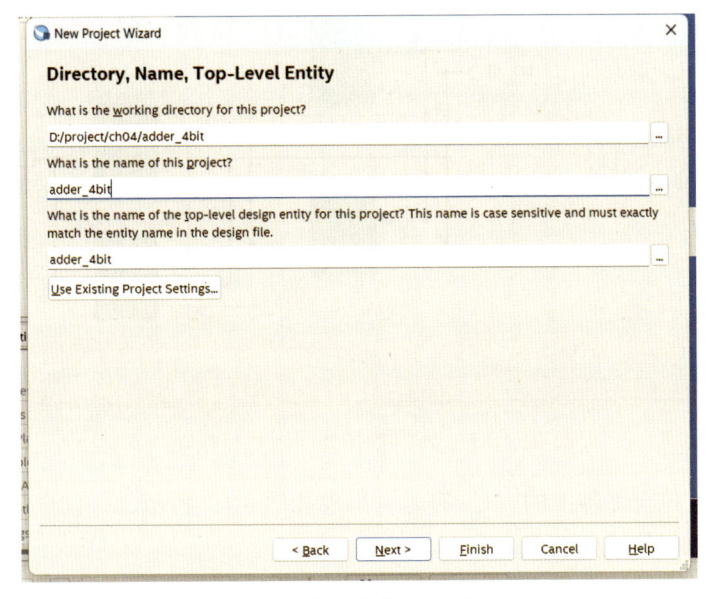

图 4.1.4　新建四位数据加法器工程

（2）新建文本编辑器，分别输入例 4.1.1、例 4.1.2 和例 4.1.3 程序代码，分别保存三个文件，文件名要与模块名相同。

（3）进行代码编译，普通编辑（组合键"Ctrl + K"），进行语法分析和综合。

（4）查看 RLT 视图，选择如图 4.1.5 所示菜单命令。

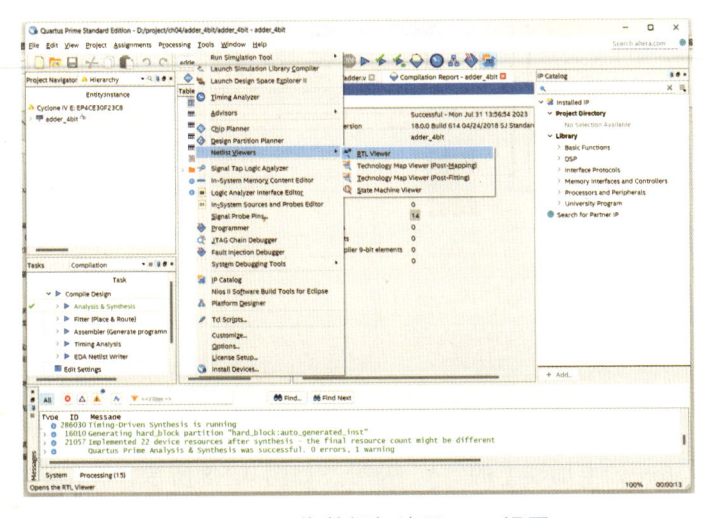

图 4.1.5　四位数据加法器 RTL 视图

（5）出现如图 4.1.6 所示四位加法器 RTL 视图，由四个全加器连接构成四位加法器。

图 4.1.6　四位数据加法器组成电路

（6）单击一位全加器上的"+"符号，出现如图 4.1.7 所示，一位全加器由两个一位半加器和一个或门构成。

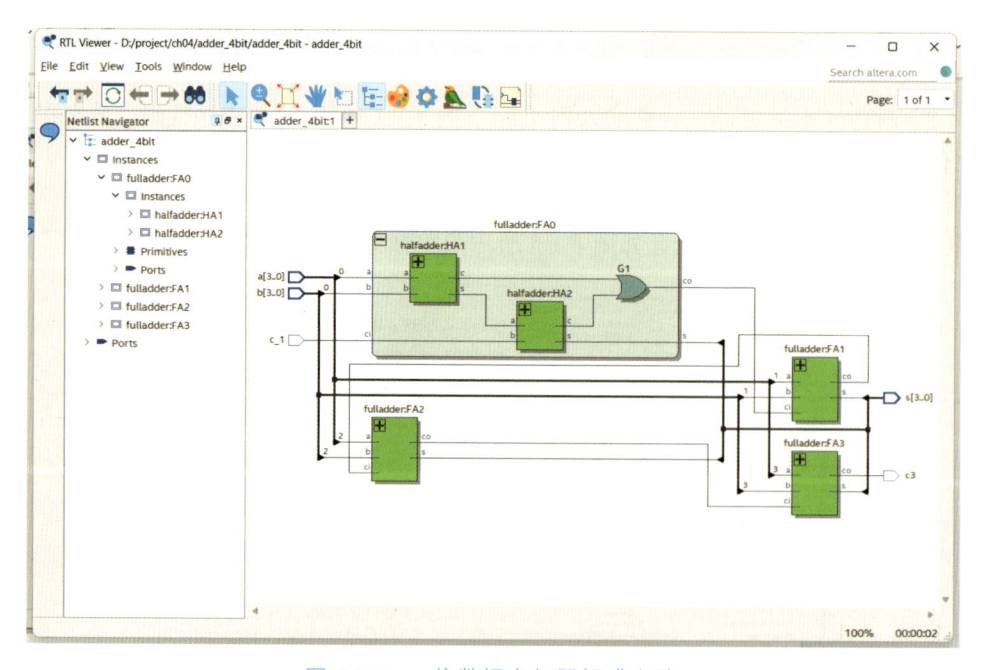

图 4.1.7　一位数据全加器组成电路

（7）再次单击一位半加器上的"+"符号，如图 4.1.8 所示，一位半加器由一个与门和一个异或门构成。

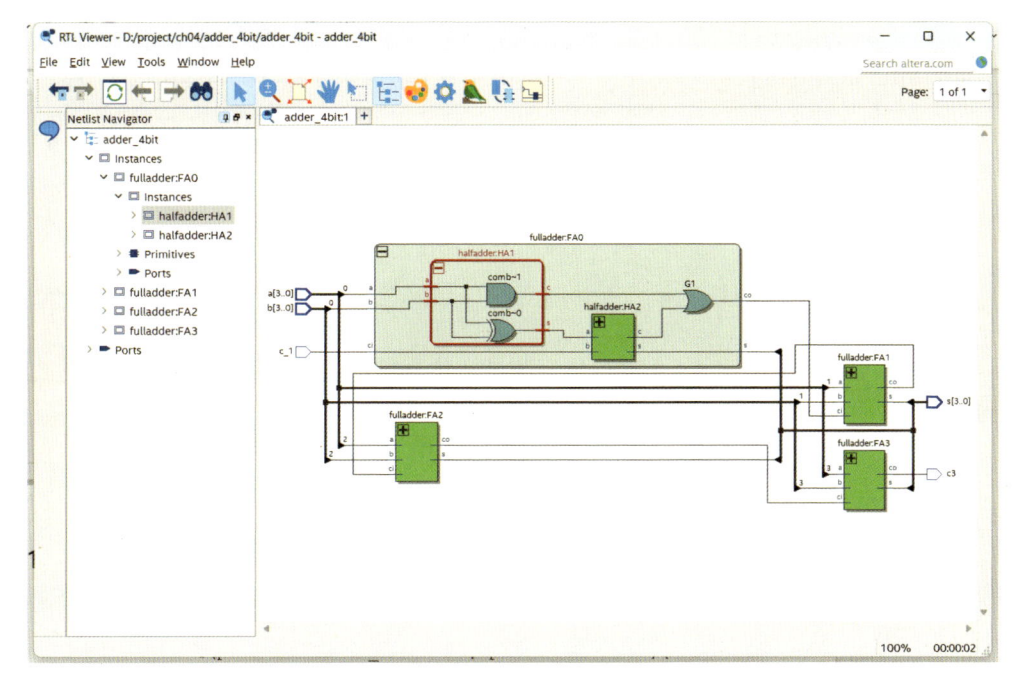

图 4.1.8　一位数据半加器组成电路

（8）参照 2.1.2 小节输入例 4.1.4 仿真测试代码，并进行相应设置，仿真输出波形如图 4.1.9 所示。

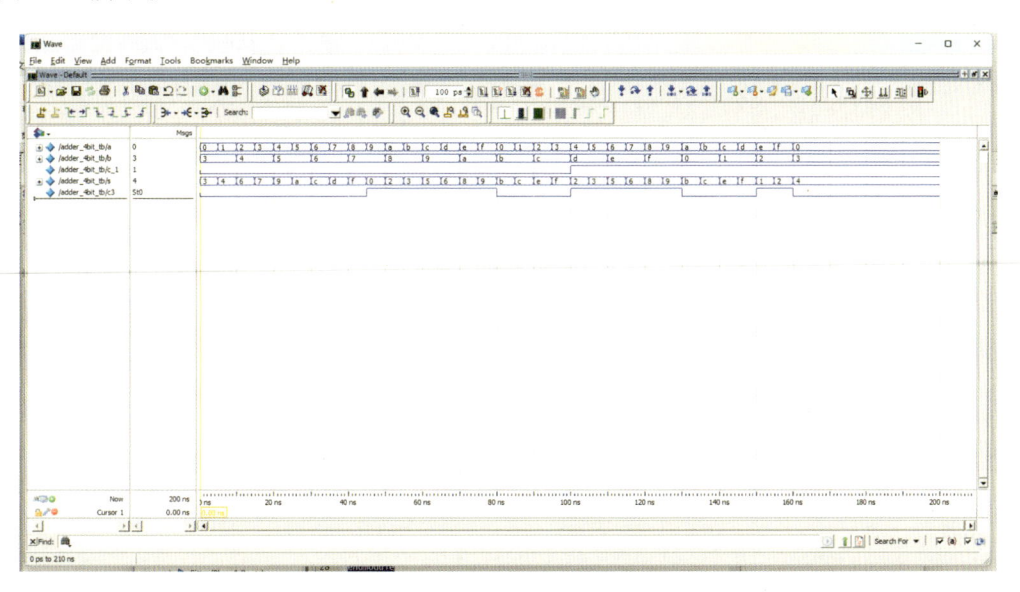

图 4.1.9　四位数据加法器仿真波形

上面实战只是为了进行层次化设计演练，也可以通过例 4.1.5 采用行为描述方式实现四位加法器。

【例 4.1.5】 行为描述四位数据加法器的 Verilog HDL 描述。

```verilog
module adder_4bit(
    output [3:0] s,                   //4 位加法器的和
    output c3,                        //加法器的进位信号
    input [3:0] a, b,                 //4 位被加数 a 和加数 b
    input c_1 );                      //最低位进位

    assign {c3, s} = a + b + c_1;    //行为描述加法
endmodule
```

对例 4.1.5 同样按照例 4.1.4 进行仿真测试，仿真输出波形与图 4.1.9 所示仿真波形相同。

4.1.2 参数化任意进制 BCD 码计数器

【例 4.1.6】 参数化任意进制加计数器的 Verilog HDL 描述。

```verilog
module counter #(parameter COUNT_MAX = 60 , parameter N = 6 )(
    input clk, rst_n,
    input cin,
    output reg [N-1:0] count,
    output reg cout
    );

    always@(posedge clk, negedge rst_n)
        if( !rst_n )
            count <= 0;
        else begin
            cout <= 0;
            if(cin)begin
                if(count < (COUNT_MAX - 1) )
                    count <= count + 1;
                else begin
                    count <= 0;
                    cout <= 1;
                end
            end
        end
endmodule
```

【例 4.1.7】 参数化任意进制加计数器的 Testbench 仿真测试。

```
`timescale 1ns/1ps
module counter_tb #(parameter COUNT_MAX = 60 , parameter N = 6 ) ;
    reg clk, rst_n;
    reg cin;
    wire [N-1:0] count;
    wire cout;

    counter #(.COUNT_MAX(COUNT_MAX),.N(N)) COUNTER
        (
        .clk(clk),
        .rst_n(rst_n),
        .cin(cin),
        .count(count),
        .cout(cout) );

    initial
    begin
        clk = 0;
        rst_n = 0;
        cin = 0;
        #25 rst_n = 1;
        #30 cin = 1;
        #2000 $stop;
    end

    always #10 clk = ~clk;

endmodule
```

仿真波形如图 4.1.10 所示,它清晰展示了该计数器的工作性能。从仿真波形可以看出,计数器是异步清零,优先级最高;使能信号需要与时钟信号 clk 同步,如在 70 ns 时刻,才可以使计数器加 1。进位信号为 cout,在 1 250 ns 时刻输出为 1,本设计中由于锁存器的引入 cout 会多打一拍,计数器计满后回到 0 时,cout = 1,相当于上升降沿代表进位。

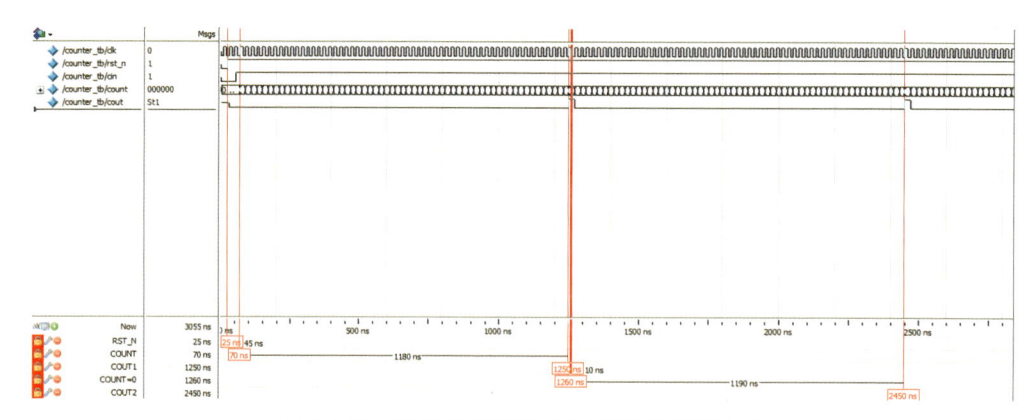

图 4.1.10　参数化任意进制加计数器仿真波形

例 4.1.6 实现了自然二进制码计数器，项目中常常需要通过数码管显示，但数码管显示自然二进制码不够直观，就需要转换为 BCD 码。下面介绍移位加 3 算法的 8 位二进制-BCD 码转换。

移位加 3 算法主要包括以下 4 个步骤：

（1）8 位二进制数左移 1 位，移入 10 位 BCD 数据；

（2）共移动 8 位，BCD 数据四位一组形成百位、十位和个位，转换为 BCD 码；

（3）如果十位或个位表示的二进制数大于 4，则加 3；

（4）返回步骤（1）。

【例 4.1.8】 八位二进制转换为 BCD 码。

```verilog
module bin2bcd(
    input [7:0] bin,
    output reg [9:0] bcd
    );
    reg [17:0] z;

    always@(*)
    begin
        z = 18'b0;                       //左移 3 位
        z[10:3] = bin;

        repeat(5)                        //重复 5 次
        begin
            if(z[11:8]>4)
                z[11:8] = z[11:8] + 3;   //BCD 数据个位大于 4 则加 3
            if(z[15:12]>4)
                z[15:12] = z[15:12] + 3; //BCD 数据十位大于 4 则加 3
            z[17:1] = z[16:0];           //左移 1 位
```

```
            end
        bcd = z[17:8];                    //BCD 码
    end
endmodule
```

【例 4.1.9】 八位二进制转换为 BCD 码的 Testbench 仿真测试。

```
`timescale 1ns/1ps
module bin2bcd_tb( );
    reg  [7:0] bin;
    wire [9:0] bcd;

    bin2bcd test(
        .bin(bin),
        .bcd(bcd)
    );

    initial begin
        bin = 4'b0000;
        #800 $stop;
    end
    always #5 bin = bin + 4;
endmodule
```

仿真测试波形如图 4.1.11 所示，验证了设计的正确性。

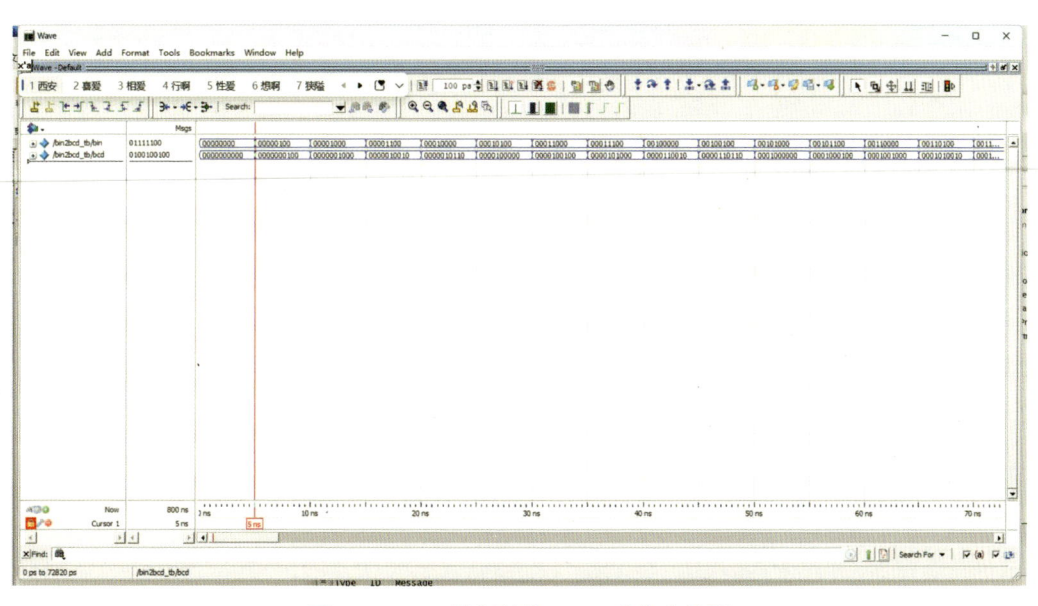

图 4.1.11 二进制转换 BCD 码仿真波形

通过调用例 4.1.6 和例 4.1.8 可以实现任意进制 BCD 码计数器，参见例 4.4.10，RTL 原理图如图 4.1.12 所示。

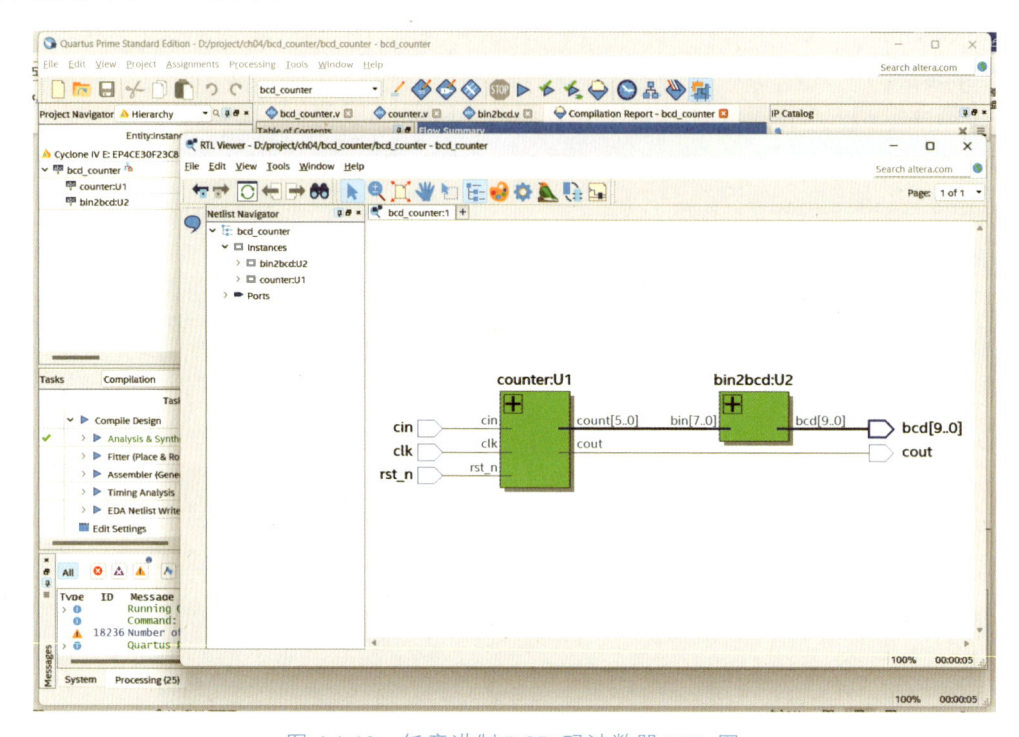

图 4.1.12　任意进制 BCD 码计数器 RTL 图

【例 4.1.10】参数化任意进制 BCD 码计数器。

```
module bcd_counter #(parameter M=60,parameter N = 6)(
    input clk, rst_n,
    input cin,
    output [9:0] bcd,
    output cout
    );

    wire [N-1:0] count;
    //调用例 4.1.6 参数化二进制计数器
    counter #(.COUNT_MAX(M),.N(N))
        U1(.clk(clk),
           .rst_n(rst_n),
           .cin(cin),
           .count(count),
           .cout(cout));     //调用自然二进制码的六十进制计数器
```

```
//调用例 4.1.8 二进制转 BCD 码
    bin2bcd U2(.bin(count),.bcd(bcd));      //调用代码转换模块，转换为 BCD 码
endmodule
```

通过例 4.1.11 对二十进制 BCD 码计数器进行仿真，仿真波形如图 4.1.13 所示。

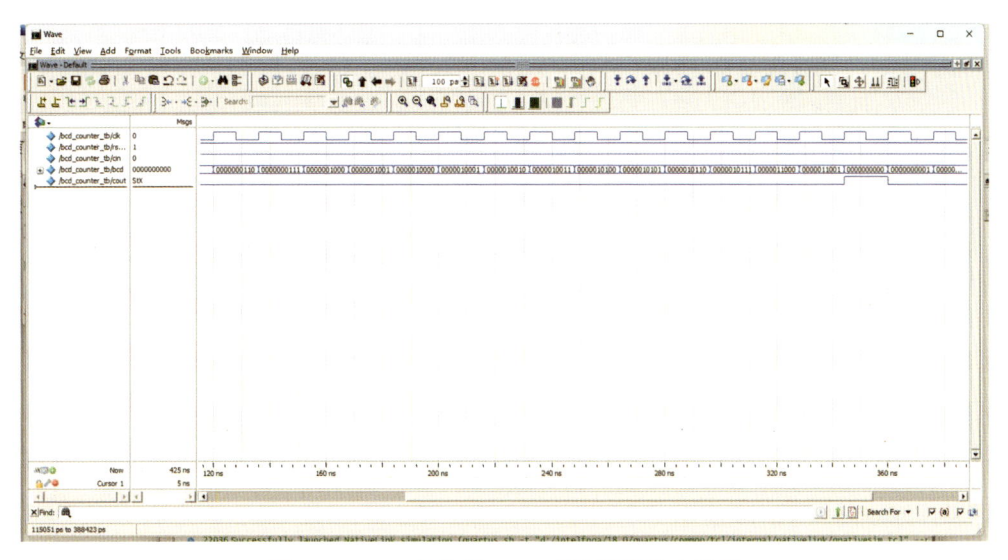

图 4.1.13 二十进制 BCD 码计数器仿真波形

【例 4.1.11】参数化任意进制 BCD 码计数器 Testbench 仿真测试。

```
`timescale 1ns/1ps
module bcd_counter_tb #(parameter COUNT_MAX = 20 , parameter N = 8 ) ;

    reg clk, rst_n;
    reg cin;
    wire [9:0] bcd;
    wire cout;

        bcd_counter #( .M(COUNT_MAX),.N(N)) COUNTER(
            .clk(clk),
            .rst_n(rst_n),
            .cin(cin),
            .bcd(bcd),
            .cout(cout)
            );          //实例化待测计数器

        initial begin
```

```
        clk = 1'b0;
        rst_n = 1'b0;
        cin = 1'b0;
        #5 rst_n = 1'b1;
        #20 cin = 1'b1;
        #400 $stop;
    end

    always #8 clk = ~ clk;

endmodule
```

4.1.3　流水灯设计

LED 显示控制可以作为各种项目的最基本显示单元，实现项目输出信息的指示。下面设计 LED 流水灯，每 1 s LED 指示的数据循环左移一位或实现个性化 LED 灯流水效果，设计原理如图 4.1.14 所示。

设计思路：首先设计模块 u1，参见例 4.1.12，实现从口袋机 50 MHz 晶振信号分频为 1 Hz 的时钟信号；1 Hz 的信号作用于 u2，参见例 4.1.13，每个周期使 LED 灯指示信息移动一位或实现个性化的流水效果；最后顶层文件调用 u1 和 u2 模块，参见例 4.1.14，将开发板的 50 MHz 时钟作为 clk 信号，选用触摸按键 A 作为复位按钮，触摸按键 C 作为流水灯效果控制键。

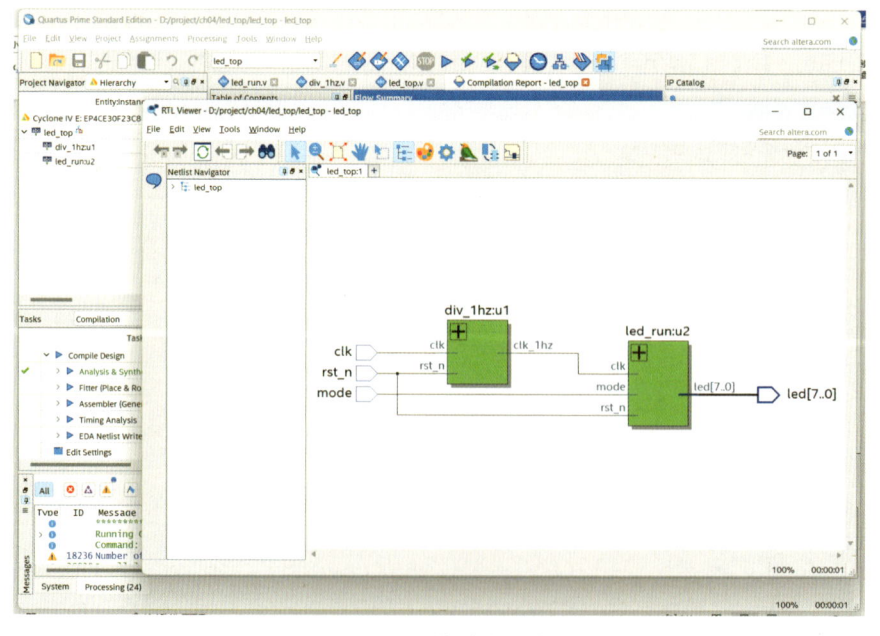

图 4.1.14　八位流水灯控制

【例 4.1.12】 1 Hz 分频电路的 Verilog HDL 描述。

```verilog
module div_1hz(
    input clk, rst_n,
    output reg clk_1hz
    );
    reg [24:0] cnt;

    always @ ( posedge clk or negedge rst_n ) begin
        if ( !rst_n ) cnt <= 0;                       //异步高电平复位
        else if ( cnt == 25000000-1 ) begin
            cnt<= 0;
            clk_1hz <= ~ clk_1hz;                     //每 0.5s 翻转
        end
        else
            cnt <= cnt + 1;                           //计数
    end
endmodule
```

【例 4.1.13】 控制 LED 运行模式的 Verilog HDL 描述。

```verilog
module led_run(
    input clk, rst_n,
    input mode,
    output [7:0] led
    );

    parameter s0 = 8'b00000001,         //状态分配,指定每种状态 LED 灯
              s1 = 8'b10000001,
              s2 = 8'b01000010,
              s3 = 8'b00100100,
              s4 = 8'b00011000,
              s5 = 8'b00001000,
              s6 = 8'b00000100,
              s7 = 8'b00000010;         //可以修改各状态 LED 灯的情况
    reg [7:0] state;

    always @ (posedge clk or negedge rst_n) begin
        if ( !rst_n ) state <= s0;      //复位时 LED 灯
        else if ( ! mode )
```

```
                    state <={state[6:0],state[7]};    //循环左移1位
            else                                       //状态转换
                case(state)                            //用来确定状态转换的顺序
                    s0: state <= s1;
                    s1: state <= s2;
                    s2: state <= s3;
                    s3: state <= s4;
                    s4: state <= s5;
                    s5: state <= s6;
                    s6: state <= s7;
                    s7: state <= s0;
                    default: state <= s0;
                endcase
        end

        assign led = state;                            //LED输出显示

endmodule
```

【例 4.1.14】 实现八位 LED 流水灯设计的 Verilog HDL 描述。

```
//LED 流水灯顶层设计
module led_top(
    input clk,rst_n,                    //时钟和复位信号
    input mode,                         //流水灯模式控制
    output [7:0] led                    //八位 LED 灯
    );
    wire clk_1hz;                       //中间变量
    div_1hz u1(.clk(clk),               //调用 1 Hz 分频模块
            .rst_n(rst_n),
            .clk_1hz(clk_1hz));
    led_run u2(.clk(clk_1hz),           //调用 LED 运行模块
            .rst_n(rst_n),
            .mode(mode),
            .led(led));
endmodule
```

参照 2.1 节开发流程，先新建 led_top 工程，再进行引脚锁定，如图 4.1.15 所示，然后对项目进行综合、实现和生成配置文件，下载 .sof 文件到开发板后，可以观察到 LED 灯显示效果，如图 4.1.16 所示，验证了设计的正确性。

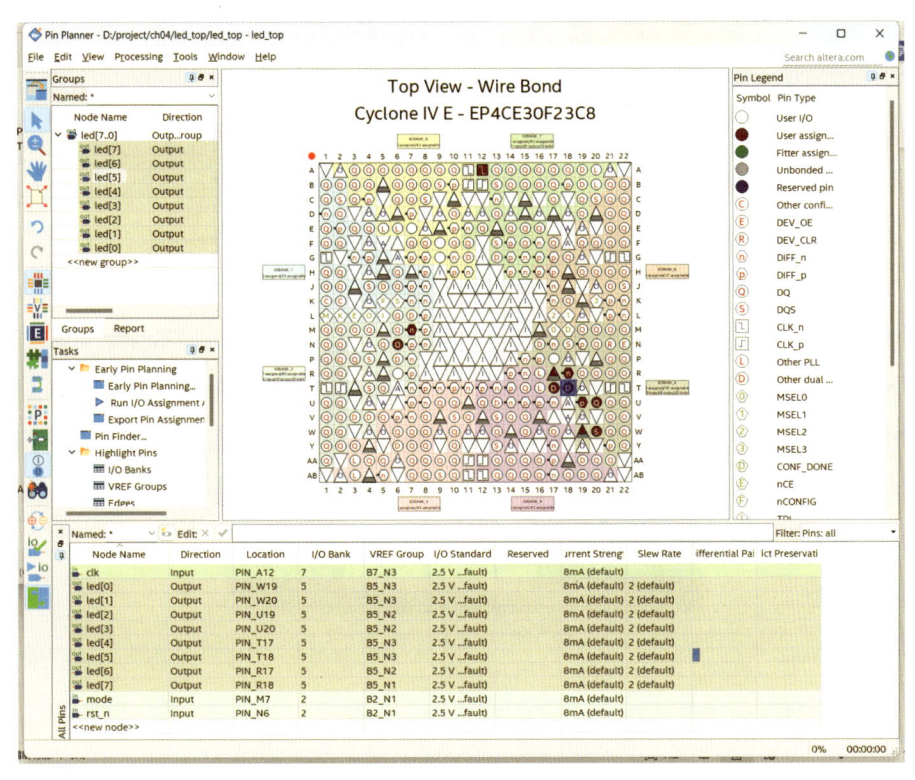

图 4.1.15　八位流水灯控制引脚锁定

图 4.1.16　八位流水灯控制显示

4.2　原理图设计实战演练

4.2.1　四位数据加法器

实战演练过程如下：

（1）参照 2.1.1 小节新建 Quartus Ⅱ 工程，工程名为 adder_4bit_bdf。
（2）新建图形编辑器，如图 4.2.1 所示。

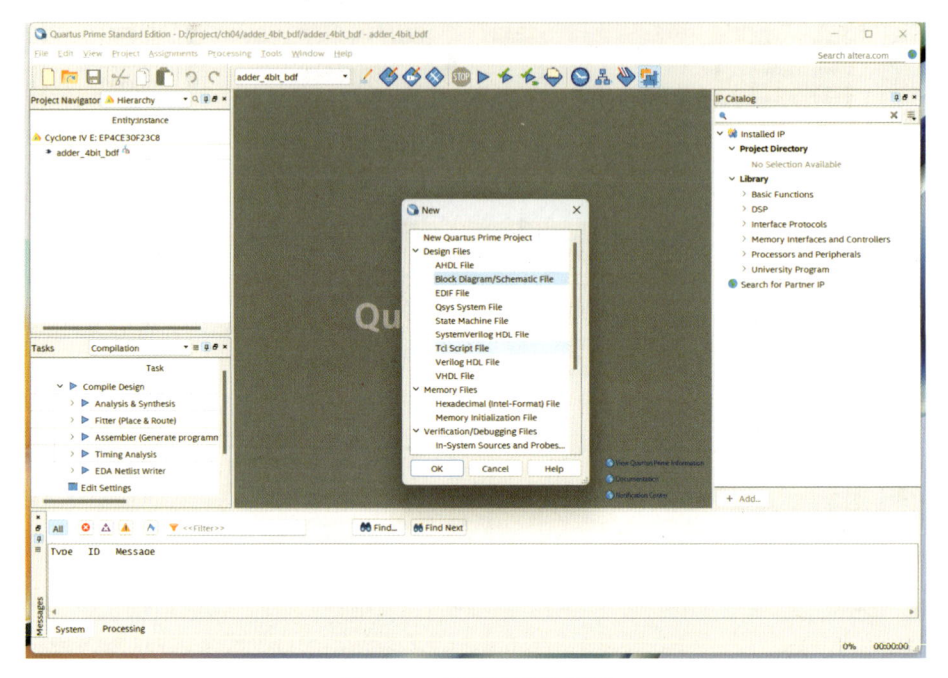

图 4.2.1　新建图形编辑器

（3）单击"OK"按钮，进入新建图形编辑器界面，在画布空白处单击右键，选择如图 4.2.2 所示选项。

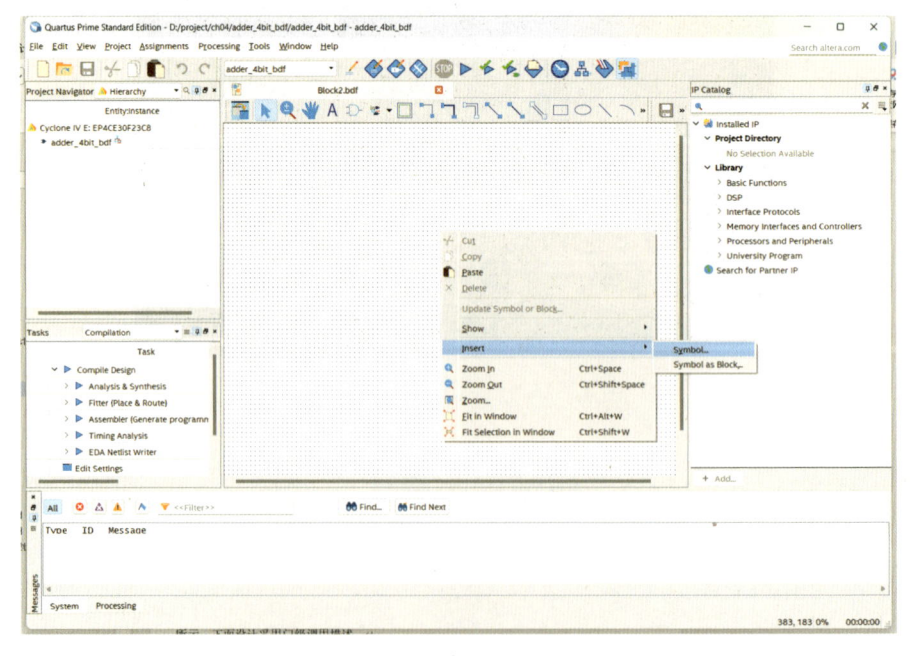

图 4.2.2　插入元器件

（4）按照如图 4.2.3 所示界面，选择二输入与门，单击"OK"按钮，将与门放在画布的适当位置。

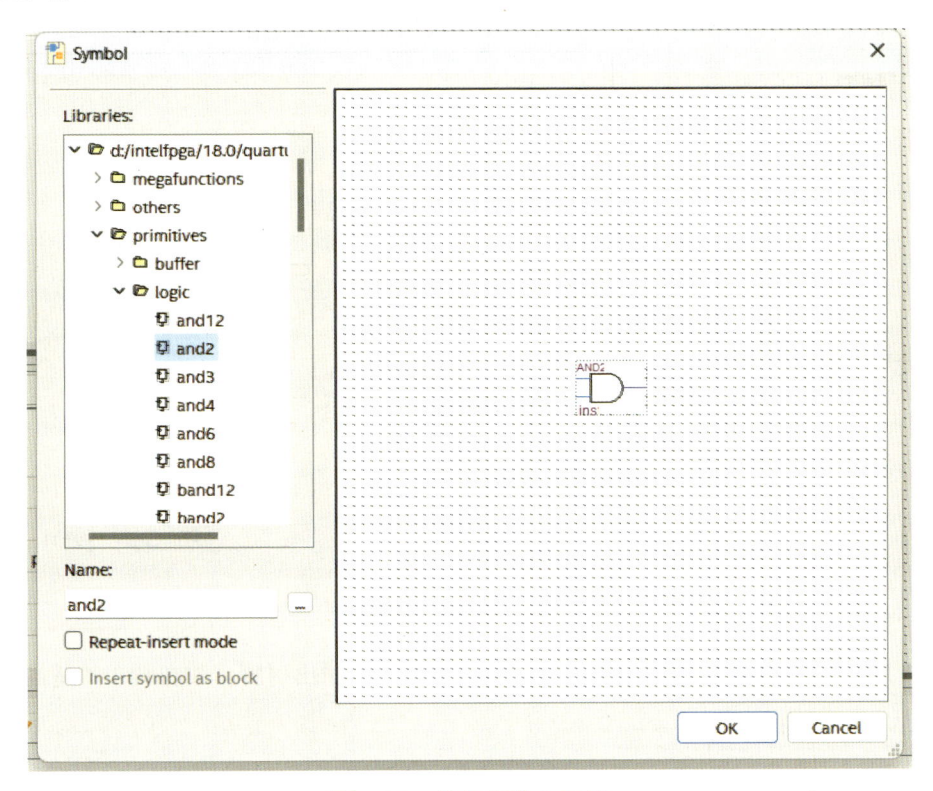

图 4.2.3　选择二输入与门

（5）按照上面同样的办法，再选择二输入异或门放入画布，如图 4.2.4 所示。

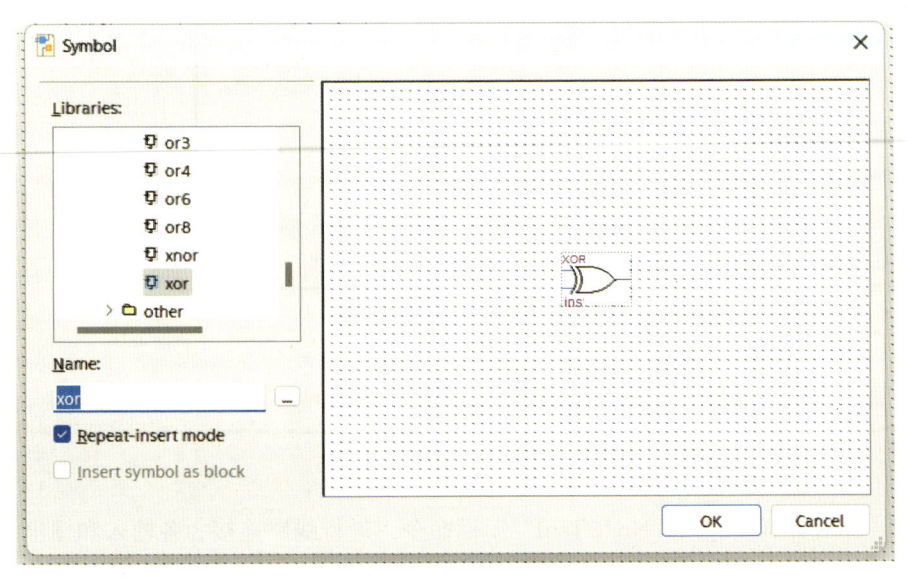

图 4.2.4　选择二输入异或门

（6）按照如图 4.2.5 所示界面，选择输入、输出引脚，放在画布的适当位置。

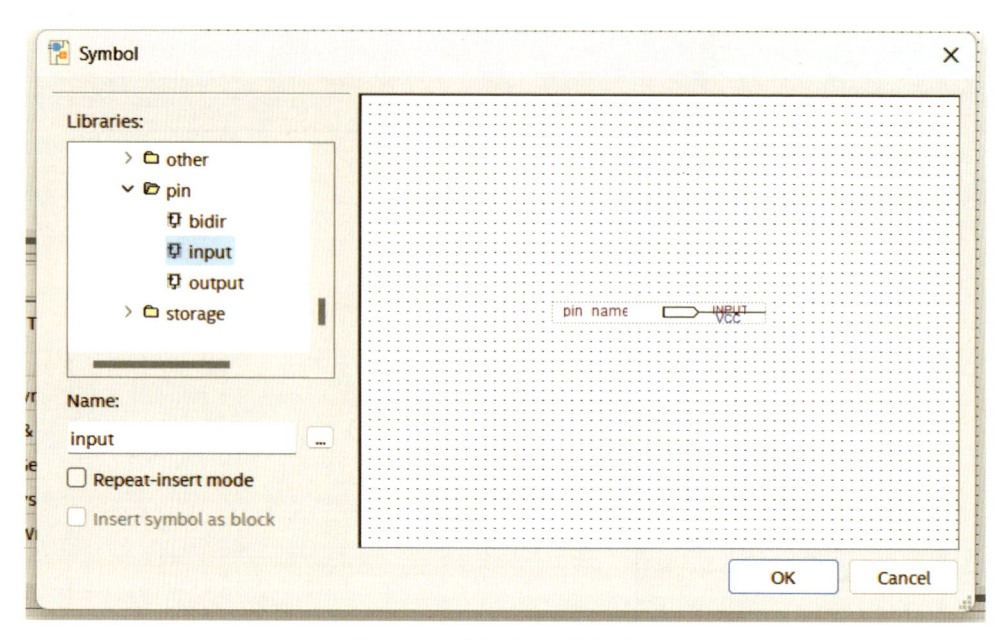

图 4.2.5　选择输入/输出引脚

（7）放置好元器件，如图 4.2.6 所示，选择输入、输出引脚，放在画布的适当位置。

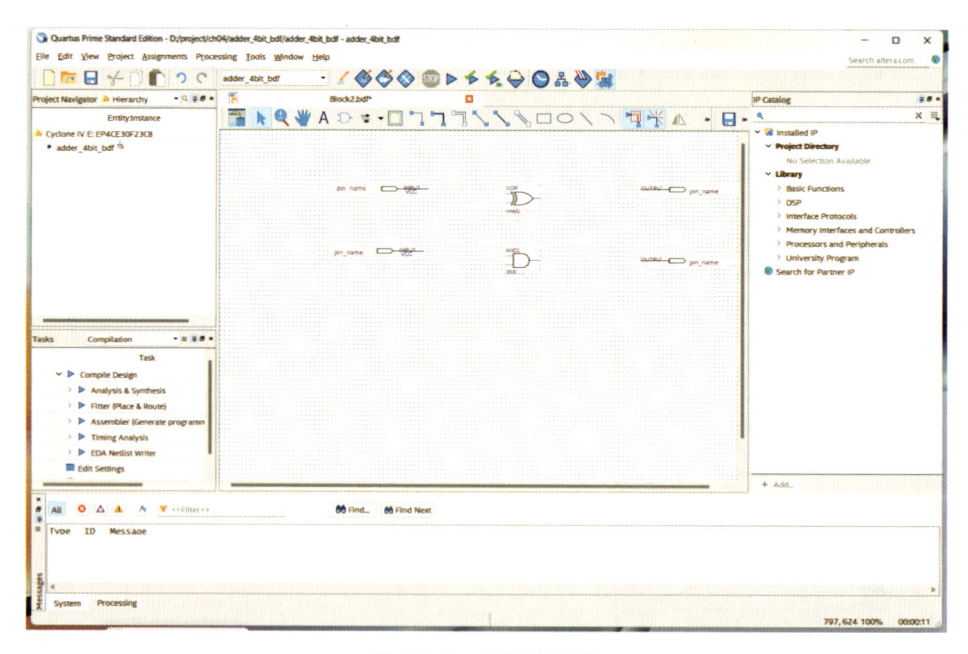

图 4.2.6　元器件放置

（8）选择"Orthogonal Node Tool"图标命令，进行线路连接，各输入和输出引脚名可以修改，连接好的电路如图 4.2.7 所示。

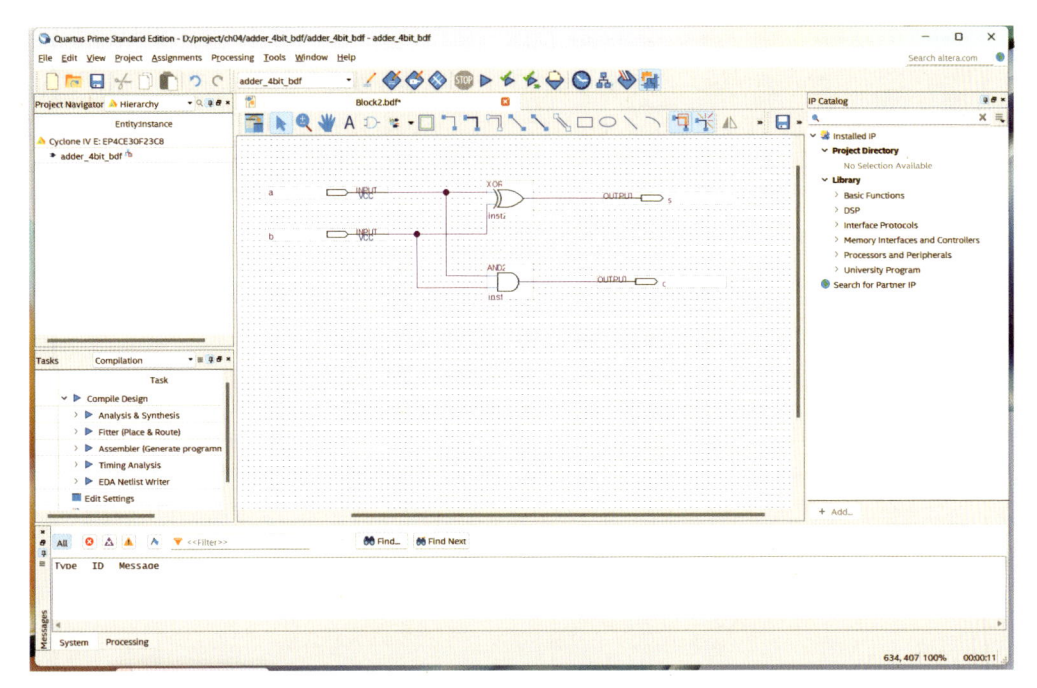

图 4.2.7　电路连接

（9）保存文件，如图 4.2.8 所示。

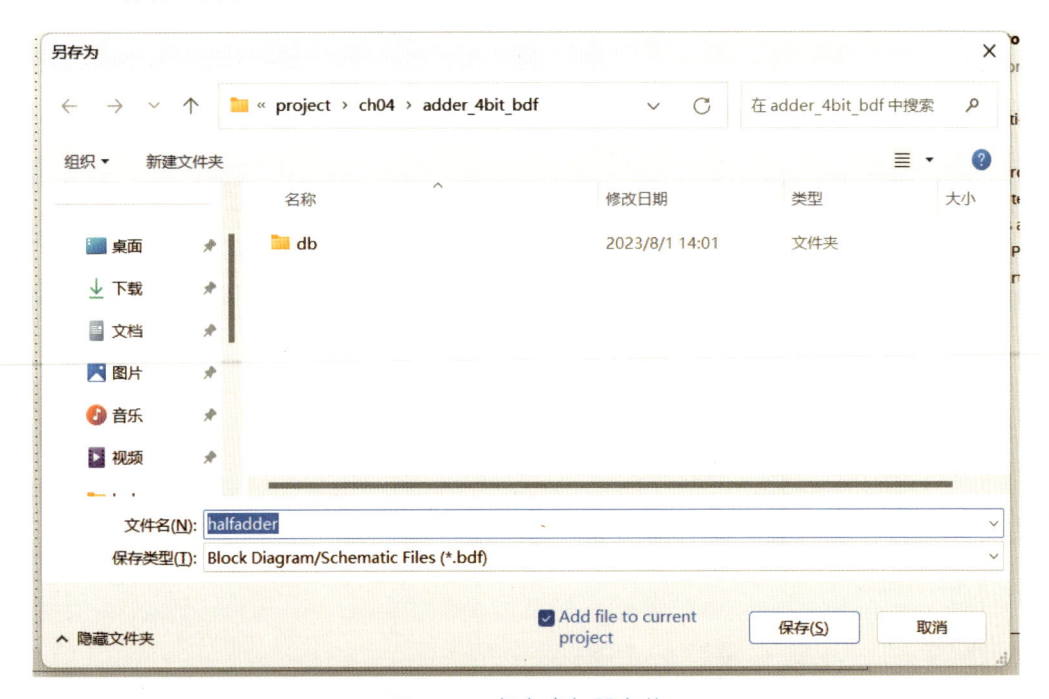

图 4.2.8　保存半加器文件

（10）将上面所画的电路图文件进行打包生成新的半加器图形符号，选择如图 4.2.9 所示命令。

\ FPGA 设计与实战演练 \

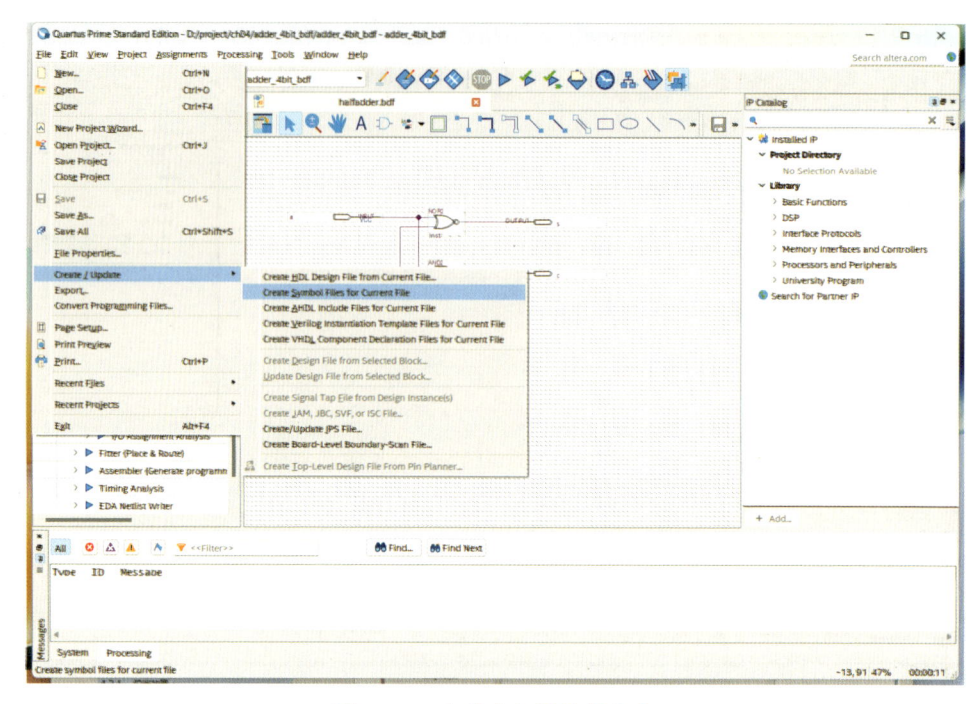

图 4.2.9　生成半加器符号文件

（11）弹出如图 4.2.10 所示界面，提示保存生成的符号文件。

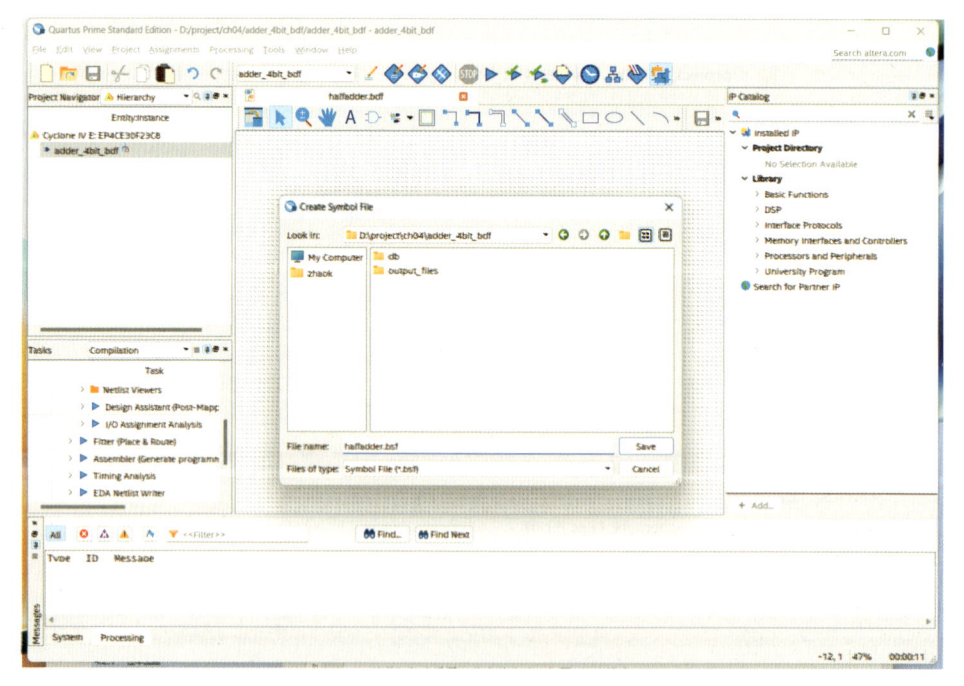

图 4.2.10　保存半加器符号

（12）单击"Save"按钮，弹出新的界面，单击"OK"按钮。

172

（13）同第（2）步，继续新建图形编辑器，参照第（3）步和第（4）步插入元器件。插入刚才第（10）步中生成的 halfadder，如图 4.2.11 所示。

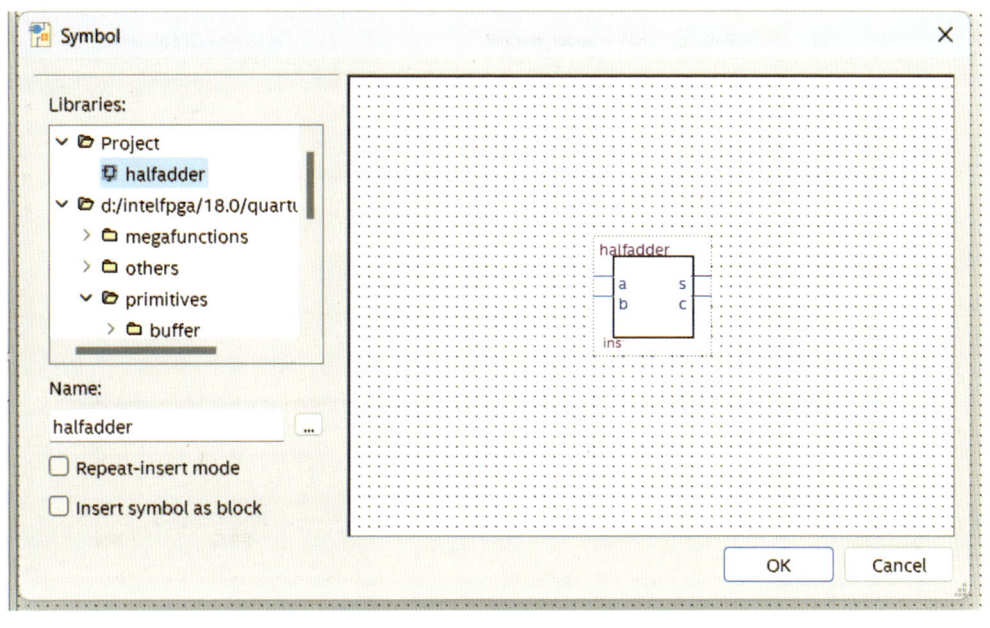

图 4.2.11　插入半加器

（14）同样再插入一个半加器、一个二输入或门和输入输出引脚，修改引脚名，并进行连线，如图 4.2.12 所示，实现了一位数据全加器。

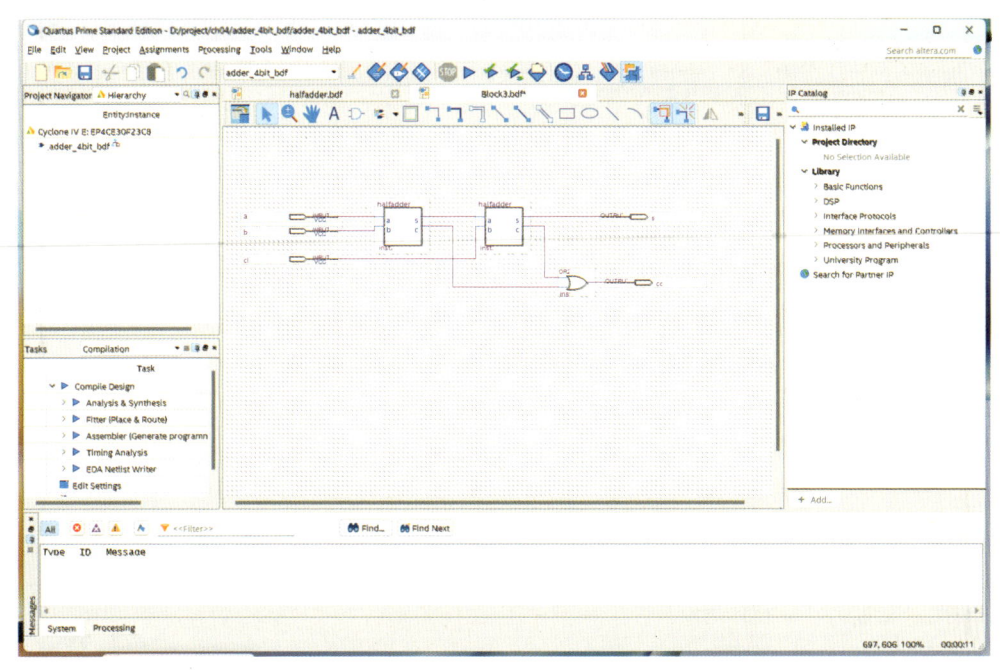

图 4.2.12　一位数据全加器

（15）保存全加器原理图文件，如图 4.2.13 所示。

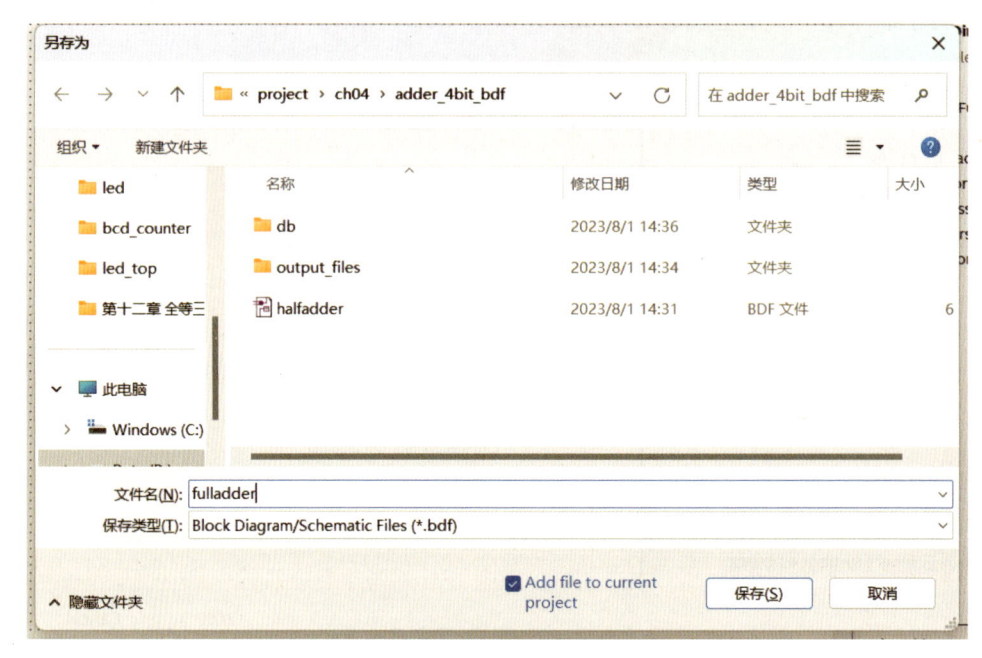

图 4.2.13　保存全加器文件

（16）继续按照第（10）~（12）步操作将原理图文件打包生成全加器符号，如图 4.2.14 所示。

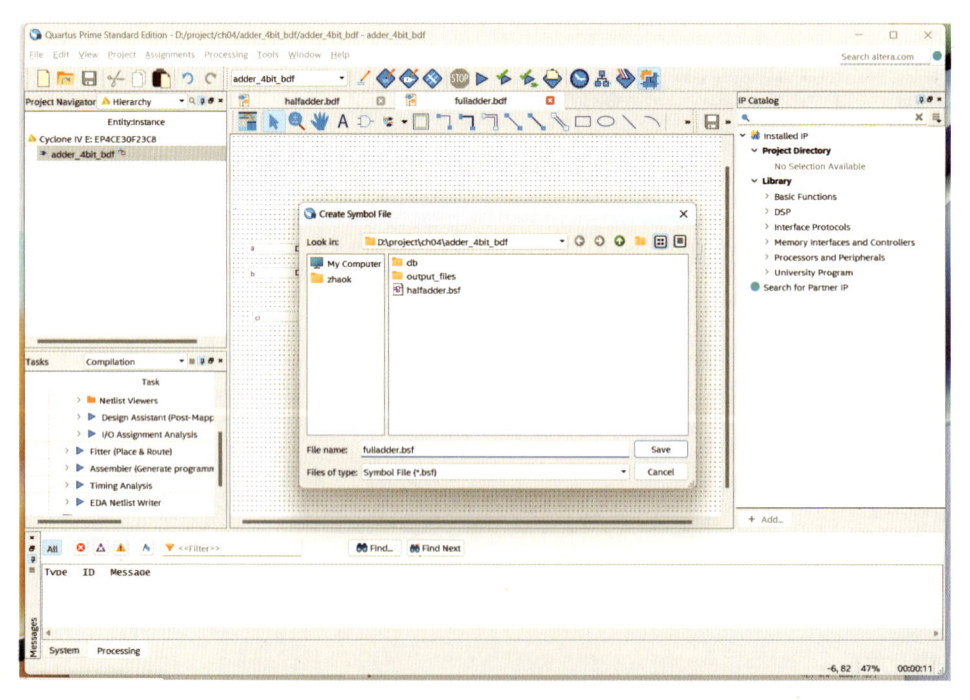

图 4.2.14　保存全加器符号

（17）同第（2）步，继续新建图形编辑器，参照第（3）步和第（4）步插入元器件。插入刚才第（16）步中生成的 fulladder 符号，如图 4.2.15 所示。

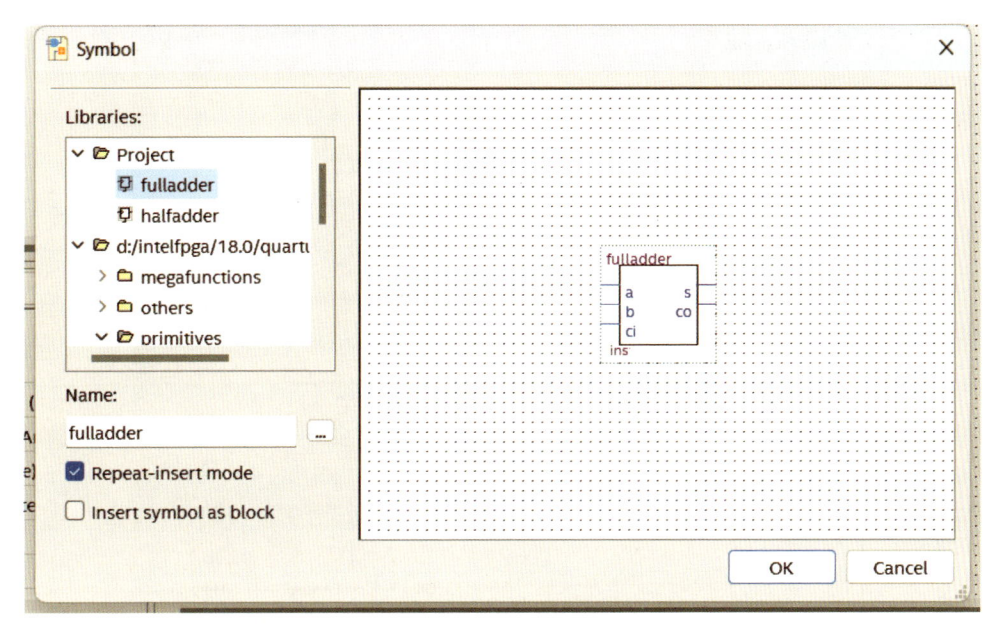

图 4.2.15　插入全加器符号

（18）同样再插入三个全加器和输入、输出引脚，修改引脚名，并进行连线，如图 4.2.16 所示，实现了四位数据加法器。

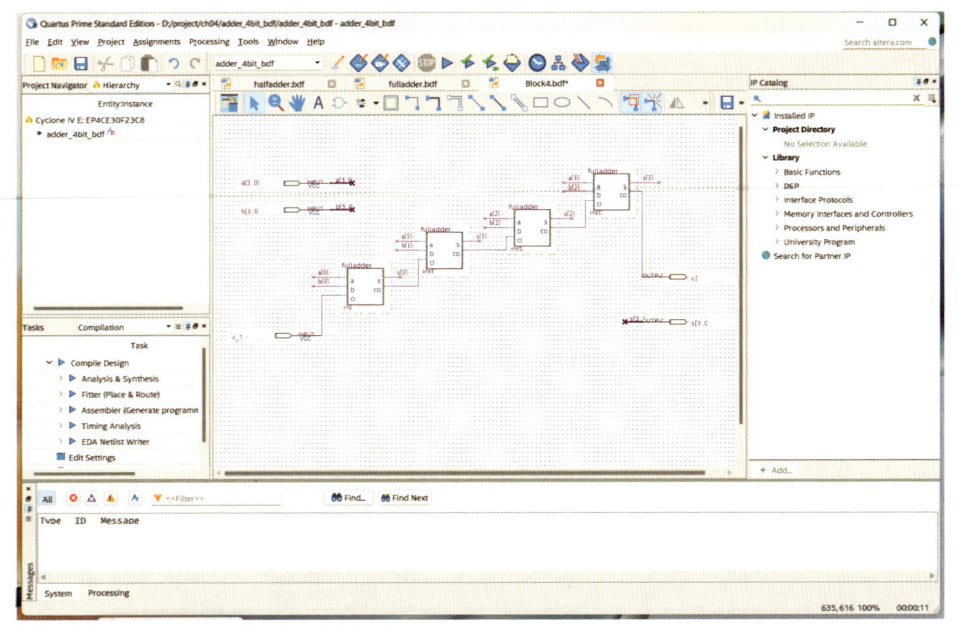

图 4.2.16　四位加法器

（19）可以选择相应连线，单击右键选择"Properties"进行引脚连线设置，总线型设置如图 4.2.17 所示。

图 4.2.17　总线属性设置

（20）可以选择相应连线，单击右键选择"Properties"进行引脚连线设置，结点设置如图 4.2.18 所示。

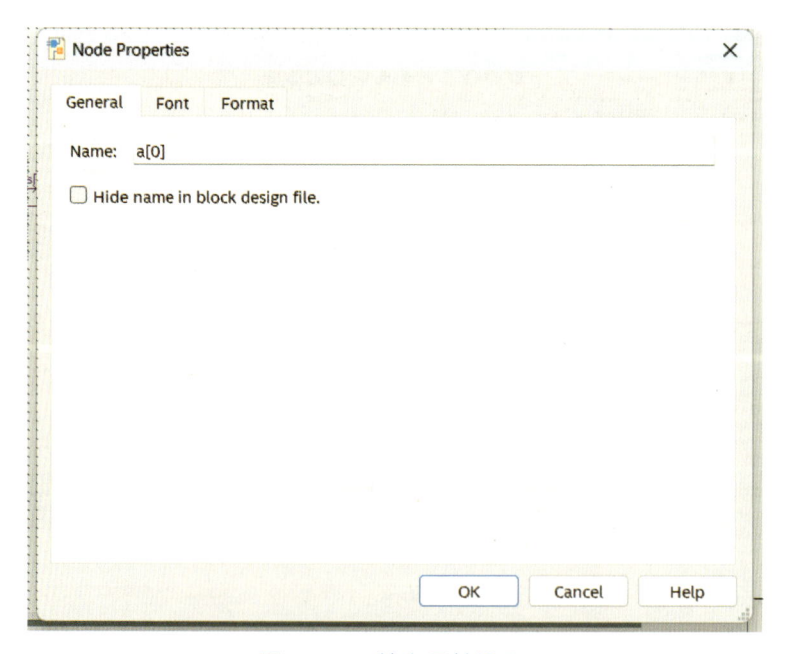

图 4.2.18　结点属性设置

（21）保存四位加法器文件，如图 4.2.19 所示。

图 4.2.19　保存四位加法器

（22）进行代码编译，普通编辑（组合键"Ctrl + K"），进行语法分析和综合。

（23）查看 RLT 视图，四位加法器 RTL 视图如图 4.2.20 所示。由四个一位全加器连接构成四位加法器，一位全加器由两个一位半加器和一个或门构成，一位半加器由一个与门和一个异或门构成。

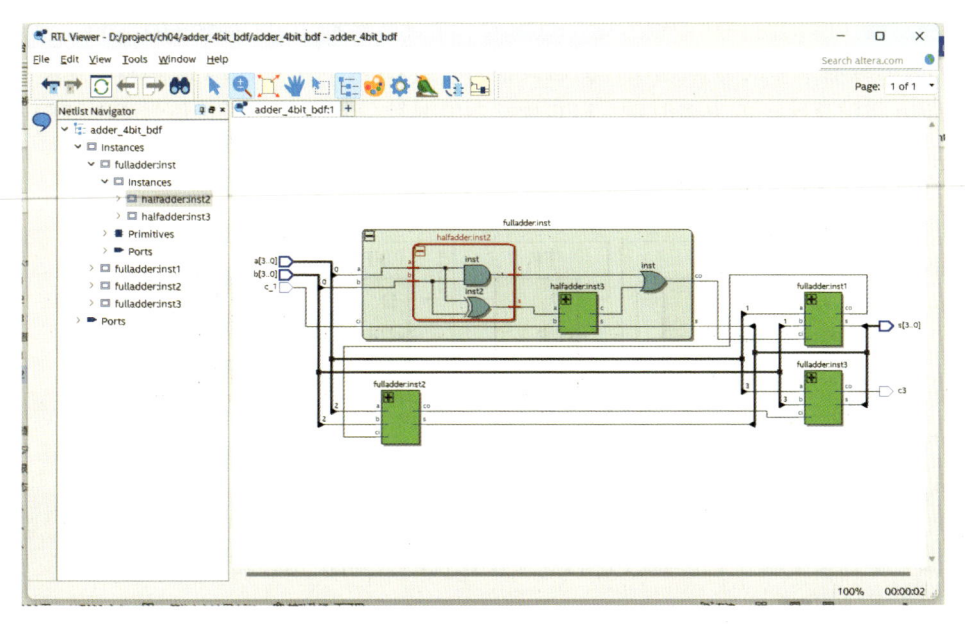

图 4.2.20　保存四位加法器

（24）参照 2.1.1 小节的仿真操作对四位加法器进行仿真，仿真波形如图 4.2.21 所示，验证了加法器设计的正确性。

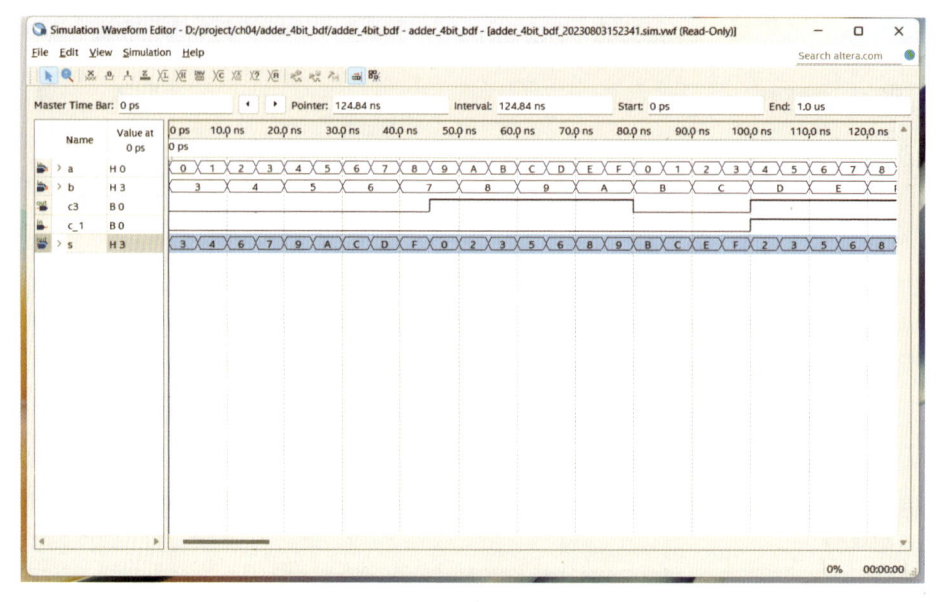

图 4.2.21　四位加法器仿真波形

4.2.2　异步四位二进制加计数器

图 4.2.22 所示为一个四位异步二进制计数器的逻辑图，该计数器由四个下降沿触发的 D 触发器组成。每个 D 触发器的 Q 非端接到 D 端，实现翻转的功能。计数脉冲 CP 加至触发器 FF_0 的时钟脉冲输入端，每输入一个计数脉冲，FF_0 翻转一次。FF_1、FF_2 和 FF_3 都以前级触发器的 Q 端输出作为触发信号，当 Q_0 由 1 变 0 时，FF_1 翻转，其余类推。该异步电路没有统一的主控时钟，FF0 触发器的时钟信号是外部时钟信号 CP，FF1 触发器的时钟信号是 Q_0，FF2 触发器的时钟信号是 Q_1，FF3 触发器的时钟信号是 Q_2。Rd 为复位信号。

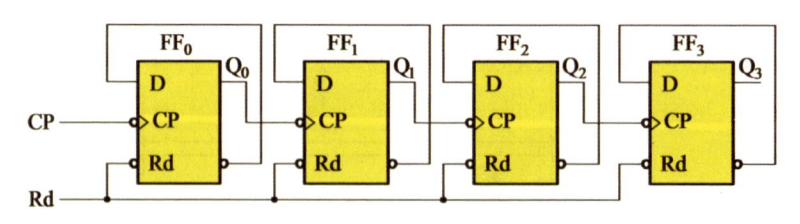

图 4.2.22　异步四位二进制计数器逻辑图

（1）参照 2.1.1 小节新建 Quartus Ⅱ 工程，工程名为 asyn_counter。
（2）新建文本编辑器，输入 D 触发器设计代码，如图 4.2.23 所示，保存文件，文件名与模块名 d_ffs 相同。

图 4.2.23 D 触发器设计

（3）将 D 触发器的文本设计文档打包生成图形符号，选择如图 4.2.24 所示命令。

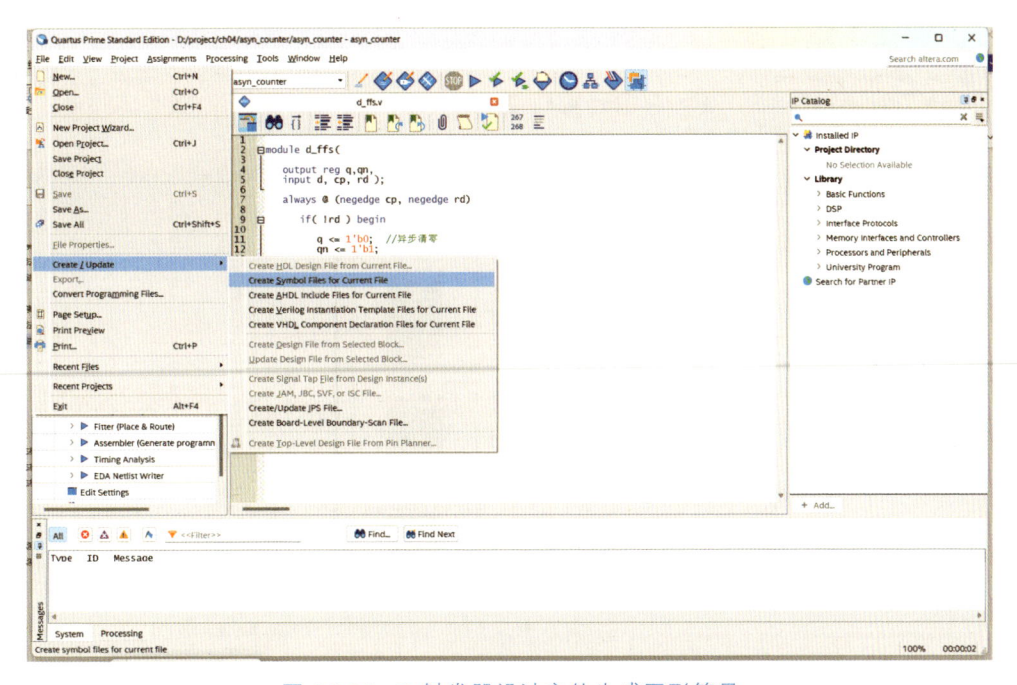

图 4.2.24 D 触发器设计文件生成图形符号

（4）新建图形编辑器，插入四个 D 触发器和输入、输出引脚，修改引脚名，进行连线，如图 4.2.25 所示，实现了异步四位二进制计数器。

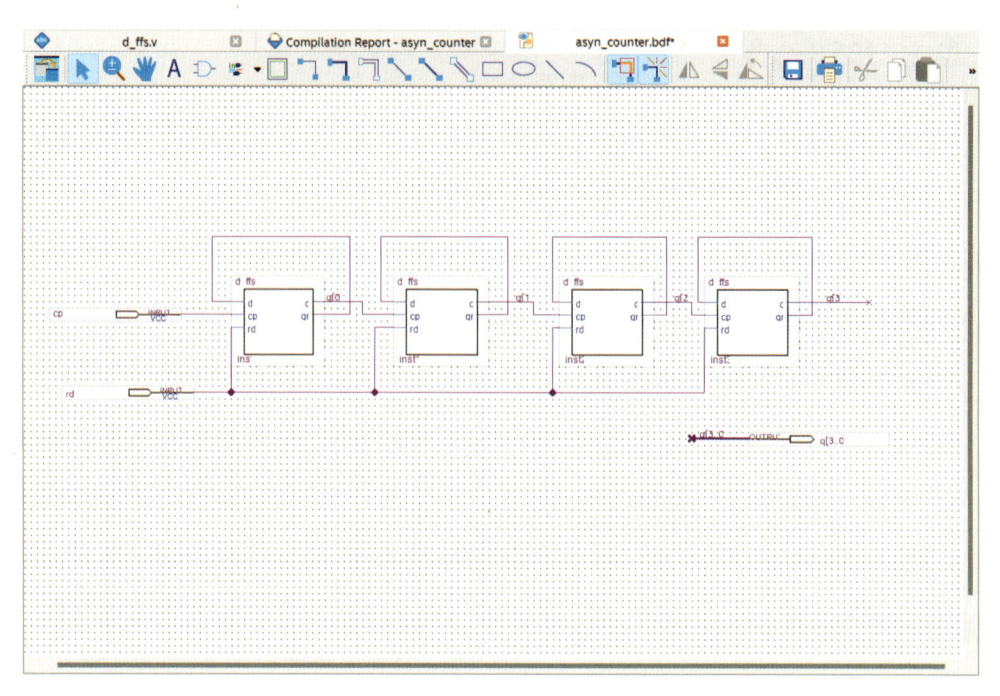

图 4.2.25　异步四位二进制计数器电路图

（5）查看 RLT 视图，如图 4.2.26 所示。

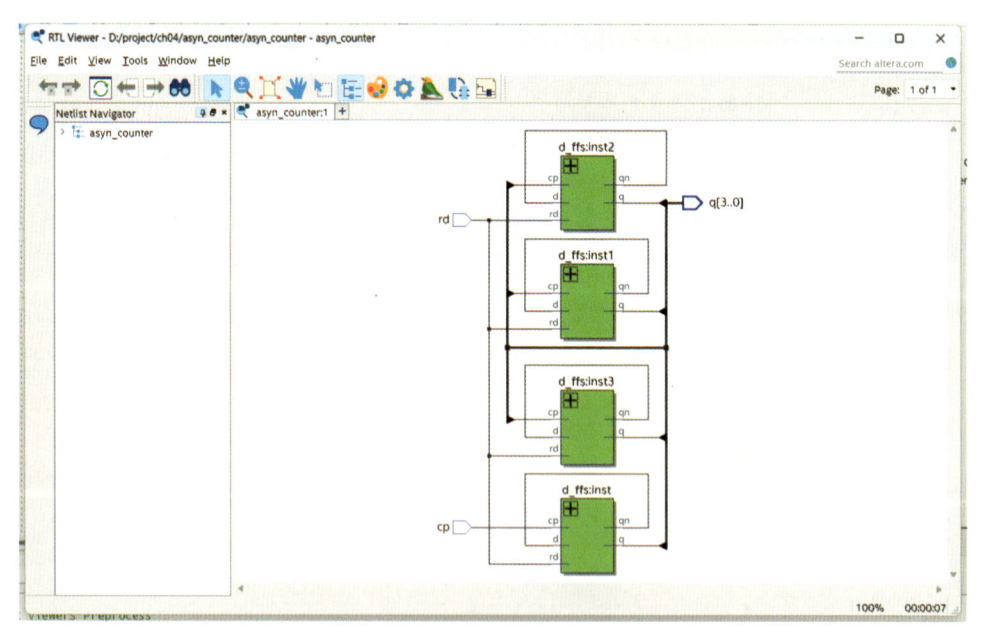

图 4.2.26　异步四位二进制计数器 RTL 图

（6）参照 2.1.1 小节的仿真操作对异步四位二进制计数器进行仿真，仿真波形如图 4.2.27 所示。首先使异步清零信号 rd 为有效低电平，先对计数器清零；在 20 ns 时刻使 rd = 1，清零信号无效，在时钟信号 cp 的下降沿时刻，计数器自动加 1。

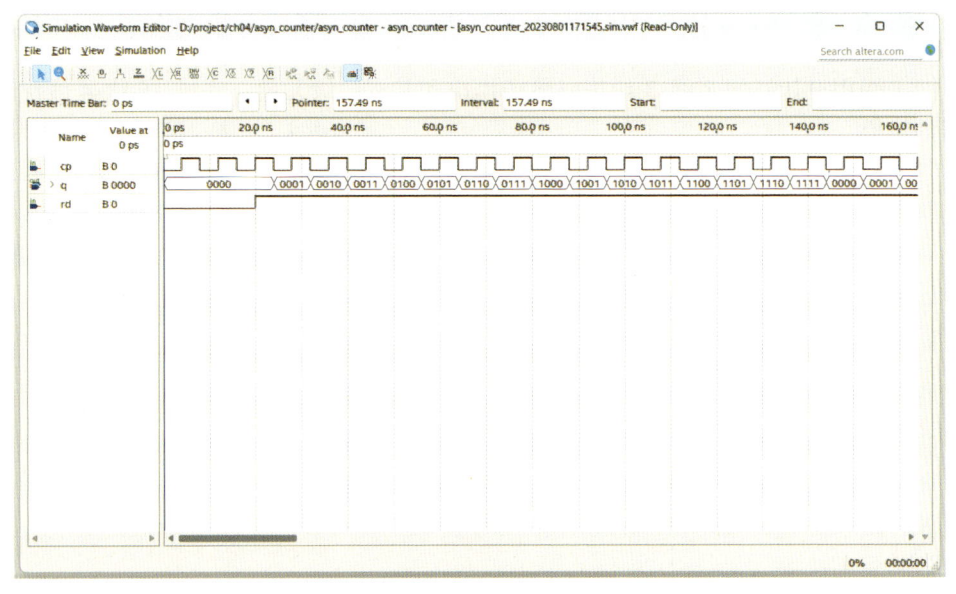

图 4.2.27　异步四位二进制计数器仿真波形

【小结】

本章重点介绍了采用结构化的方式设计电路，通过层次调用可以实现较复杂电路设计，也方便一些模块的重复调用，包括以下几方面内容：

（1）层次化设计：设计半加器、全加器及四位数据加法器，演示了层次调用的方法。

（2）参数化设计：设计了任意进制计数器，二进制转 BCD 码算法，层次化调用实现任意进制 BCD 码计数器，演示了掌握参数化设计方法。

（3）流水灯设计：通过层次调用实现流水灯显示效果。

（4）原理图设计：通过使用原理图的方法对较复杂电路进行设计，通过层次化、结构化设计实现了四位数据加法器和异步二进制加计数器。

【习题】

4-1　使用分模块、分层次设计方法，对两位数值比较器的行为进行描述，具体要求如下：

（1）首先采用 Verilog HDL 行为描述，设计一位数值比较器，并用 QuartusⅡ软件进行逻辑功能仿真，并给出仿真波形。

（2）调用设计好的一位数值比较器模块和基本门级元件，完成两位数值比较器的建模。

（3）最后用 QuartusⅡ软件对整个电路进行逻辑功能仿真，并给出仿真波形。

4-2　使用分模块、分层次设计方法，对 16 线-4 线优先编码器的行为进行描述。要求：

（1）写出 8 线-3 线优先编码器行为级描述，并用 QuartusⅡ软件对该模块进行逻辑功能仿真，并给出仿真波形。

（2）调用设计好的 8 线-3 线编码器子模块和基本门级元件，完成 16 线-4 线优先编码器的建模。

（3）最后用 QuartusⅡ软件对整个电路进行逻辑功能仿真，并给出仿真波形。

提高篇

本篇主要介绍基于 Verilog HDL 的时序状态机设计、IP 核调用，包括第 5 章和第 6 章。第 5 章介绍有限状态机的设计方法，包括穆尔型和米利型时序逻辑电路，通过实例对比几种描述方法的不同之处；第 6 章介绍如何调用 IP，并对所调用 IP 核进行测试，以方便实现功能较复杂的数字系统。

第 5 章 状态机设计

> **学习引导**
>
> 本章重点介绍用 Verilog HDL 设计不同类型有限状态机的方法。从状态机信号输出方式上分，状态机有穆尔型和米利型两种；从状态的描述结果上分，状态机可分为单过程和多过程。
>
> **学习目标**
>
> （1）掌握穆尔型状态机设计方法；
> （2）掌握米利型状态机设计方法；
> （3）进一步掌握 QuartusⅡ工程软件的使用方法；
> （4）掌握对状态机的仿真测试。
>
> **思政目标**
>
> 本章重点讲述运用 Verilog HDL 设计各类有限状态机的方法，借由具体实例让学生感悟不同类型设计的差异和需留意的要点，培育学生严谨务实的治学态度。

5.1 有限状态机

有限状态机及其设计技术是实用数字系统设计中的重要组成部分，也是实现高效率、高可靠和高速控制逻辑系统的重要途径。

有限状态机，也称为 FSM（Finite State Machine），其在任意时刻都处于有限状态集合中的某一种状态。有限状态机是指输出取决于过去输出部分和当前输入部分的时序逻辑电路。有限状态机又可以认为是组合逻辑和寄存器逻辑的一种组合。状态机特别适用于描述那些发生有先后顺序或者有逻辑规律的事件（其实这就是状态机的本质）。换言之，状态机就是对具有逻辑顺序或时序规律的事件进行描述的一种方法。

在实际的应用中，根据状态机的输出是否与输入条件相关，可将状态机分为两大类，即穆尔（Moore）型状态机和米利（Mealy）型状态机，如图 5.1.1 和图 5.1.2 所示。如果输出是当前状态和输入信号的函数，就称为米利型状态机；如果输出仅是当前状态的函数，就称为穆尔型状态机。在现代高速时序电路设计中，一般尽量采用穆尔型状态机，以利于后续高速电路的同步。在米利型的输出端增加一级储存电路，构成"流水线输出"形式，是将其转化为穆尔型的最简单方法，流水线存储电路将把输出信号延迟一个时钟周期。

图 5.1.1　穆尔型状态机

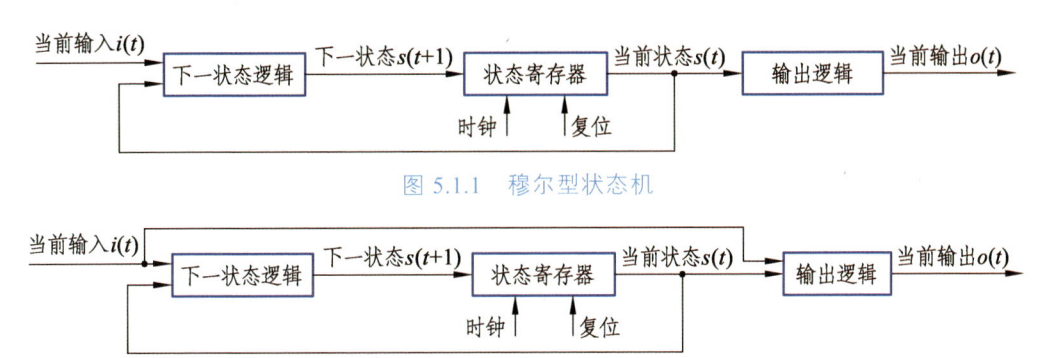

图 5.1.2　米利型状态机

状态机的描述方法多种多样，通常有单 always 块、双 alwasys 块和三 always 块三种描述方式。

将整个状态机写到 1 个 always 模块里，在该模块中既描述状态转移，又描述状态的输入和输出，这种写法一般被称为一段式 FSM 描述方法。但单 always 块把组合逻辑和时序逻辑部分用同一个时序 always 块描述，其输出是寄存器输出，无毛刺。但这种描述方式会产生多余的触发器，代码难于修改和调试，应该尽量避免使用。

另一种写法是使用两个 always 模块，其中一个 always 模块采用同步时序的方式描述状态转移，而另一个 always 模块采用组合逻辑的方式判断状态转移条件，描述状态转移规律，这种写法被称为两段式 FSM 描述方法。双 always 块大多用于描述米利型状态机或组合输出的穆尔型状态机，时序 always 块描述当前状态逻辑，组合 always 块描述次态逻辑并给输出赋值。这种方式结构清晰，综合后的面积和时间性能好。但组合逻辑输出部分往往会有毛刺，当输出向量作为时钟信号时，这些毛刺会对电路产生较大的影响。

还有一种写法是在两段式描述方法的基础上发展而来的，这种写法使用 3 个 always 模块，第一个 always 模块采用同步时序的方式描述状态转移，第二个 always 模块采用组合逻辑的方式判断状态转移条件，描述状态转移规律，第三个 always 模块描述每个状态对应的输出，这种写法称为三段式 FSM 描述方法。三 always 块大多用于同步米利型状态机，两个时序 always 块分别用来描述当前状态逻辑和输出赋值，组合 always 块描述次态逻辑。这种方式描述的状态机也是寄存器输出，没有毛刺，并且代码比单 always 块描述清楚易读，但是综合面积要大于双 always 块。随着芯片资源和速度的提高，这种描述方式也得到了广泛应用。

有限状态机的状态编码有二进制（Binary）码、格雷（Gray）码和独热（One-hot）码等。二进制码和格雷码属于压缩状态编码，这种编码的优点是使用的状态向量最少，但是需要较多的逻辑资源用来状态译码。二进制码从一个状态转换到相邻状态时，可能有多个比特位发生变化，易产生中间状态转移问题，状态机的速度也要比采用其他编码方式慢。格雷码具有相邻码值之间仅有一位电平翻转的特点，这将会减少电路中相邻物理信号线同时变化的情况，因而可以减少电路中的电噪声。独热码是指对任意给定的状态，状态寄存器中仅有一位为 1，其余位都为 0。n 个状态的有限状态机需要 n 个触发器，

185

但这种有限状态机只需对寄存器中的一位进行译码，简化了译码逻辑电路，额外触发器占用的面积可用译码电路省下来的面积抵消。当设计中加入更多的状态时，译码逻辑没有变得更加复杂，有限状态机的速度仅取决于到某特定状态的转移数量，而其他类型有限状态机在状态增加时速度会明显下降。独热码还具有设计简单、修改灵活、易于综合和调试等优点。独热码相较于二进制码，速度快但占用面积大。

5.2　状态机实战演练

状态机一般包括组合逻辑部分和时序逻辑部分，组合逻辑部分用于状态译码和产生输出信号，时序逻辑部分用于存储状态。状态机的下一个状态输出不仅与输入信号有关，还与状态机当前的状态有关。

下面介绍通过状态机设计"1101"序列检测器，分别采用穆尔型和米利型状态机，比较两种状态机的不同之处，并给出了多种描述方式。

1. 穆尔型状态机设计实例

"1101"序列检测器的穆尔型状态转换图如图 5.2.1 所示。该状态机运行说明：
（1）初始状态为 S0，如果输入为 1，则状态转移到 S1（接收到"1"），否则保持 S0。
（2）在状态 S1，如果输入为 1，则状态转移到 S2（接收到"11"），否则返回到 S0。
（3）在状态 S2，如果输入为 0，则状态转移到 S3（接收到"110"），否则保持 S2。
（4）在状态 S3，如果输入为 1，则状态转移到 S4（接收到"1101"），否则返回到 S0。
（5）在状态 S4，状态机输出 1。如果输入为 1，则状态转移到 S2（接收到"11"），否则返回到 S0。

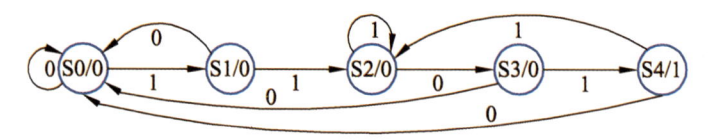

图 5.2.1　穆尔型状态转换图

【例 5.2.1】穆尔型状态机的 Verilog HDL 三 always 块描述实例。

```
module moore(
    input clk,
    input rst,
    input din,
    output reg dout
);
parameter s0 = 3'b000, s1=3'b001, s2=3'b010, s3=3'b011, s4=3'b100;//
状态说明
```

```verilog
        reg [2:0] present_state, next_state;    //现态、次态

//状态模块
    always @ (posedge clk or posedge rst) begin
        if(rst) present_state = s0;
        else present_state = next_state;
    end

//次态
    always @ (*) begin
        case (present_state)
            s0: if(din==1) next_state<= s1;
                else next_state <=s0;
            s1: if(din==1) next_state<= s2;
                 else next_state <=s0;
            s2: if(din==0) next_state<= s3;
                 else next_state <=s2;
            s3: if(din==1) next_state<= s4;
                 else next_state <=s0;
            s4: if(din==0) next_state<= s0;
                 else next_state <=s2;
            default: next_state<= s0;
        endcase
    end
    always @ (*) begin
        if(present_state == s4) dout <= 1;
        else dout <= 0;
    end
endmodule
```

在例 5.2.1 中，程序首先用 parameter 语句定义了 5 个状态，s0（000）、s1（001）、s2（010）、s3（011）、s4（100），这 5 个状态将作为状态寄存器的输出。第三个 always 块也可以使用语句 assign dout =(present_state == s4)?1：0 代替，这时就变成了两 always 块描述方式。注意此时的 dout 端口的声明应该是 output wire dout。

根据例 5.2.1 新建 Quartus Ⅱ 工程，RTL 分析和综合后，查看 RTL 视图，如图 5.2.2 所示，din 为输入信号，dout 为输出信号，其仅由状态 s4 决定，而与输入 din 无关，所以是穆尔型状态机。选择菜单命令"Tool"→"Netlist Viewers"→"State Machine Viewer"，查看状态机视图，如图 5.2.3 所示，与图 5.2.1 状态转换图相符。

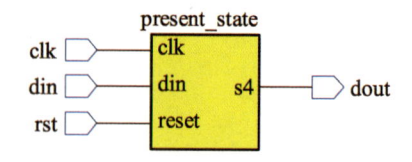

图 5.2.2　穆尔型 RTL 视图

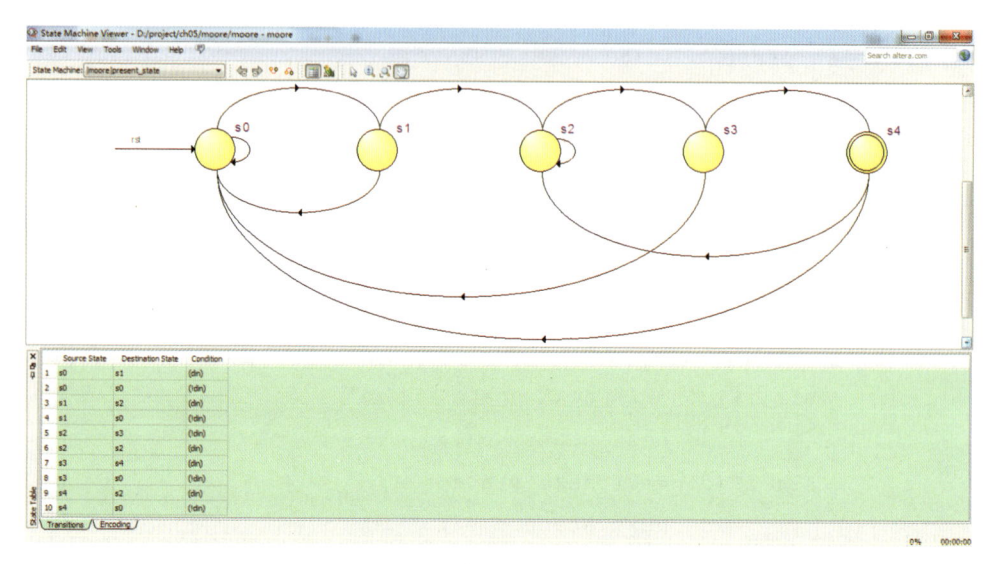

图 5.2.3　穆尔型状态机视图

【例 5.2.2】穆尔型状态机的 Testbench 仿真测试。

```
`timescale 1ns/1ps
module moore_tb();
    reg clk;
    reg rst;
    reg din;
    wire dout;

    moore TEST(
        .clk(clk),
        .rst(rst),
        .din(din),
        .dout(dout));

    initial begin
        clk = 0;
        rst = 1;
        #15 rst = 0;
```

```
        end

    initial fork
        din = 0;
        #5   din = 1;
        #40  din = 0 ;
        #55  din = 1 ;
        #118 din = 0 ;
        #146 din = 1 ;
            #300 $stop;
    join

    always #10 clk = ~clk;
endmodule
```

仿真结果如图 5.2.4 所示，由图可见，在 15 ns 前 rst=1，状态机复位为初态 s0；在 30 ns 时输入 din 为 1，状态机转到 s1 态；在 50 ns 时输入 din 为 0，状态机回到 s0 态；在 70 ns 时输入 din 为 1，状态机重新转到 s1 态；在 90 ns 时输入 din 为 1，状态机转到 s2 态；在 110 ns 时输入 din 为 1，状态机继续在 s2 态；在 130 ns 时输入 din 为 0，状态机转到 s3 态；在 150 ns 时输入 din 为 1，状态机转到 s4 态，输入 din 连续输入 1101，在 s4 状态下，输出保存 1 个 clk 周期的输出 1；在 170 ns 时输入 din 为 1，状态机转到 s2 态。

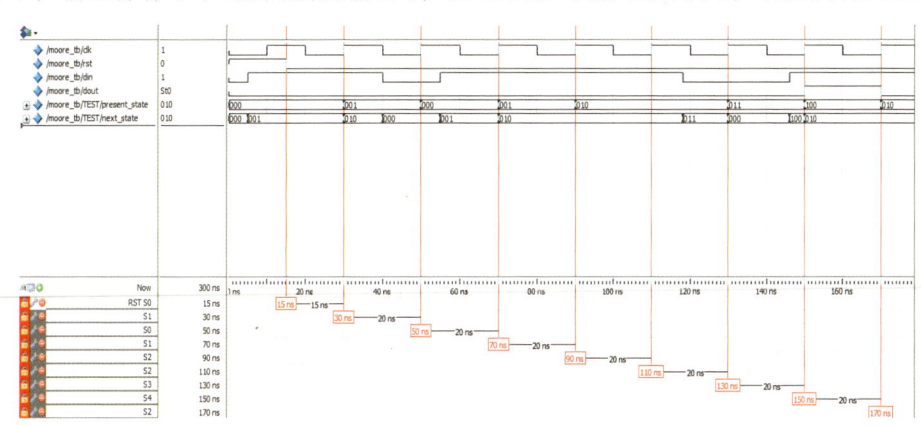

图 5.2.4　检测序列"1101"穆尔型状态机仿真结果

2. 米利型状态机设计实例

采用米利型状态机设计"1101"序列检测器的状态转换图如图 5.2.5 所示。与图 5.2.1 所示的穆尔型状态转换图不同，米利型状态机只有 4 个状态。该状态机运行说明：
（1）初始状态为 s0，如果输入为 1（接收到"1"），则状态转移到 s1，否则保持 s0。
（2）在状态 s1，如果输入为 1（接收到"11"），则状态转移到 s2，否则返回到 s0。
（3）在状态 s2，如果输入为 0（接收到"110"），则状态转移到 s3，否则保持 s2。

（4）在状态 s3，如果输入为 1（接收到"1101"），输出为 1，则状态转移到 s1，否则返回到 s0。

通过比较，通常情况下，穆尔型状态机输出比米利型状态机输出延迟一个时钟周期，但前者能在一个时钟周期内稳定输出，而后者可能出现窄脉宽。通过适当处理，也能克服米利型状态机的窄脉宽现象，但会使输出延迟。

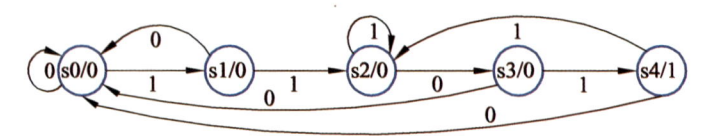

图 5.2.5　米利型状态转换图

【例 5.2.3】米利型状态机的 Verilog HDL 三 always 块描述实例。

```
module mealy_a(
    input clk,
    input rst,
    input din,
    output reg dout
    );
    parameter s0 = 2'b00,s1=2'b01,s2=2'b10,s3=2'b11;
    reg [1:0] present_state,next_state;

//状态模块
    always @( posedge clk or posedge rst) begin
        if(rst) present_state = s0;
        else present_state = next_state;
    end

//次态模块
    always @ (*) begin
        case (present_state)
            s0:if(din==1) next_state<= s1;
               else  next_state <=s0;
            s1:if(din==1) next_state<= s2;
               else  next_state <=s0;
            s2:if(din==0) next_state<= s3;
               else  next_state <=s2;
            s3:if(din==1) next_state<= s1;
               else  next_state <=s0;
            default: next_state<= s0;
```

```
                endcase
        end

//输出模块
    always @ (*) begin
            if((present_state == s3)&&(din==1)) dout <= 1;
            else dout <= 0;
    end
endmodule
```

在例 5.2.3 程序代码中，首先用 parameter 语句定义了 4 个状态，第三个 always 块也可以使用语句 assign dout =（（present_state == s3）&&（din==1））?1：0 代替，这时就变成了两 always 块描述方式。注意此时的 dout 端口的声明应该是 output wire dout。

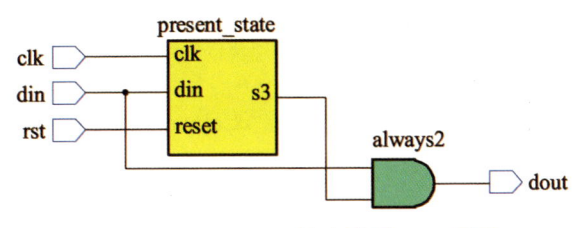

图 5.2.6 三 always 块米利型 RTL 视图

根据例 5.2.3 新建 Quartus Ⅱ 工程，RTL 分析和综合后，查看 RTL 视图，如图 5.2.6 所示。与图 5.2.2 穆尔型 RTL 视图对比，din 为输入信号，dout 为输出信号，其输出 dout 由状态 s3 和输入 din 共同决定，所以是米利型状态机。选择菜单命令"Tool"→"Netlist Viewers"→"State Machine Viewer"，查看状态机视图，如图 5.2.7 所示，与图 5.2.5 状态转换图相符。

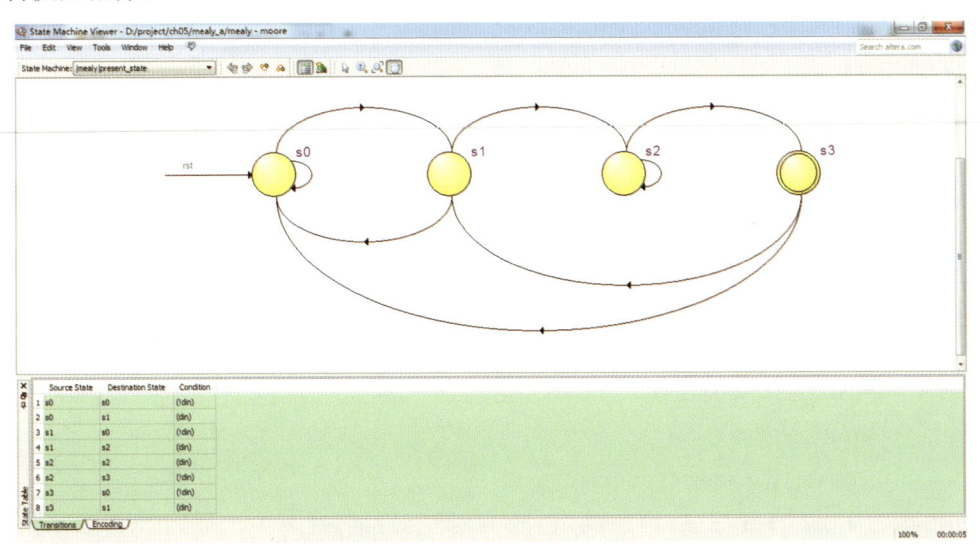

图 5.2.7 米利型状态机视图

参照例 5.2.2 仿真测试代码，对米利型状态机进行仿真测试，仿真结果如图 5.2.8 所示。由图可见，在 146~150 ns 当前状态是 s3 态且输入 din = 1 时，输出 dout 为一个窄脉宽，次态将在下一个时钟上升沿（150 ns 时刻）变为 s1 态。

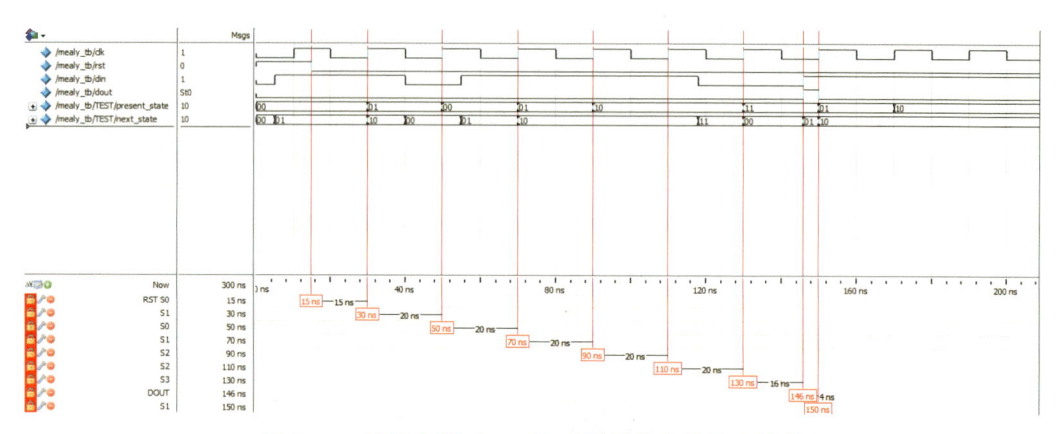

图 5.2.8　检测序列"1101"米利型状态机仿真结果

【例 5.2.4】米利型状态机的 Verilog HDL 双 always 块描述实例。

```
module mealy_b(
    input clk,
    input rst,
    input din,
    output reg dout
    );
    parameter s0 = 2'b00,s1=2'b01,s2=2'b10,s3=2'b11;
    reg [1:0] present_state,next_state;
//状态模块
    always @( posedge clk or posedge rst) begin
       if(rst) present_state = s0;
       else present_state = next_state;
    end


//次态和输出模块
    always @ (*) begin
       dout <= 0;
       case (present_state)
          s0:if(din==1) next_state<= s1;
             else  next_state <=s0;
```

```
            s1:if(din==1) next_state<= s2;
                else  next_state <=s0;
            s2:if(din==0) next_state<= s3;
                  else  next_state <=s2;
            s3:if(din==1) begin next_state<= s1; dout <= 1;end
                    else  next_state <=s0;
            default: next_state<= s0;
        endcase
    end
endmodule
```

根据例 5.2.4 新建 Quartus II 工程，RTL 分析和综合后，查看 RTL 视图，如图 5.2.9 所示。与图 5.2.2 穆尔型 RTL 视图对比，din 为输入信号，dout 为输出信号，其输出 dout 由状态 s3 和输入 din 共同决定，所以是米利型状态机。选择菜单命令"Tool"→"Netlist Viewers"→"State Machine Viewer"，查看状态机视图与图 5.2.7 相同，与图 5.2.5 状态转换图相符，仿真波形与图 5.2.8 相同。

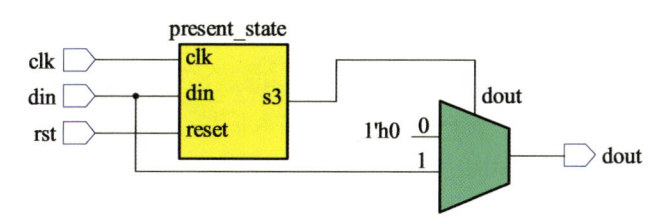

图 5.2.9 双 always 块米利型 RTL 视图

【例 5.2.5】 米利型状态机的 Verilog HDL 单 always 块描述实例。

```
module mealy_c(
    input clk,
    input rst,
    input din,
    output reg dout
    );
    parameter s0 = 2'b00,s1=2'b01,s2=2'b10,s3=2'b11;
    reg [1:0] state;
    //状态模块
    always @( posedge clk or posedge rst) begin
        if(rst) begin
            state = s0;
            dout <= 0;
```

```
            end
         else begin
            dout <= 0;
            case (state)
               s0: if(din == 1) state <= s1;
                   else         state <= s0;
               s1: if(din == 1) state <= s2;
                   else         state <= s0;
               s2: if(din == 0) state <= s3;
                   else         state <= s2;
               s3: if(din == 1) begin state <= s1;dout <= 1;end
                   else         state <= s0;
               default:state <= s0;
            endcase
         end
      end
endmodule
```

根据例 5.2.5 新建 Quartus Ⅱ 工程，RTL 分析和综合后，查看 RTL 视图，如图 5.2.10 所示。与图 5.2.2 穆尔型 RTL 视图对比，din 为输入信号，dout 为输出信号，其输出 dout 由状态 s3 和输入 din 共同决定，所以是米利型状态机。但与图 5.2.6 和图 5.2.9 米利型 RTL 视图对比，输出 dout 插入了寄存器，在下一个时钟上升沿时，状态从 s3 变化到 s1，但输出被锁存为 1。选择菜单命令 "Tool" → "Netlist Viewers" → "State Machine Viewer"，查看状态机视图与图 5.2.7 相同，与图 5.2.5 状态转换图相符。

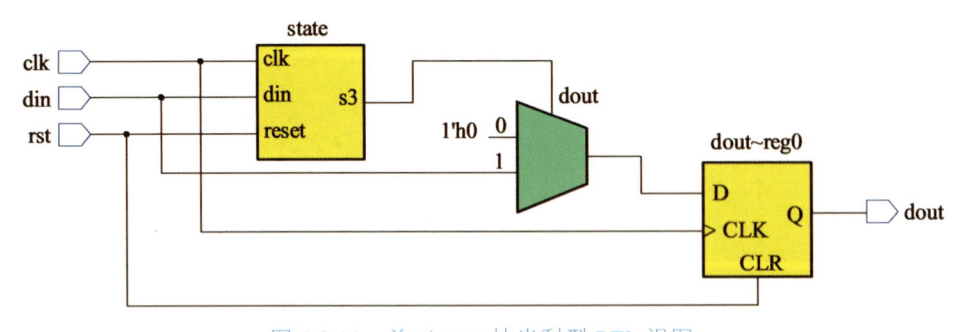

图 5.2.10　单 always 块米利型 RTL 视图

仿真波形如图 5.2.11 所示，由于使用了单 always 块描述方式，输出引入了寄存器，使输出 dout=1 会保持一个时钟周期脉宽。与图 5.2.8 所示的仿真图对比，输出不再出现窄脉宽（146～150 ns），在下一次上升沿到来前（150 ns），状态机当前处于状态 S3 且输入 din 为 1，上升沿到达后，状态机输出 dout 为 1，且维持一个时钟周期，状态转移到 S1。

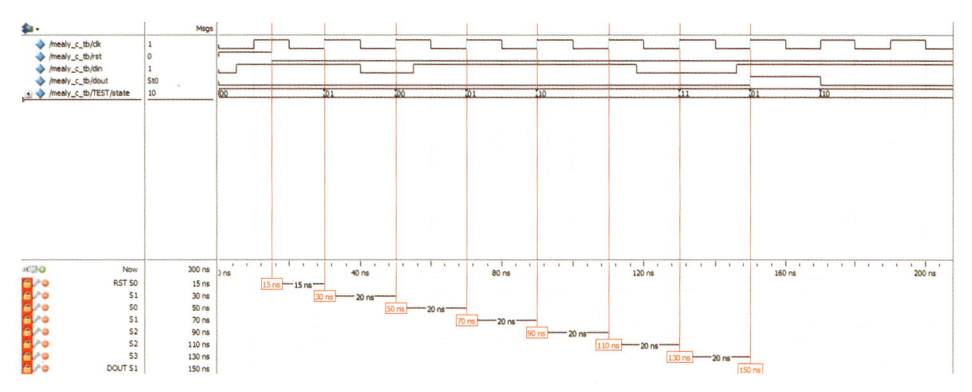

图 5.2.11 单 always 块描述米利型状态机仿真波形

3. 米利型状态机与穆尔型状态机的区别

下面通过例 5.2.6 使用状态机描述图 5.2.12 所示状态转换图，再一次来更好地理解米利型和穆尔型状态机的区别。

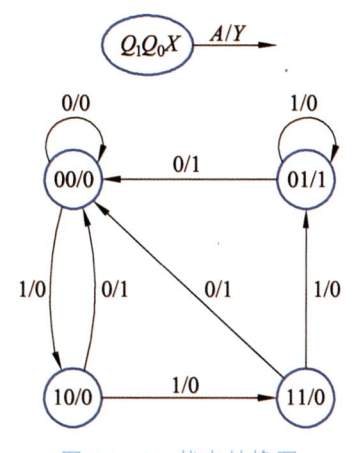

图 5.2.12 状态转换图

【例 5.2.6】图 5.2.12 所示的状态机描述实例，a 是输入，x 是穆尔型输出，y 是米利型输出。

```
module mealy_moore(
    input clk,
    input rst_n,
    input a,
    output reg x,y
    );
    parameter s0 = 2'b00,s1=2'b01,s2=2'b10,s3=2'b11;
    reg [1:0] present_state,next_state;
```

```verilog
//状态模块
    always @( posedge clk or negedge rst_n) begin
        if (!rst_n)  present_state <=s0;   //在rst_n下降沿设s0为初态
        else         present_state <= next_state;
    end

//第二个always是将present_state和输入a作为敏感变量
    always @(present_state or a) begin
        case(present_state)
            s0: begin
                x <= 0;y <= 0;
                next_state<= (a==1)? s2:s0;
            end
            s1: begin
                x <= 1 ;
                if (a==0) begin
                    y <= 1; next_state <= s0;
                end
                 else begin
                    y <= 0;
                    next_state <= s1;
                end
            end
            s2: begin
                x <= 0;
                if (a==0) begin
                    y <= 1;
                    next_state <= s0;
                end
                 else begin
                    y <= 0;
                    next_state <= s3;
                end
            end
            s3: begin
                x <= 0;
                if (a==0) begin
```

```verilog
                    y <= 1;
                    next_state <= s0;
                end
                else begin
                    y <= 0;
                    next_state <= s1;
                end
            end
                default: begin
                    x<=0 ;y<=0;
                    next_state <= s0;
                end
            endcase
        end
endmodule
```

【例 5.2.7】 状态机的 Testbench 仿真测试，x 是穆尔型输出，y 是米利型输出。

```verilog
`timescale 1ns/1ps
module mealy_moore_tb();
    reg clk;
    reg rst_n;
    reg din;
    wire x, y;
    mealy_moore TEST(.clk(clk),
                .rst_n(rst_n),
                .a(din),
                .x(x),
                .y(y));
    initial begin
        clk = 0;
        rst_n = 0;
        #15 rst_n = 1;
    end
    initial fork
        din = 0;
        #5   din = 1;
        #25  din = 0;
```

```verilog
            #32  din = 1;
            #55  din = 0;
            #72  din = 1;
            #115 din = 0;
            #125 din = 1;
            #158 din = 0;
            #200 $stop;
        join
        always #10 clk = ~clk;
endmodule
```

根据例 5.2.6 新建 Quartus Ⅱ 工程，RTL 分析和综合后，查看 RTL 视图，如图 5.2.13 所示。输出 x 仅与状态有关，是穆尔型输出；输出 y 由状态和输入 a 共同决定，是米利型输出。

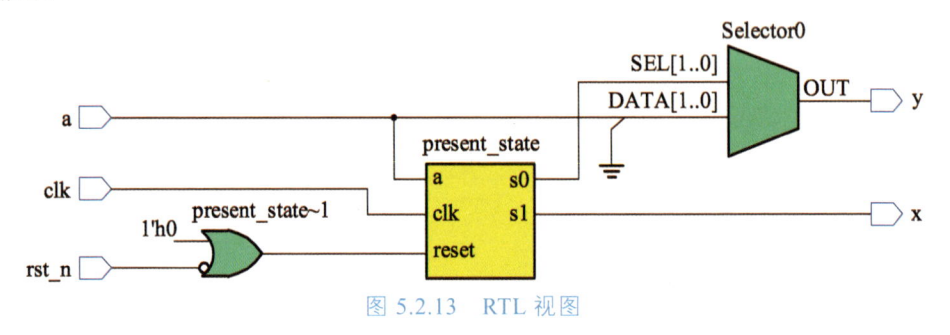

图 5.2.13　RTL 视图

对例 5.2.6 进行仿真测试，仿真波形如图 5.2.14 所示。在 55 ns 时刻，状态为 10 态且输入 din=0，米利型输出 y 为 1；在 115 ns 时刻，状态为 11 态且输入 din=0，米利型输出 y 为 1；在 158 ns 时刻，状态为 01 态且输入 din=0，米利型输出 y 为 1，三次输出均为窄脉宽。在 130～170 ns，状态为 01 态，穆尔型输出 x 一直为 1，与输入无关，直到状态发生改变，输出 x 才改变。通过本例仿真波形，进一步加深理解穆尔型输出和米利型输出的区别。

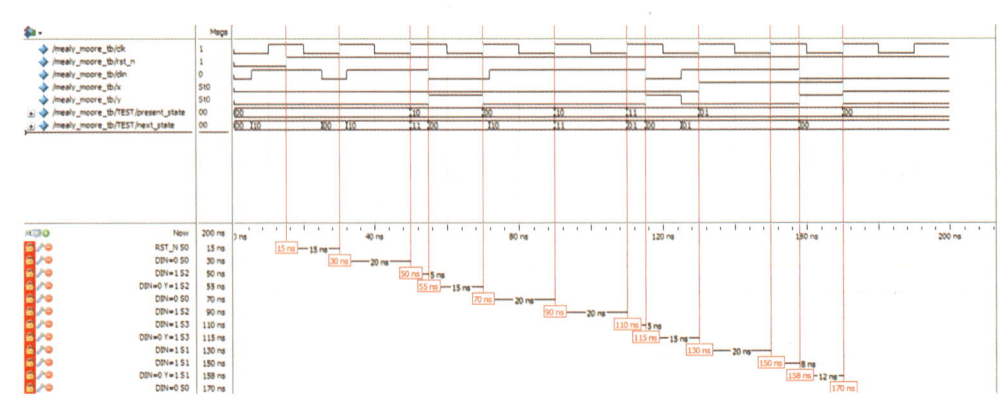

图 5.2.14　仿真波形

【小结】

本章重点介绍有限状态机的设计方法，通常有单 always 块、双 alwasys 块和三 always 块三种描述方式。

有限状态机分为穆尔型和米利型两种，通过实例体会两种类型设计的区别及注意事项。

【习题】

5-1　某电路的状态图如图题 5-1 所示，图中 M 为控制变量，当 M=0 时，电路按顺时针方向所指的状态进行转换；当 M=1 时，则按逆时针方向进行状态转换。试用 Verilog HDL 描述该电路的功能，并用 Quartus Ⅱ 软件进行逻辑功能仿真，并给出仿真波形。

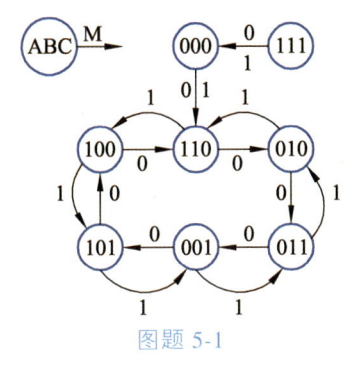

图题 5-1

5-2　设计一个序列检测器电路。功能是检测出串行输入数据 Data 中的 4 位二进制序列 0101（自左到右输入），当检测到该序列时，输出 1，否则输出 0。要求：

（1）给出电路的状态编码，画出状态图（注意考虑序列重叠的可能性，如 010101，相当于出现两个 0101 序列）。

（2）用 JK 触发器和门电路设计此电路。

（3）用行为描述方式描述该电路的功能。

（4）最后用 Quartus Ⅱ 软件进行逻辑功能仿真，并给出仿真波形。

5-3　用米利型状态机，写出控制 ADC0809 采样的状态机。

5-4　采用状态机描述一个对 8 位序列数 "11010011" 进行检测的电路。当有一串序列数高位在前（左移）串行进入检测器后，若此数与预置的 "11010011" 相同，则输出 1，否则输出 0。

5-5　采用状态图输入法实现图题 5-2 所示的状态转换图。

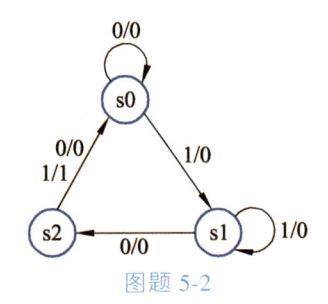

图题 5-2

第 6 章　IP 核调用

> **学习引导**
>
> IP 核就是知识产权 IP（Intellectual Property），是指那些已经得到验证的、可重复利用的、具有某种确定功能的 IC 模块。可将 IP 核分为软 IP（Soft IP Core）、固 IP（Firm IP Core）和硬 IP（Hard IP Core）。
>
> 软 IP 是用某种高级语言来描述功能块的行为，但并不涉及电路种类，以及电路元器件实现何种行为。固 IP 除了要完成软 IP 的所有功能，还要完成门电路和时序仿真等的设计环节，一般以门级网表的形式提交给用户使用。硬 IP 是一个综合功能块，已有固定的拓扑布局和具体工艺，并经过工艺验证，具有稳定的性能。
>
> 本章讲解 IP 核调用并进行测试。首先介绍 IP 核调用，包括锁相环（PLL）、只读存储器（ROM）、随机存储器（RAM）和先进先出队列（FIFO），最后进行仿真测试，验证所设置 IP 核的正确性，为后续复杂电路设计打下基础。
>
> **学习目标**
>
> （1）掌握使用 Quartus 进行 IP 核设置；
> （2）在工程中调用 IP 核，并进行仿真验证；
> （3）掌握使用 IP 核进行复杂电路设计。
>
> **思政目标**
>
> 本章着重介绍锁相环 IP 和存储器 IP 核的调用与仿真测试，在实战演练过程中，引导学生注重每一个细节，从而帮助学生培养严谨的专业素养。

6.1　锁相环调用实战演练

与其他集成芯片相比，FPGA 的最大优势就是执行速度快。下面学习 FPGA 片内时钟管理单元 PLL（锁相环）的设计方法。利用锁相环，可以在一个很大的范围内实现任意大小的分频和倍频；可以有效减少时钟发生部分的代码量；利用锁相环的"全局时钟树"，可以得到较高的时钟管理效率。

1. 锁相环调用

利用一个锁相环最多可以生成 5 个不同频率的时钟。在这里学会利用锁相环实现分频和倍频的基本操作，将 50 MHz 的系统式时钟分为 25 MHz 和 100 MHz 的两个时钟。

具体操作步骤如下：

（1）启动 Quartus 软件。

（2）在 Quartus 集成环境创建锁相环的测试工程 pll_test（工程的创建已在前面的 2.1.1 节做过介绍，这里不再赘述）。在工程创建完成后，可选择"Tools-IP Catalog"，在 IP Catalog 界面，依次选择"Library"→"Basic Functions"→"Clocks；PLLs and Resets"→"PLL"→"ALTPLL"，找到锁相环所在的位置；也可在 IP Catalog 搜索框中输入 PLL 行查找，如图 6.1.1 所示。

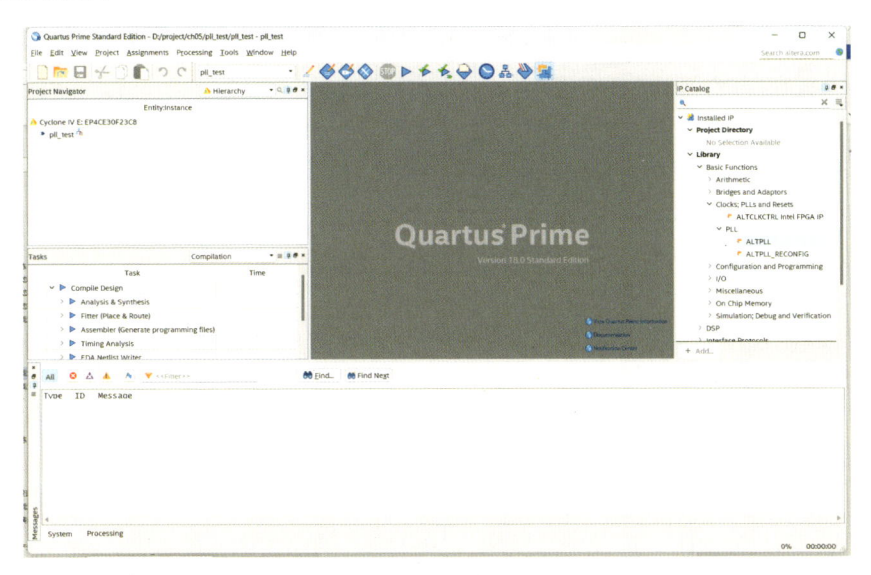

图 6.1.1　选择锁相环 IP

（3）双击"ALTPLL"弹出如图 6.1.2 所示的 Save IP Variation 对话框。为 IP 核命名（在这里将 P 核命名为 my_pll1），选中"Verilog"单选按钮。

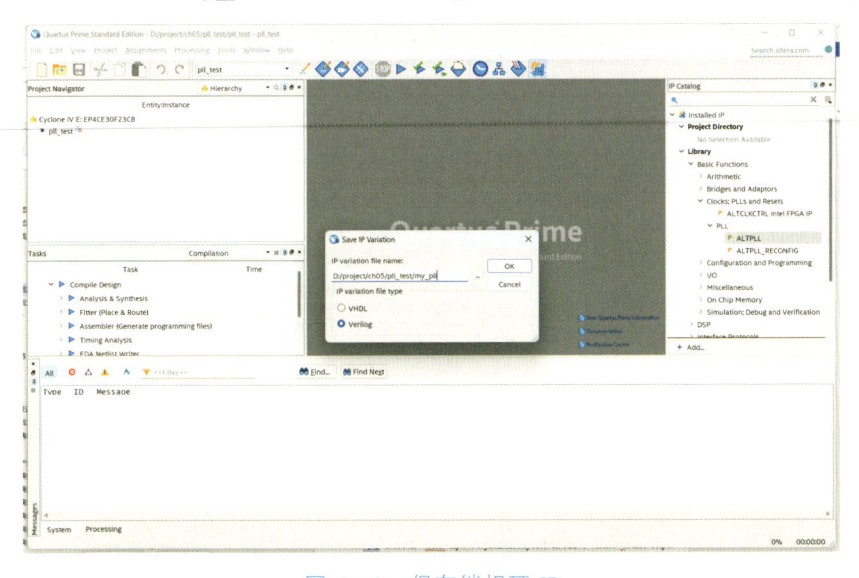

图 6.1.2　保存锁相环 IP

(4)单击"OK"按钮后,系统将进入 PLL 的设置向导,如图 6.1.3 所示。

图 6.1.3　输入系统时钟

(5)在图 6.1.3 中输入时钟频率(晶振时钟频率或外部时钟频率)。由于开发板所带系统时钟频率为 50 MHz,因此在这里输入 50 MHz,单击"Next"按钮,弹出如图 6.1.4 所示界面。

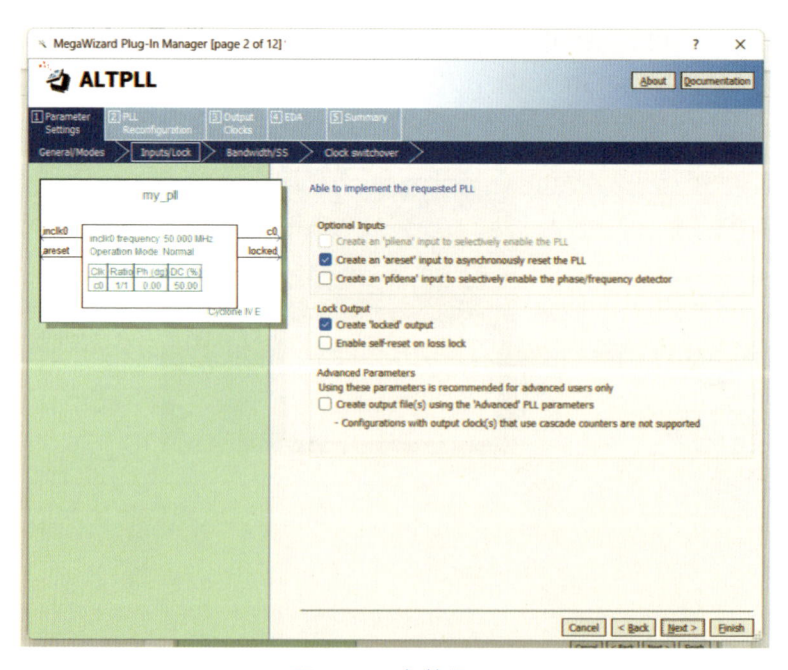

图 6.1.4　参数设置

（6）在图 6.1.4 中勾选 "Create an 'areset' input to asynchronously reset the PLL" 和 "Create 'locked' output" 复选框，依次单击 "Next" 按钮，直至弹出如图 6.1.5 所示的界面。

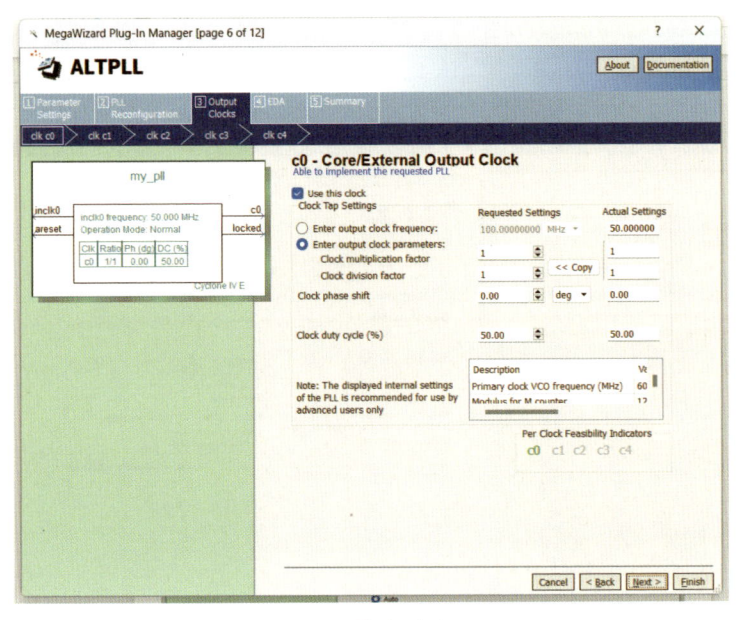

图 6.1.5　输出时钟设置

（7）如图 6.1.6 所示，设置第一个时钟频率：选中 "Enter output clock frequency" 单选按钮，输入想要输出的时钟频率（在这里输入 25 MHz）；在 "Clock phase shift" 中可以调节相位；在 "Clock duty cycle（%）" 中可以设置占空比（在本次设计中，不对相位和占空比进行调节，令其保持默认值即可）。

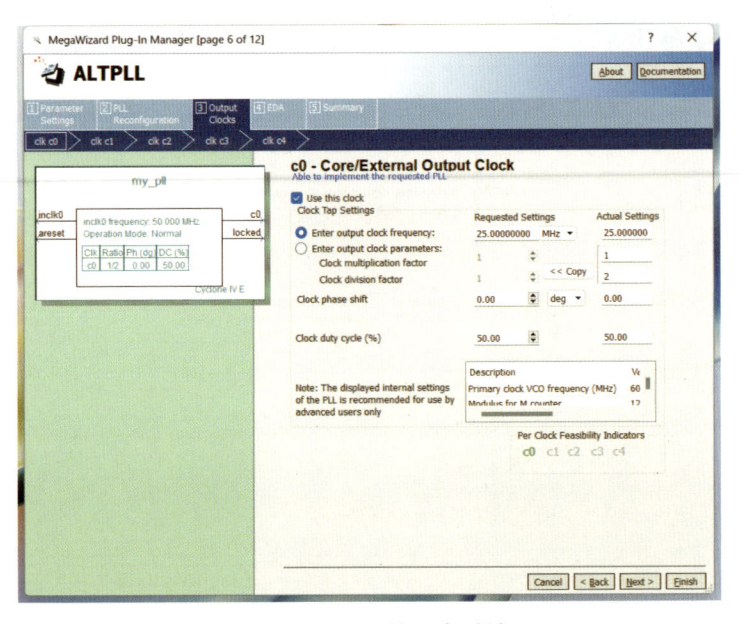

图 6.1.6　设置第一个时钟

（8）单击"Next"按钮。设置第二个时钟频率：输入想要输出的时钟频率（在这里输入 100 MHz），如图 6.1.7 所示。

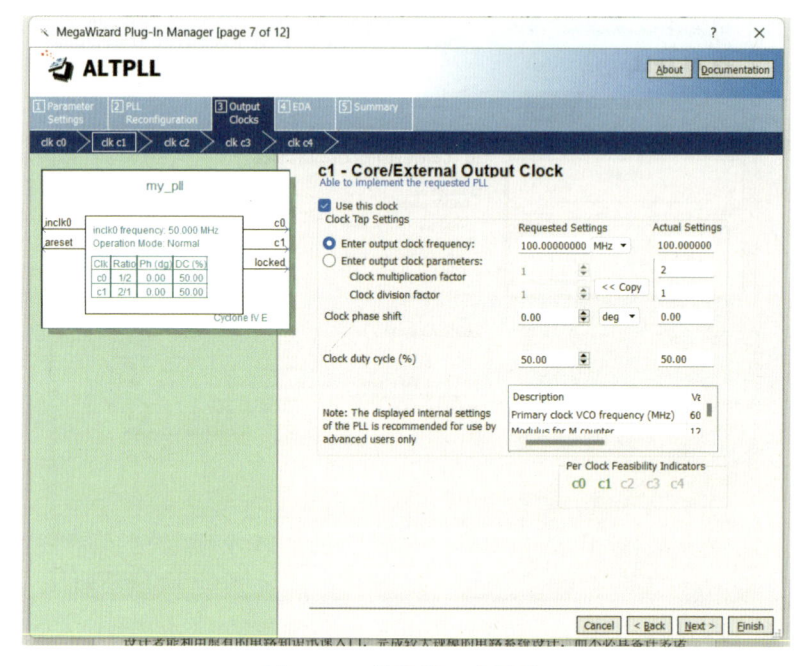

图 6.1.7　设置第二个时钟

（9）单击"Next"按钮，直至出现如图 6.1.8 所示界面，并选中文件"my_pll_inst.v"（文件"my_pll_imst.v"是调用 IP 核的端口）。

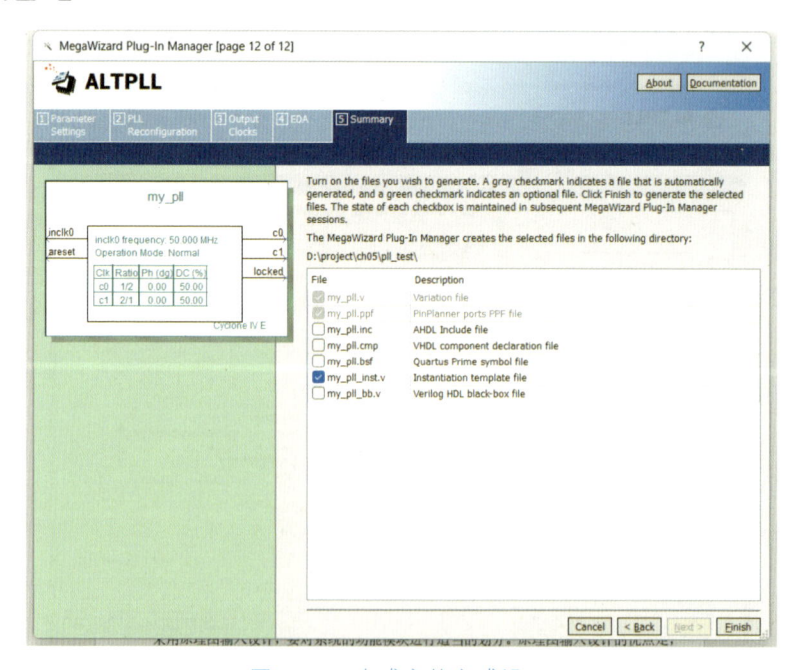

图 6.1.8　生成文件完成设置

（10）单击"Finish"按钮完成设置，弹出如图 6.1.9 所示界面。单击"Yes"按钮，返回 Quartus 主界面。

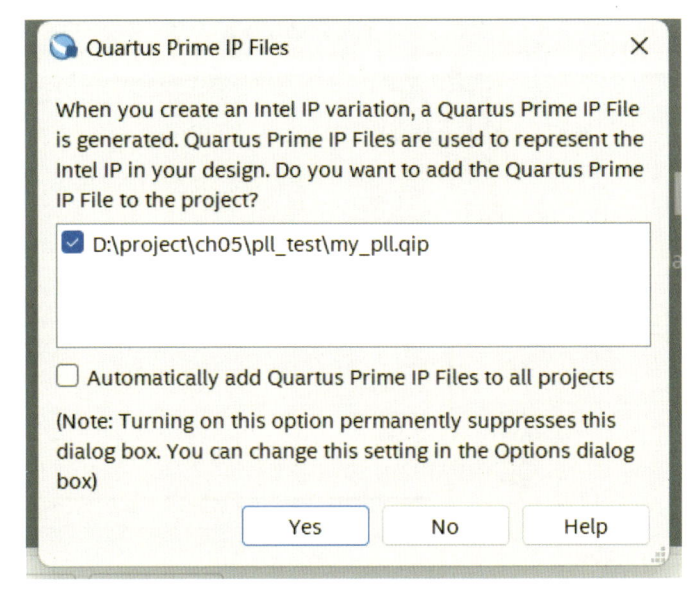

图 6.1.9　在工程中添加 IP 核

（11）通过向导，打开 my_pll.v 文件，如图 6.1.10 所示。my_pll 模块有两个输入端口，分别为输入系统时钟信号 inclk0 和复位信号 areset；有三个输出端口，分别为 25 MHz 时钟信号 c0、100 MHz 时钟信号 c1 和时钟稳定信号 locked。

图 6.1.10　my_pll 模块文件

（12）新建顶层文件 pll_test.v，调用锁相环，输入代码并保存文件，如图 6.1.11 所示。

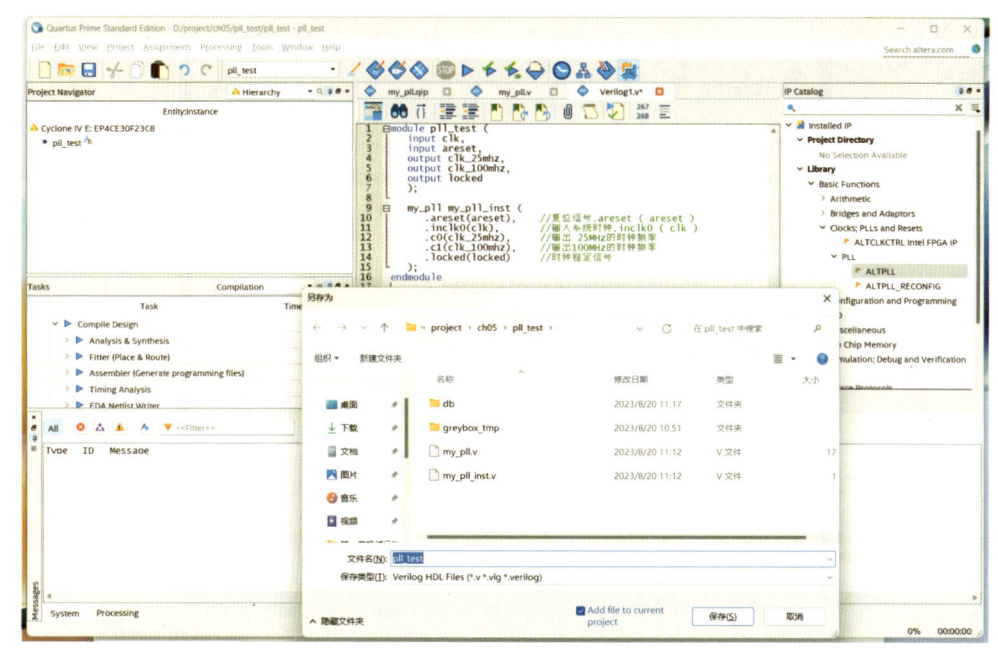

图 6.1.11 调用 PLL 的 IP 核

2. 锁相环仿真测试

下面对锁相环进行仿真测试，代码如下：

```
`timescale 1ns/1ps

module pll_test_tb;
    reg clk;
    reg  areset;
    wire clk_25mhz;
    wire clk_100mhz;
    wire locked;


    pll_test pll_test_inst (
        .clk(clk),
        .areset(areset),
        .clk_25mhz(clk_25mhz),
        .clk_100mhz(clk_100mhz),
        .locked(locked)
    );
```

```
    initial begin
        areset = 1'b1;                    //锁相环高电平复位
        #55 areset= 1'b0;
        repeat (20) begin
          @ ( posedge clk_25mhz );        //观察 20 个时钟周期上升沿
        end
        $stop;                            //运行 20 次后停止
    end

    initial clk = 0;
    always #10 clk = ~ clk;               //50 MHz 系统时钟信号

endmodule
```

根据仿真波形（见图 6.1.12）可以看出，55 ns 前系统高电平复位。130 ns 后，锁定信号变为高电平，将系统 50 MHz 时钟信号分频为 25 MHz 信号和倍频为 100 MHz 信号。

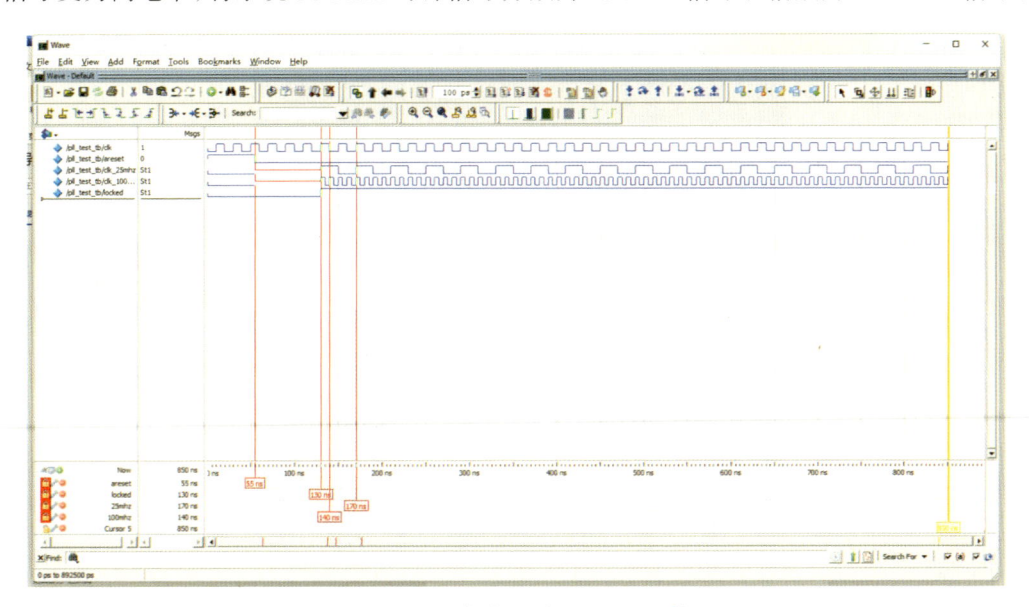

图 6.1.12　仿真测试 PLL 的 IP 核

6.2　存储器调用实战演练

6.2.1　ROM 设计

在项目设计的过程中，通常需要使用一些固定的数据。如果在项目设计的过程中使用的是单片机，那么在数据量比较大的情况下，这些数据就必须存储在外挂的存储芯片中；如果在项目设计的过程中使用的是 FPGA，那么在数据量不是特别大的情况下，可以将这些数据存储到 FPGA 片内的存储器中，这样既节约了成本，又可以令数据不容易受到外界干扰。

1. ROM 调用及控制

下面实战演练只读存储器 IP 核-ROM（Read-Only Memory）的调用及控制器设计。控制器负责输出 0~255 的地址数据，将地址总线连接到 ROM 地址的输入端，查看 ROM 输出的数据是否正确。

具体操作步骤如下：

（1）启动 Quartus 软件。

（2）创建用于测试 ROM 的工程，工程名称为 rom_test（工程的创建已在前面的 2.1.1 节做过介绍，这里不再赘述），新建一个内存初始化文件（Memory Initialization File）文件，该 ROM 的数据初始化文件格式为".mif"文件（".mif"文件用来存放初始数据，ROM 是只读存储器，因此不能对其内部写入外部数据），如图 6.2.1 所示。

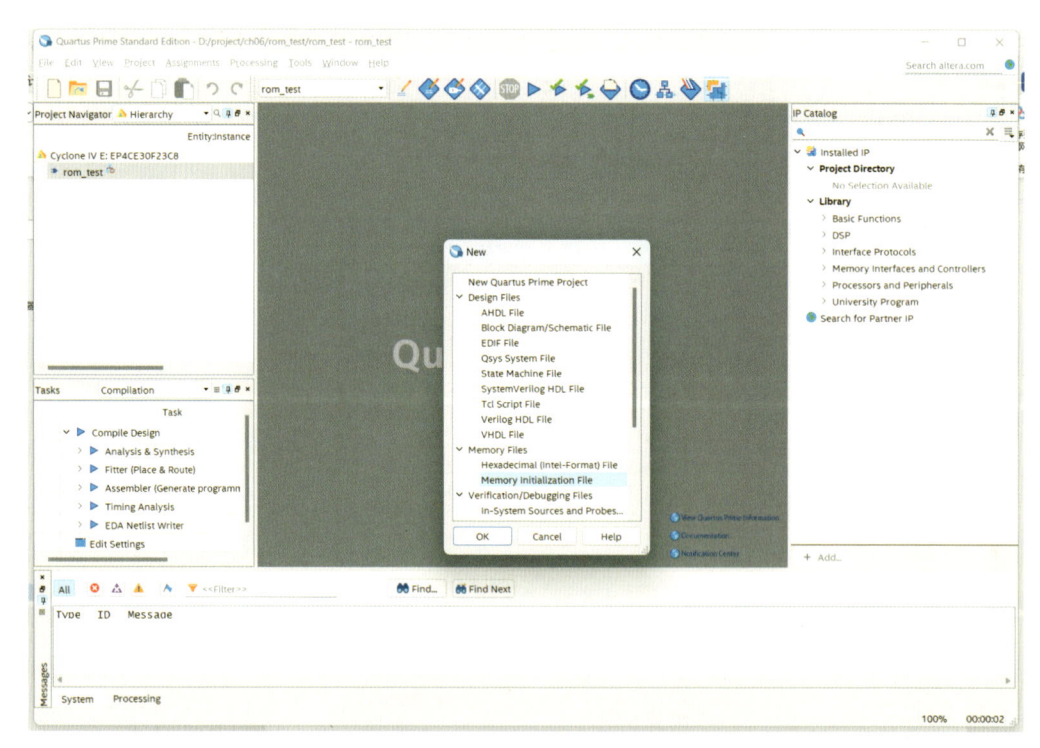

图 6.2.1　新建内存初始化文件

（3）定义位宽和深度，在这里设置"Word size"（位宽）为 8（单位为 bit）；设置"Number of words"（深度）为 256（单位为 word），如图 6.2.2 所示。

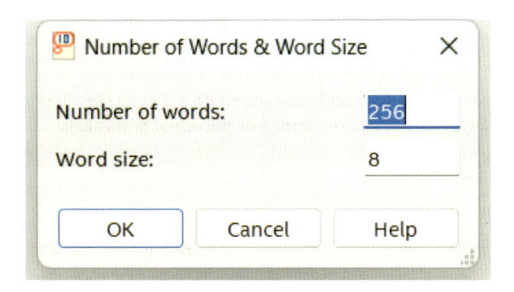

图 6.2.2　位宽和深度设置

（4）创建完成后，将创建的".mif"文件通过选择"File Save As"存储到工程文件夹中，并将".mif"文件命名为 rom_test.mif。存储完成后，可进行数据填充（在这里利用软件自带的一种数据填充方式来填充 0～255，也可按照自己的需求填充初始值）；右键单击想要填充的数据，在弹出的快捷菜单中选择"Custom Fill Cells"，如图 6.2.3 所示。

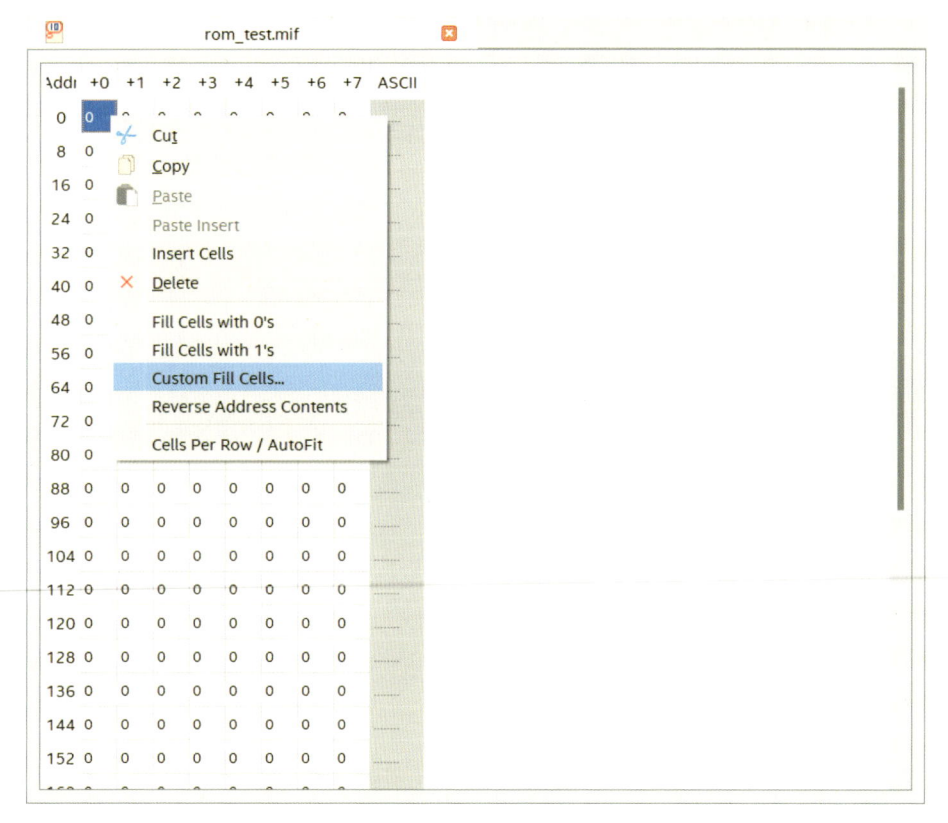

图 6.2.3　填充内容方式

（5）弹出"Custom Fill Cells"对话框，设置"Starting address"（开始地址）为 0，"Ending address（结束地址）"为 255；选中"Incrementing/ decrementing"（递增/递减）单选按钮；设置"Starting value"（初始值）为 0；在下拉列表中选择"Increment"（递增）选项，在"by"后的文本框中输入 1，设置完成后如图 6.2.4 所示。

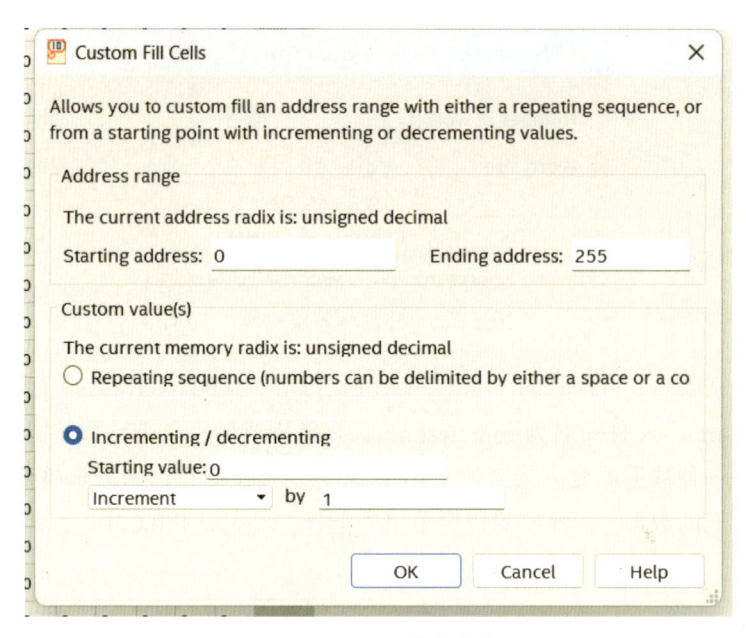

图 6.2.4 设置填充内容

（6）单击"OK"按钮，创建完成的".mif"文件（地址为 0~255，数据从 0 开始，每次增加 1），如图 6.2.5 所示。

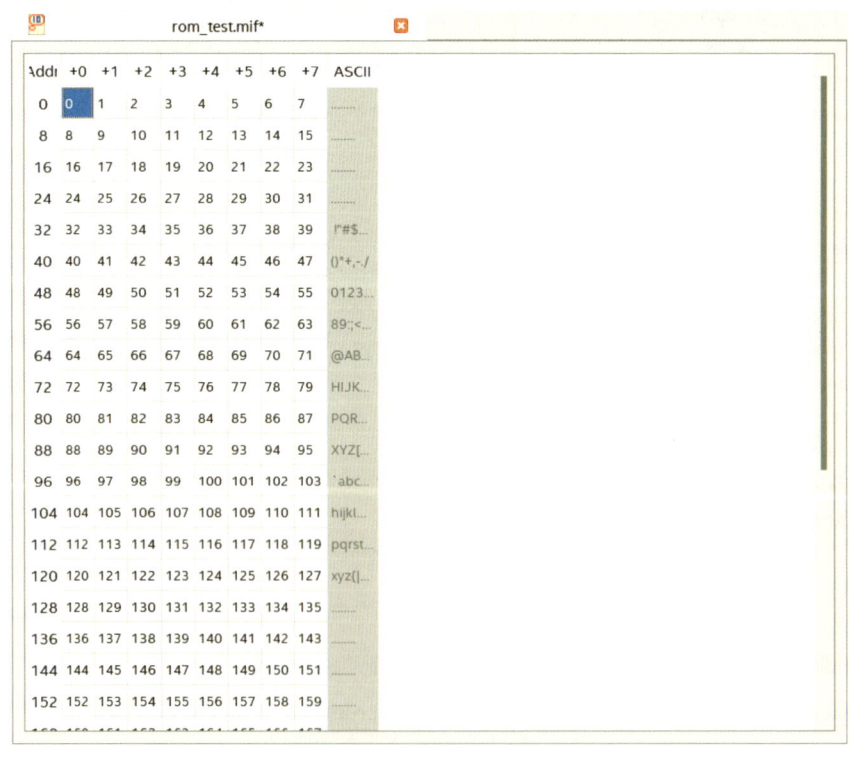

图 6.2.5 填充数据完成

（7）在右侧的 IP 核搜索区中输入 rom，即可找到"ROM：1-PORT"选项，双击该选项，如图 6.2.6 所示，弹出"Save IP Variation"对话框。这里使用的是单口 ROM，若大家对双口 ROM 感兴趣，可自行调用，这里不再赘述。

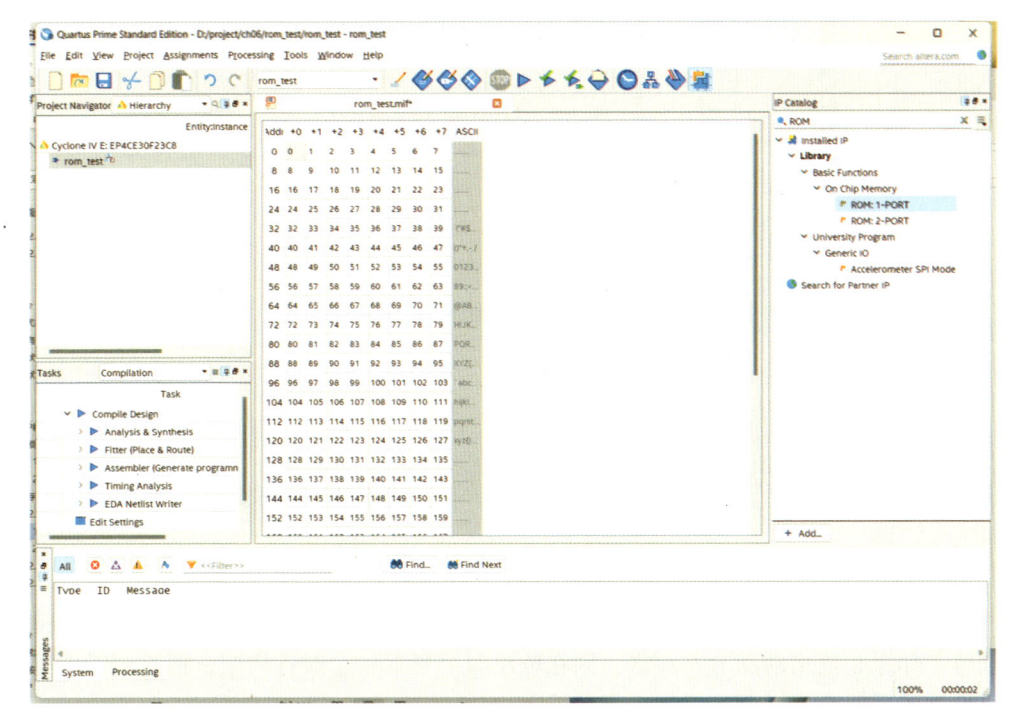

图 6.2.6　调用 ROM

（8）选中"Verilog"单选按钮（选择语言类型为 Verilog），并为该 IP 核命名（在这里将 IP 核命名为 my_rom），如图 6.2.7 所示。

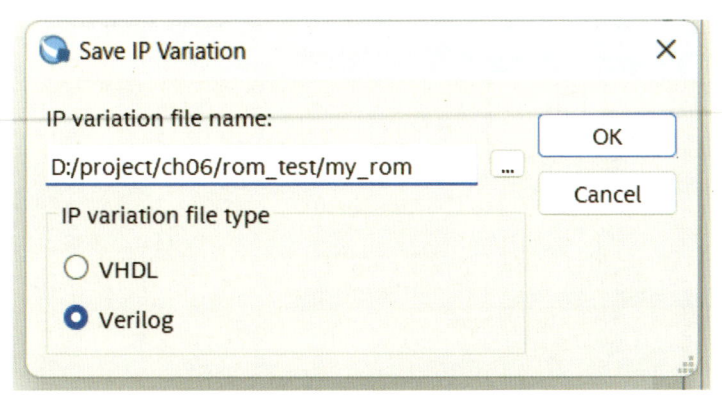

图 6.2.7　保存 ROM 核

（9）单击"OK"按钮，进入 ROM 的设置向导：设置深度和位宽，在这里将深度设置为 256word，位宽为 8 bit，如图 6.2.8 所示。ROM 的深度和位宽必须与创建".mif"文件时设置的深度和位宽一致。

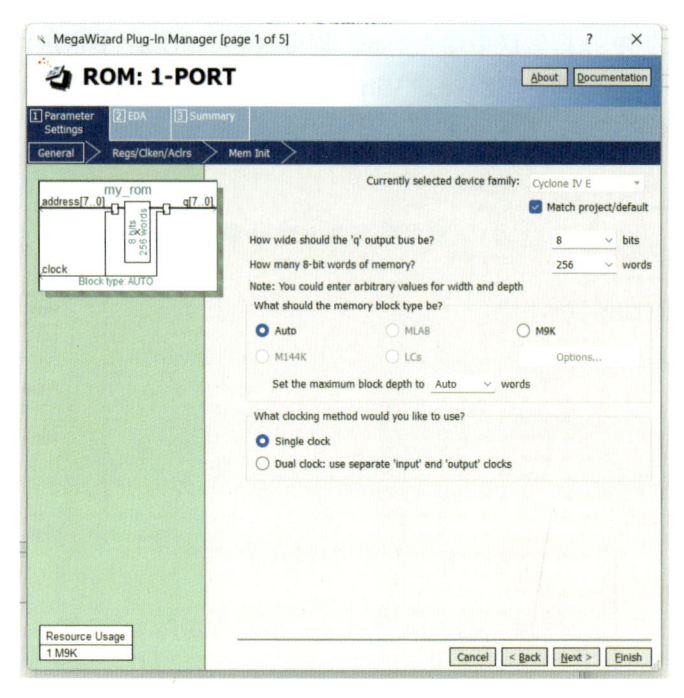

图 6.2.8　ROM 设置 1

（10）单击"Next"按钮，弹出如图 6.2.9 所示的界面。将输出端口的寄存器保持为默认值（如果在输出端加上寄存器，则在输出时会延迟一个时钟周期，但是会增加整个系统数据的吞吐量，因此建议加上寄存器）。

图 6.2.9　ROM 设置 2

（11）单击"Next"按钮，进入如图 6.2.10 所示的界面，单击"Browse"按钮，找到之前创建的".mif"文件，并将其添加进来。

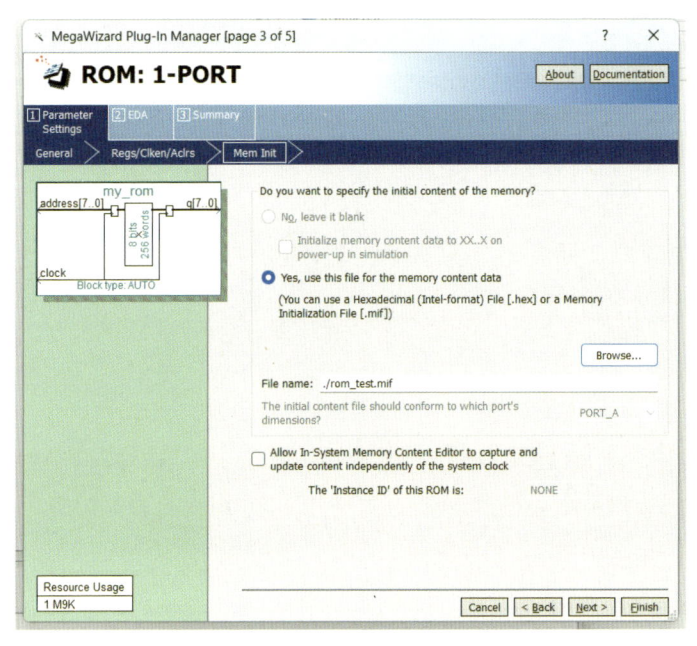

图 6.2.10 ROM 设置 3

（12）连续单击 "Next" 按钮，直至出现如图 6.2.11 所示的界面，勾选"my_rom_inst.v"复选框，最后单击"Finish"按钮，完成 ROM 的设置。在弹出的对话框单击"Yes"按钮。

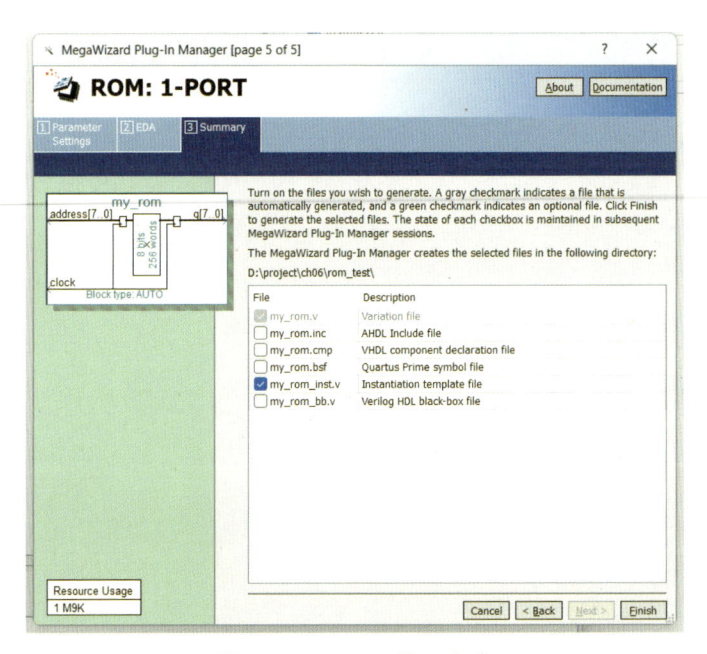

图 6.2.11 ROM 设置完成

（13）新建 Verilog HDL 文件，设计 ROM 的控制模块 rom_ctrl.v，用于产生递增的地址信号，代码如下：

```verilog
module rom_ctrl(
    input clk,                    //系统时钟
    input rst_n,                  //系统复位
    output reg [7:0] addr         //地址输出
    );
    always @ ( posedge clk or negedge rst_n) begin
      if( !rst_n )
          addr <= 8'b0;           //复位地址为 0
      else
          if ( addr < 255 )
              addr <= addr + 1'b1;
          else
              addr <= 8'b0;
    end

endmodule
```

本模块只是产生了有效的地址信号，即让地址信号在 0~255 循环，用于 ROM 的输入、遍历 ROM 全部存储空间、验证 ROM 是否能够正确地输出对应地址的数据。

（14）最后再新建 Verilog HDL 文件，设计 ROM 的顶层模块 rom_test.v，调用 ROM 和 ROM 控制模块，代码如下：

```verilog
module rom_test(
    input clk,                    //系统时钟
    input rst_n,                  //系统复位
    output [7:0] q                //输出有效数据
    );
    wire [7:0] addr;              //定义地址信号
    //实例化 rom_ctrl
    rom_ctrl rom_ctrl (
        .clk(clk),
        .rst_n(rst_n),
        .addr(addr)
        );
    //调用 IP 核 ROM
    my_rom my_rom_inst(
```

```
        .address(addr),
        .clock(clk),
        .q(q)
        );
endmodule
```

本模块只用于连接，没有任何的逻辑代码。

（15）编译并查看 RTL 视图，如图 6.2.12 所示。

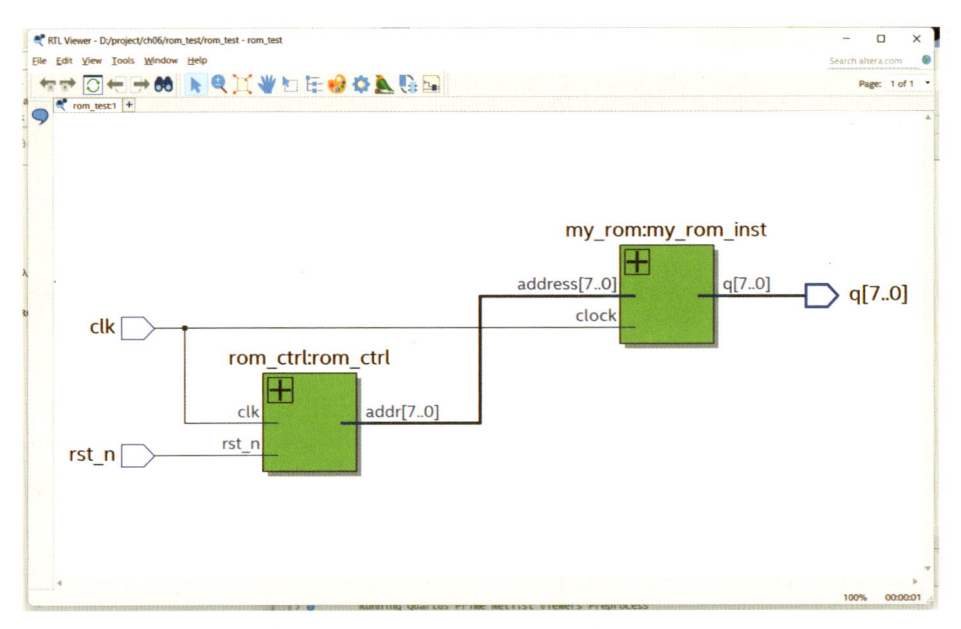

图 6.2.12 ROM 控制的 RTL 图

2. ROM 仿真测试

下面开始编写测试代码，通过工程设计进行仿真。测试代码如下：

```
`timescale 1ns/1ps
module rom_test_tb;
    reg clk;
    reg rst_n;
    wire [7:0] q;
    
    initial clk = 1'b0;
    always #10 clk = ~ clk;
    
    initial begin
        rst_n = 0;
```

```
            #200 rst_n = 1;
            #30
                repeat (256*2) begin    //观测 ROM 两个周期
                    @(posedge clk);
                end
            $stop;
        end

        rom_test rom_test_inst (
            .clk(clk),
            .rst_n(rst_n),
            .q(q)
        );

endmodule
```

当复位信号被拉高（置位）以后，addr（地址）开始发生变化，q（ROM 的输出）也开始输出有效数据。数据和地址之间存在两个时钟周期的延迟：一个时钟周期的延迟是由于 ROM 的内部结构导致的（当检测到地址变化时，不能马上输出数据，而是在下一个时钟的上升沿到来时才输出数据）；另一个时钟周期的延迟是由于在输出时添加了一个寄存器导致的，如图 6.2.13 所示。在地址循环的同时，对应地址的有效数据也会循环输出，这就证明在此实例中 IP 核设计正确。

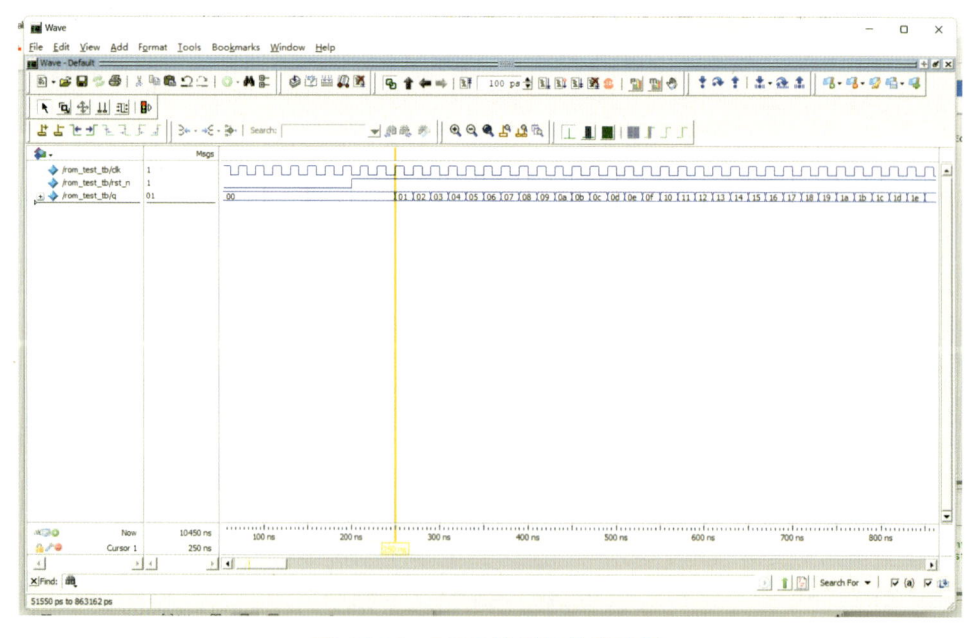

图 6.2.13　ROM 控制的仿真波形

6.2.2 RAM 设计

在项目设计的过程中，有时需要将采集到的数据先存储起来，等到需要时再调用。如果是这种情况，那就要求存储器必须可读、可写。

1. RAM 调用及控制

下面实战演练 FPGA 可读/写存储器 IP 核-RAM 的使用方法。设计一个 RAM 控制器，该控制器负责对 RAM 进行读/写操作：先将数据写入 RAM 再将数据全部读出。如果读出的数据和写入的数据完全一致，则说明可读/写存储器 IP 操作和设计正确。

具体操作步骤如下：

（1）启动 Quartus 软件。

（2）创建用于测试 RAM 的工程，工程名称为 ram_test。（工程的创建已在前面的 2.1.1 节做过介绍，这里不再赘述）。工程创建完成后，在右侧的 IP 核索区中输入 ram，即可找到"RAM：1-PORT"选项，双击该选项，如图 6.2.14 所示。

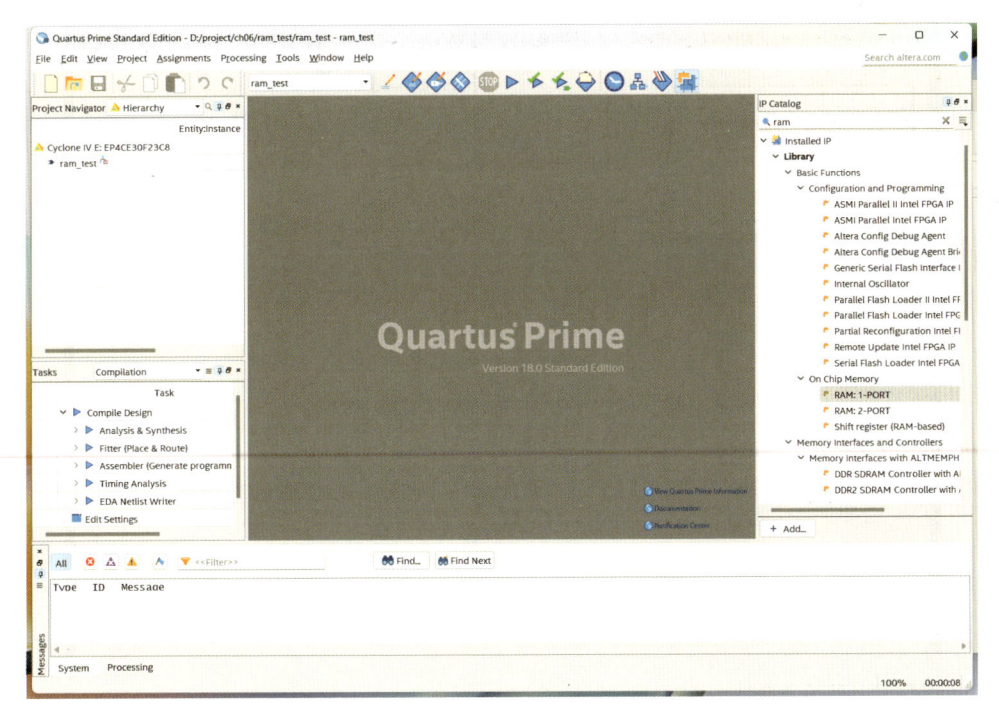

图 6.2.14　调用 RAM 核

（3）弹出"Save IP Variation"对话框，选中"Verilog"单选按钮（选择语言类型为 Verilog），该可读/写存储器 IP 核命名（在这里将其命名为 my_ram），单击"OK"按钮，如图 6.2.15 所示。

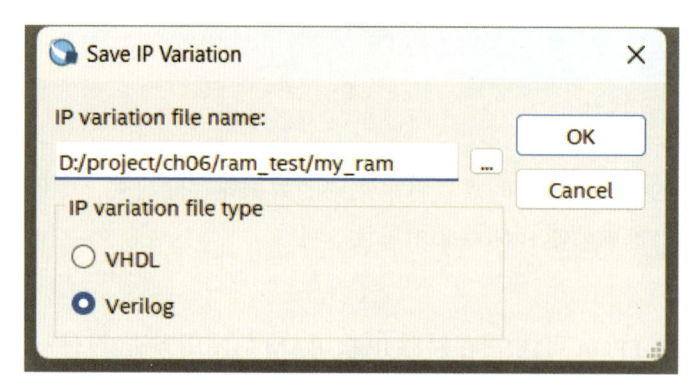

图 6.2.15 保存 RAM

（4）设置 RAM 的存储深度和每个存储空间的位数。在这里设置存储深度为 256（单位为 word）、位数为 8（单位为 bit），如图 6.2.16 所示，单击 "Next" 按钮。

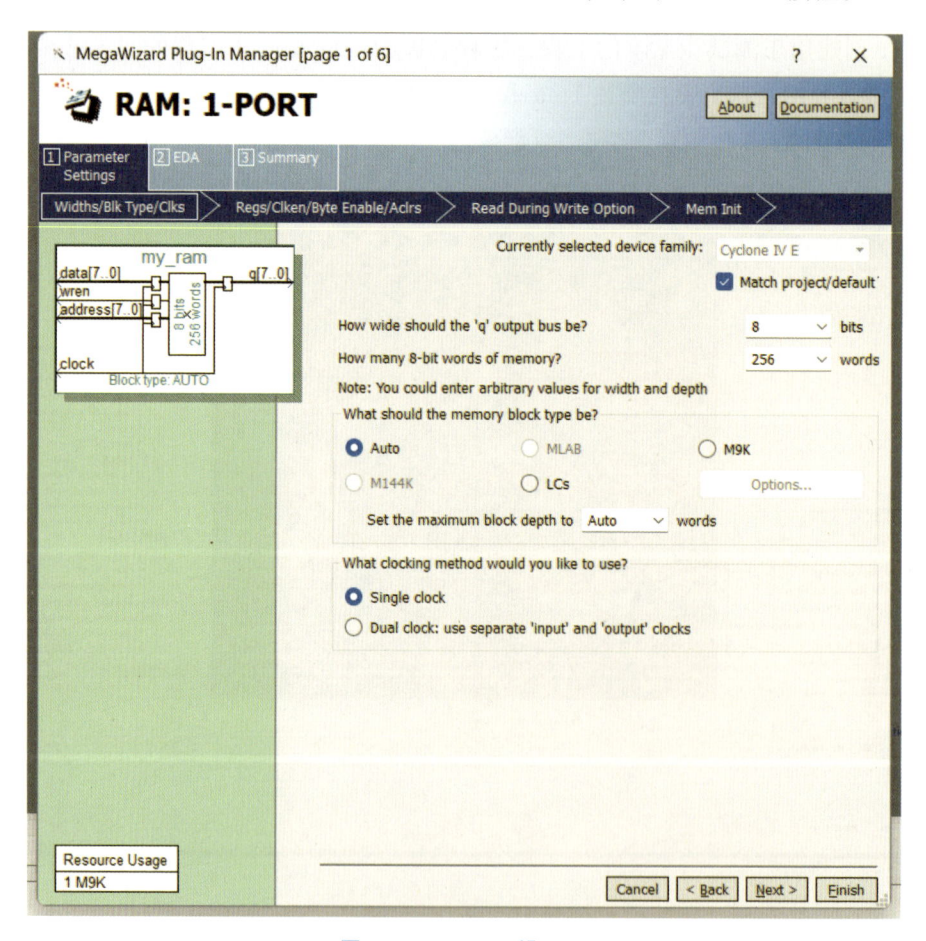

图 6.2.16 RAM 设置 1

（5）在输出端口添加寄存器，取消对 "'q' output port" 复选框的勾选，如图 6.2.17 所示，单击 "Next" 按钮。

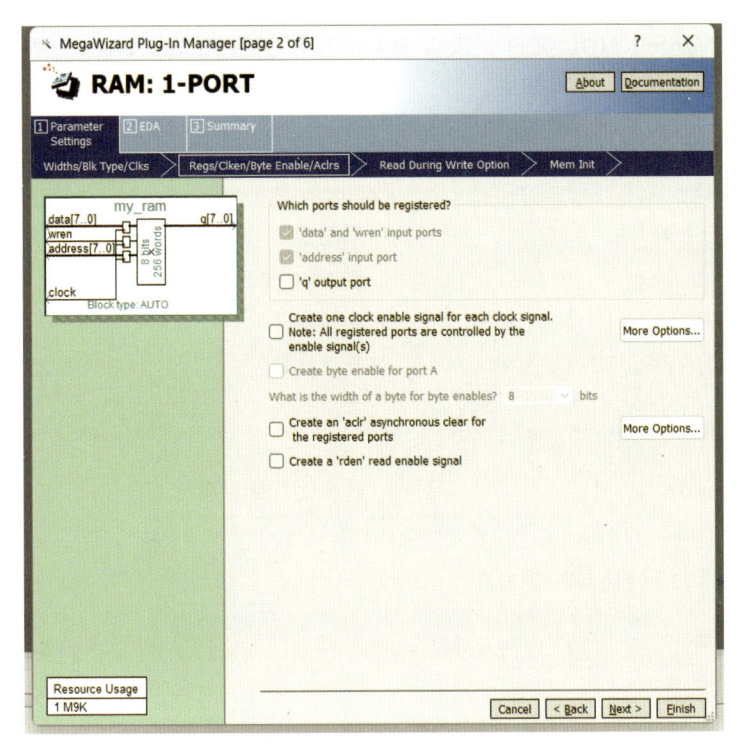

图 6.2.17　RAM 设置 2

（6）继续单击"Next"按钮，直至出现如图 6.2.18 所示的界面，勾选"my_ram_inst.v"复选框，单击"Finish"按钮，完成对 RAM 的设置。在弹出的对话框中单击"Yes"按钮。

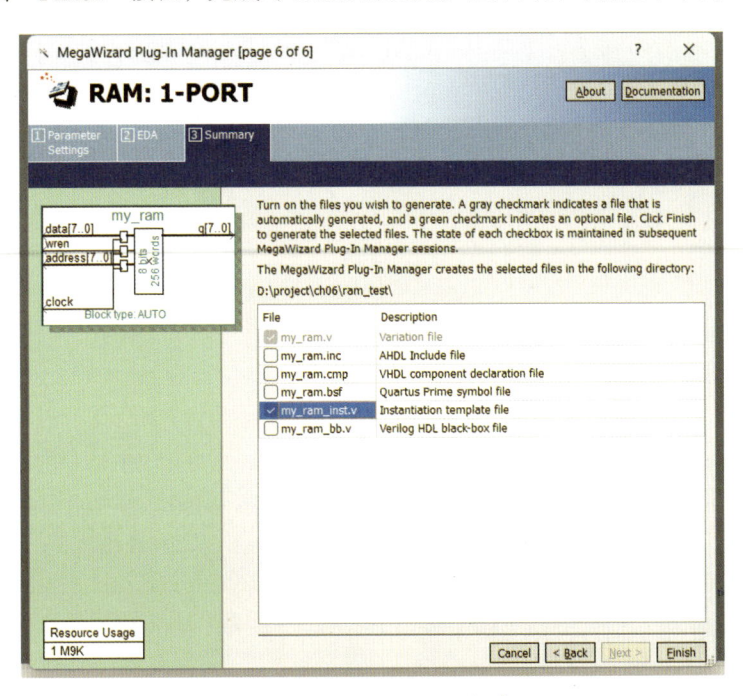

图 6.2.18　RAM 设置完成

（7）新建 Verilog HDL 文件，设计 RAM 的控制模块 ram_ctrl.v，利用控制模块向 RAM 写入、读取数据。代码如下：

```verilog
module ram_ctrl(
    input clk,                      //系统时钟
    input rst_n,                    //系统复位
    output reg wren,                //读/写信号，高电平为写，低电平为读
    output reg [7:0] addr,          //地址信号
    output reg [7:0] data           //有效数据
);

    reg state;                      //定义状态寄存器
    always @ (posedge clk or negedge rst_n) begin
        if (!rst_n) begin
            wren <= 1'b0;
            addr <= 8'd0;
            data <= 8'd0;
            state <= 1'b0;
        end
        else begin
            case(state)
                1'b0:begin                              //数据写入 RAM
                    if(addr < 255) begin                //地址信号在 0~255
                        addr <= addr + 1'b1;
                        wren <= 1'b1;                   //写信号有效
                    end
                    else begin
                        addr <= 8'b0;                   //地址清零
                        state <= 1'b1;                  //转到下一个状态
                        wren <= 1'b0;                   //读信号有效
                    end
                    if(data < 255)
                        data <= data + 1'b1;            //数据在 0~255
                    else
                        data <= 8'b0;
                end
                1'b1:begin                              //从 RAM 读出数据
```

```
                    if(addr < 255) begin
                        addr <= addr + 1'b1;
                        wren <= 1'b0;        //读信号有效
                    end
                    else begin
                        state <= 1'b0;       //转到0状态，地址清零
                        addr <= 8'b0;
                    end
                end
                default:state <= 0;
            endcase
        end
    end
endmodule
```

在本模块中，数据和地址的数值大小是一样的。

（8）最后再新建 Verilog HDL 文件，设计 RAM 的顶层模块 ram_test.v，调用 RAM 和 RAM 控制模块，代码如下：

```
module ram_test(
    input clk,              //系统时钟
    input rst_n,            //系统复位
    output [7:0] q          //输出数据
    );

    wire wren;
    wire [7:0] addr;
    wire [7:0] data;
    //调用 ram_ctrl
    ram_ctrl ram_ctrl(
        .clk(clk),
        .rst_n(rst_n),
        .wren(wren),
        .addr(addr),
        .data(data)
    );
    //调用 IP 核-RAM
    my_ram my_ram_inst(
```

221

```
        .address(addr),
        .clock(clk),
        .data(data),
        .wren(wren),
        .q(q)
    );

endmodule
```

本模块只负责连接各个子模块，没有任何逻辑代码。

（9）在代码编写完毕后，编译并查看 RTL 视图，如图 6.2.19 所示。

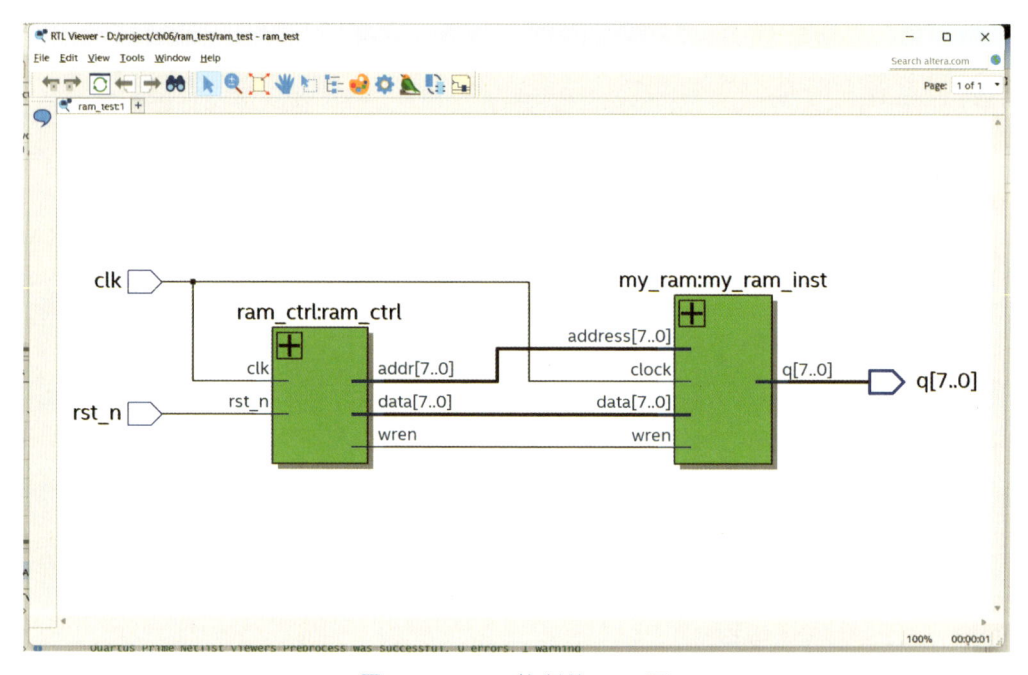

图 6.2.19　RA 控制的 RTL 图

2. RAM 仿真测试

下面开始编写测试代码。

```
module ram_ctrl(
    input clk,                  //系统时钟
    input rst_n,                //系统复位
    output reg wren,            //读/写信号，高电平为写，低电平为读
    output reg [7:0] addr,      //地址信号
    output reg [7:0] data       //有效数据
    );
```

```verilog
reg state;                          //定义状态寄存器
always @ (posedge clk or negedge rst_n) begin
    if (!rst_n) begin
        wren <= 1'b0;
        addr <= 8'd0;
        data <= 8'd0;
        state <= 1'b0;
    end
    else begin
        case(state)
            1'b0:begin                      //数据写入 RAM
                if(addr < 255) begin    //地址信号在 0~255
                    addr <= addr + 1'b1;
                    wren <= 1'b1;       //写信号有效
                end
                else begin
                    addr <= 8'b0;       //地址清零
                    state <= 1'b1;      //转到下一个状态
                    wren <= 1'b0;       //读信号有效

                end
                if(data < 255)
                    data <= data + 1'b1;  //数据在 0~255
                else
                    data <= 8'b0;
            end
            1'b1:begin                      //从 RAM 读出数据
                if(addr < 255) begin
                    addr <= addr + 1'b1;
                    wren <= 1'b0;       //读信号有效
                end
                else begin
                    state <= 1'b0;      //转到 0 状态,地址清零
                    addr <= 8'b0;
                end
            end
        end
```

```
                default:state <= 0;
            endcase
        end
    end
endmodule
```

在复位结束后,写信号有效,同时给出数据和地址。RAM 的 q 端在写的过程中会进行输出,如图 6.2.20 所示。当写完数据后可进行读操作,同时给出地址,RAM 可输出对应中的数据,验证了可读/写存储器 IP 核的设计正确。

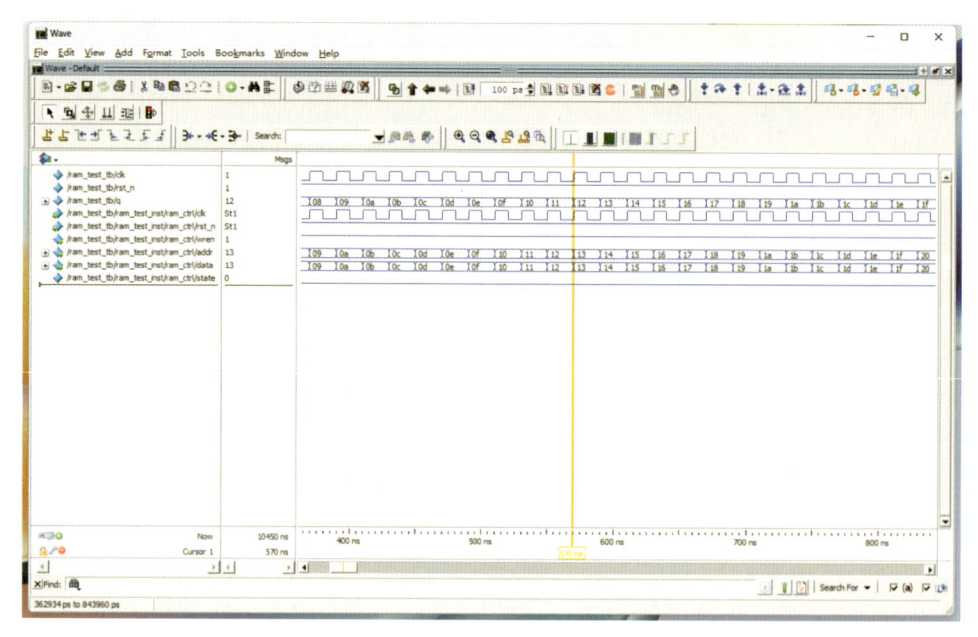

图 6.2.20　RAM 控制的仿真波形

6.2.3　FIFO 设计

在项目设计的过程中,通常需要在两个模块之间传输数据。如果两个模块的数据处理速度相同,那么直接进行数据对接即可。但是,如果两个模块的数据处理速度不同,数据接收模块和数据发送模块的速度不一致,必然会导致采集数据的遗漏或错误,那么解决办法是在它们之间添加一个数据缓存器:数据先经过缓存器缓存,再输入数据接收模块。

1. FIFO 调用及控制

下面实战演练数据缓存存储 IP 核 FIFO 的计方法。首先调用 IP 核并设置 FIFO 参数,然后创建两个模块:一个作为数据发送模块,另一个作为数据接收模块。当数据发送模块检测到 FIFO 为空时,开始向 FIFO 中写入数据,直到 FIFO 写满为止;当数据接收模块检测到 FIFO 为满时,开始从 FIFO 中读出数据,直到 FIFO 读空为止。

具体操作步骤如下：

（1）启动 Quartus 软件。

（2）创建用于测试 FIFO 的工程，工程名称为 fifo_test。（工程的创建已在前面的 2.1.1 节做过介绍，这里不再赘述）。工程创建完成后，在右侧的 IP 核索区中输入 fifo，即可找到 FIFO 选项，如图 6.2.21 所示。双击该选项，打开"Save IP Variation"对话框。

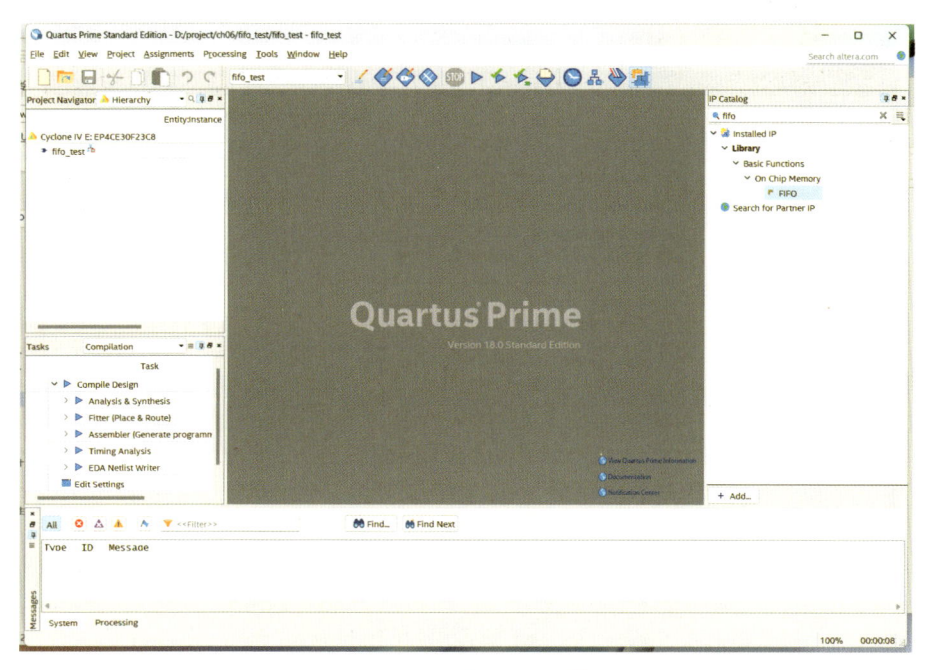

图 6.2.21　调用 FIFO 核

（3）选中"Verilog"单选按钮（选择语言类型为 Verilog），为用于数据缓存的存储 IP 核（FIFO）命名。在这里将其命名为 my_fifo，单击"OK"按钮，如图 6.2.22 所示。

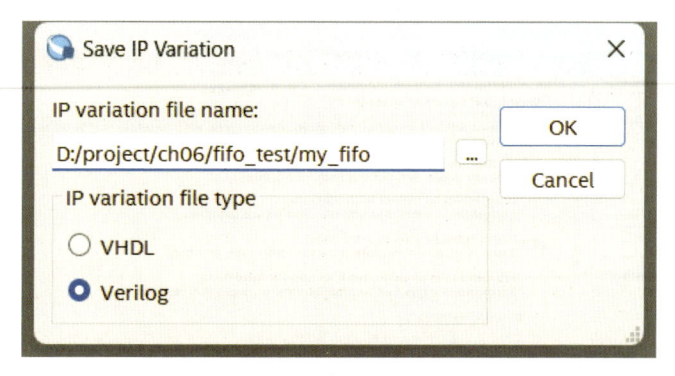

图 6.2.22　保存 FIFO

（4）此时将弹出如图 6.2.23 所示的对话框。设置 FIFO 的存储深度和每个存储空间的位数在这里设置存储深度为 256（单位为 word）、位数为 8（单位为 bit）；选中"No，synchroniztreading and writing to 'rdclk' and 'wrelk', respectively. Create a set of full/empty

225

control signal for each clock."单选按钮，即设置用于写和用于读的不是同一个时钟，在 FIFO 中将会出现读时钟（对应的端口为读端口）和写时钟（对应的端口为写端口），单击"Next"按钮。

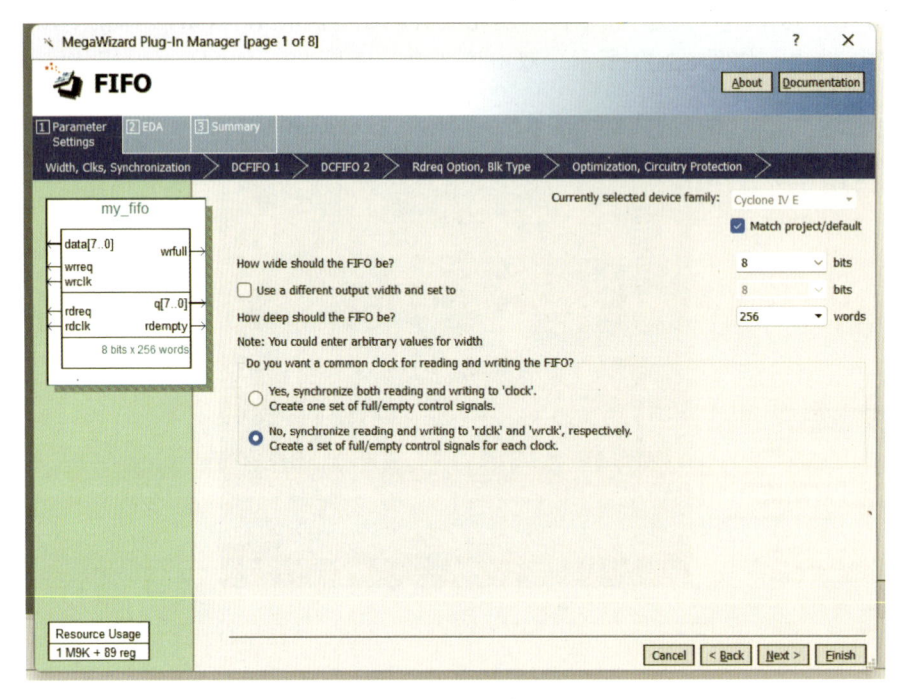

图 6.2.23　FIFO 设置 1

（5）此时将弹出如图 6.2.24 所示的对话框，保持默认值不变，单击"Next"按钮。

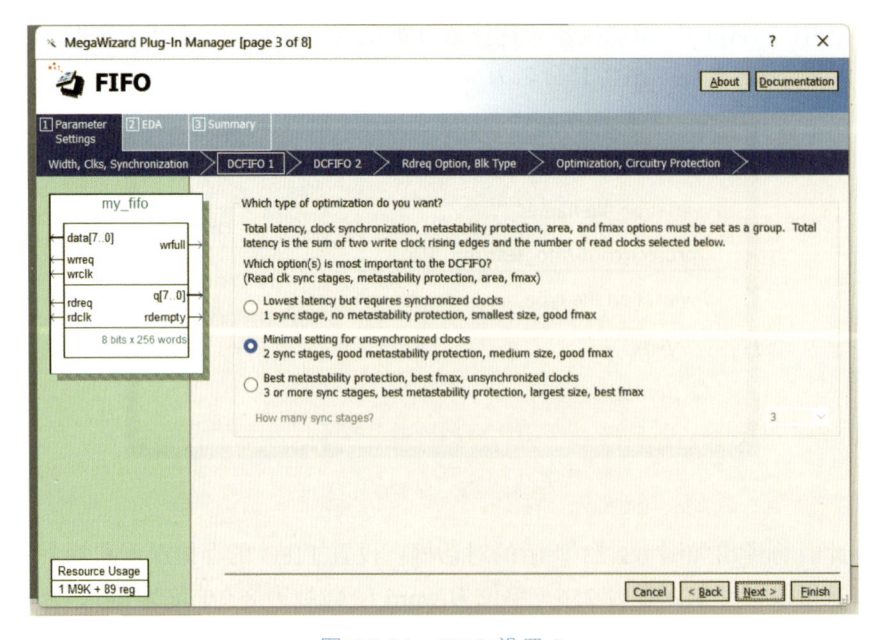

图 6.2.24　FIFO 设置 2

(6)弹出如图 6.2.25 所示的对话框,选择端口,单击"Next"按钮。

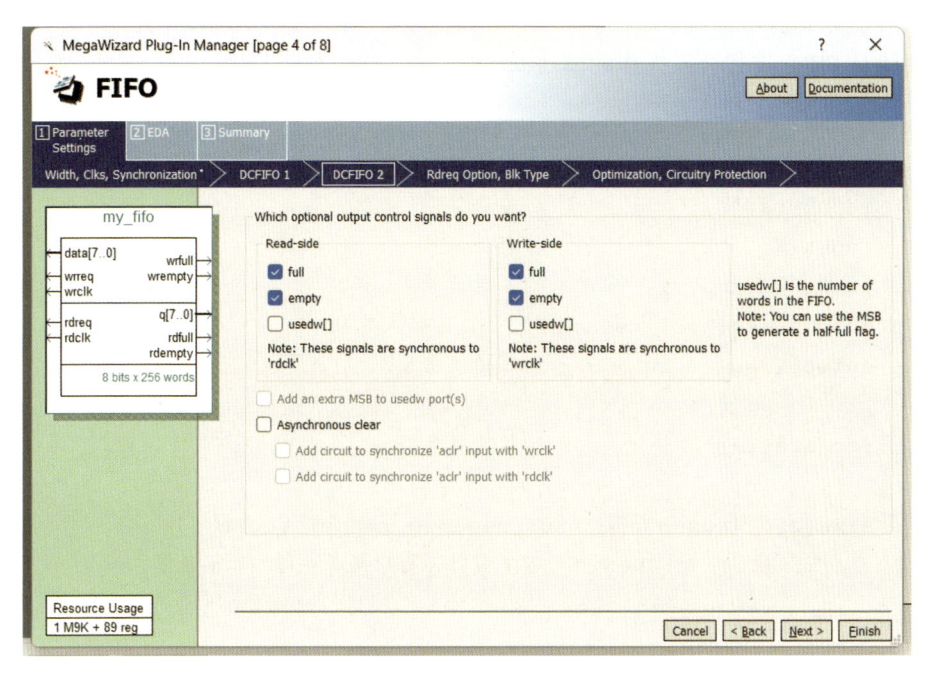

图 6.2.25　FIFO 设置 3

(7)继续单击"Next"按钮,弹出如图 6.2.26 所示的对话框,勾选"my_fifo_inst.v"复选框,单击"Finish"按钮即可完成对 FIFO 的设置。在弹出的对话框中单击"Yes"按钮。

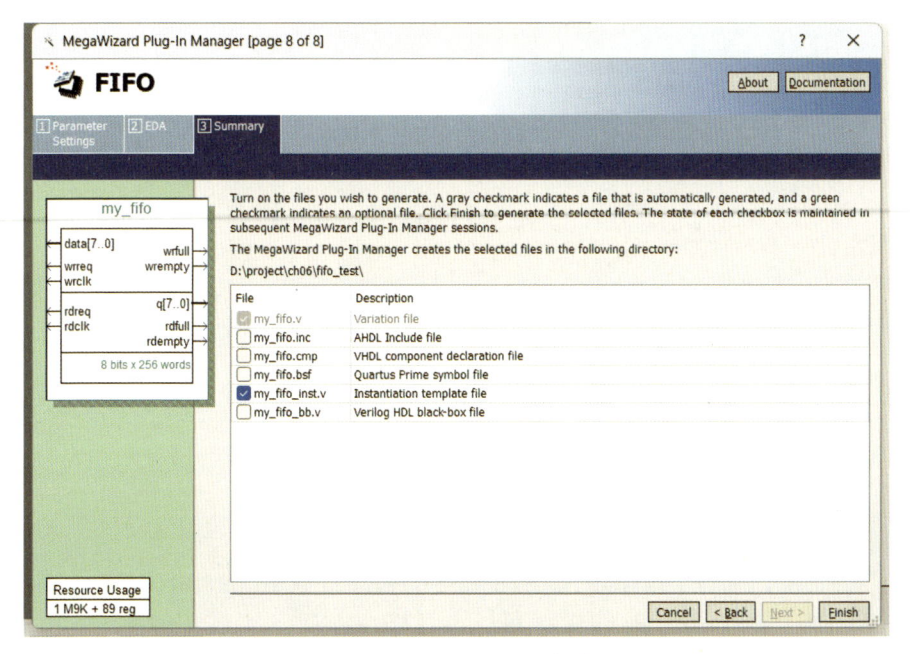

图 6.2.26　FIFO 设置完成

（8）新建两个 Verilog HDL 文件，设计与 FIFO（作为数据缓冲器使用）对应的控制模块，用于对 FIFO 进行读/写控制。为了方便理解，在这里使用相同的读/写时钟。

设计对 FIFO 进行写入操作的模块 wr_fifo_.v，代码如下：

```verilog
module wr_fifo (
    input clk,              //模块输入时钟
    input rst_n,            //模块复位
    input wr_full,          //写满信号
    input wr_empty,         //写空信号
    output reg[7:0] data,   //FIFO 的输入数据
    output reg wr_req       //写请求信号
    );
    reg state;              //状态寄存器

    always @ (posedge clk or negedge rst_n) begin
        if (!rst_n) begin   //复位时，将中间寄存器和输出清零
            data <= 8'd0;
            wr_req <= 1'b0;
            state <= 1'b0;
        end
        else begin
            case (state)
                1'b0: begin        //写空时，将写请求拉高，跳到'1'状态
                    if (wr_empty == 1'b1) begin
                        state <= 1'b1;
                        wr_req <= 1'b1;
                        data <= 8'b0;
                    end
                    else        //否则保持状态不变
                        state <= 1'b0;
                end
                1'b1: begin        //写满时，将写请求拉低，跳回'0'状态
                    if (wr_full == 1'b1) begin
                        state <= 1'b0;
                        data <= 8'b0;
                        wr_req <= 1'b0;
                    end
                    else begin  //没写满时将写请求拉高，继续输入数据
                        data <= data + 1'b1;
                        wr_req <= 1'b1;
```

```
                end
            end
        endcase
    end
end
endmodule
```

设计对 FIFO 进行读出操作的模块 rd_fifo.v，代码如下：

```
module rd_fifo (
    input clk,              //模块输入时钟
    input rst_n,            //模块复位
    input rd_full,          //读满信号
    input rd_empty,         //读空信号
    output reg rd_req       //读请求
    );

    reg state;              //状态寄存器
    always @ (posedge clk or negedge rst_n) begin
        if (!rst_n) begin   //复位时，将中间寄存器和输出清零
            rd_req <= 1'b0;
            state <= 1'b0;
        end
        else
            case (state)
                1'b0: begin     //读满时，将读请求拉高，跳到'1'状态
                    if (rd_full == 1'b1) begin
                        rd_req <= 1'b1;
                        state <= 1'b1;
                    end
                    else        //否则保持状态不变
                        state <= 1'b0;
                end
                1'b1: begin     //读空时将读请求拉低，跳回'0'状态
                    if (rd_empty == 1'b1)begin
                        rd_req <= 1'b0;
                        state <= 1'b0;
                    end
                    else begin //没读空时将读请求拉高，继续读出数据
```

```
                            rd_req <= 1'b1;
                            state <= 1'b1;
                    end
                end
            endcase
        end
endmodule
```

（9）最后再新建一个 Verilog HDL 文件，设计 FIFO 的顶层模块 fifo_test.v，调用 FIFO 和 FIFO 控制模块，代码如下：

```
module fifo_test (
    input clk,                  //系统输入时钟
    input rst_n,                //系统复位
    output [7:0] q              //输出数据
);

    //定义中间连线
    wire wr_full;               //写满信号
    wire wr_empty;              //写空信号
    wire [7:0] data;            //FIFO 的输入数据
    wire wr_req;                //写请求信号
    wire rd_full;               //读满信号
    wire rd_empty;              //读空信号
    wire rd_req;                //读请求

    //实例化 wr_fifo 模块
    wr_fifo wr_fifo (
        .clk(clk),              //系统输入时钟
        .rst_n(rst_n),          //系统复位
        .wr_full(wr_full),      //写满信号
        .wr_empty(wr_empty),    //写空信号
        .data(data),            //FIFO 的输入数据
        .wr_req(wr_req)         //写请求信号
    );
    // 实例化 rd_fifo 模块
    rd_fifo rd_fifo (
        .clk(clk),              //系统输入时钟
        .rst_n(rst_n),          //系统复位
        .rd_full(rd_full),      //读满信号
```

```
        .rd_empty(rd_empty),    //读空信号
        .rd_req(rd_req)         //读请求
    );
    //实例化my_fifo
    my_fifo my_fifo_inst (
        .data (data),           //FIFO的输入数据
        .rdclk (clk),           //读时钟
        .rdreq (rd_req),        //读请求
        .wrclk (clk),           //写时钟
        .wrreq (wr_req),        //写请求
        .q (q),                 //输出数据
        .rdempty (rd_empty),    //读空信号
        .rdfull (rd_full),      //读满信号
        .wrempty (wr_empty),    //写空信号
        .wrfull (wr_full)       //写满信号
    );
endmodule
```

本模块只负责连接各个子模块，没有任何逻辑代码。

（10）在代码编写完毕后，编译并查看RTL视图，如图6.2.27所示。

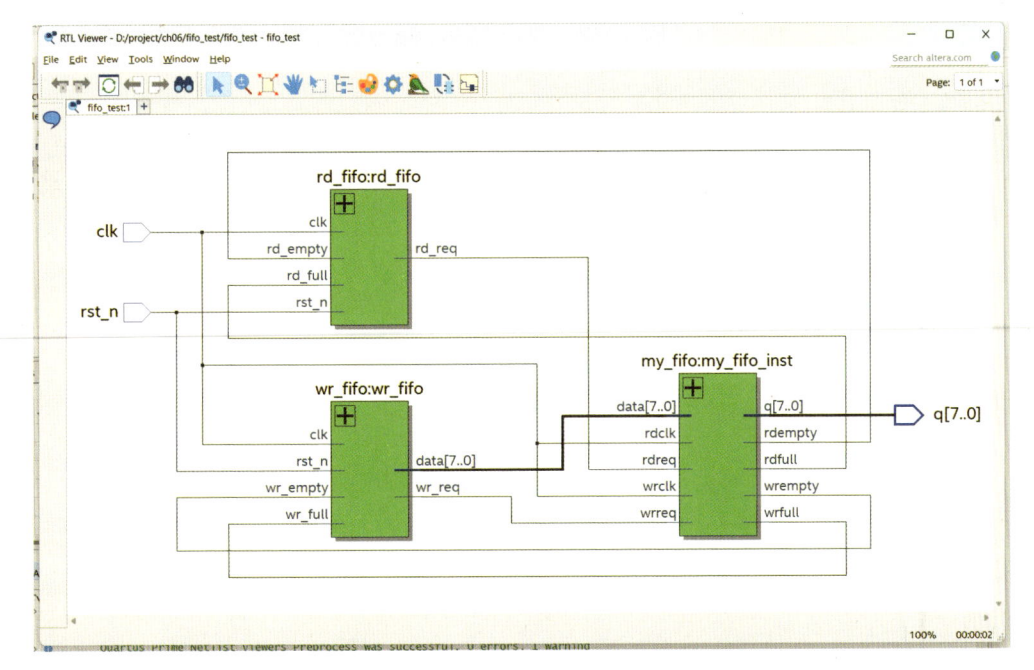

图 6.2.27 FIFO 控制的 RTL 图

2. FIFO 仿真测试

下面开始编写测试代码。

```verilog
`timescale 1ns/1ps
module fifo_test_tb;
    reg clk;              //系统输入时钟
    reg rst_n;            //系统复位
    wire[7:0]q;           //输出数据

    initial begin
        clk = 1'b1;
        rst_n= 1'b0;
        #200    rst_n=1'b1;
        #30 repeat (256*2) begin   //观测FIFO的两个读/写周期
            @(posedge clk);
        end
        $stop;                //停机
    end
    always #10 clk = ~ clk;   //50 MHz的时钟频率
    //实例化fifo_test
    fifo_test fifo_test_inst (
        .clk(clk),            //系统输入时钟
        .rst_n(rst_n),        //系统复位
        .q(q)                 //输出数据
    );
endmodule
```

得到的仿真波形如图 6.2.28 所示。在读端口和写端口的输出之间会有时间差，这是由 FIFO 的内部结构导致的。

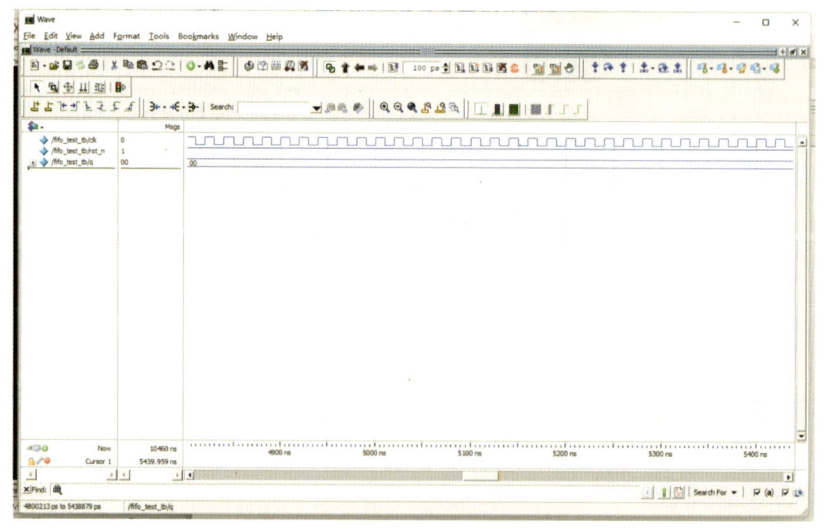

图 6.2.28　FIFO 控制的仿真波形

【小结】

本章重点介绍锁相环 IP 和存储器 IP 核调用与仿真测试，存储器包括 ROM、RAM 和 FIFO，通过调用 IP 核来实现较复杂系统，减少代码的输入量。

【习题】

6-1 在 Quartus Ⅱ 上完成简易正弦信号发生器设计。要求建立工程，生成正弦信号波形数据并进行仿真等。设计包括三部分：① 7 位地址信号发生器，由 7 位计数器担任；② 正弦信号数据存储器 ROM（7 位地址线，8 位数据线），由 ROM 模块构成；③ 顶层工程使用原理图设计。

6-2 在 Quartus Ⅱ 上设计一个 4×4 bit 查表式乘法器，包括创建工程、调用 ROM 模块、在原理图编辑窗口中绘制电路图、全程编译，并对设计进行功能仿真。

进阶篇

本篇主要介绍常用外设接口电路的设计与实现。重点介绍输入接口电路（包括按键消抖、按键脉冲产生电路、序列检测电路和矩阵键盘输入电路）、输出接口电路（包括 LED 显示控制、数码管显示控制、点阵显示控制和蜂鸣器控制）、驱动外设电路（包括步进电机控制和直流电机控制）、总线控制电路、存储器控制和 AD/DA 控制等内容。

第 7 章　常用接口电路设计

> **学习引导**
>
> 本章重点介绍一些常用接口电路的设计，通过常用接口电路的学习，为后续复杂项目设计打好基础，方便其他项目调用。
>
> **学习目标**
>
> （1）掌握常用接口电路设计方法；
> （2）掌握程序下载及硬件验证方法；
> （3）掌握硬件调试方法。
>
> **思政目标**
>
> 本章主要讲述常用接口电路设计流程，着重强调电路设计中每一个细节的重要性，以此促使学生掌握扎实的专业技能以及培育其精雕细琢、精益求精的工作习惯。

7.1　按键操作实战演练

7.1.1　按键消抖

按键状态包括初始状态和抖动状态。初始状态是指按键未按下时的初始状态，口袋机为高电平。抖动状态是指按键按下或释放时，是否存在抖动。按键抖动会出现脉冲沿，通过脉冲沿触发计数器，记录按键抖动次数。下面通过例 7.1.1 设计测试按键抖动次数，并通过 LED 灯显示，测试按键抖动电路的 RTL 图如图 7.1.1 所示。引脚定义如图 7.1.2 所示。

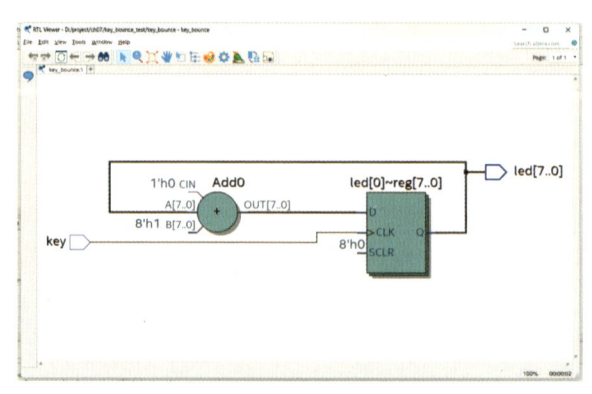

图 7.1.1　测试按键抖动电路的 RTL 电路

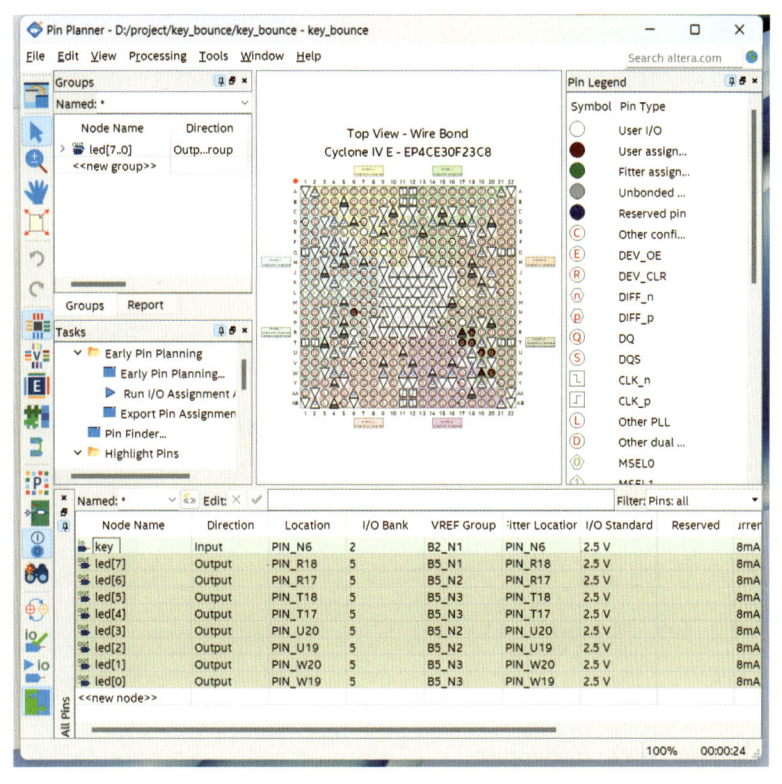

图 7.1.2 测试按键抖动的引脚定义

【例 7.1.1】 通过 LED 灯指示按键抖动次数的 Verilog HDL 描述。

```
module key_bounce_test(
    input key,
    output reg [7:0] led
    );
    always @ (posedge key)
        led = led + 1;
endmodule
```

通过本例进行测试，没有发现按键抖动，这是由于口袋机开发板的按键已经进行硬件消抖，所以后续通过口袋机开发板进行项目开发可以不进行按键消抖。使用例 7.1.1 对市场购买的其他几块不同开发板进行测试，发现有些开发板的按键会有抖动，而且每次抖动次数不一样，所以对复杂项目设计时，最好单独设计按键消抖模块，方便程序移植。

【例 7.1.2】 按键消抖的 Verilog HDL 描述实例。

```
//消抖电路模块
module key_debounce(
    input clk,
```

```verilog
    input key,
    output key_debounce
);
    reg key_r, key_rr, key_rrr;
    always @(posedge clk) begin
        key_r <= key;                              //一次采样,锁存按键值
        key_rr <= key_r;                           //二次采样,锁存按键值
        key_rrr <= key_rr;                         //三次采样,锁存按键值
    end
    assign key_debounce = key_rrr & key_rr & key_r;  //得到最终按键值
endmodule
```

【例 7.1.3】 按键消抖顶层的 Verilog HDL 描述实例。

```verilog
//按键消抖顶层文件
module key_debounce_ctrl(
    input clk,                                     //时钟信号
    input key,                                     //按键输入
    output key_debounce                            //消抖后按键状态
);
    wire clk_200hz;
    reg [18:0] cnt;
    always @ ( posedge clk) begin
        cnt <= cnt + 1;
    end
assign clk_200hz = cnt[18];                        //分频约 200 Hz
//调用例 7.1.2 消抖程序
    key_debounce u1(.clk(clk_200hz),
                    .key(key),
                    .key_debounce(key_debounce));
endmodule
```

例 7.1.2 和例 7.1.3 按键消抖的原理:若按键初始状态为低电平,当按下按键时,FPGA 获得高电平 1 时,并不立刻认定按键已经被按下,延时 5ms 或更长时间后再次检查按键状态,如果仍然是高电平,说明按键的确被按下,同时抖动已经过去,此时可以进行按键按下后的操作。图 7.1.3 所示为按键消抖原理图,通过计数器产生一定延迟,延迟后再触发消抖模块 u1,按键进行 3 次采样,每次采样延迟 5ms,将 3 次采样值相与后作为按键的状态,若 3 次采样值相同,说明这个按键状态可以作为稳定的按键输入,从而可以进行后续按键的操作。

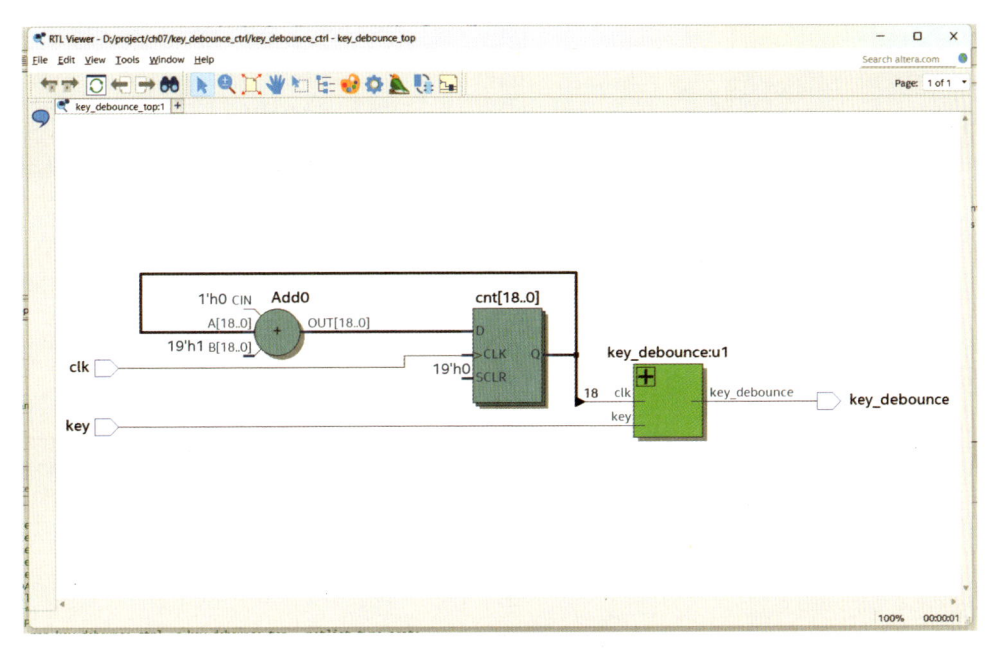

图 7.1.3　按键消抖原理图

下面只对消抖模块 u1 进行仿真测试，添加仿真测试文件 key_debounce_tb.v（见例 7.1.4）。在上述工程中，将例 7.1.2 设置为顶层模块，进行仿真测试。

【例 7.1.4】 按键消抖的 Testbench 仿真测试实例。

```
`timescale 1ns/1ps
module key_debounce_tb();                //按键消抖仿真测试模块
    reg clk,key;
    wire key_debounce;
    key_debounce test(.clk(clk),
                     .key(key),
                     .key_debounce(key_debounce));
    initial begin
        clk = 0;
        forever #25 clk = ~clk;          //产生时钟激励
    end
    initial begin
        key = 0;
        #20 key = 1;
        #8 key = 0;
        #5 key = 1;
        #5 key = 0;
        #3 key = 1;
```

239

```
                #200 key = 0;
                #20 key = 1;
                #8 key = 0;
                #5 key = 1;
                #5 key = 0;
                #3 key = 1;
                #3 key = 0;
                #50 key = 1;
                #3 key = 0;
                #5 key = 1;
                #4 key = 0;
                #10 $stop;
            end
        endmodule
```

仿真波形如图 7.1.4 所示，从仿真波形可以看出，按键刚按下时出现抖动，经过 3 个 clk 时钟上升沿采样后，key_rrr、key_rr、key_r 都锁存高电平，认为按键值是稳定的高电平，相与后输出为稳定高电平，按键已经消除抖动。第 6 个 clk 时钟上升沿附近按键有抖动，但不影响状态。第 7 个 clk 时钟上升沿到来时按键不再抖动，认为已经弹起按键，此时 key_rrr、key_rr、key_r 信号锁存值不相同，按键抖动经过采样后稳定为低电平，此后的两次抖动不影响按键状态。

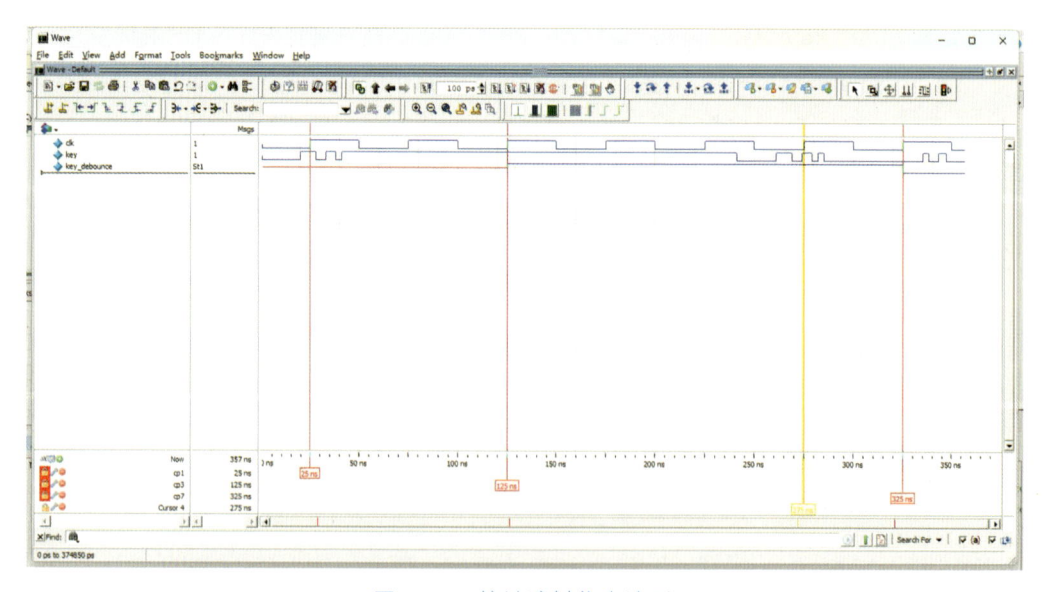

图 7.1.4　按键消抖仿真波形

例 7.1.5 为按键滤波消抖，检测按键是否被按下，若按键被按下，则输出低电平；若没有检测到按键被按下，则输出高电平。

【例 7.1.5】 按键滤波消抖的 Verilog HDL 描述实例。

```verilog
module  key_filter #(
    parameter CNT_MAX = 20'd999_999    //计数器计数最大值
)
(
    input    wire    sys_clk      ,      //系统时钟 50 MHz
    input    wire    sys_rst_n    ,      //全局复位
    input    wire    key_in       ,      //按键输入信号

    output   reg     key_flag     //key_flag 为 1 时表示消抖后检测到按键被按下
                                  //key_flag 为 0 时表示没有检测到按键被按下
);

reg    [19:0] cnt_20ms   ;    //计数器

//cnt_20ms:时钟的上升沿检测到外部按键输入的值为低电平时,计数器开始计数
always@(posedge sys_clk or negedge sys_rst_n)
    if(sys_rst_n == 1'b0)
        cnt_20ms <= 20'b0;
    else   if(key_in == 1'b1)
        cnt_20ms <= 20'b0;
    else   if(cnt_20ms == CNT_MAX && key_in == 1'b0)
        cnt_20ms <= cnt_20ms;
    else
        cnt_20ms <= cnt_20ms + 1'b1;


//key_flag:计数满 20ms 后产生按键有效标志位
//且 key_flag 在 999_999 时拉高,维持一个时钟的高电平
always@(posedge sys_clk or negedge sys_rst_n)
    if(sys_rst_n == 1'b0)
        key_flag <= 1'b0;
    else   if(cnt_20ms == CNT_MAX - 1'b1)
        key_flag <= 1'b1;
    else
        key_flag <= 1'b0;

endmodule
```

【例 7.1.6】 按键滤波消抖的 Testbench 仿真测试实例。

```verilog
`timescale 1ns/1ps
module key_filter_tb();      //按键消抖仿真测试模块
    reg    clk;              //系统时钟 50 MHz
    reg    rst_n;            //全局复位
    reg    key;              //按键输入信号
    wire   key_flag ;        //key_flag 为 1 时表示消抖后检测到按键被按下
                             //key_flag 为 0 时表示没有检测到按键被按下

    key_filter #( 9 ) test   //方便仿真,调整滤波时间变小
    (
    .sys_clk(clk),           //系统时钟 50 MHz
    .sys_rst_n(rst_n),       //全局复位
    .key_in(key),            //按键输入信号
    .key_flag(key_flag)      //key_flag 为 1 时表示消抖后检测到按键被按下
                             //key_flag 为 0 时表示没有检测到按键被按下
    );

    initial begin
        clk = 0;
        forever #10 clk = ~clk;    //产生时钟激励
    end
    initial begin
        key = 0;rst_n=0;
        #5 rst_n=1;
        #20 key = 1;
        #8 key = 0;
        #5 key = 1;
        #5 key = 0;
        #3 key = 1;
        #200 key = 0;
        #20 key = 1;
        #8 key = 0;
        #5 key = 1;
        #5 key = 0;
        #3 key = 1;
        #3 key = 0;
        #50 key = 1;
        #3 key = 0;
        #5 key = 1;
```

```
                #4 key = 0;
                repeat (20) #7 key = ~ key;
                #500 key = 1;
                #8 key = 0;
                #5 key = 1;
                #5 key = 0;
                #3 key = 1;
                #80 key = 0;
                #20 key = 1;
                #8 key = 0;
                #5 key = 1;
                #5 key = 0;
                #3 key = 1;
                #3 key = 0;
                #50 key = 1;
                #3 key = 0;
                #5 key = 1;
                #4 key = 0;
                repeat (20) #9 key = ~ key;
                #400 $stop;
            end
        endmodule
```

例 7.1.6 进行仿真测试，仿真波形如图 7.1.5 所示，仿真验证了按键消抖，通过按键标志位 key_flag 输出一个周期高电平表示有按键被按下。

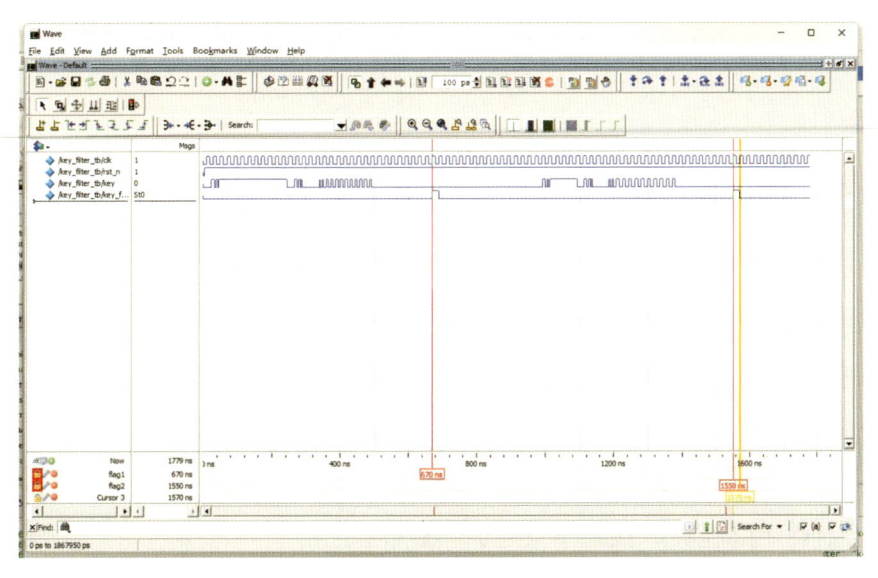

图 7.1.5　按键滤波消抖仿真波形

7.1.2 按键脉冲产生

脉冲信号可以作为对电路开关作用的控制脉冲，也可以作为统率全局的时钟脉冲，还可以作为时序电路的触发脉冲，等等。由此可见，脉冲信号有着非常广泛的用途。本节介绍如何在按键按下时，经过 FPGA 后产生一个脉冲信号。脉冲信号产生电路的设计思路为采用寄存器延迟，原理如图 7.1.6 所示。

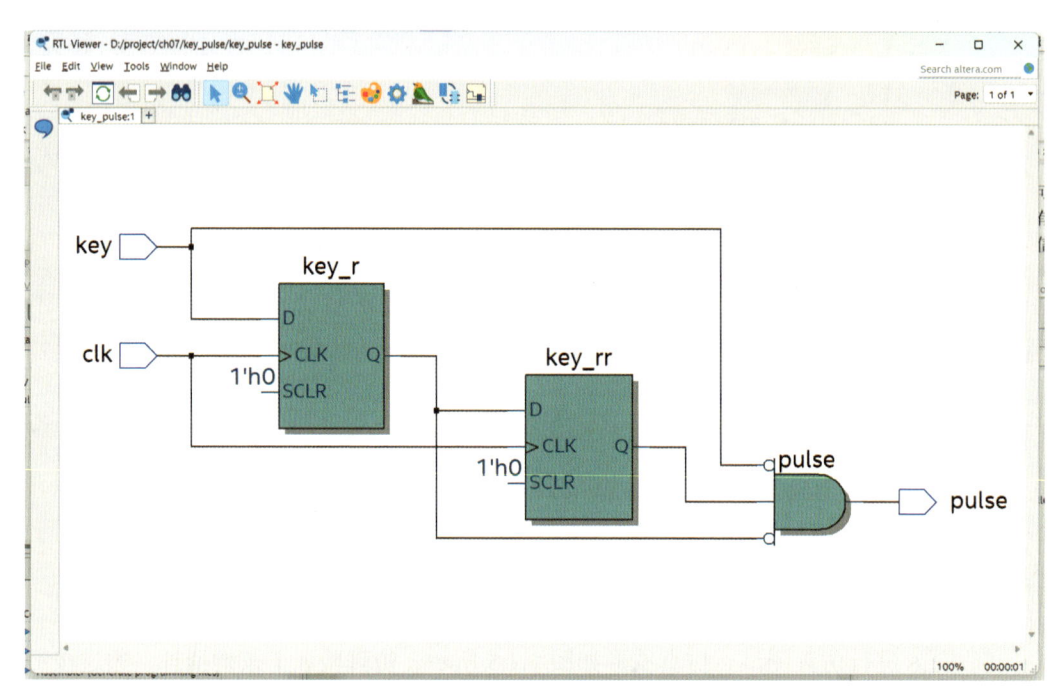

图 7.1.6 脉冲产生电路原理

【例 7.1.7】使用按键产生脉冲信号的 Verilog HDL 描述实例。

```
module key_pulse(
    input clk,                              //时钟信号
    input key,                              //按键输入
    output pulse                            //脉冲输出
);
    reg key_r, key_rr;
    always @ (posedge clk) begin
        key_r <= key;
        key_rr <= key_r;
    end
    assign pulse = !key & !key_r & key_rr;  //脉冲产生
endmodule
```

【例 7.1.8】 使用按键产生脉冲信号的 Testbench 仿真测试实例。

```
`timescale 1ns/1ps
module key_pulse_tb();
    reg clk, key;
    wire pulse;
    key_pulse test(.clk(clk),
                   .key(key),
                   .pulse(pulse));
    initial begin
        clk = 0;
        key = 1;
        #105 key = 0;
        #50  key = 1;
        #200 key = 0;
        #100 key = 1;
        #2000 $stop;
    end
    always #10 clk = ~clk;
endmodule
```

仿真波形如图 7.1.7 所示。在 110 ns 时钟信号 clk 的上升沿时刻，key_r 锁存了 key 的低电平，而 key_rr 锁存的是 clk 上升沿来前未改变的 key_r 的高电平，通过！key &！key_r & key_rr 运算，clk 上升沿后，pulse 输出高电平，并保持一个时钟周期，从而产生了按键脉冲信号。

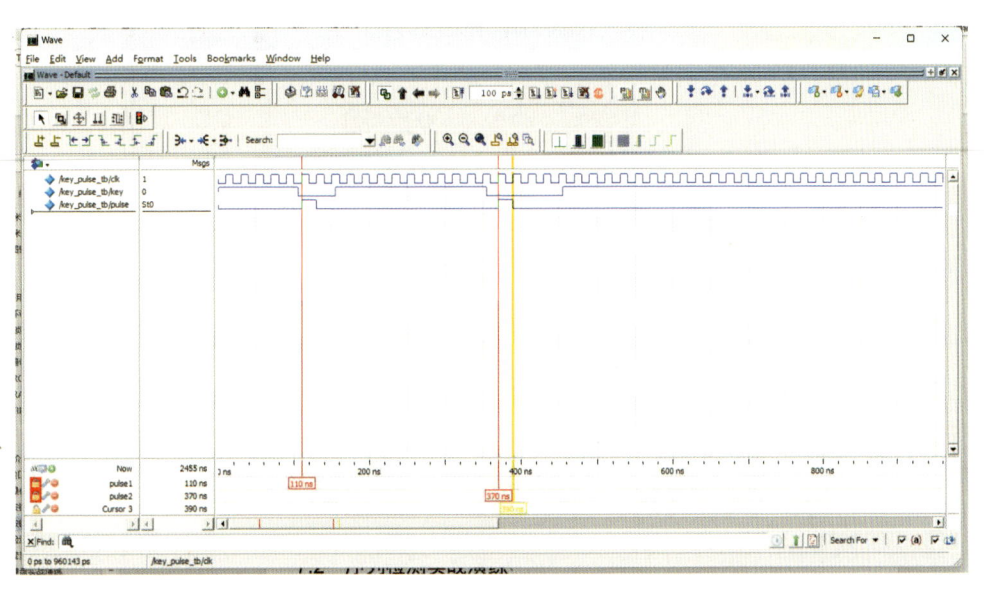

图 7.1.7 使用按键产生脉冲

7.2 序列检测实战演练

本实战是用来检测输入序列是否包含"110"序列。口袋机的左键 key0 和右键 key1 分别代表输入二进制数值 0 和 1,当连续输入"110"序列时,就使输出端 led0 灯点熄灭。采用穆尔状态机编程,原理图如图 7.2.1 所示。序列检测器设计使用了两个模块实现:模块 U1 调用了例 7.1.7 程序产生脉冲信号,每当有按键被按下就会产生一个脉冲;模块 U1 产生的脉冲作为序列比较模块 U2 的时钟信号,通过状态机,比较输入序列是否为"110"序列。程序设计参见例 7.2.1 和例 7.2.2。引脚定义如图 7.2.2 所示。

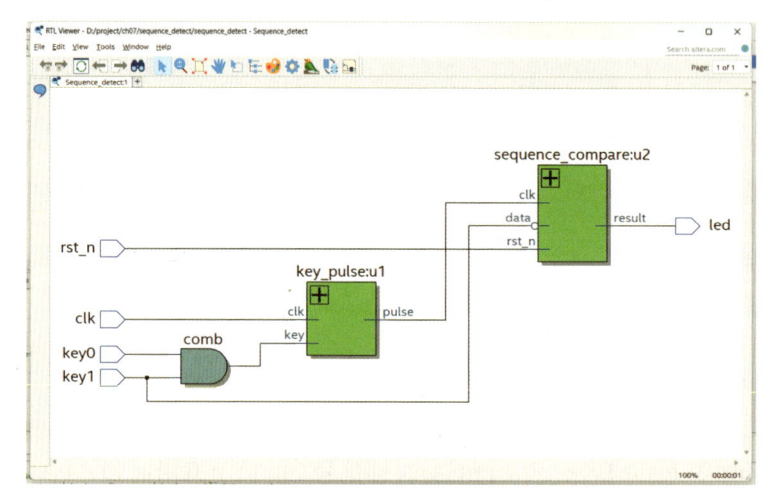

图 7.2.1 序列检测器原理图

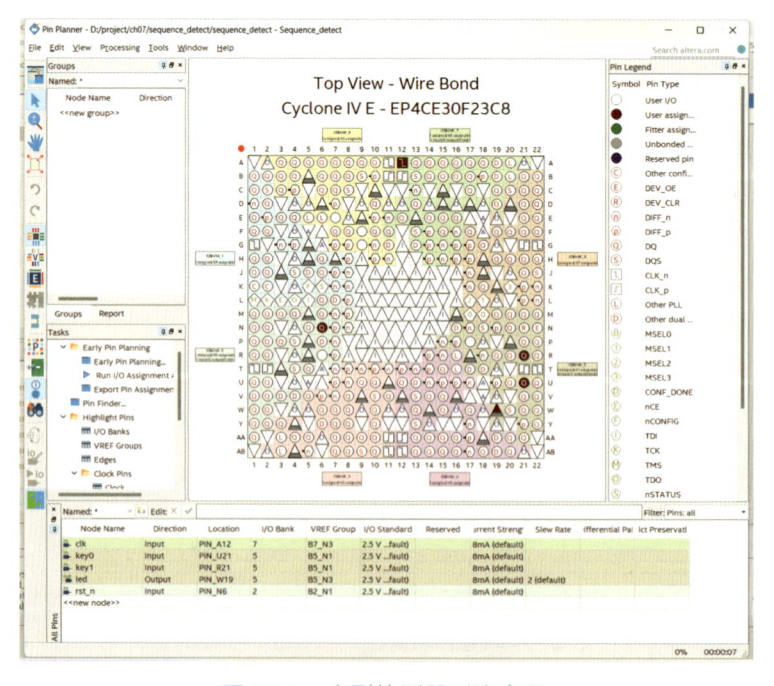

图 7.2.2 序列检测器引脚定义

【例 7.2.1】 序列比较模块电路的 Verilog HDL 描述实例。

```verilog
module sequence_compare(
    input clk, rst_n,
    input data,
    output result
    );
    parameter s0=2'b00,                 //s0 状态表示没有出现 1
              s1=2'b01,                 //s1 状态表示出现第一个 1
              s2=2'b10,                 //s2 状态表示出现连续两个 1
              s3=2'b11;                 //s3 状态表示出现序列 110
    reg [1:0] next_state;
    always @ (posedge clk or negedge rst_n)
       if ( !rst_n ) next_state = s0;   //异步复位,初始状态 s0
       else
       case (next_state)
        s0:if(data == 1'b1) next_state = s1;
           else next_state = s0;
        s1:if(data == 1'b1) next_state = s2;
           else next_state = s0;
        s2:if(data == 1'b1) next_state = s2;
           else next_state = s3;
        s3:if(data == 1'b1) next_state = s1;
           else next_state = s0;
        default: next_state = s0;
       endcase
    assign result = (next_state ==s3)?1:0;//穆尔型输出
endmodule
```

【例 7.2.2】 顶层序列检测电路的 Verilog HDL 描述实例。

```verilog
//序列检测电路顶层文件
module sequence_detect(
    input clk, rst_n,                   //时钟和复位信号
    input  key0, key1,                  //定义按键 1 和 0
    output led                          //输出指示
    );
    wire pulse;
    //调用例 7.1.7 脉冲产生电路
```

```verilog
    key_pulse U1 (
        .clk(clk),
        .key( key0 & key1 ),
        .pulse(pulse));
//调用例 7.2.1 序列比较电路
    sequence_compare u2 (
        .clk(pulse),
        .rst_n(rst_n),
        .data(!key1),
        .result(led));
endmodule
```

7.3 数码管显示实战演练

口袋机数码管显示采用 74595 实现串行/并行数据转换。74595 引脚定义如图 7.3.1 所示。SER 为串行数据输入端，SCLR 为低电平时将移位寄存器的数据清零。SCK 数据输入时钟，上升沿时移位寄存器的数据移位，下降沿移位寄存器数据不变。RCK 为输出存储器锁存时钟，上升沿时输出存储器锁存移位寄存器的状态值，下降沿时输出存储器状态保持。Q0~Q7 为八位并行数据输出端，三态输出管脚。G 为低电平时，Q0~Q7 输出有效值。Q7'为串行数据输出管脚，级联输出端，可连接下一个 74595 的 SER 端。

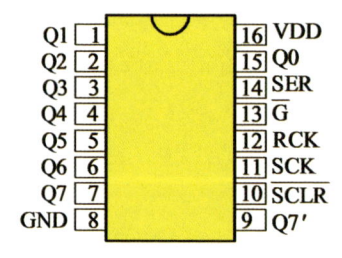

图 7.3.1　74595 引脚图

下面对 74HC595 进行驱动，实现串行/并行数据转换。
【例 7.3.1】驱动 74HC595 的 Verilog HDL 描述。

```verilog
module hc595_driver (
    // 输入时钟及异步复位（上电复位）信号
    input clk,
    input rst_n,
    // 74HC595 控制及数据信号
    input _74hc595_enable,
    input output_enable,
```

```verilog
    input [7:0] tx_data,
    // 74HC595 接口
    output reg SER,          //串行输入数据
    output reg nG,           //输出使能
    output reg RCK,          //锁存器时钟输入
    output reg SCK,          //移位寄存器时钟输入
    output reg nSCLR         //移位寄存器清零
);

    function integer log2(input integer n);
        integer i;
        for(i=1'b0; 2**i <=n; i=i+1) log2 = i+1'b1;
    endfunction

    reg [log2(17):1] cnt_20_ns;

    always@(posedge clk, negedge rst_n)
        if(!rst_n)
            cnt_20_ns <= 0;
        else if(_74hc595_enable) begin
            if(cnt_20_ns < 16) cnt_20_ns <= cnt_20_ns + 1'b1;
            else cnt_20_ns <= 0;
        end else cnt_20_ns <= 0;

    always@(posedge clk, negedge rst_n)
        if(!rst_n) begin
            SER <= 0;
            nG <= 1;
            RCK <= 0;
            SCK <= 0;
            nSCLR <= 0;      // 低电平复位
        end
        else begin
            nSCLR <= 1;      // 解除复位

            if(output_enable) nG <= 0;
            else nG <= 1;
```

```verilog
            if(_74hc595_enable) begin

                // 产生 SCK 信号
                case(cnt_20 ns)
                    0,2,4,6,8,10,12,14: SCK <= 0;
                    1,3,5,7,9,11,13,15: SCK <= 1;
                    16 : SCK <= 0;
                    default : ; // 缺省不操作
                endcase

                // 产生 RCK 信号
                case(cnt_20 ns)
                    16: RCK <= 1;
                    default: RCK <= 0;
                endcase

                // 送出串型数据
                case(cnt_20 ns)
                    0,1 : SER <= tx_data[7];
                    2,3 : SER <= tx_data[6];
                    4,5 : SER <= tx_data[5];
                    6,7 : SER <= tx_data[4];
                    8,9 : SER <= tx_data[3];
                    10,11 : SER <= tx_data[2];
                    12,13 : SER <= tx_data[1];
                    14,15 : SER <= tx_data[0];
                    default: SER <= 0;
                endcase
            end
            else begin
                SCK <= 0;
                RCK <= 0;
                SER <= 0;
            end
        end

endmodule
```

下面对需要显示数据进行控制，实现位码控制和段码译码，显示对应字符。

【例 7.3.2】 实现八位数码管数据显示控制的 Verilog HDL 描述。

```verilog
//动态显示数据控制模块
module seg7display_8(
    input clk,
    input rst_n,
    input [31:0] data,               //待显示的 8 位十六进制数
    output reg [7:0] seg,            //段码信号
    output reg [7:0] an              //位码信号
    );
    reg [2:0] sel;                   //位码控制信号
    reg [3:0] disp;
    always @ (posedge clk or negedge rst_n) begin
        if(!rst_n) begin
            an = 8'b1111_1111;       //复位时数码管全部熄灭
            sel = 0;
        end
        else begin
            sel = sel + 1'b1;        //位码控制信号依次选通不同位置数码管
            case (sel)
                3'b000: begin disp = data[3:0];  an = 8'b1111_1110;end
                                                 //最右侧数码管显示
                3'b001: begin disp = data[7:4];  an = 8'b1111_1101;end
                3'b010: begin disp = data[11:8]; an = 8'b1111_1011;end
                3'b011: begin disp = data[15:12];an = 8'b1111_0111;end
                3'b100: begin disp = data[19:16];an = 8'b1110_1111;end
                3'b101: begin disp = data[23:20];an = 8'b1101_1111;end
                3'b110: begin disp = data[27:24];an = 8'b1011_1111;end
                3'b111: begin disp = data[31:28];an = 8'b0111_1111;end
                default: ;           //默认不做任何操作
            endcase
        end
    end

    always @ (disp)                  //数据显示译码
```

```
        case(disp)
            4'b0000: seg = 8'b11000000;      //段码g~a,显示0
            4'b0001: seg = 8'b11111001;      //显示1
            4'b0010: seg = 8'b10100100;      //显示2
            4'b0011: seg = 8'b10110000;      //显示3
            4'b0100: seg = 8'b10011001;      //显示4
            4'b0101: seg = 8'b10010010;      //显示5
            4'b0110: seg = 8'b10000010;      //显示6
            4'b0111: seg = 8'b11111000;      //显示7
            4'b1000: seg = 8'b10000000;      //显示8
            4'b1001: seg = 8'b10010000;      //显示9
            4'b1010: seg = 8'b10001000;      //显示A
            4'b1011: seg = 8'b10000011;      //显示B
            4'b1100: seg = 8'b11000110;      //显示C
            4'b1101: seg = 8'b10100001;      //显示D
            4'b1110: seg = 8'b10000110;      //显示E
            4'b1111: seg = 8'b10001110;      //显示F
            default: seg = 8'b11111111;      //默认数码管熄灭
        endcase
endmodule
```

通过一定频率的扫描信号控制位码，每次选通一位数码管，数码管显示的数据由加在段码上的数据决定。由于人眼的视觉暂留现象，看到的将是八位数码管同时稳定显示，这种方式称为数码管的动态扫描显示。下面实现扫描频率。

【例7.3.3】 八位数码管显示扫描频率的 Verilog HDL 描述。

```
module div_even #(parameter N = 6)(
    input clk,
    input rst_n,
    output reg clk_out
    );

    integer p;

    always @(posedge clk or negedge rst_n)begin
        if (!rst_n) begin
```

```
                p <= 0;
                clk_out <= 0;
            end
            else if ( p == N/2 - 1) begin
                p <= 0;
                clk_out <= ~clk_out;
            end
            else p <= p + 1;
    end

endmodule
```

【例 7.3.4】 通过 HC595 驱动实现串行数据到并行数据转换，并实现八位数码管动态扫描显示的 Verilog HDL 描述。

```
module hc595_display_8 (
    // 输入时钟及异步复位（上电复位）信号
    input clk,
    input rst_n,
    // 74HC595 控制及数据信号
    input _74hc595_enable,
    input output_enable,
    // 74HC595 接口
    output SER,
    output nG,
    output RCK,
    output SCK,
    output nSCLR,
    // 数码管位选信号
    output [7:0] an
);

wire clk_1khz;
//调用例 7.3.3 分频模块
div_even #(50000) u1(
    .clk(clk),
```

```verilog
        .rst_n(rst_n),
        .clk_out(clk_1khz)
    );                              //1 kHz 信号

    wire [7:0] seg;
    //调用例 7.3.2 数码管显示控制模块
    seg7display_8 u2(
        .clk(clk_1khz),
        .rst_n(rst_n),
        .data(31'b0010_0011_0100_0101_1010_0111_0101_0001),
                                    //待显示的八位十六进制数,可修改显示数据
        .seg(seg),
        .an(an)
    );
    //调用例 7.3.1 驱动 74HC595
    hc595_driver u3(
        .clk(clk),
        .rst_n(rst_n),

        ._74hc595_enable(_74hc595_enable),
        .output_enable(output_enable),
        .tx_data(seg),

        .SER(SER),
        .nG(nG),
        .RCK(RCK),
        .SCK(SCK),
        .nSCLR(nSCLR)
    );
endmodule
```

设计思路：首先调用例 7.3.3 实现扫描频率，分频实现 1 kHz 的时钟信号，用于数码管位码的扫描控制信号；接着用 1 kHz 的信号作用于例 7.3.2 的八位数码管动态显示模块，处理需要显示数据的段码和位码，接下调用例 7.3.1 的 74HC595 驱动模块实现数据转换；最后顶层文件调用以上三模块，实现结构化设计，RTL 原理图如图 7.3.2 所示。将口袋机的 50 MHz 时钟作为 clk 信号，选用一个触摸按键作为复位按钮。引脚定义如图 7.3.3 所示，显示结果如图 7.3.4 所示。

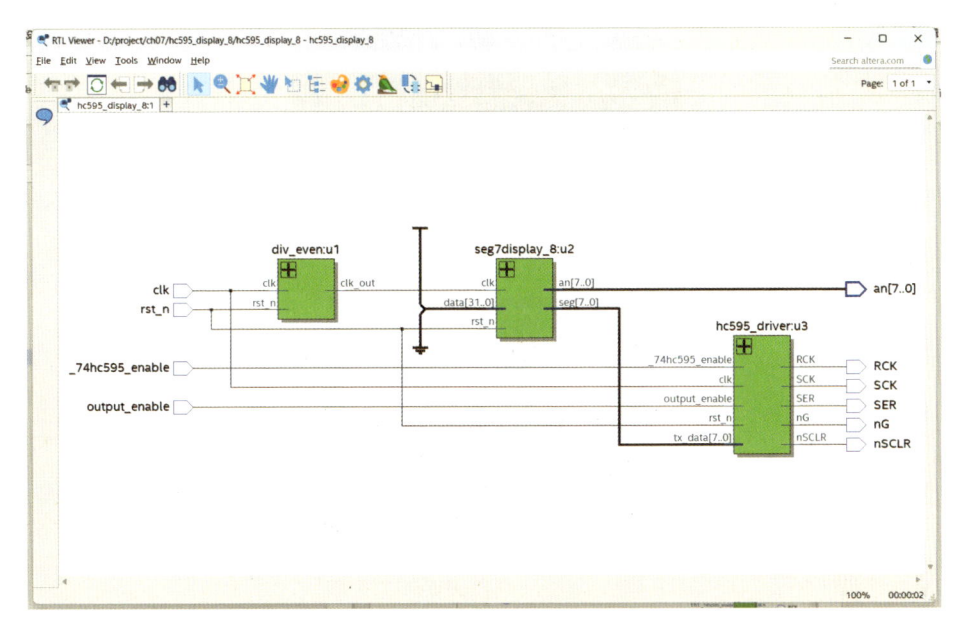

图 7.3.2 结构化设计数码管动态显示

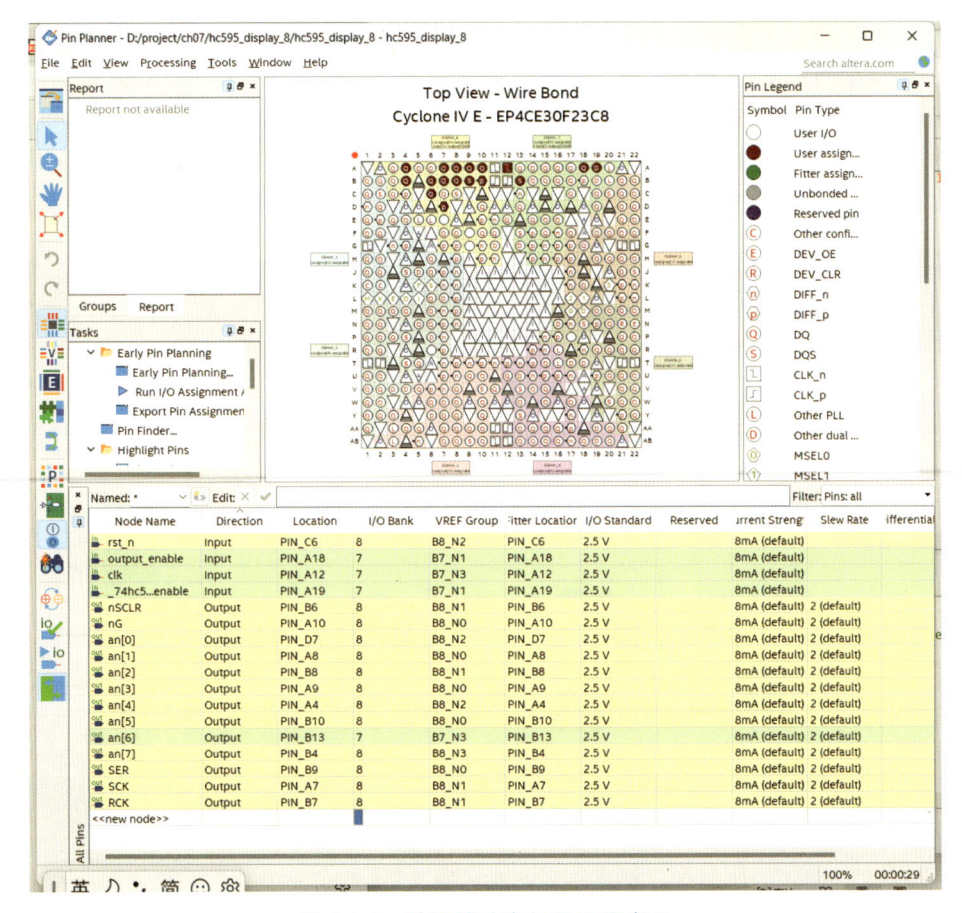

图 7.3.3 数码管动态显示引脚定义

图 7.3.4　八位数码管动态显示

下面再介绍关于八位数码管的滚动显示设计，设计原理如图 7.3.5 所示。数码管滚动显示设计思路：u1 模块用于产生 1 kHz 动态扫描用的频率信号；u2 模块用来产生显示数据需要滚动的频率；u3 模块用于对待显示数据进行移位处理；处理后数据通过数码管动态扫描模块 u4 和 u5 驱动电路显示出来；最后顶层文件调用 u1、u2、u3、u4 和 u5 模块，将口袋机的 50 MHz 时钟作为 clk 信号，选用一个按键作为复位按钮 rst_n。引脚定义如图 7.3.6 所示，八位数码管滚动显示如图 7.3.7 所示。

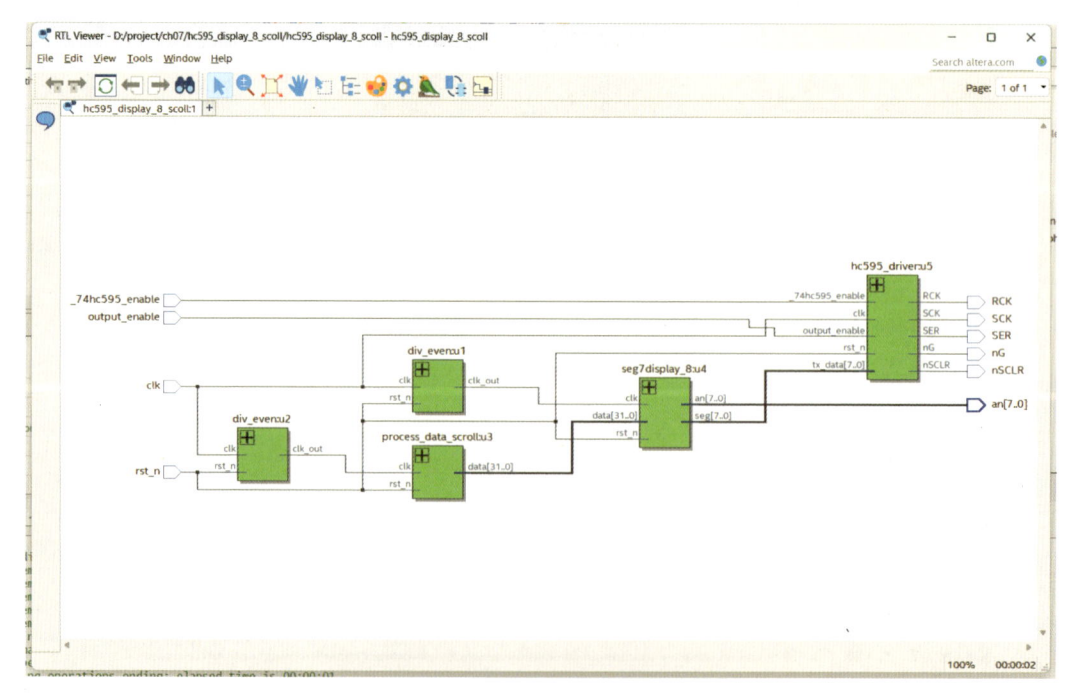

图 7.3.5　结构化设计八位数码管滚动显示

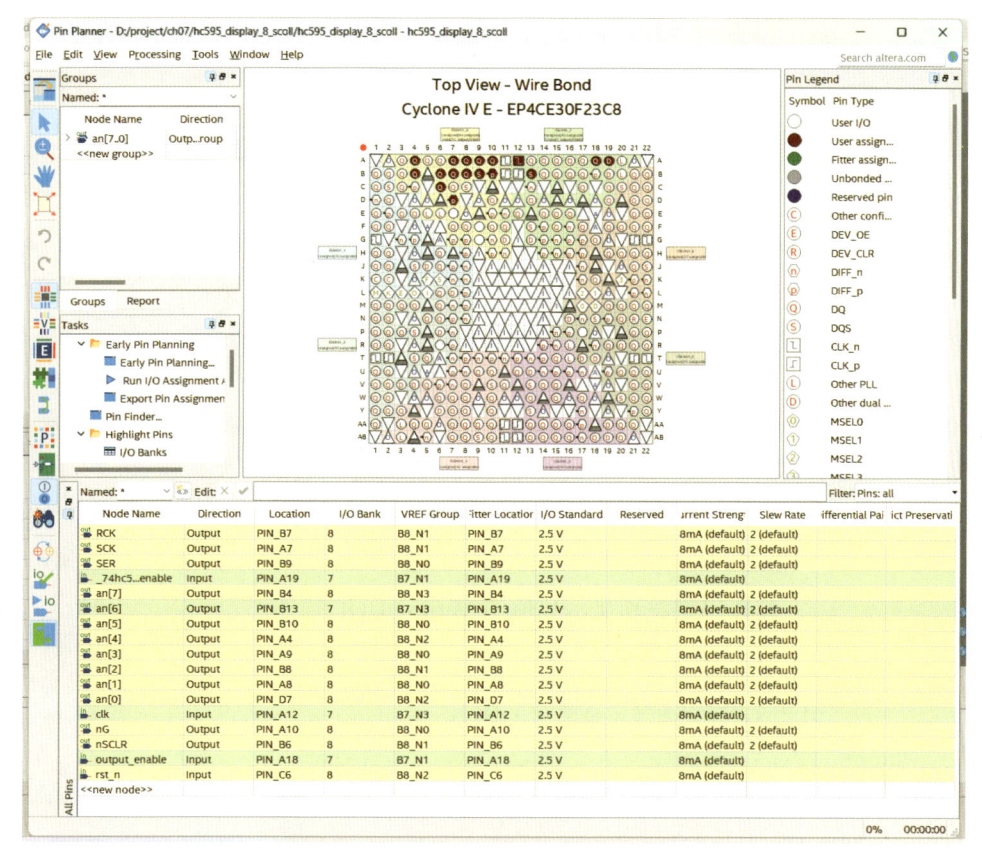

图 7.3.6　八位数码管滚动显示引脚定义

图 7.3.7　八位数码管滚动显示数据

【例 7.3.5】滚动处理待显示数据的 Verilog HDL 描述。

```verilog
module process_data_scroll #( parameter info = 64'hF9E8D7C6B5A43210 )(
//滚动显示信息
    input clk, rst_n,
    output [31:0] data
    );
    reg [63:0] message;
    assign data = message [63:32];
    always @ (posedge clk or negedge rst_n)
        if( !rst_n )
            message <= info;                              //初始显示值
        else
            message <= {message[59:0],message[63:60]};    //移位操作
endmodule
```

【例 7.3.6】 八位数码管滚动显示数值的 Verilog HDL 描述。

```verilog
module hc595_display_8_scroll(
    // 输入时钟及异步复位（上电复位）信号
    input clk,
    input rst_n,
    // 74HC595 控制及数据信号
    input _74hc595_enable,
    input output_enable,
    output [7:0] an,
    // 74HC595 接口
    output SER,
    output nG,
    output RCK,
    output SCK,
    output nSCLR
    );
    wire clk_1khz, clk_scroll;
    //调用例 7.3.3 分频模块，用于动态扫描
    div_even #(50000) u1(
        .clk(clk),
        .rst_n(rst_n),
        .clk_out(clk_1khz)
        );                              //1 kHz 信号用于数码管动态扫描显示
```

```verilog
        //调用例7.3.3分频模块,用于数据滚动
        div_even #(50000000) u2(
            .clk(clk),
            .rst_n(rst_n),
            .clk_out(clk_scroll)
        );                         //1 Hz信号用于数据滚动频率
    wire [31:0] data;
    //调用例7.3.5处理滚动数据
    process_data_scroll #(.info(64'hABCDEF9876543210))
     u3(.clk(clk_scroll),
        .rst_n(rst_n),
        .data(data));              //调用数据处理模块

    wire [7:0] seg;
    //调用例7.3.2数码管显示控制模块
     seg7display_8 u4(
        .clk(clk_1khz),
        .rst_n(rst_n),
        .data(data),               //待显示的八位十六进制数
        .seg(seg),
        .an(an)
        );
        //调用例7.3.1驱动74HC595
        hc595_driver u5(
        .clk(clk),
        .rst_n(rst_n),

        ._74hc595_enable(_74hc595_enable),
        .output_enable(output_enable),
        .tx_data(seg),

        .SER(SER),
        .nG(nG),
        .RCK(RCK),
        .SCK(SCK),
        .nSCLR(nSCLR)
        );
endmodule
```

7.4 矩阵键盘实战演练

4×4 阵列键盘十分常用，其电路如图 7.4.1 所示。假设两个 4 位口 R[3:0]和 C[3:0]都有下拉电阻。在应用中，当按下某按键后，为了识别和读取键信息，比较常用的方法是 FPGA 向 C 口扫描输出一组分别仅有一位为 1 的 4 位数据，如 0001、0010、0100 和 1000。若有键按下，则 R 口一定会向 FPGA 输入对应的数据，这时就可以结合 R 和 C 口的数据判断出按键的位置。若当 S1 按下时，FPGA 输出 C[3:0]=0001，FPGA 输入 R[3:0]=0001。

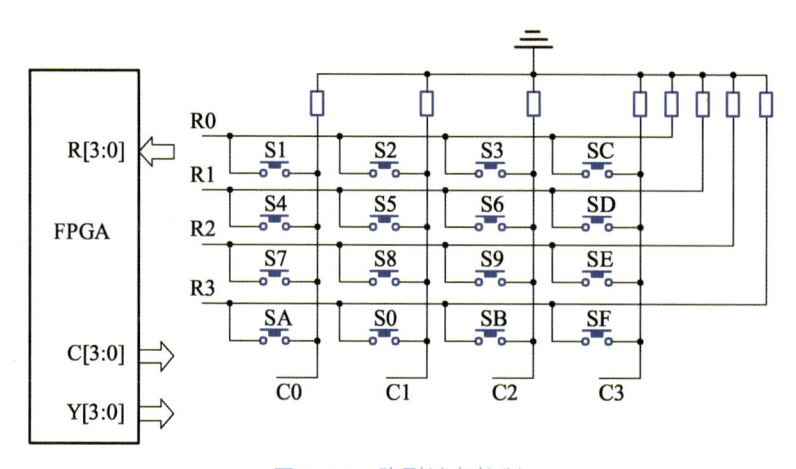

图 7.4.1 阵列键盘控制

【例 7.4.1】驱动 4×4 矩阵键盘的 Verilog HDL 描述实例。

```
module key_board (
    //系统信号
    input iClock,
    input iReset_N,
    //行列信号、标志和键值
    input  [3:0] iRow,
    output reg [3:0] oCol,
    output reg oKey_Flag,
    output reg [3:0] oKey_Value
    );

    localparam
    IDLE      = 11'd00000000001,   //空闲状态
    P_FILTER  = 11'd00000000010,   //按键去抖动延时20ms
    READ_ROW_P = 11'd00000000100,  //读按下行状态
```

```verilog
        SCAN_C0      =   11'd00000001000,    //扫描第 0 列
        SCAN_C1      =   11'd00000010000,    //扫描第 1 列
        SCAN_C2      =   11'd00000100000,    //扫描第 2 列
        SCAN_C3      =   11'd00001000000,    //扫描第 3 列
        PRESS_RSULT  =   11'd00010000000,    //获取扫描结果
        WAIT_R       =   11'd00100000000,    //等待释放信号
        R_FILTER     =   11'd01000000000,    //释放去抖
        READ_ROW_R   =   11'd10000000000;    //读释放行状态

reg [19:0] counter0;      //延时计数器 去抖动 20ms
reg        cnt0_en;       //延时使能
reg        cnt0_done;     //延时结束标志

    reg [25:0] counter1;  //延时计数器 去抖动 1s
    reg        cnt1_en;   //延时使能
    reg        cnt1_done; //延时结束标志

    reg [10:0] state;         //状态寄存器
    reg [3:0]  row_r,col_r;   //行列寄存器
    reg [7:0]  key_value_r;   //按键输出值寄存器
    reg        key_flag_r;    //按键检测成功标志

    always @(posedge iClock or negedge iReset_N) begin
        if (!iReset_N)
            counter0 <= 20'd0;
        else if (cnt0_en)begin
            if (counter0 == 20'd999999)//20ms
                counter0 <= 20'd0;
            else
                counter0 <= counter0 + 1'b1;
        end
        else
            counter0 <= 20'd0;
    end

    always @(posedge iClock or negedge iReset_N) begin
        if (!iReset_N)
```

```verilog
            cnt0_done <= 1'd0;
        else if (counter0 == 20'd999999)
            cnt0_done <= 1'd1;
        else
            cnt0_done <= 1'd0;
end

always @(posedge iClock or negedge iReset_N) begin
    if (!iReset_N)
        counter1 <= 26'd49999999;
    else if (cnt1_en)begin
        if (counter1 == 26'd0)//启动后间隔20ms
            counter1 <= 26'd999999;
        else
            counter1 <= counter1 - 1'b1;
    end
    else
        counter1 <= 26'd49999999;
end

always @(posedge iClock or negedge iReset_N) begin
    if (!iReset_N)
        cnt1_done <= 1'd0;
    else if (counter1 == 20'd0)
        cnt1_done <= 1'd1;
    else
        cnt1_done <= 1'd0;
end

always @(posedge iClock or negedge iReset_N) begin
    if (!iReset_N) begin
        // reset
        state <= IDLE;
        key_flag_r <= 1'b0;
        key_value_r <= 8'd0;
        row_r <= 4'b1111;
        cnt1_en <= 1'b0;
```

```verilog
            cnt0_en <= 1'b0;
            col_r <= 4'b0000;
            oCol <= 4'd0;
        end
        else begin
            case(state)
                IDLE:begin
                    if (iRow != 4'b1111)begin
                        state <= P_FILTER;
                        cnt0_en <= 1'b1;
                    end
                    else begin
                        oCol <= 4'b0000;
                        state <= IDLE;
                        cnt0_en <= 1'b0;
                    end
                end
                //按下去抖
                P_FILTER:begin
                    if (cnt0_done)begin
                        cnt0_en <= 1'b0;
                        state <= READ_ROW_P;
                    end
                    else begin
                        cnt0_en <= 1'b1;
                        state <= P_FILTER;
                    end
                end

                READ_ROW_P:begin
                    if (iRow != 4'b1111)begin
                        row_r <= iRow;
                        state <= SCAN_C0;
                        oCol <= 4'b1110;
                    end
                    else begin
                        state <= IDLE;
```

```verilog
                oCol <= 4'b0000;
            end
        end

        SCAN_C0:begin
            state <= SCAN_C1;
            oCol <= 4'b1101;
            if (iRow != 4'b1111)
                col_r <= 4'b0001;
            else
                col_r <= 4'd0;
        end

        SCAN_C1:begin
            state <= SCAN_C2;
            oCol <= 4'b1011;
            if (iRow != 4'b1111)
                col_r <= col_r | 4'b0010;
            else
                col_r <= col_r;
        end

        SCAN_C2:begin
            state <= SCAN_C3;
            oCol <= 4'b0111;
            if (iRow != 4'b1111)
                col_r <= col_r | 4'b0100;
            else
                col_r <= col_r;
        end

        SCAN_C3:begin
            state <= PRESS_RSULT;
            if (iRow != 4'b1111)
                col_r <= col_r | 4'b1000;
            else
                col_r <= col_r;
```

```verilog
            end
        //行列累加条件判断确保只有一个按键被按下,产生按键检测标识
        PRESS_RSULT:begin
            state <= WAIT_R;
            oCol <= 4'b0000;
      if (((col_r[0]+col_r[1]+col_r[2]+col_r[3])== 4'd1)&&
            ((row_r[0]+row_r[1]+row_r[2]+row_r[3])== 4'd3))begin
                key_flag_r <= 1'b1;
                key_value_r <= {row_r,col_r};
            end
            else begin
                key_flag_r <= 1'b0;
                key_value_r <= key_value_r;
            end
        end

        WAIT_R:begin
            key_flag_r <= 1'b0;
            if (iRow == 4'b1111)begin
                cnt0_en <= 1'b1;
                state <= R_FILTER;
                cnt1_en <= 1'b0;
            end
            else begin
                state <= WAIT_R;
                cnt0_en <= 1'b0;
                cnt1_en <= 1'b1;
            end
        end

        R_FILTER:begin
            if (cnt0_done)begin
                cnt0_en <= 1'b0;
                state <= READ_ROW_R;
            end
            else begin
```

```verilog
                    cnt0_en <= 1'b1;
                    state <= R_FILTER;
                end
            end

            READ_ROW_R:begin
                if (iRow == 4'b1111)begin
                    state <= IDLE;
                end
                else begin
                    state <=R_FILTER;
                    cnt0_en <= 1'b1;
                end
            end

            default:;
        endcase
    end
end

always @(posedge iClock or negedge iReset_N) begin
    if (!iReset_N) begin
        oKey_Flag <= 1'b0;
        oKey_Value <= 4'd0;
    end
    else begin
        oKey_Flag <= key_flag_r | cnt1_done;
        case(key_value_r)
            8'b1110_0001:oKey_Value <= 4'd0;
            8'b1110_0010:oKey_Value <= 4'd1;
            8'b1110_0100:oKey_Value <= 4'd2;
            8'b1110_1000:oKey_Value <= 4'd3;

            8'b1101_0001:oKey_Value <= 4'd4;
            8'b1101_0010:oKey_Value <= 4'd5;
```

```
                         8'b1101_0100:oKey_Value <= 4'd6;
                         8'b1101_1000:oKey_Value <= 4'd7;

                         8'b1011_0001:oKey_Value <= 4'd8;
                         8'b1011_0010:oKey_Value <= 4'd9;
                         8'b1011_0100:oKey_Value <= 4'd10;
                         8'b1011_1000:oKey_Value <= 4'd11;

                         8'b0111_0001:oKey_Value <= 4'd12;
                         8'b0111_0010:oKey_Value <= 4'd13;
                         8'b0111_0100:oKey_Value <= 4'd14;
                         8'b0111_1000:oKey_Value <= 4'd15;
                         default:begin
                             oKey_Value <= oKey_Value;
                             oKey_Flag <= oKey_Flag;
                         end
                     endcase
                 end
             end

endmodule
```

【例 7.4.2】 4×4 阵列键盘显示控制的 Verilog HDL 描述实例。

```
module matrix_key (
    // 输入时钟及异步复位（上电复位）信号
    input clk,
    input rst_n,
//矩阵键盘行列信号
    input  [3:0] iRow,
    output [3:0] oCol,
    // 74HC595 接口
    output SER,
    output nG,
    output RCK,
    output SCK,
    output nSCLR,
```

```verilog
// 数码管位选信号
    output [7:0] an
);

    wire clk_1khz;
    //调用例 3.9.1 分频器，实现 50 MHz 分频为 1 kHz
    divider
           #( 50000000,         //系统时钟输入频率：50 MHz
              1000 )            //分频器待输出时钟频率：1 kHz
           u1 (
               .clk(clk),
               .rst_n(rst_n),
               .clk_out(clk_1khz) );
wire [3:0] data;
 //调用例 7.4.1 矩阵键盘
key_board (
    //系统信号
    .iClock(clk),
    .iReset_N(rst_n),
    //矩阵键盘信号
    .iRow(iRow),
    .oCol(oCol),
    .oKey_Flag(),
    .oKey_Value(data)         //按键键值
);
wire [7:0] seg;
    //调用例 7.3.2 显示数据控制
seg7display_8 u2(
    .clk(clk_1khz),
    .rst_n(rst_n),
    .data(data),              //待显示的键值
    .seg(seg),                //段码
    .an(an)                   //位码
    );

//调用例 7.3.1 驱动 74HC595 芯片
hc595_driver u3(
```

```
    .clk(clk),
    .rst_n(rst_n),

    ._74hc595_enable(1'b1),   //74595 使能有效
    .output_enable(1'b1),     //输出使能有效
    .tx_data(seg),

    .SER(SER),
    .nG(nG),
    .RCK(RCK),
    .SCK(SCK),
    .nSCLR(nSCLR)
);
endmodule
```

设计原理如图 7.4.2 所示。矩阵键盘驱动显示设计思路：u1 模块用于产生 1 kHz 动态扫描用的频率信号；u2 模块为数码管动态扫描模块；u3 模块为 74595 驱动电路；u4 模块为矩阵键盘扫描电路，并确定键值；最后顶层文件调用 u1、u2、u3 和 u4 模块，将口袋机的 50 MHz 时钟作为 clk 信号，选用一个按键作为复位按钮 rst_n。引脚定义如图 7.4.3 所示，矩阵键盘显示如图 7.4.4 所示。

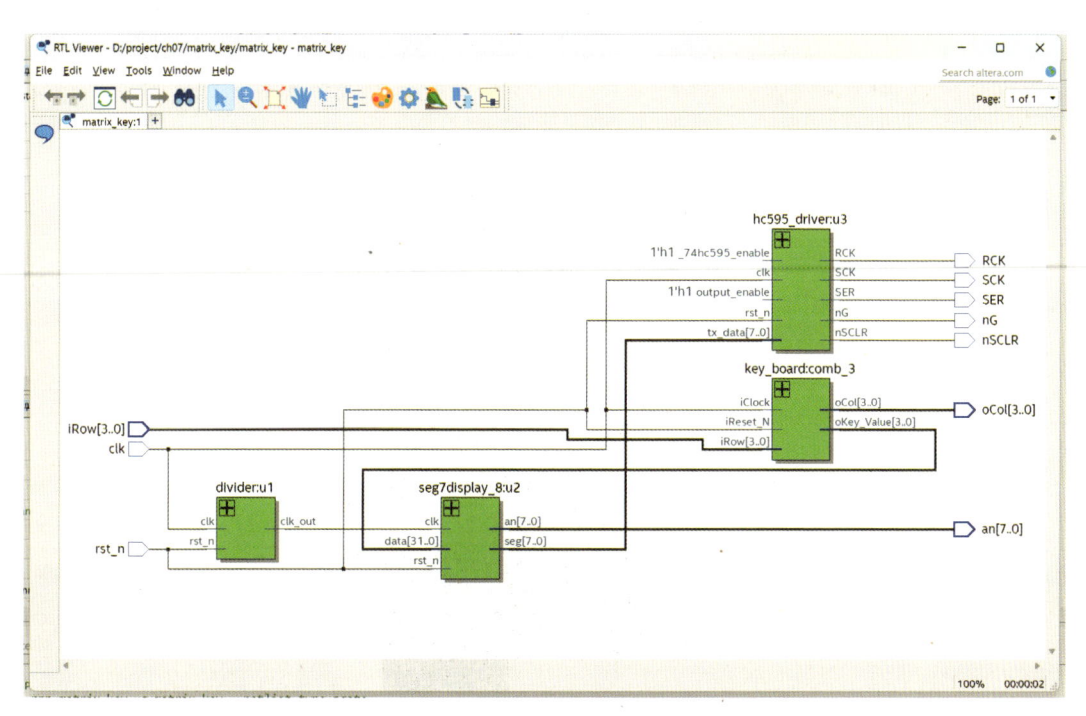

图 7.4.2　阵列键盘控制原理

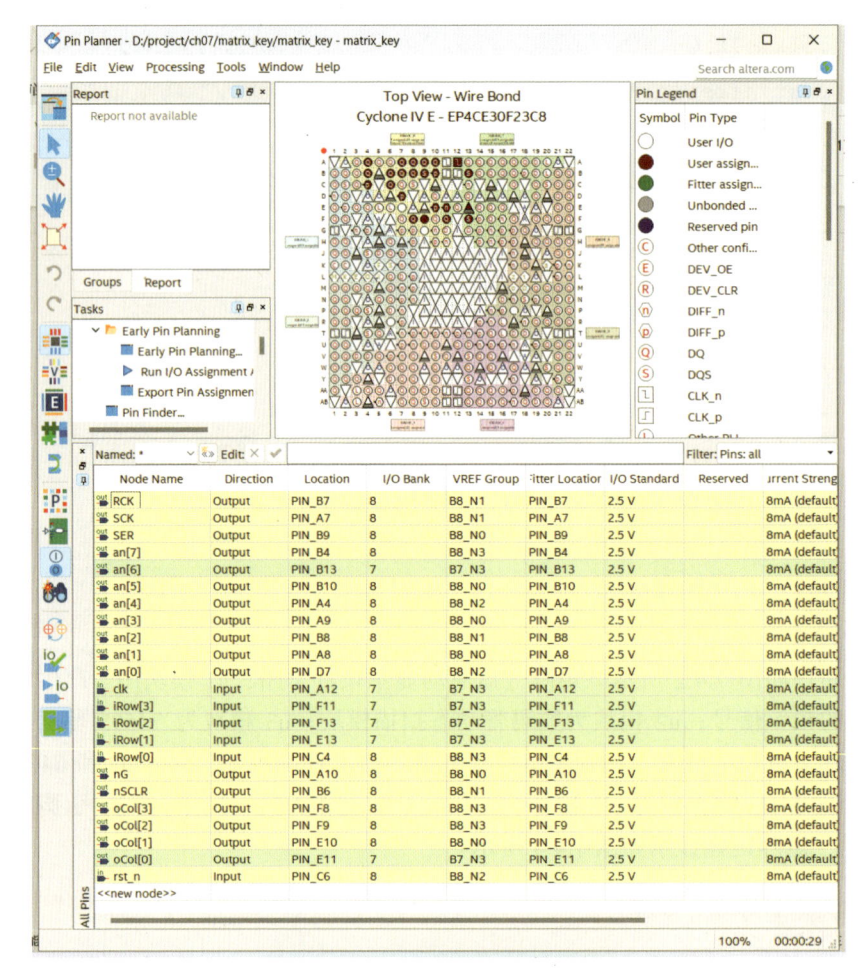

图 7.4.3 阵列键盘控制引脚定义

图 7.4.4 阵列键盘控制显示

7.5 点阵显示实战演练

LED 点阵显示屏是一种简单的汉字显示器，具有价廉、易于控制、使用寿命长等特点，可广泛应用于各种公共场合，如车站、码头、银行、学校、火车、公共汽车显示等。点阵采用 4 个 8×8 点阵 LED，行驱动采用两片 74HC138 做译码，列驱动采用两片 74HC595 串转并芯片。下面重点介绍点阵屏驱动程序的设计，并使用口袋机实验平台搭建实验电路。

【例 7.5.1】实现点阵驱动的 Verilog HDL 描述。

```
module JC_PM2_Drive (
//system signals
input                   clock       ,   //全局时钟
input                   reset       ,   //全局复位
//dirve data port
input       wire[15:0]  Data_i      ,   //待传输的数据
input       wire        Start_i     ,   //开始传输
output      wire        Byte_finsh  ,   //字节传输结束标志
input       wire        Row_acc_flag,
//drive port signals HC595
input       wire        Dout_i      ,   //595串行输出-FPGA串行输入
output      wire        Din_o       ,   //输出给595串行信号
output      wire        Sck_o       ,   //输出给595数据同步到并行端口信号
output      wire        Clk_o       ,   //输出给595同步时钟

//drive port signals LS138
output      wire[3:0]   row_addr        //行地址
);

reg     [3:0]       data_cnt;   //串行数据位数计数器
reg     [3:0]       row_cnt;    //行数据控制
reg                 byte_flag;  //字节传输结束标志
wire                sclk_link;  //595时钟串行输出控制信号

//16 直接传输结束标志 byte_flag
always @(posedge clock or negedge reset) begin
if (reset == 1'b0)// reset
    byte_flag <= 1'b0;
```

```verilog
        else if (data_cnt == 4'd15)
            byte_flag  <=  1'b1;
        else
            byte_flag  <=  1'b0;
end
//按位数据计数器data_cnt
always @(posedge clock or negedge reset) begin
    if (reset == 1'b0)// reset
        data_cnt   <=  4'd0;
    else if (sclk_link == 1'b1)
        data_cnt   <=  data_cnt + 1'b1;
    else
        data_cnt   <=  4'd0;
end


// ROW 地址计数器 sclk_link == 1'b0 && byte_flag == 1'b1 &&
always @(posedge clock or negedge reset) begin
    if (reset == 1'b0)// reset
        row_cnt <=  'd0;
    else if (Row_acc_flag == 1'b1)
        row_cnt <=  row_cnt + 1'b1;
    else
        row_cnt <=  row_cnt;
end


assign  row_addr = row_cnt;
assign Din_o = (sclk_link == 1'b1)?Data_i[data_cnt]:1'b0;
assign sclk_link = (Start_i == 1'b1 && byte_flag == 1'b0)?1'b1:1'b0;
assign Clk_o = sclk_link? ~clock : 1'b1;
assign Sck_o = byte_flag;
assign Byte_finsh = byte_flag;


endmodule
```

【例7.5.2】 实现点阵显示汉字的Verilog HDL描述。

//显示汉字"创"

```verilog
module lattice_top (
//system signals
input       wire                        clock_i     ,   //50 M
input       wire                        reset       ,
//
output      wire        Din_o           ,   //输出给595串行信号
output      wire        Sck_o           ,   //输出给595数据同步到并行端口信号

output      wire        Clk_o           ,   //输出给595同步时钟

//drive port signals LS138
output      wire                        A_o         ,   //输出到138
output      wire                        B_o         ,   //输出到138
output      wire                        C_o         ,   //输出到138
output      wire                        D_o         ,   //输出到138
);

    pll pll_inst(
        .inclk0(clock_i),
        .c0(clock));
    wire                clock       ;   //1 M时钟
reg[15:0]           Data_i      ;   //待传输的数据
reg                 Start_i     ;   //开始传输
wire                Byte_finsh  ;   //一行数据传输结束标志

reg[15:0]           mem[69:0]   ;   //汉字存储器
reg[1:0]            state       ;   //信号输出状态控制
reg                 Row_acc_flag;   //行地址累加标志
wire[7:0]           row_addr    ;   //16*汉字数量计算位宽
reg [3:0]           row_addr_h  ;
wire[3:0]           row_addr_l  ;
reg[35:0]           delay_cnt   ;   //延时计数器
reg                 delay_link  ;   //延时启动信号

initial $readmemh("D:/project/ch07/_2Lattice_Screen/src/mem.txt",mem);
```

```verilog
parameter DEL = 'd4000000;                //延时上限

assign row_addr = {row_addr_h,row_addr_l};//ROW 地址拼接
assign {D_o,C_o,B_o,A_o} = row_addr_l;

always @(posedge clock or negedge reset) begin
if (reset == 1'b0)
    // reset
    delay_cnt <= 16'd0;
else if(delay_cnt ==  DEL)
    delay_cnt <= 'd0;
else if (delay_link == 1'b1)
    delay_cnt <= delay_cnt + 1'b1;
end

always @ (posedge clock or negedge reset) begin
if(reset == 1'b0)begin
    state       <= 'd0;
    Row_acc_flag   <= 1'b0;
    Data_i <= 'd0;

    Start_i <= 1'b0;
end
else begin
        case(state)
            0:begin

                if (Byte_finsh == 1'b1)begin
                    state <= 'd1;
                    Start_i <= 1'b0;
                end
                else begin
                    Start_i <= 1'b1;
                    Data_i <=  mem[row_addr];
                    state <= 'd0;
                    Row_acc_flag <= 1'b0;
                end
```

```verilog
            end

        1:begin
            //Start_i <= 1'b1;
            if (Byte_finsh == 1'b1)begin
                state <= 'd2;
                Row_acc_flag <= 1'b1;
                Start_i <= 1'b0;
            end
            else begin
                Start_i <= 1'b1;
                Data_i <= 'd0;
                state <= 'd1;
            end
        end

        2:begin
            Row_acc_flag <= 1'b0;
            state <= 'd0;
        end

        default:state <= 'd0;
        endcase
    end
end


reg[1:0]    i;//延时状态寄存器
always @ (posedge clock or negedge reset) begin
if(reset == 1'b0)begin
    i <= 'd0;
    delay_link <= 1'b0;
    row_addr_h <= 'd0;
end
else
    case(i)
        0:begin//数据地址为 16 时,高 ROW 地址加 1
```

```verilog
                    if(row_addr_l == 'd15 && Row_acc_flag == 1'b1)begin
                        row_addr_h <= row_addr_h + 1'b1;
                        i <= 'd1;
                        delay_link <= 1'b1;
                    end
                    else begin
                        i <= 'd0;
                    end
                end
                1:begin
                    if (delay_cnt == DEL)begin
                        delay_link <= 1'b0;
                        i <= 'd0;
                    end
                    else begin
                        i <= 'd1;
                    end
                end
            endcase
end

JC_PM2_Drive JC_PM2_Drive_inst(
    //system signals
    .clock      (clock),    //全局时钟
    .reset      (reset),    //全局复位
    //dirve data port
    .Data_i     (Data_i),   //待传输的数据
    .Start_i    (Start_i),  //开始传输
    .Byte_finsh(Byte_finsh),
    .Row_acc_flag(Row_acc_flag),
    //drive port signals HC595
    .Dout_i     (Dout_i),   //595串行输出-FPGA串行输入
    .Din_o      (Din_o ),   //输出给595串行信号
    .Sck_o      (Sck_o ),   //输出给595数据同步到并行端口信号
    .Clk_o      (Clk_o ),   //输出给595同步时钟
    //drive port signals LS138
```

```
        .row_addr   (row_addr_1)
);
endmodule
```

新建 Quartus Ⅱ 工程，添加例 7.5.1 和例 7.5.2 源文件，综合后锁定引脚如图 7.5.1 所示，布局布线并适配生成下载 .sof 文件。如图 7.5.2 所示，通过口袋机可以观察到点阵显示汉字"创"，验证了设计的正确性。

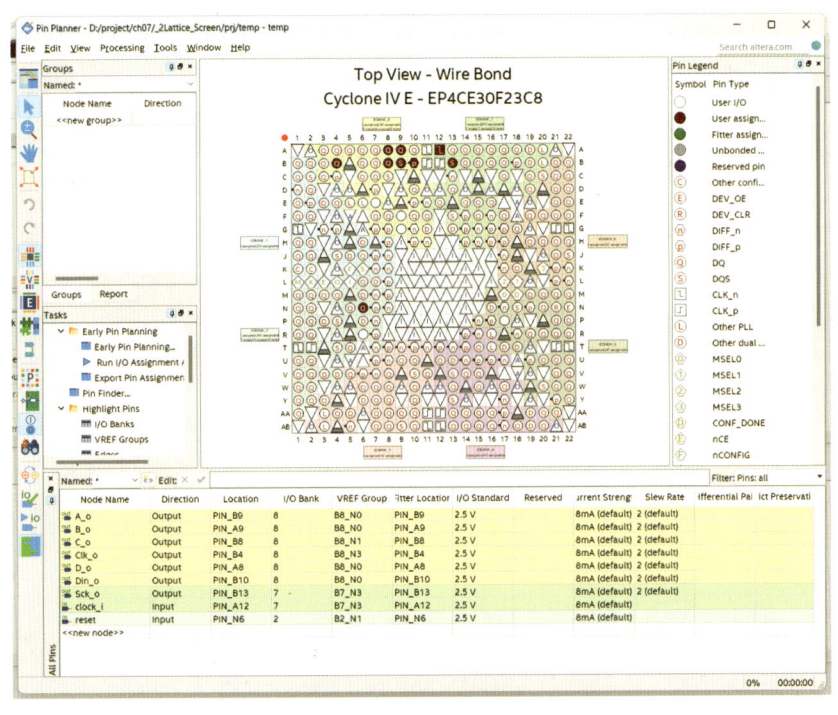

图 7.5.1　点阵显示实战引脚定义

图 7.5.2　点阵显示实战

7.6　RGB 灯显示实战演练

　　WS2812 是一个集控制电路与发光电路于一体的智能外控 LED 光源，控制电路和 RGB 芯片集成封装在 5050 元件中构成一个像素点。每个像素点的三基色可实现 256 级亮度显示，完成 16777216 种颜色的全真色彩显示，扫描频率不低于 400 Hz/s，采用串行级联接口，通过一根线完成数据的接收与解码。下面重点介绍 WS2812 程序的设计，使用口袋机实验平台搭建实验电路。WS2812 的数据协议，采用的是一种叫作单线归零码的通信方式。单线归零码通过识别电平转换来判断 0 和 1 信号，与一般的电平表示的 0 或 1 相比，对于噪声的抵抗更强。WS2812 模块采用 25 颗 WS2812 灯珠串行级联。

【例 7.6.1】 WS2812 RGB 灯显示的 Verilog HDL 描述。

```verilog
module WS2812B_LED(
    input     wire      clock,
    input     wire      reset,

    output    reg       mosi
);

reg [23:0]  data;
parameter code_end = 'd62;
parameter sd_end = 'd200;
reg    [7:0]     code_cnt;

//时序脉冲周期计数模块
always @ (posedge clock,negedge reset)begin
    if (reset == 1'b0)
        code_cnt <= 'd0;
    else if (code_cnt == code_end)
        code_cnt <= 'd0;
    else
        code_cnt <= code_cnt + 1'b1;
end

wire    code_cnt_flag;//单周期时序结束标志
reg     t0,t1;

assign code_cnt_flag = (code_cnt == code_end) ? 1'b1 : 1'b0;
//时序 0code 脉冲发生模块
```

```verilog
always @ (posedge clock,negedge reset)begin
    if (reset == 1'b0)
        t0 <= 1'b0;
    else if (code_cnt <= 20)
        t0 <= 1'b1;
    else
        t0 <= 1'b0;
end
//时序1code脉冲发生模块
always @ (posedge clock,negedge reset)begin
    if (reset == 1'b0)
        t1 <= 1'b0;
    else if (code_cnt <= 40)
        t1 <= 1'b1;
    else
        t1 <= 1'b0;
end

reg [7:0]   data_cnt;//发送数据移位寄存器

always @ (posedge clock,negedge reset)begin
    if (reset == 1'b0)
        data_cnt <= 'd24;
    else if (data_cnt == 'd0)
        data_cnt <= 'd24;
    else if (code_cnt_flag == 1'b1)
        data_cnt <=  data_cnt - 1'b1;
end

wire led_cnt_flag;//数据标志寄存器

assign  led_cnt_flag = (data_cnt == 'd0) ? 1'b1 : 1'b0;

reg [27:0] sd_cont;
wire       sd_flag;
always @ (posedge clock,negedge reset)begin
    if (reset == 1'b0)
        sd_cont <= 'd0;
    else if (sd_cont == sd_end)
```

```verilog
            sd_cont <= 'd0;
        else
            sd_cont <= sd_cont + 1'b1;
end

assign sd_flag = (sd_cont == sd_end) ? 1'b1 : 1'b0;

reg [3:0]   led_cnt;//数据变化寄存器

always @ (posedge clock,negedge reset)begin
    if (reset == 1'b0)
        led_cnt <= 'd0;
    else if (led_cnt == 'd15)
        led_cnt <= 'd0;
    else if (led_cnt_flag == 1'b1)
        led_cnt <= led_cnt + 1'b1;
end

reg [3:0]   shift_reg;

always @ (posedge clock)begin
    if(reset == 1'b0)
        shift_reg <= 'd0;
    else if (sd_flag == 1'b1)
        shift_reg <= shift_reg + 1'b1;
end

always @ (posedge clock)begin
    case(led_cnt)
        0:data <= 24'h0f0000;
        1:data <= 24'h000f00;
        2:data <= 24'h00000f;
        3:data <= 24'h0f0000;
        4:data <= 24'h000f00;
        5:data <= 24'h00000f;
        6:data <= 24'h0f0000;
        7:data <= 24'h000f00;
        8:data <= 24'h00000f;
        9:data <= 24'h0f0000;
```

```verilog
            10:data <= 24'h000f00;
            11:data <= 24'h00000f;
            12:data <= 24'h0f0000;
            13:data <= 24'h000f00;
            14:data <= 24'h00000f;
            15:data <= 24'h0f0000;
            default: data <= 24'b000000;
        endcase
    end
    
    always @ (posedge clock)begin
        if (data[data_cnt-1] == 1'b1)
            mosi <= t1;
        else
            mosi <= t0;
    end

endmodule
```

新建 Quartus Ⅱ 工程，添加例 7.6.1 源文件，综合后锁定引脚如图 7.6.1 所示，布局布线并适配生成下载 .sof 文件。如图 7.6.2 所示，通过口袋机可以观察到 RGB 点阵显示效果，验证了设计的正确性。

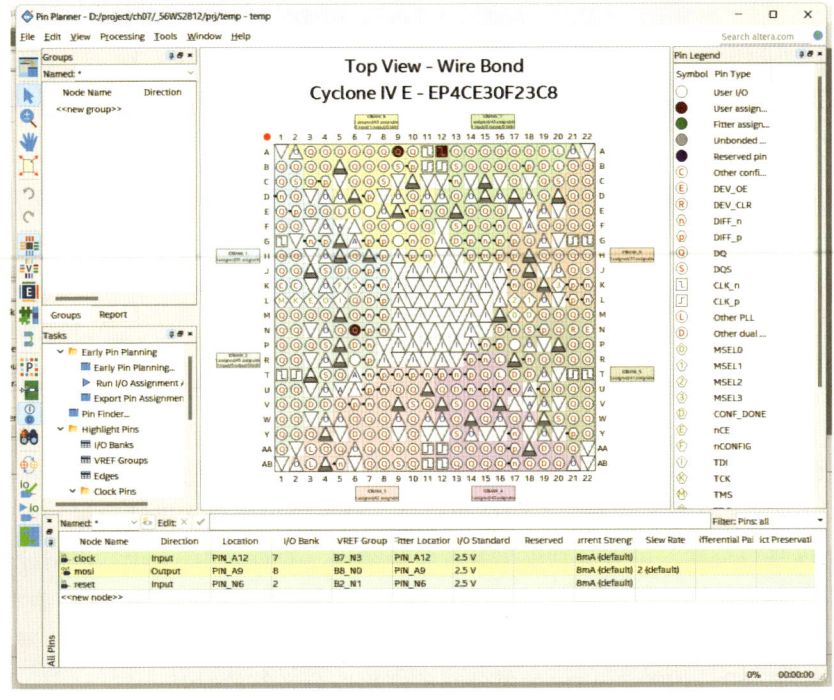

图 7.6.1　RGB 显示引脚定义

图 7.6.2　RGB 点阵显示

7.7　蜂鸣器播放音乐实战演练

乐曲能持续演奏所需的两个基本数据是每个音符的频率值（音调）及其持续的时间（音长），因此只要控制输出到无源蜂鸣器的激励信号的频率高低和持续时间，就可以使蜂鸣器发出连续的乐曲声。音调的高低由频率决定，简谱中的音名与频率的对应关系见表 7.7.1。

表 7.7.1　音名与频率的关系

音名	频率/Hz	音名	频率/Hz	音名	频率/Hz
低音 1	261.6	中音 1	523.3	高音 1	1046.5
低音 2	293.7	中音 2	587.3	高音 2	1174.7
低音 3	329.6	中音 3	659.3	高音 3	1318.5
低音 4	349.2	中音 4	698.5	高音 4	1396.9
低音 5	392	中音 5	784	高音 5	1568
低音 6	440	中音 6	880	高音 6	1760
低音 7	493.9	中音 7	987.8	高音 7	1975.5

所有不同频率的信号都是从同一个基准频率分频得到。由于音阶频率多为非整数，而分频系数又不能太小。基准频率也不能太大或太小，实际的设计中通常采用 6 MHz 的基准频率。在进入蜂鸣器前有一个二分频电路，减少输出的偶次谐波分量，因此实际是通过 3 MHz 进行分频。可以分别求出各音阶分频比，通过采用 14 位二进制计数器分频就能满足要求。每个音阶对应一个预置数，通过采用加载不同预置数，计数器实现分频。

音符的持续时间根据乐曲的速度及每个音符的拍数确定，设计中演奏片段的最短音符为四分音符，设计中需要 4 Hz 的时钟频率产生四分音符的时长。

音乐播放结构如图 7.7.1 所示。首先参照 6.1 节调用锁相环，分频实现 24 MHz 的时钟信号；BUZZER 模块实现音符、节拍及乐曲的输入。蜂鸣器播放音乐程序参见例 7.7.1。

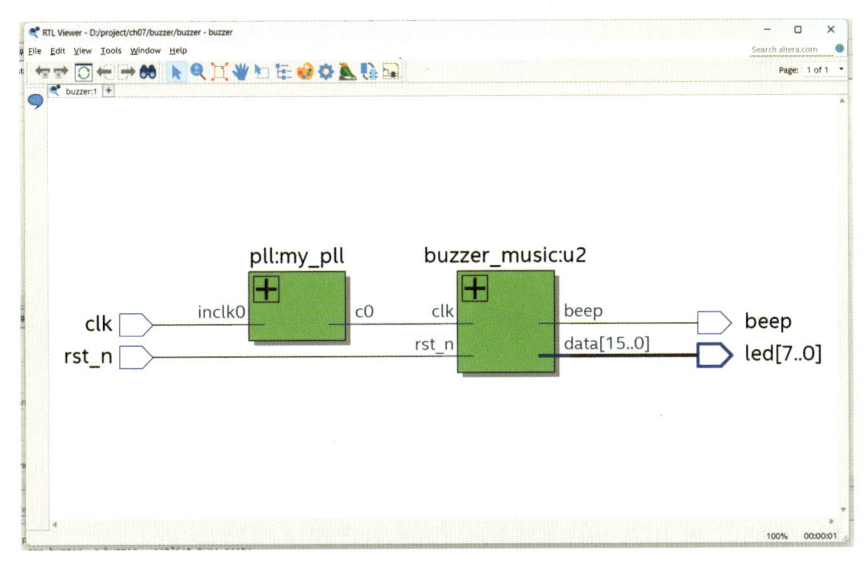

图 7.7.1　音乐播放 RTL 图

【例 7.7.1】　音乐《梁祝》的 Verilog HDL 描述。

```
module buzzer_music (clk, rst_n, beep, data);

    input         clk;
    input         rst_n;
    output reg beep;
    output reg [7:0] data;


//------------时钟分频计数器------------------------------------
    parameter CLK_BASE = 24_000_000;       //输入时钟频率
    parameter CLK_REF  =  6_000_000;       //基准频率

    parameter COUNTER_REF = CLK_BASE/CLK_REF/2 - 1;//基准频率分频计数器值
    parameter SPEED    = 4;                //控制演奏节拍，频率 4 Hz
    parameter COUNTER_SPEED= CLK_BASE/SPEED/2 - 1;//演奏节拍分频计数器值
    parameter SONG_LENGTH = 63;

//------------音阶分频预置数-----------------------------------
//分频比= CLK_REF / 音阶频率 / 2 - 1
```

```verilog
//预置数 = 16383 -   分频比

parameter REST    = 16383;  //休止符不发出声2^14 - 1 = 16383

    parameter C_LOW = 16383 - (CLK_REF/2 / 262);//低音C
    parameter D_LOW = 16383 - (CLK_REF/2 / 294);
    parameter E_LOW = 16383 - (CLK_REF/2 / 330);
    parameter F_LOW = 16383 - (CLK_REF/2 / 349);
    parameter G_LOW = 16383 - (CLK_REF/2 / 392);
    parameter A_LOW = 16383 - (CLK_REF/2 / 440);
    parameter B_LOW = 16383 - (CLK_REF/2 / 494);

    parameter C_MID = 16383 - (CLK_REF/2 / 523);//中音C
    parameter D_MID = 16383 - (CLK_REF/2 / 587);
    parameter E_MID = 16383 - (CLK_REF/2 / 659);
    parameter F_MID = 16383 - (CLK_REF/2 / 699);
    parameter G_MID = 16383 - (CLK_REF/2 / 784);
    parameter A_MID = 16383 - (CLK_REF/2 / 880);
    parameter B_MID = 16383 - (CLK_REF/2 / 988);

    parameter C_HIGH = 16383 - (CLK_REF/2 / 1047);    //高音C
    parameter D_HIGH = 16383 - (CLK_REF/2 / 1175);
    parameter E_HIGH = 16383 - (CLK_REF/2 / 1319);
    parameter F_HIGH = 16383 - (CLK_REF/2 / 1397);
    parameter G_HIGH = 16383 - (CLK_REF/2 / 1568);
    parameter A_HIGH = 16383 - (CLK_REF/2 / 1760);
    parameter B_HIGH = 16383 - (CLK_REF/2 / 1976);

//----------------基准时钟分频6 MHz--------------------------------

    reg [22:0] cnt1;
    reg clk_6mhz;

    always @(posedge clk or negedge rst_n)
      begin
        if (!rst_n)
            begin
                cnt1 <= 0;
```

```verilog
                    clk_6mhz <= 0;
                end
            else if ( cnt1 == COUNTER_REF )
                begin
                    cnt1 <= 0;
                    clk_6mhz <= ~ clk_6mhz;
                end
            else
                cnt1 <= cnt1 + 1'b1;
    end

//----------------演奏节拍分频 4 Hz----------------------------------

reg [21:0] cnt2;
reg clk_4hz;

always @(posedge clk or negedge rst_n)
    begin
        if (!rst_n)
            begin
                cnt2 <= 0;
                clk_4hz <= 0;
            end
        else if (cnt2 == COUNTER_SPEED)
            begin
                cnt2 <= 0;
                clk_4hz <= ~ clk_4hz;
            end
        else
            cnt2 <= cnt2 + 1'b1;
    end

reg [13:0] cnt3;

always @(posedge clk_6mhz or negedge rst_n)
    begin
        if (!rst_n)
            cnt3 <= 0;
        else if (cnt3 == REST)
```

```verilog
                begin
                    cnt3 <= cnt_hz;
                    beep <= ~ beep;      //产生方波驱动无源蜂鸣器
                end
            else
                cnt3 <= cnt3 + 1'b1;
    end

    reg [13:0] cnt_hz;

    always @(posedge clk_4hz or negedge rst_n)    //根据不同的音阶选择不同的预置数
    begin
        if (!rst_n)
            cnt_hz <= REST;
        else
            case (music_scale)
                0 : begin cnt_hz <= C_LOW;   data <= 8'b1000_0000;end
                1 : begin cnt_hz <= C_LOW;   data <= 8'b1000_0001;end
                2 : begin cnt_hz <= D_LOW;   data <= 8'b1000_0010;end
                3 : begin cnt_hz <= E_LOW;   data <= 8'b1000_0011;end
                4 : begin cnt_hz <= F_LOW;   data <= 8'b1000_0100;end
                5 : begin cnt_hz <= G_LOW;   data <= 8'b1000_0101;end
                6 : begin cnt_hz <= A_LOW;   data <= 8'b1000_0110;end
                7 : begin cnt_hz <= B_LOW;   data <= 8'b1000_0111;end
                8 : begin cnt_hz <= C_MID;   data <= 8'b0100_0001;end
                9 : begin cnt_hz <= D_MID;   data <= 8'b0100_0010;end
                10 :begin cnt_hz <= E_MID;   data <= 8'b0100_0011;end
                11 :begin cnt_hz <= F_MID;   data <= 8'b0100_0100;end
                12 :begin cnt_hz <= G_MID;   data <= 8'b0100_0101;end
                13 :begin cnt_hz <= A_MID;   data <= 8'b0100_0110;end
                14 :begin cnt_hz <= B_MID;   data <= 8'b0100_0111;end
                15 :begin cnt_hz <= C_HIGH;  data <= 8'b0010_0001;end
                16 :begin cnt_hz <= D_HIGH;  data <= 8'b0010_0010;end
                17 :begin cnt_hz <= E_HIGH;  data <= 8'b0010_0011;end
                18 :begin cnt_hz <= F_HIGH;  data <= 8'b0010_0100;end
                19 :begin cnt_hz <= G_HIGH;  data <= 8'b0010_0101;end
                20 :begin cnt_hz <= A_HIGH;  data <= 8'b0010_0110;end
                21 :begin cnt_hz <= B_HIGH;  data <= 8'b0010_0111;end
```

```verilog
                    default : begin cnt_hz <= B_HIGH;   data <= 8'b0000;end
                endcase
        end

//-------------------------------------------------------------------------------------------------
//如果SPEED = 4，那么就代表一个计数一次是0.25s
//如果SPEED = 8，那么就代表一次计数是0.125s

reg [5:0]    cnt4;//演奏计数器
reg [5:0]    music_scale;//音阶：0 休止符、1~7低音、8~14中音、15~21高音
always @ (posedge clk_4hz or negedge rst_n)
    begin
        if (!rst_n)
            begin
                cnt4 <= 0;
                music_scale <= 0;
            end
        else if (cnt4 == SONG_LENGTH)//每计数到LENGTH 循环一次
            cnt4 <= 0;
        else
            cnt4 <= cnt4 + 1'b1;
            case (cnt4)

//《梁祝》
                0:music_scale<=3;
                1:music_scale<=3;
                2:music_scale<=3;
                3:music_scale<=3;
                4:music_scale<=5;
                5:music_scale<=5;
                6:music_scale<=5;
                7:music_scale<=6;
                8:music_scale<=8;
                9:music_scale<=8;
                10:music_scale<=8;
                11:music_scale<=9;
                12:music_scale<=6;
                13:music_scale<=8;
```

```
14:music_scale<=5;
15:music_scale<=5;
16:music_scale<=12;
17:music_scale<=12;
18:music_scale<=12;
19:music_scale<=15;
20:music_scale<=13;
21:music_scale<=12;
22:music_scale<=10;
23:music_scale<=12;
24:music_scale<=9;
25:music_scale<=9;
26:music_scale<=9;
27:music_scale<=9;
28:music_scale<=9;
29:music_scale<=9;
30:music_scale<=9;
31:music_scale<=9;
32:music_scale<=9;
33:music_scale<=9;
34:music_scale<=9;
35:music_scale<=10;
36:music_scale<=7;
37:music_scale<=7;
38:music_scale<=6;
39:music_scale<=6;
40:music_scale<=5;
41:music_scale<=5;
42:music_scale<=5;
43:music_scale<=6;
44:music_scale<=8;
45:music_scale<=8;
46:music_scale<=9;
47:music_scale<=9;
48:music_scale<=3;
49:music_scale<=3;
50:music_scale<=8;
51:music_scale<=8;
52:music_scale<=6;
```

```
                53:music_scale<=5;
                54:music_scale<=6;
                55:music_scale<=8;
                56:music_scale<=5;
                57:music_scale<=5;
                58:music_scale<=5;
                59:music_scale<=5;
                60:music_scale<=5;
                61:music_scale<=5;
                62:music_scale<=5;
                63:music_scale<=5;
                default: music_scale <= 0;
            endcase
        end

endmodule
```

【例 7.7.2】 通过蜂鸣器演奏音乐《梁祝》顶层的 Verilog HDL 描述。

```
module buzzer (clk, rst_n, beep, led);
    input   clk;
    input   rst_n;
    output  beep;
    output [7:0] led;

    wire clk_pll;
    //参照 6.1 节锁相环调用，实现 50 MHz 分频到 24 MHz
        pll my_pll (
            .inclk0(clk),
            .c0(clk_pll)
            );
    //调用例 7.7.1 音乐模块
    buzzer_music BUZZER (
        .clk(clk_pll),
        .rst_n(rst_n),
        .beep(beep),
        .data(led)
        );
    endmodule
```

新建 Quartus Ⅱ 工程，添加例 7.7.1 和例 7.7.2 源文件，综合后锁定引脚如图 7.7.2 所示，布局布线并适配生成下载.sof 文件。如图 7.7.3 所示，通过口袋机对音乐播放实验进行验证，可以听到乐曲，验证设计的正确性。

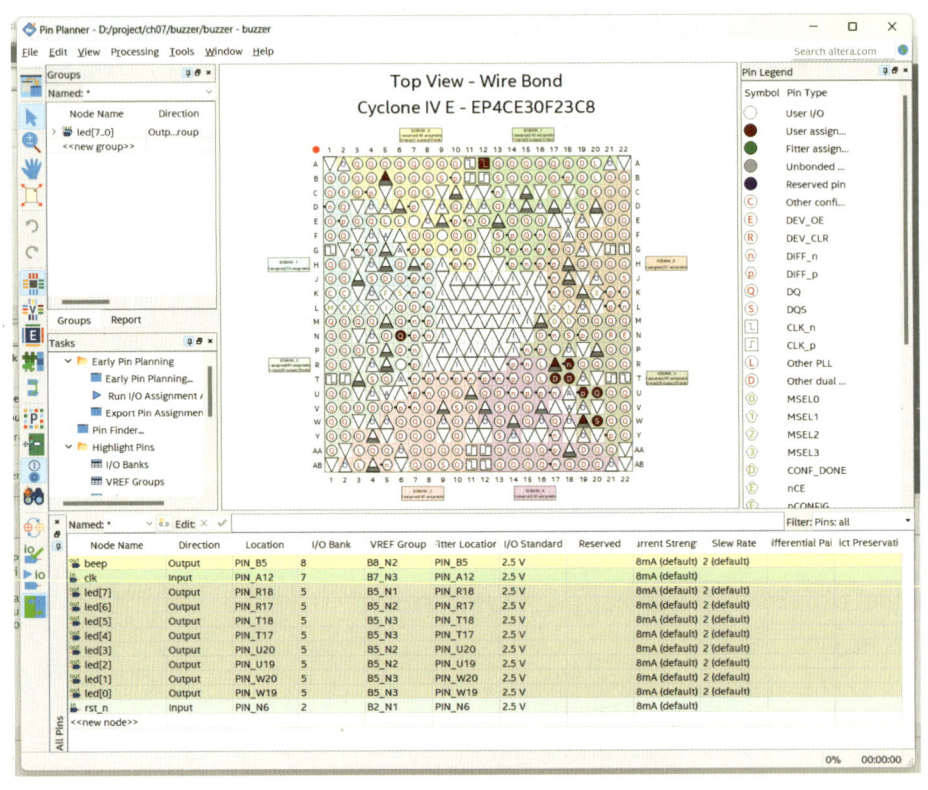

图 7.7.2　音乐播放实验引脚定义

图 7.7.3　音乐播放实验

7.8 电机控制实战演练

1. 步进电机

步进电机是将电脉冲信号转变为角位移或线位移的开环控制元件,通过控制施加在电机线圈上的电脉冲顺序、频率和数量,可以实现对步进电机的转向、速度和旋转角度的控制。在非超载的情况下,电机的转速、停止的位置只取决于控制脉冲信号的频率和脉冲数,而不受负载变化的影响。脉冲数越多,电机转动的角度越大。脉冲的频率越高,电机转速越快,但不能超过最高频率,否则电机的力矩迅速减小,电机不转。当步进驱动器接收到一个脉冲信号,它就驱动步进电机按设定的方向转动一个固定的角度,称为"步距角"。它的旋转是以固定的角度一步一步运行的,可以通过控制脉冲个数来控制角位移量,从而达到准确定位的目的。同时可以通过控制脉冲频率来控制电机转动的速度和加速度,从而达到调速的目的。步进电机运行的速度越快,所能输出的转矩越小,容易造成失步(内部齿轮打滑)。步进电机运行的速度越慢,转矩就越大越稳。步进电机模块采用 4 相 5 线的步进电机,驱动芯片采用 ULN2003。

步进电机控制如图 7.8.1 所示,首先调用例 7.1.7 的按键脉冲电路,每次按下按键都会对应产生脉冲信号,然后输入给步进电机模块,产生所需要的控制波形,按一定的顺序给步进电机的各相轮流通电,这样步进电机就能转动起来。驱动步进电机程序设计参考例 7.8.1。

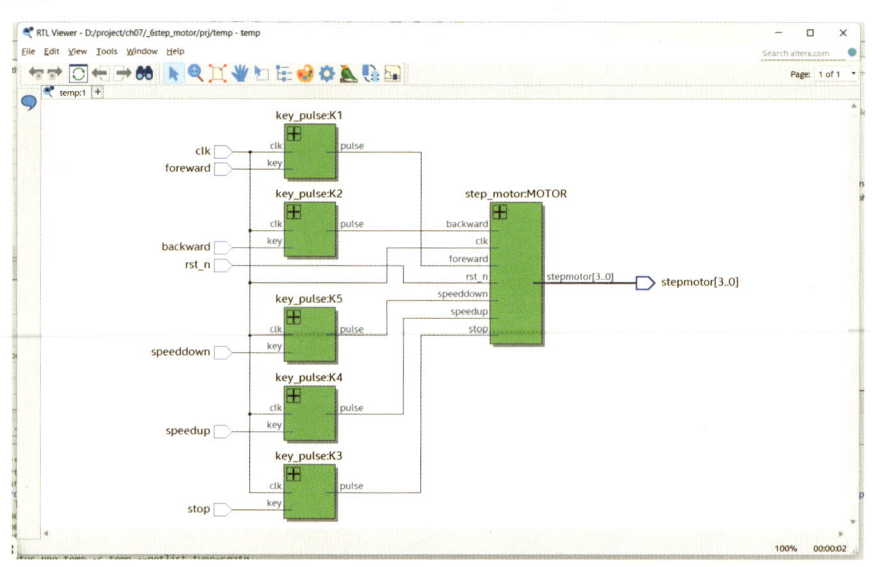

图 7.8.1 步进电机控制 RTL 图

【例 7.8.1】 驱动步进电机的 Verilog HDL 描述实例。

```
//步进电机模型
module step_motor(rst_n, clk, foreward, backward, stop,
                  speedup, speeddown,stepmotor);
```

```verilog
input rst_n, clk;
input foreward, backward, stop;
input speedup, speeddown;
output reg [3:0] stepmotor;

reg [1:0] state = 2'b0; // 1:foreward 2:backward 0:stop
reg [2:0] step = 3'b0;
reg [27:0] count = 13'd0;
reg [27:0] div = 13'd2000000;
reg speedclk = 1'b0;

always @(negedge rst_n or posedge clk)begin
    if(!rst_n)
        div <= 'd30000;
    else if(speedup)begin
        if(div > 'd30000)
            div <= div - 'd1000;
    end
    else if(speeddown) begin
        if(div < 'd500000)
            div <= div + 'd1000;
    end
end

always @(negedge rst_n or posedge clk)begin
    if(~rst_n)
        state <= 2'b00;
    else if(foreward)
        state <= 2'b01;
    else if(backward)
        state <= 2'b10;
    else if(stop)
        state <= 2'b00;
end
```

```verilog
always @(negedge rst_n or posedge clk)begin
    if(!rst_n)
        count <= 'd0;
    else if(count >= div)begin
        count <= 'd0;
        speedclk <= ~speedclk;
    end
    else
        count <= count+13'd1;
end

always @(negedge rst_n or posedge speedclk) begin
    if(!rst_n)
        step <= 3'b0;
    else begin
        if(state==2'b01)
            step <= step + 3'b1;
        else if(state==2'b10)
            step <= step - 3'b1;
    end
end

always @(negedge rst_n or posedge speedclk)begin
    if(!rst_n)
        stepmotor <= 4'b0;
    else begin
        if(state==2'b0)
            stepmotor <= 4'b0;
        else begin
            case(step)
                3'b000:begin
                    stepmotor <= 4'b0001;
                end
                3'b001:begin
                    stepmotor <= 4'b0001;
                end
```

```verilog
                    3'b010:begin
                            stepmotor <= 4'b0010;
                        end
                    3'b011:begin
                            stepmotor <= 4'b0010;
                        end
                    3'b100:begin
                            stepmotor <= 4'b0100;
                        end
                    3'b101:begin
                            stepmotor <= 4'b0100;
                        end
                    3'b110:begin
                            stepmotor <= 4'b1000;
                        end
                    3'b111:begin
                            stepmotor <= 4'b1000;
                        end
                    default:;
                endcase
            end
        end
end

endmodule
```

【例 7.8.2】 控制步进电机的顶层 Verilog HDL 描述实例。

```verilog
module step_motor_ctrl (
    input rst_n, clk,
    input foreward, backward, stop, speedup, speeddown,
    output [3:0] stepmotor);

    wire key[5:1];
    //调用例 7.1.7 按键脉冲产生电路,分别实现正/反转、停止和加/减速
    key_pulse K1(.clk(clk),.key(foreward),.pulse(key[1]));
    key_pulse K2(.clk(clk),.key(backward),.pulse(key[2]));
```

```verilog
key_pulse K3(.clk(clk),.key(stop),.pulse(key[3]));
key_pulse K4(.clk(clk),.key(speedup),.pulse(key[4]));
key_pulse K5(.clk(clk),.key(speeddown),.pulse(key[5]));
//调用例 7.8.1 步进电机模型
step_motor MOTOR(
    .rst_n(rst_n),
    .clk(clk),
    .foreward(key[1]),
    .backward(key[2]),
    .stop(key[3]),
    .speedup(key[4]),
    .speeddown(key[5]),
    .stepmotor(stepmotor)
);
```

新建 Quartus Ⅱ 工程，添加例 7.8.1 和例 7.8.2 源文件，综合后锁定引脚如图 7.8.2 所示，布局布线并适配生成下载.sof 文件。如图 7.8.3 所示，通过口袋机可以观察到对步进电机的不同方式控制，验证了设计的正确性。

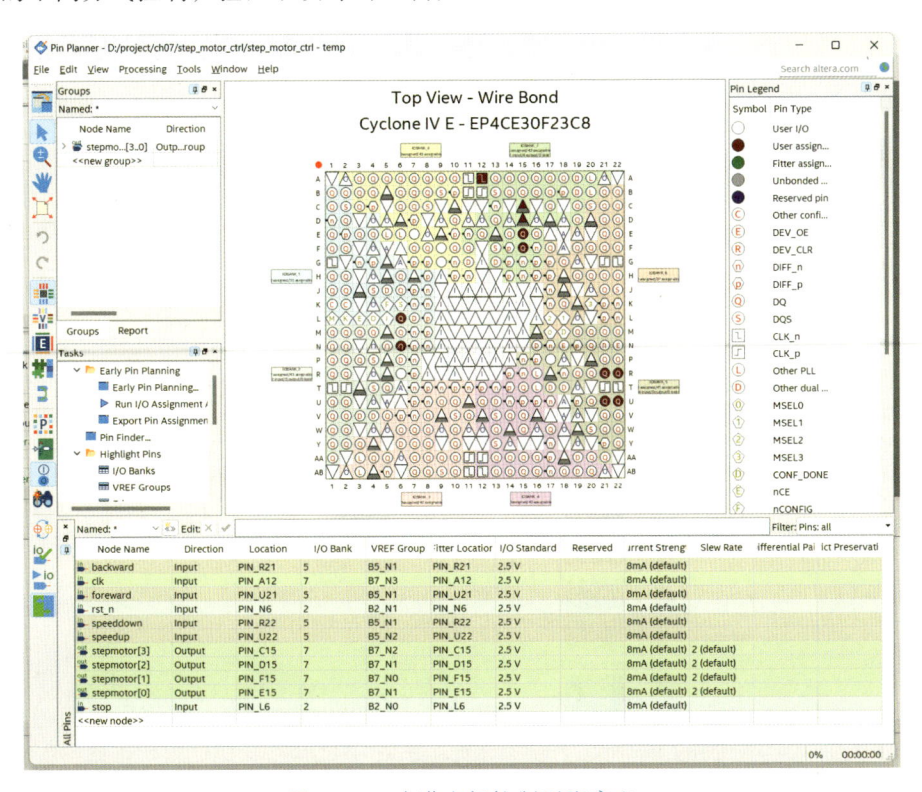

图 7.8.2 步进电机控制引脚定义

图 7.8.3 步进电机控制

2. 直流电机

直流电动机是将直流电能转换为机械能的电动机。因其良好的调速性能而在电力拖动中得到广泛应用。直流电机控制如图 7.8.4 所示,首先调用例 7.1.7 的按键脉冲电路,每次按下按键都会对应产生脉冲信号,按键分为正转、反转、停止、加速和减速。驱动直流电机程序设计参考例 7.8.3。直流电机模块采用 DRV8833PW 双 H 桥驱动芯片,口袋机实验平台输出两路 PWM 信号,控制电机正转/反转。

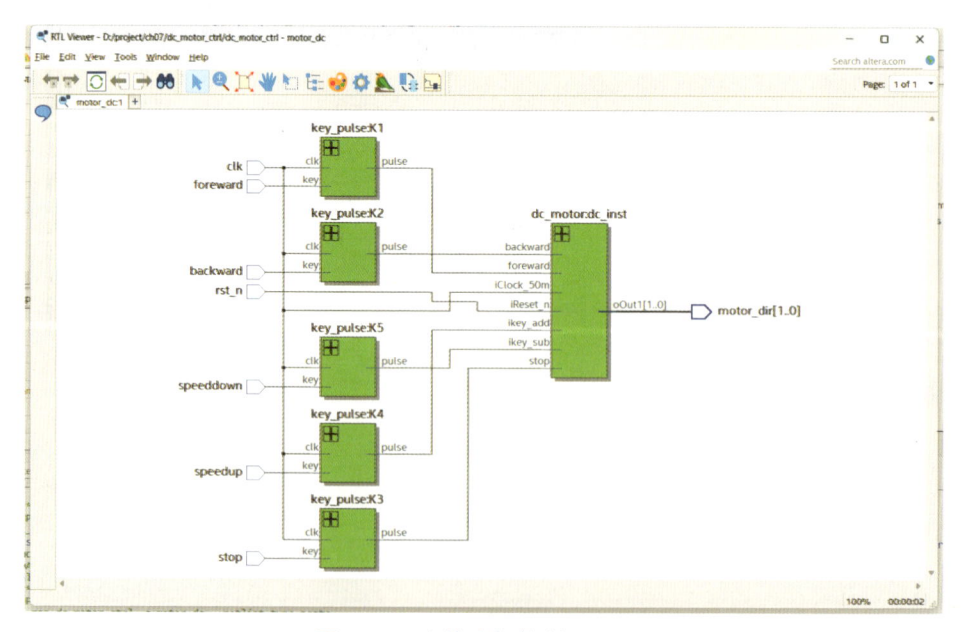

图 7.8.4 直流电机控制 RTL 图

【例 7.8.3】 驱动直流电机的 Verilog HDL 描述实例。

```verilog
module dc_motor (
//system signals
input           wire                        iClock_50m  ,
input           wire                        iReset_n    ,
//
output          reg [1:0]                   oOut1       ,//方向控制
input                                       iSpeed      ,//速度输入
input           wire                        ikey_add    ,
input           wire                        ikey_sub    ,
input           wire                        foreward    ,
input           wire                        backward    ,
input           wire                        stop
);

parameter   COUNT_N = 2500,
            COUNT_P = 300;
            //iAngle = 1;

reg         oPwm;
reg [32:0]  counter=0;
reg [32:0]  counter1=0;

always @(posedge iClock_50m) begin
    if (counter == COUNT_N)
        counter <= 0;
    else
        counter <= counter + 1;
end

always @(posedge iClock_50m) begin
    if (counter == COUNT_N)
        counter1 <= counter1 + 1;
    else if (counter1 == COUNT_P)
        counter1 <= 0;
end

always@(posedge iClock_50m)begin
    if(counter1 == 8'd0)
        oPwm <= 1;
    else if(counter1 == iAngle)
        oPwm <= 0;
```

```
    end

    reg [12:0]  iAngle=0;

    always @ (posedge iClock_50m,negedge iReset_n)begin
        if (!iReset_n)
            iAngle <= 13'd10;
        else if (iAngle <= 13'd250 && ikey_add == 1'b1)
            iAngle <= iAngle + 'd10;
        else if (iAngle >= 13'd20 && ikey_sub == 1'b1)
            iAngle <= iAngle - 'd10;
        else
            iAngle <= iAngle;
    end

    always @(negedge iReset_n or posedge iClock_50m)begin
        if(!iReset_n)
            oOut1 <= 2'b00;
        else if(foreward)
            oOut1 <= {1'b1,oPwm};
        else if(backward)
            oOut1 <= {1'b0,oPwm};
        else if(stop)
            oOut1 <= 2'b00;
    end

endmodule
```

【例 7.8.4】 控制直流电机的 Verilog HDL 描述实例。

```
module dc_motor_ctrl(rst_n,clk,foreward,backward,stop,
            speedup,speeddown,motor_dir);
    input rst_n,clk;
    input foreward,backward,stop,speedup,speeddown;

    output [1:0] motor_dir;

    wire foreward_pulse,backward_pulse,stop_pulse,
        speedup_pulse,speeddown_pulse;

    //调用例 7.1.7 按键脉冲产生电路，分别实现正/反转、停止和加/减速
    key_pulse K1(.clk(clk),.key(foreward),.pulse(foreward_pulse));
    key_pulse K2(.clk(clk),.key(backward),.pulse(backward_pulse));
```

```verilog
    key_pulse K3(.clk(clk),.key(stop),.pulse(stop_pulse));
    key_pulse K4(.clk(clk),.key(speedup),.pulse(speedup_pulse));
    key_pulse K5(.clk(clk),.key(speeddown),.pulse(speeddown_pulse));
    //调用例 7.8.3 直流电机模型
    dc_motor dc_inst(
//system signals
.iClock_50m(clk),
.iReset_n   (rst_n),
.oOut1      (motor_dir),//方向控制
.iSpeed     (),//速度输入
.ikey_add   (speedup_pulse),
.ikey_sub   (speeddown_pulse) ,
    .foreward  (foreward_pulse) ,
    .backward  (backward_pulse) ,
    .stop      (stop_pulse)
);

endmodule
```

新建 Quartus Ⅱ 工程，添加例 7.8.3 和例 7.8.4 源文件，综合后锁定引脚如图 7.8.5 所示，布局布线并适配生成下载.sof 文件。如图 7.8.6 所示，通过口袋机可以观察到对直流电机的不同方式控制，验证了设计的正确性。

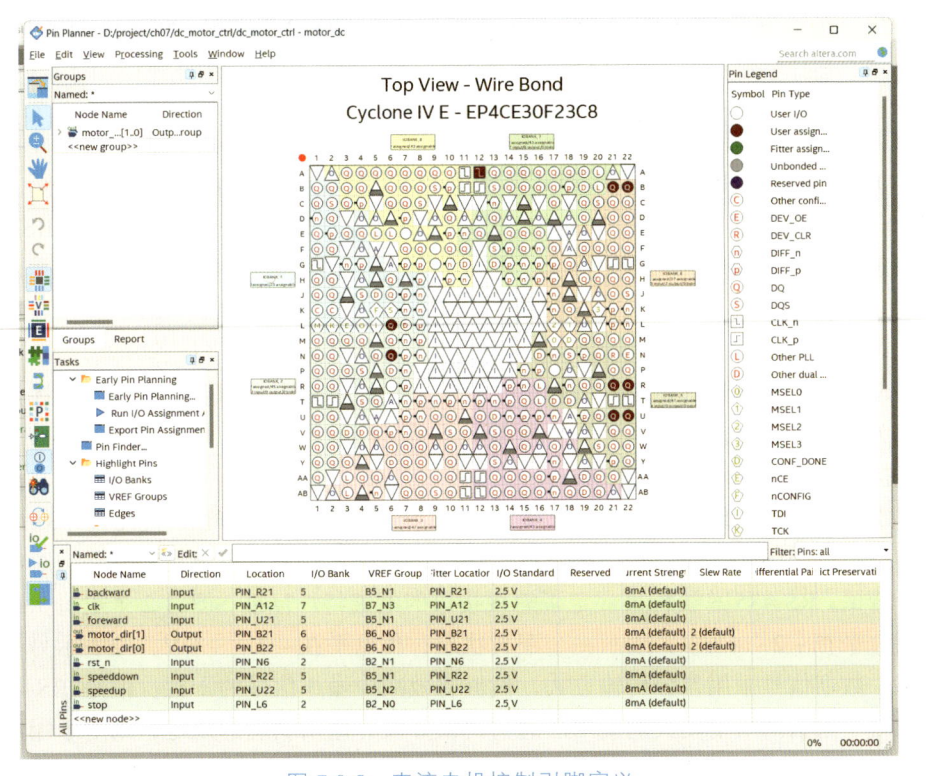

图 7.8.5　直流电机控制引脚定义

图 7.8.6 直流电机控制

7.9 总线控制实战演练

串行通信比较典型的标准是 RS232 和 RS485，两种通信主要区别如下：

（1）RS-485 的电气特性：逻辑"1"以两线间的电压差为 +（2~6）V 表示；逻辑"0"以两线间的电压差为 -（2~6）V 表示。接口信号电平比 RS-232-C 降低了，就不易损坏接口电路的芯片，且该电平与 TTL 电平兼容，可方便与 TTL 电路连接。

（2）RS-485 的数据最高传输速率为 10 Mb/s。

（3）RS-485 接口强，即抗噪声干扰性好。

（4）RS-485 接口的最大传输距离标准值为 4 000 ft（1 ft≈0.304 8 m），实际上可达 3 000 m（为理论数据，在实际操作中，极限距离仅为 1 200 m 左右），另外，RS-232-C 接口在总线上只允许连接 1 个收发器，即单站能力。而 RS-485 接口在总线上是允许连接多达 128 个收发器，即具有多站能力，这样用户可以利用单一的 RS-485 接口方便地建立起设备网络。

因 RS-485 接口具有良好的抗噪声干扰性，长的传输距离和多站能力等上述优点就使其成为首选的串行接口。因为 RS485 接口组成的半双工网络一般只需二根连线，所以 RS485 接口均采用屏蔽双绞线传输。

本次实验需要完成的功能：口袋机实验平台连接两个 JC-PM36，实现 RS485 收发实验。本节重点介绍 485 通信程序的设计，使用口袋机实验平台搭建实验电路，对电路硬件进行测试。RS-485 总线标准规定了总线接口的电气特性标准，即对 2 个逻辑状态的定义：正电平在 +2 ~ +6 V，表示一个逻辑状态；负电平在 -2 ~ -6 V，则表示另一个逻辑状态；数字信号采用差分传输方式，能够有效减少噪声信号的干扰。但是 RS-485 总线标准对于通信网络中相关的应用层通信协议并没有做出明确的规定，则对于用户或者相关的开发者来说都可以建立对于自己的通信网络设备相关的所适用的高层通信协议标准。RS485 总线控制器结构如图 7.9.1 所示，包括 4 个模块：按键值锁定模块、接收数据 LED 显示模块、UART 接收模块和 UART 发送模块。下面重点介绍 485 通信程序的设计，使用口袋机实验平台搭建实验电路，对电路硬件进行测试。

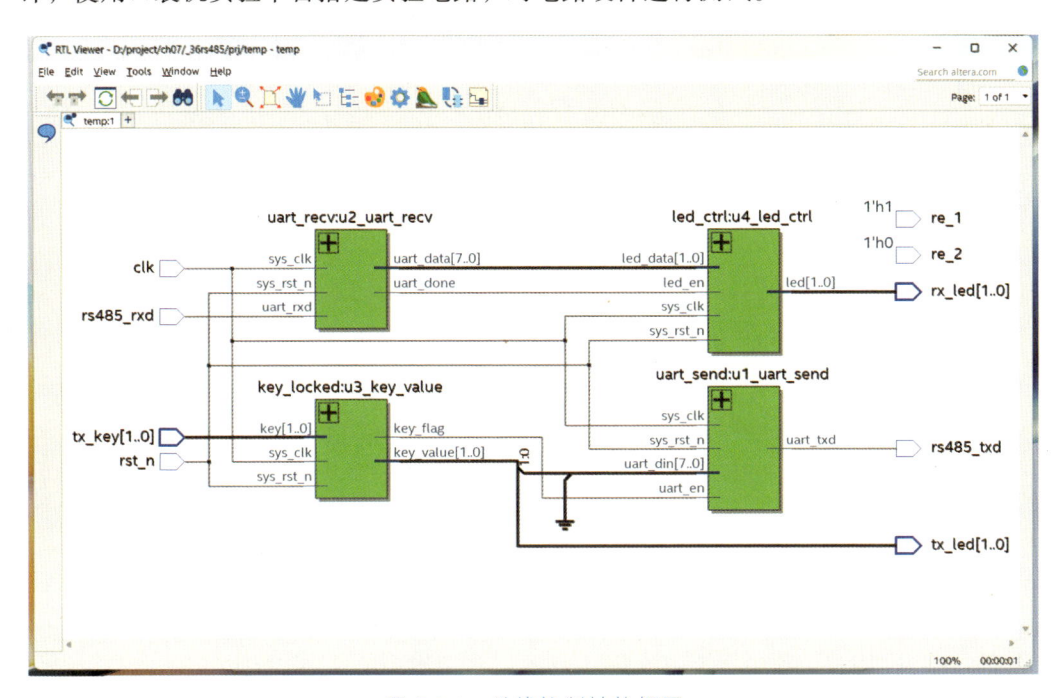

图 7.9.1　总线控制结构框图

【例 7.9.1】UART 发送模块的 Verilog HDL 描述实例。

```
module uart_send(
    input           sys_clk,            //系统时钟
    input           sys_rst_n,          //系统复位，低电平有效

    input           uart_en,            //UART 发送使能信号
    input   [7:0]   uart_din,           //待发送信号
    output          uart_tx_busy,       //发送忙状态标志
    output  reg     uart_txd            //UART 发送端口
    );

//parameter define
parameter   CLK_FREQ = 50000000;        //系统时钟频率
parameter   UART_BPS = 9600;            //串口波特率
localparam  BPS_CNT  = CLK_FREQ/UART_BPS;//为得到指定波特率，对系统时钟计数的计数值
```

```verilog
//reg define
reg         uart_en_d0;
reg         uart_en_d1;
reg [15:0]  clk_cnt;                          //系统时钟计数器
reg [ 3:0]  tx_cnt;                           //发送数据计数器
reg         tx_flag;                          //发送过程标志信号
reg [ 7:0]  tx_data;                          //寄存发送数据

//wire define
wire        en_flag;

//在串口发送过程中给出忙状态标志
assign uart_tx_busy = tx_flag;

//捕获uart_en上升沿,得到一个时钟周期的脉冲信号
assign en_flag = (~uart_en_d1) & uart_en_d0;

//对发送使能信号uart_en延迟两个时钟周期
always @(posedge sys_clk or negedge sys_rst_n) begin
    if (!sys_rst_n) begin
        uart_en_d0 <= 1'b0;
        uart_en_d1 <= 1'b0;
    end
    else begin
        uart_en_d0 <= uart_en;
        uart_en_d1 <= uart_en_d0;
    end
end

//当脉冲信号en_flag到达时,寄存待发送的数据,并进入发送过程
always @(posedge sys_clk or negedge sys_rst_n) begin
    if (!sys_rst_n) begin
        tx_flag <= 1'b0;
        tx_data <= 8'd0;
    end
    else if (en_flag) begin                   //检测到发送使能上升沿
```

```verilog
            tx_flag <= 1'b1;                //进入发送过程，标志位tx_flag拉高
            tx_data <= uart_din;             //寄存待发送的数据
        end
                                             //计数到停止位结束时，停止发送
        else if ((tx_cnt == 4'd9) && (clk_cnt == BPS_CNT -(BPS_CNT/16))) begin
            tx_flag <= 1'b0;                 //发送过程结束，标志位
            tx_data <= 8'd0;
        end
        else begin
            tx_flag <= tx_flag;
            tx_data <= tx_data;
        end
    end
end

//进入发送过程后，启动系统时钟计数器
always @(posedge sys_clk or negedge sys_rst_n) begin
    if (!sys_rst_n)
        clk_cnt <= 16'd0;
    else if (tx_flag) begin                  //处于发送过程
        if (clk_cnt < BPS_CNT - 1)
            clk_cnt <= clk_cnt + 1'b1;
        else
            clk_cnt <= 16'd0;                //对系统时钟计数达一个波特率周期后清零
        end
    else
        clk_cnt <= 16'd0;                    //发送过程结束
end

//进入发送过程后，启动发送数据计数器
always @(posedge sys_clk or negedge sys_rst_n) begin
    if (!sys_rst_n)
        tx_cnt <= 4'd0;
    else if (tx_flag) begin                  //处于发送过程
        if (clk_cnt == BPS_CNT - 1)          //对系统时钟计数达一个波特率周期
            tx_cnt <= tx_cnt + 1'b1;         //此时发送数据计数器加1
        else
            tx_cnt <= tx_cnt;
```

```
            end
        else
            tx_cnt <= 4'd0;                     //发送过程结束
end

//根据发送数据计数器来给 uart 发送端口赋值
always @(posedge sys_clk or negedge sys_rst_n) begin
    if (!sys_rst_n)
        uart_txd <= 1'b1;
    else if (tx_flag)
        case(tx_cnt)
            4'd0: uart_txd <= 1'b0;             //起始位
            4'd1: uart_txd <= tx_data[0];       //数据位最低位
            4'd2: uart_txd <= tx_data[1];
            4'd3: uart_txd <= tx_data[2];
            4'd4: uart_txd <= tx_data[3];
            4'd5: uart_txd <= tx_data[4];
            4'd6: uart_txd <= tx_data[5];
            4'd7: uart_txd <= tx_data[6];
            4'd8: uart_txd <= tx_data[7];       //数据位最高位
            4'd9: uart_txd <= 1'b1;             //停止位
            default: ;
        endcase
    else
        uart_txd <= 1'b1;                       //空闲时发送端口为高电平
end

endmodule
```

【例 7.9.2】 UART 接收模块的 Verilog HDL 描述实例。

```
module uart_recv(
    input           sys_clk,            //系统时钟
    input           sys_rst_n,          //系统复位,低电平有效

    input           uart_rxd,           //UART 接收端口
```

```verilog
    output  reg       uart_done,          //接收一帧数据完成标志信号
    output  reg [7:0] uart_data           //接收的数据
    );

//parameter define
parameter  CLK_FREQ = 50000000;           //系统时钟频率
parameter  UART_BPS = 9600;               //串口波特率
localparam BPS_CNT  = CLK_FREQ/UART_BPS;  //为得到指定波特率，需要对系统
时钟计数 BPS_CNT 次
//reg define
reg        uart_rxd_d0;
reg        uart_rxd_d1;
reg [15:0] clk_cnt;                       //系统时钟计数器
reg [ 3:0] rx_cnt;                        //接收数据计数器
reg        rx_flag;                       //接收过程标志信号
reg [ 7:0] rxdata;                        //接收数据寄存器

//wire define
wire       start_flag;

//捕获接收端口下降沿(起始位)，得到一个时钟周期的脉冲信号
assign  start_flag = uart_rxd_d1 & (~uart_rxd_d0);

//对 UART 接收端口的数据延迟两个时钟周期
always @(posedge sys_clk or negedge sys_rst_n) begin
    if (!sys_rst_n) begin
        uart_rxd_d0 <= 1'b0;
        uart_rxd_d1 <= 1'b0;
    end
    else begin
        uart_rxd_d0 <= uart_rxd;
        uart_rxd_d1 <= uart_rxd_d0;
    end
end

//当脉冲信号 start_flag 到达时，进入接收过程
always @(posedge sys_clk or negedge sys_rst_n) begin
    if (!sys_rst_n)
```

```verilog
            rx_flag <= 1'b0;
        else begin
            if(start_flag)                         //检测到起始位
                rx_flag <= 1'b1;                   //进入接收过程,标志位rx_flag拉高
            else if((rx_cnt == 4'd9)&&(clk_cnt == BPS_CNT/2))
                rx_flag <= 1'b0;                   //计数到停止位中间时,停止接收过程
            else
                rx_flag <= rx_flag;
        end
    end

//进入接收过程后,启动系统时钟计数器与接收数据计数器
always @(posedge sys_clk or negedge sys_rst_n) begin
    if (!sys_rst_n) begin
        clk_cnt <= 16'd0;
        rx_cnt  <= 4'd0;
    end
    else if ( rx_flag ) begin                      //处于接收过程
        if (clk_cnt < BPS_CNT - 1) begin
            clk_cnt <= clk_cnt + 1'b1;
            rx_cnt  <= rx_cnt;
        end
        else begin
            clk_cnt <= 16'd0;       //对系统时钟计数达一个波特率周期后清零
            rx_cnt  <= rx_cnt + 1'b1;   //此时接收数据计数器加1
        end
    end
    else begin                                     //接收过程结束,计数器清零
        clk_cnt <= 16'd0;
        rx_cnt  <= 4'd0;
    end
end

//根据接收数据计数器来寄存uart接收端口数据
always @(posedge sys_clk or negedge sys_rst_n) begin
    if ( !sys_rst_n)
        rxdata <= 8'd0;
    else if(rx_flag)                               //系统处于接收过程
```

```verilog
            if (clk_cnt == BPS_CNT/2) begin        //判断系统时钟计数器计数到数据位中间
                case ( rx_cnt )
                    4'd1 : rxdata[0] <= uart_rxd_d1;    //寄存数据位最低位
                    4'd2 : rxdata[1] <= uart_rxd_d1;
                    4'd3 : rxdata[2] <= uart_rxd_d1;
                    4'd4 : rxdata[3] <= uart_rxd_d1;
                    4'd5 : rxdata[4] <= uart_rxd_d1;
                    4'd6 : rxdata[5] <= uart_rxd_d1;
                    4'd7 : rxdata[6] <= uart_rxd_d1;
                    4'd8 : rxdata[7] <= uart_rxd_d1;    //寄存数据位最高位
                    default:;
                endcase
            end
            else
                rxdata <= rxdata;
        else
            rxdata <= 8'd0;
end

//数据接收完毕后给出标志信号并寄存输出接收到的数据
always @(posedge sys_clk or negedge sys_rst_n) begin
    if (!sys_rst_n) begin
        uart_data <= 8'd0;
        uart_done <= 1'b0;
    end
    else if(rx_cnt == 4'd9) begin           //接收数据计数器计数到停止位时
        uart_data <= rxdata;                //寄存输出接收到的数据
        uart_done <= 1'b1;                  //将接收完成标志位拉高
    end
    else begin
        uart_data <= 8'd0;
        uart_done <= 1'b0;
    end
end

endmodule
```

【例 7.9.3】 按键值锁定模块的 Verilog HDL 描述实例。

```verilog
module key_locked(
    input              sys_clk,           //外部50 M时钟
    input              sys_rst_n,         //外部复位信号,低有效

    input       [1:0]  key,               //外部按键输入

    output reg         key_flag,          //按键数据有效信号
    output reg  [1:0]  key_value          //按键锁定后的数据
    );

//reg define
reg [31:0] delay_cnt;
reg [ 1:0] key_reg;

always @(posedge sys_clk or negedge sys_rst_n) begin
    if (!sys_rst_n) begin
        key_reg   <= 2'b11;
        delay_cnt <= 32'd0;
    end
    else begin
        key_reg <= key;
        if(key_reg != key)   //一旦检测到按键状态发生变化(有按键被按下或释放)
            delay_cnt <= 32'd10;   //给延时计数器重新装载初始值
        else if(key_reg == key) begin  //计数器递减
            if(delay_cnt > 32'd0)
                delay_cnt <= delay_cnt - 1'b1;
            else
                delay_cnt <= delay_cnt;
        end
    end
end

always @(posedge sys_clk or negedge sys_rst_n) begin
    if (!sys_rst_n) begin
        key_flag  <= 1'b0;
        key_value <= 2'b11;
```

```
            end
        else begin
            if(delay_cnt == 32'd1) begin    //当计数器递减到 1 时，说明按键稳定
                key_flag  <= 1'b1;          //倒计数结束，给出一个时钟周期的标志信号
                key_value <= key;           //寄存此时按键的值
            end
            else begin
                key_flag  <= 1'b0;
                key_value <= key_value;
            end
        end
end

endmodule
```

【例 7.9.4】 接收数据 LED 显示的 Verilog HDL 描述实例。

```
module led_ctrl(
    input           sys_clk,            //外部 50 M 时钟
    input           sys_rst_n,          //外部复位信号，低有效

    input           led_en,             //led 控制使能
    input   [1:0]   led_data,           //led 控制数据

    output reg [1:0] led                //led 灯
    );

//reg define
reg led_en_d0;
reg led_en_d1;

//wire define
wire led_en_flag;

//捕获 led_en 上升沿，得到一个时钟周期的脉冲信号
assign led_en_flag = (~led_en_d1) & led_en_d0;
```

```verilog
always @(posedge sys_clk or negedge sys_rst_n) begin
    if (!sys_rst_n) begin
        led_en_d0 <= 1'b0;
        led_en_d1 <= 1'b0;
    end
    else begin
        led_en_d0 <= led_en;
        led_en_d1 <= led_en_d0;
    end
end

always @(posedge sys_clk or negedge sys_rst_n) begin
    if (!sys_rst_n)
        led <= 2'b00;
    else if(led_en_flag)        //在 led_en 上升沿到来时，改变 led 灯的状态
        led <= led_data;        //按键被按下时为低电平，而 led 高电平时点亮
    else
        led <= led;
end

endmodule
```

【例 7.9.5】 RS485 通信顶层设计的 Verilog HDL 描述实例。

```verilog
module rs485_uart_top(
    input           clk,            //系统时钟 50 MHz
    input           rst_n,          //系统复位信号，低电平有效

    input  [1:0]    tx_key,         //按键值作为发送数据
    output [1:0]    rx_led,         //显示发送数据的 LED 灯
    output [1:0]    tx_led,         //显示接收数据的 LED 灯
    output          re_1,
    output          re_2,
```

```verilog
    input               rs485_rxd,          //rs485串口接收端口
    output              rs485_txd           //rs485串口发送端口
    );

//parameter define
parameter   CLK_FREQ = 50000000;        //定义系统时钟频率
parameter   UART_BPS = 115200;          //定义串口波特率

//wire define
wire        tx_en_w;                    //UART发送使能
wire        rx_done_w;                  //UART接收完毕信号
wire [7:0]  tx_data_w;                  //UART发送数据
wire [7:0]  rx_data_w;                  //UART接收数据
wire [1:0]  key_value_w;                //锁存的按键值数据

assign tx_data_w = {6'd0,key_value_w};  //发送数据
assign tx_led = key_value_w;
assign re_1 = 1'b1;
assign re_2 = 1'b0;


uart_send #(                            //串口发送模块
    .CLK_FREQ       (CLK_FREQ),         //设置系统时钟
    .UART_BPS       (UART_BPS))         //设置串口发送波特率
u1_uart_send(
    .sys_clk        (clk),
    .sys_rst_n      (rst_n),

    .uart_en        (tx_en_w),
    .uart_din       (tx_data_w),
    .uart_txd       (rs485_txd)
    );

uart_recv #(                            //串口接收模块
    .CLK_FREQ       (CLK_FREQ),         //设置系统时钟
```

```verilog
        .UART_BPS       (UART_BPS))     //设置串口接收波特率
    u2_uart_recv(
        .sys_clk        (clk),
        .sys_rst_n      (rst_n),

        .uart_rxd       (rs485_rxd),
        .uart_done      (rx_done_w),
        .uart_data      (rx_data_w)
    );

    key_locked u3_key_value(
        .sys_clk        (clk),
        .sys_rst_n      (rst_n),

        .key            (tx_key),
        .key_flag       (tx_en_w),          //按键有效标志信号
        .key_value      (key_value_w)       //锁定后的按键值
    );

    led_ctrl u4_led_ctrl(
        .sys_clk        (clk),
        .sys_rst_n      (rst_n),

        .led_en         (rx_done_w),        //LED使能控制
        .led_data       (rx_data_w[1:0]),   //LED显示的数据
        .led            (rx_led)
    );

endmodule
```

新建 Quartus II 工程，添加以上 5 个例子的源文件，综合后锁定引脚如图 7.9.2 所示，布局布线并适配生成下载.sof 文件。如图 7.9.3 所示，通过口袋机可以观察总线控制的情况。当按键 B 和按键 C 均不按下时，LED 都不亮，发送 00；当按键 B 按下，按键 C 不按下时，LED2 不亮，LED3 亮；当按键 B 不按下，按键 C 按下时，LED2 亮，LED3 不亮；当按键 B 和按键 C 均按下时，LED 都亮。以上结果验证了设计的正确性。

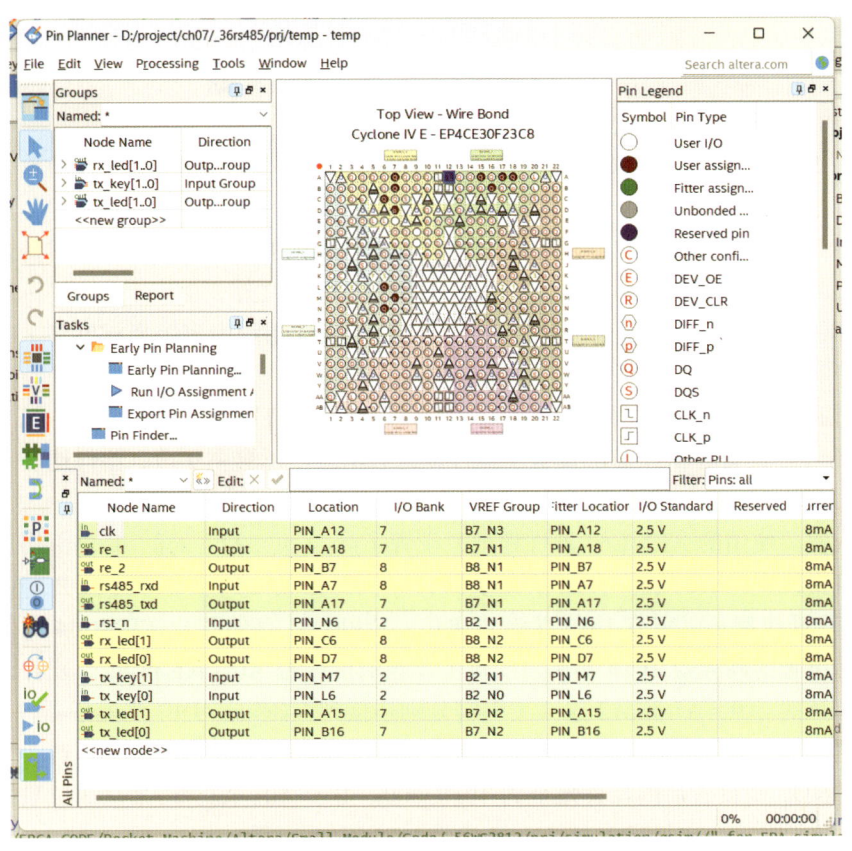

图 7.9.2 总线控制引脚定义

图 7.9.3 总线控制显示

7.10　存储器控制实战演练

I^2C（Inter-Integrated Circuit）通信协议是由 Philips 公司开发的一种简单、双向二线制同步串行总线，只需要两根线即可在连接于总线上的器件之间传送信息。I^2C 通信协议和通信接口在很多工程中有广泛应用，如数据采集领域的串行 AD、图像处理领域的摄像头配置、工业控制领域的 X 射线管配置等。除此之外，由于 I^2C 协议占用引脚特别少，硬件实现简单，可扩展性强，现在被广泛使用在系统内多个集成电路（IC）间的通信。

I^2C 协议的 4 个状态分别为"总线空闲状态""起始信号""数据读/写状态""停止信号"。每个 I^2C 设备在出厂前都设置了器件地址，用户不可自主更改；器件地址一般位宽为 7 位，有的 I^2C 设备的器件地址设置了全部位宽。

本次实验使用的 AT24C64 器件地址只设置了高 4 位，剩下的低 3 位由用户在设计硬件时自主设置。AT24C64 存储容量为 64 Kb，内部分成 256 页，每页 32 B，共有 8 192 B，其读写操作都是以字节（B）为基本单位。E^2PROM 存储芯片 AT24C64 的器件地址包括厂商设置的高 4 位 1010 和用户需自主设置的低 3 位 A0、A1 和 A2。硬件设计时，通过将芯片的 A0、A1 和 A2 这 3 个引脚分别连接到 VCC 或 GND 来实现器件地址低 3 位的设置，若 3 个引脚均连接到 VCC，则设置后的器件地址为 1010_111；若 3 个引脚均连接到 GND，则设置后的器件地址为 1010_000。由于 A0、A1 和 A2 这 3 位只能组合出 8 种情况，所以一个主机最多只能连接 8 个 AT24C64 存储芯片。

本次实验需要完成的功能：口袋机实验平台连接 JC-PM4，对 E^2PROM 器件进行读写。JC-PM4 存储模块使用两个存储芯片，一个是 I^2C 接口的 AT24C64，一个是 SPI 接口的 SS25VF016B。

【例 7.10.1】　I^2C 控制的 Verilog HDL 描述。

```verilog
module i2c_ctrl
#(
    parameter   DEVICE_ADDR     = 7'b1010_000       ,   //i2c设备地址
    parameter   SYS_CLK_FREQ    = 26'd50_000_000    ,   //输入系统时钟频率
    parameter   SCL_FREQ        = 18'd250_000           //i2c设备scl时钟频率
)
(
    input       wire            sys_clk         ,   //输入系统时钟,50MHz
    input       wire            sys_rst_n       ,   //输入复位信号,低电平有效
    input       wire            wr_en           ,   //输入写使能信号
    input       wire            rd_en           ,   //输入读使能信号
    input       wire            i2c_start       ,   //输入i2c触发信号
```

```verilog
    input   wire            addr_num    ,   //输入i2c字节地址字节数
    input   wire    [15:0]  byte_addr   ,   //输入i2c字节地址
    input   wire    [7:0]   wr_data     ,   //输入i2c设备数据

    output  reg             i2c_clk     ,   //i2c驱动时钟
    output  reg             i2c_end     ,   //i2c一次读/写操作完成
    output  reg     [7:0]   rd_data     ,   //输出i2c设备读取数据
    output  reg             i2c_scl     ,   //输出至i2c设备的串行时钟信号scl
    inout   wire            i2c_sda         //输出至i2c设备的串行数据信号sda
);

parameter   CNT_CLK_MAX     =   (SYS_CLK_FREQ/SCL_FREQ) >> 2'd3 ;
                                                //cnt_clk计数器计数最大值


parameter   CNT_START_MAX   =   8'd100; //cnt_start计数器计数最大值


parameter   IDLE            =   4'd00,  //初始状态
            START_1         =   4'd01,  //开始状态1
            SEND_D_ADDR     =   4'd02,  //设备地址写入状态 + 控制写
            ACK_1           =   4'd03,  //应答状态1
            SEND_B_ADDR_H   =   4'd04,  //字节地址高八位写入状态
            ACK_2           =   4'd05,  //应答状态2
            SEND_B_ADDR_L   =   4'd06,  //字节地址低八位写入状态
            ACK_3           =   4'd07,  //应答状态3
            WR_DATA         =   4'd08,  //写数据状态
            ACK_4           =   4'd09,  //应答状态4
            START_2         =   4'd10,  //开始状态2
            SEND_RD_ADDR    =   4'd11,  //设备地址写入状态 + 控制读
            ACK_5           =   4'd12,  //应答状态5
            RD_DATA         =   4'd13,  //读数据状态
            N_ACK           =   4'd14,  //非应答状态
            STOP            =   4'd15;  //结束状态


// wire define
wire            sda_in          ;   //sda输入数据寄存
wire            sda_en          ;   //sda数据写入使能信号
```

```verilog
// reg    define
reg    [7:0]    cnt_clk            ; //系统时钟计数器,控制生成clk_i2c时钟信号
reg    [3:0]    state              ; //状态机状态
reg             cnt_i2c_clk_en     ; //cnt_i2c_clk计数器使能信号
reg    [1:0]    cnt_i2c_clk        ; //clk_i2c时钟计数器,控制生成cnt_bit信号
reg    [2:0]    cnt_bit            ; //sda比特计数器
reg             ack                ; //应答信号
reg             i2c_sda_reg        ; //sda数据缓存
reg    [7:0]    rd_data_reg        ; //自i2c设备读出数据

// cnt_clk:系统时钟计数器,控制生成clk_i2c时钟信号
always@(posedge sys_clk or negedge sys_rst_n)
    if(sys_rst_n == 1'b0)
        cnt_clk <= 8'd0;
    else   if(cnt_clk == CNT_CLK_MAX - 1'b1)
        cnt_clk <= 8'd0;
    else
        cnt_clk <= cnt_clk + 1'b1;


// i2c_clk:i2c驱动时钟
always@(posedge sys_clk or negedge sys_rst_n)
    if(sys_rst_n == 1'b0)
        i2c_clk <= 1'b1;
    else   if(cnt_clk == CNT_CLK_MAX - 1'b1)
        i2c_clk <= ~i2c_clk;


// cnt_i2c_clk_en:cnt_i2c_clk计数器使能信号
always@(posedge i2c_clk or negedge sys_rst_n)
    if(sys_rst_n == 1'b0)
        cnt_i2c_clk_en <= 1'b0;
    else   if((state == STOP)&& cnt_bit == 3'd3)&&(cnt_i2c_clk == 3))
        cnt_i2c_clk_en <= 1'b0;
    else   if(i2c_start == 1'b1)
        cnt_i2c_clk_en <= 1'b1;
```

```verilog
// cnt_i2c_clk:i2c_clk时钟计数器,控制生成cnt_bit信号
always@(posedge i2c_clk or negedge sys_rst_n)
    if(sys_rst_n == 1'b0)
        cnt_i2c_clk <=  2'd0;
    else    if(cnt_i2c_clk_en == 1'b1)
        cnt_i2c_clk <=  cnt_i2c_clk + 1'b1;


// cnt_bit:sda 比特计数器
always@(posedge i2c_clk or negedge sys_rst_n)
    if(sys_rst_n == 1'b0)
        cnt_bit <=  3'd0;
    else    if((state == IDLE)|| state == START_1)||(state == START_2)
            || (state == ACK_1)|| state == ACK_2)||(state == ACK_3)
            || (state == ACK_4)|| state == ACK_5)||(state == N_ACK))
        cnt_bit <=  3'd0;
    else    if((cnt_bit == 3'd7) && (cnt_i2c_clk == 2'd3))
        cnt_bit <=  3'd0;
    else    if((cnt_i2c_clk == 2'd3) && (state != IDLE))
        cnt_bit <=  cnt_bit + 1'b1;


// state:状态机状态跳转
always@(posedge i2c_clk or negedge sys_rst_n)
    if(sys_rst_n == 1'b0)
        state   <=  IDLE;
    else    case(state)
        IDLE:
            if(i2c_start == 1'b1)
                state   <=  START_1;
            else
                state   <=  state;
        START_1:
            if(cnt_i2c_clk == 3)
                state   <=  SEND_D_ADDR;
            else
                state   <=  state;
        SEND_D_ADDR:
```

```verilog
            if((cnt_bit == 3'd7) &&(cnt_i2c_clk == 3))
                state   <=  ACK_1;
            else
                state   <=  state;
    ACK_1:
            if((cnt_i2c_clk == 3) && (ack == 1'b0))
                begin
                    if(addr_num == 1'b1)
                        state   <=  SEND_B_ADDR_H;
                    else
                        state   <=  SEND_B_ADDR_L;
                end
             else
                state   <=  state;
    SEND_B_ADDR_H:
            if((cnt_bit == 3'd7) &&(cnt_i2c_clk == 3))
                state   <=  ACK_2;
            else
                state   <=  state;
    ACK_2:
            if((cnt_i2c_clk == 3) && (ack == 1'b0))
                state   <=  SEND_B_ADDR_L;
            else
                state   <=  state;
    SEND_B_ADDR_L:
            if((cnt_bit == 3'd7) && (cnt_i2c_clk == 3))
                state   <=  ACK_3;
            else
                state   <=  state;
    ACK_3:
            if((cnt_i2c_clk == 3) && (ack == 1'b0))
                begin
                    if(wr_en == 1'b1)
                        state   <=  WR_DATA;
                    else    if(rd_en == 1'b1)
                        state   <=  START_2;
```

```verilog
            else
                state <= state;
            end
        else
            state <= state;
WR_DATA:
    if((cnt_bit == 3'd7) &&(cnt_i2c_clk == 3))
        state <= ACK_4;
    else
        state <= state;
ACK_4:
    if((cnt_i2c_clk == 3) && (ack == 1'b0))
        state <= STOP;
    else
        state <= state;
START_2:
    if(cnt_i2c_clk == 3)
        state <= SEND_RD_ADDR;
    else
        state <= state;
SEND_RD_ADDR:
    if((cnt_bit == 3'd7) &&(cnt_i2c_clk == 3))
        state <= ACK_5;
    else
        state <= state;
ACK_5:
    if((cnt_i2c_clk == 3) && (ack == 1'b0))
        state <= RD_DATA;
    else
        state <= state;
RD_DATA:
    if((cnt_bit == 3'd7) &&(cnt_i2c_clk == 3))
        state <= N_ACK;
    else
        state <= state;
N_ACK:
```

```verilog
            if(cnt_i2c_clk == 3)
                state <= STOP;
            else
                state <= state;
        STOP:
            if((cnt_bit == 3'd3) &&(cnt_i2c_clk == 3))
                state <= IDLE;
            else
                state <= state;
        default:    state <= IDLE;
    endcase

// ack:应答信号
always@(*)
    case    (state)
        IDLE,START_1,SEND_D_ADDR,SEND_B_ADDR_H,SEND_B_ADDR_L,
        WR_DATA,START_2,SEND_RD_ADDR,RD_DATA,N_ACK:
            ack <= 1'b1;
        ACK_1,ACK_2,ACK_3,ACK_4,ACK_5:
            if(cnt_i2c_clk == 2'd0)
                ack <= sda_in;
            else
                ack <= ack;
        default:    ack <= 1'b1;
    endcase

// i2c_scl:输出至i2c设备的串行时钟信号scl
always@(*)
    case    (state)
        IDLE:
            i2c_scl <= 1'b1;
        START_1:
            if(cnt_i2c_clk == 2'd3)
                i2c_scl <= 1'b0;
            else
                i2c_scl <= 1'b1;
```

```verilog
            SEND_D_ADDR,ACK_1,SEND_B_ADDR_H,ACK_2,SEND_B_ADDR_L,
            ACK_3,WR_DATA,ACK_4,START_2,SEND_RD_ADDR,ACK_5,RD_DATA,N_ACK:
                if((cnt_i2c_clk == 2'd1) || (cnt_i2c_clk == 2'd2))
                    i2c_scl <=  1'b1;
                else
                    i2c_scl <=  1'b0;
            STOP:
                if((cnt_bit == 3'd0) &&(cnt_i2c_clk == 2'd0))
                    i2c_scl <=  1'b0;
                else
                    i2c_scl <=  1'b1;
            default:    i2c_scl <= 1'b1;
        endcase

// i2c_sda_reg:sda 数据缓存
always@(*)
    case   (state)
        IDLE:
            begin
                i2c_sda_reg <=  1'b1;
                rd_data_reg <=  8'd0;
            end
        START_1:
            if(cnt_i2c_clk <= 2'd0)
                i2c_sda_reg <=  1'b1;
            else
                i2c_sda_reg <=  1'b0;
        SEND_D_ADDR:
            if(cnt_bit <= 3'd6)
                i2c_sda_reg <=  DEVICE_ADDR[6 - cnt_bit];
            else
                i2c_sda_reg <=  1'b0;
        ACK_1:
            i2c_sda_reg <=  1'b1;
        SEND_B_ADDR_H:
```

```verilog
            i2c_sda_reg <= byte_addr[15 - cnt_bit];
    ACK_2:
            i2c_sda_reg <= 1'b1;
    SEND_B_ADDR_L:
            i2c_sda_reg <= byte_addr[7 - cnt_bit];
    ACK_3:
            i2c_sda_reg <= 1'b1;
    WR_DATA:
            i2c_sda_reg <= wr_data[7 - cnt_bit];
    ACK_4:
            i2c_sda_reg <= 1'b1;
    START_2:
            if(cnt_i2c_clk <= 2'd1)
                i2c_sda_reg <= 1'b1;
            else
                i2c_sda_reg <= 1'b0;
    SEND_RD_ADDR:
            if(cnt_bit <= 3'd6)
                i2c_sda_reg <= DEVICE_ADDR[6 - cnt_bit];
            else
                i2c_sda_reg <= 1'b1;
    ACK_5:
            i2c_sda_reg <= 1'b1;
    RD_DATA:
            if(cnt_i2c_clk == 2'd2)
                rd_data_reg[7 - cnt_bit] <= sda_in;
            else
                rd_data_reg <= rd_data_reg;
    N_ACK:
            i2c_sda_reg <= 1'b1;
    STOP:
            if((cnt_bit == 3'd0) && (cnt_i2c_clk < 2'd3))
                i2c_sda_reg <= 1'b0;
            else
                i2c_sda_reg <= 1'b1;
```

```verilog
            default:
                begin
                    i2c_sda_reg <=  1'b1;
                    rd_data_reg <=  rd_data_reg;
                end
        endcase

// rd_data:自i2c设备读出数据
always@(posedge i2c_clk or negedge sys_rst_n)
    if(sys_rst_n == 1'b0)
        rd_data <=  8'd0;
    else    if((state == RD_DATA) && (cnt_bit == 3'd7) && (cnt_i2c_clk == 2'd3))
        rd_data <=  rd_data_reg;


// i2c_end:一次读/写结束信号
always@(posedge i2c_clk or negedge sys_rst_n)
    if(sys_rst_n == 1'b0)
        i2c_end <=  1'b0;
    else    if((state == STOP) && (cnt_bit == 3'd3) &&(cnt_i2c_clk == 3))
        i2c_end <=  1'b1;
    else
        i2c_end <=  1'b0;


// sda_in:sda输入数据寄存
assign  sda_in = i2c_sda;
// sda_en:sda数据写入使能信号
assign  sda_en = ((state == RD_DATA) || (state == ACK_1) || (state == ACK_2)
                || (state == ACK_3) || (state == ACK_4) || (state == ACK_5))
                ? 1'b0 : 1'b1;
// i2c_sda:输出至i2c设备的串行数据信号sda
assign  i2c_sda = (sda_en == 1'b1) ? i2c_sda_reg : 1'bz;


endmodule
```

【例 7.10.2】 通过 I²C 总线读写 FIFO 数据的 Verilog HDL 描述。其中，FIFO 数据设置参照 6.2.3 节设置。

```verilog
module i2c_rw_data
(
    input   wire            sys_clk     ,   //输入系统时钟,频率 50MHz
    input   wire            i2c_clk     ,   //输入 i2c 驱动时钟,频率 1MHz
    input   wire            sys_rst_n   ,   //输入复位信号,低有效
    input   wire            write       ,   //输入写触发信号
    input   wire            read        ,   //输入读触发信号
    input   wire            i2c_end     ,   //一次 i2c 读/写结束信号
    input   wire    [7:0]   rd_data     ,   //输入自 i2c 设备读出的数据

    output  reg             wr_en       ,   //输出写使能信号
    output  reg             rd_en       ,   //输出读使能信号
    output  reg             i2c_start   ,   //输出 i2c 读/写触发信号
    output  reg     [15:0]  byte_addr   ,   //输出 i2c 设备读/写地址
    output  reg     [7:0]   wr_data     ,   //输出写入 i2c 设备的数据
    output  wire    [7:0]   fifo_rd_data    //输出自 fifo 中读出的数据
);

// parameter define
parameter   DATA_NUM        = 8'd17     ,   //读/写操作读出或写入的数据个数
            CNT_START_MAX   = 16'd4000  ,   //cnt_start 计数器计数最大值
            CNT_WR_RD_MAX   = 8'd200    ,   //cnt_wr/cnt_rd 计数器计数最大值
            CNT_WAIT_MAX    = 28'd500_000 ; //cnt_wait 计数器计数最大值
// wire define
wire    [7:0]   data_num    ;   //fifo 中数据个数

// reg define
reg     [7:0]   cnt_wr          ;   //写触发有效信号保持时间计数器
reg             write_valid     ;   //写触发有效信号
reg     [7:0]   cnt_rd          ;   //读触发有效信号保持时间计数器
reg             read_valid      ;   //读触发有效信号
reg     [15:0]  cnt_start       ;   //单字节数据读/写时间间隔计数
reg     [7:0]   wr_i2c_data_num ;   //写入 i2c 设备的数据个数
```

```verilog
reg     [7:0]   rd_i2c_data_num ;       //读出i2c设备的数据个数
reg             fifo_rd_valid   ;       //fifo读有效信号
reg     [27:0]  cnt_wait        ;       //fifo读使能信号间时间间隔计数
reg             fifo_rd_en      ;       //fifo读使能信号
reg     [7:0]   rd_data_num     ;       //读出fifo数据个数

//cnt_wr:写触发有效信号保持时间计数器,计数写触发有效信号保持时钟周期数
always@(posedge sys_clk or negedge sys_rst_n)
    if(sys_rst_n == 1'b0)
        cnt_wr      <=  8'd0;
    else    if(write_valid == 1'b0)
        cnt_wr      <=  8'd0;
    else    if(write_valid == 1'b1)
        cnt_wr      <=  cnt_wr + 1'b1;


//write_valid:写触发有效信号
//由于写触发信号保持时间为一个系统时钟周期(20ns),
//不能被i2c驱动时钟i2c_scl正确采集,延长写触发信号生成写触发有效信号.
always@(posedge sys_clk or negedge sys_rst_n)
    if(sys_rst_n == 1'b0)
        write_valid     <=  1'b0;
    else    if(cnt_wr == (CNT_WR_RD_MAX - 1'b1))
        write_valid     <=  1'b0;
    else    if(write == 1'b1)
        write_valid     <=  1'b1;


//cnt_rd:读触发有效信号保持时间计数器,计数读触发有效信号保持时钟周期数
always@(posedge sys_clk or negedge sys_rst_n)
    if(sys_rst_n == 1'b0)
        cnt_rd      <=  8'd0;
    else    if(read_valid == 1'b0)
        cnt_rd      <=  8'd0;
    else    if(read_valid == 1'b1)
        cnt_rd      <=  cnt_rd + 1'b1;


//read_valid:读触发有效信号
```

```verilog
//由于读触发信号保持时间为一个系统时钟周期(20ns),
//不能被i2c驱动时钟i2c_scl正确采集,延长读触发信号生成读触发有效信号
always@(posedge sys_clk or negedge sys_rst_n)
    if(sys_rst_n == 1'b0)
        read_valid   <=  1'b0;
    else   if(cnt_rd == (CNT_WR_RD_MAX - 1'b1))
        read_valid   <=  1'b0;
    else   if(read == 1'b1)
        read_valid   <=  1'b1;


//cnt_start:单字节数据读/写操作时间间隔计数
always@(posedge i2c_clk or negedge sys_rst_n)
    if(sys_rst_n == 1'b0)
        cnt_start   <=  16'd0;
    else   if((wr_en == 1'b0) && (rd_en == 1'b0))
        cnt_start   <=  16'd0;
    else   if(cnt_start == (CNT_START_MAX - 1'b1))
        cnt_start   <=  16'd0;
    else   if((wr_en == 1'b1) || (rd_en == 1'b1))
        cnt_start   <=  cnt_start + 1'b1;


//i2c_start:i2c读/写触发信号
always@(posedge i2c_clk or negedge sys_rst_n)
    if(sys_rst_n == 1'b0)
        i2c_start   <=  1'b0;
    else   if((cnt_start == (CNT_START_MAX - 1'b1)))
        i2c_start   <=  1'b1;
    else
        i2c_start   <=  1'b0;


//wr_en:输出写使能信号
always@(posedge i2c_clk or negedge sys_rst_n)
    if(sys_rst_n == 1'b0)
        wr_en   <=  1'b0;
    else   if((wr_i2c_data_num == DATA_NUM - 1)
            && (i2c_end == 1'b1) && (wr_en == 1'b1))
```

```verilog
            wr_en    <=  1'b0;
        else    if(write_valid == 1'b1)
            wr_en    <=  1'b1;

//wr_i2c_data_num:写入 i2c 设备的数据个数
always@(posedge i2c_clk or negedge sys_rst_n)
    if(sys_rst_n == 1'b0)
        wr_i2c_data_num <=  8'd0;
    else    if(wr_en == 1'b0)
        wr_i2c_data_num <=  8'd0;
    else    if((wr_en == 1'b1) && (i2c_end == 1'b1))
        wr_i2c_data_num <=  wr_i2c_data_num + 1'b1;

//rd_en:输出读使能信号
always@(posedge i2c_clk or negedge sys_rst_n)
    if(sys_rst_n == 1'b0)
        rd_en   <=  1'b0;
    else    if((rd_i2c_data_num == DATA_NUM - 1)
            && (i2c_end == 1'b1) && (rd_en == 1'b1))
        rd_en   <=  1'b0;
    else    if(read_valid == 1'b1)
        rd_en   <=  1'b1;

//rd_i2c_data_num:写入 i2c 设备的数据个数
always@(posedge i2c_clk or negedge sys_rst_n)
    if(sys_rst_n == 1'b0)
        rd_i2c_data_num <=  8'd0;
    else    if(rd_en == 1'b0)
        rd_i2c_data_num <=  8'd0;
    else    if((rd_en == 1'b1) && (i2c_end == 1'b1))
        rd_i2c_data_num <=  rd_i2c_data_num + 1'b1;

//byte_addr:输出读/写地址
always@(posedge i2c_clk or negedge sys_rst_n)
    if(sys_rst_n == 1'b0)
        byte_addr   <=  16'h00_5A;
```

```verilog
    else    if((wr_en == 1'b0) && (rd_en == 1'b0))
        byte_addr   <=  16'h00_5A;
    else    if(((wr_en == 1'b1) || (rd_en == 1'b1)) && (i2c_end == 1'b1))
        byte_addr   <=  byte_addr + 1'b1;

//wr_data:输出待写入i2c设备数据
always@(posedge i2c_clk or negedge sys_rst_n)
    if(sys_rst_n == 1'b0)
        wr_data <=  8'h01;
    else    if(wr_en == 1'b0)
        wr_data <=  8'h01;
    else    if((wr_en == 1'b1) && (i2c_end == 1'b1))
        wr_data <=  wr_data + 1'b1;

//fifo_rd_valid:fifo读有效信号
always@(posedge i2c_clk or negedge sys_rst_n)
    if(sys_rst_n == 1'b0)
        fifo_rd_valid   <=  1'b0;
    else    if((rd_data_num == DATA_NUM)
            && (cnt_wait == (CNT_WAIT_MAX - 1'b1)))
        fifo_rd_valid   <=  1'b0;
    else    if(data_num == DATA_NUM)
        fifo_rd_valid   <=  1'b1;

//cnt_wait:fifo读使能信号间时间间隔计数,计数两fifo读使能间的时间间隔
always@(posedge i2c_clk or negedge sys_rst_n)
    if(sys_rst_n == 1'b0)
        cnt_wait    <=  28'd0;
    else    if(fifo_rd_valid == 1'b0)
        cnt_wait    <=  28'd0;
    else    if(cnt_wait == (CNT_WAIT_MAX - 1'b1))
        cnt_wait    <=  28'd0;
    else    if(fifo_rd_valid == 1'b1)
        cnt_wait    <=  cnt_wait + 1'b1;

//fifo_rd_en:fifo读使能信号
```

```verilog
always@(posedge i2c_clk or negedge sys_rst_n)
    if(sys_rst_n == 1'b0)
        fifo_rd_en <= 1'b0;
    else    if((cnt_wait == (CNT_WAIT_MAX - 1'b1))
            && (rd_data_num < DATA_NUM))
        fifo_rd_en <= 1'b1;
    else
        fifo_rd_en <= 1'b0;


//rd_data_num:自fifo中读出数据个数计数
always@(posedge i2c_clk or negedge sys_rst_n)
    if(sys_rst_n == 1'b0)
        rd_data_num <= 8'd0;
    else    if(fifo_rd_valid == 1'b0)
        rd_data_num <= 8'd0;
    else    if(fifo_rd_en == 1'b1)
        rd_data_num <= rd_data_num + 1'b1;

//------------- fifo_read_inst -------------
fifo_data   fifo_read_inst
(
    .clock  (i2c_clk            ),  //输入时钟信号,频率1MHz,1b
    .data   (rd_data            ),  //输入写入数据,1b
    .rdreq  (fifo_rd_en         ),  //输入数据读请求,1b
    .wrreq  (i2c_end && rd_en   ),  //输入数据写请求,1b

    .q      (fifo_rd_data       ),  //输出读出数据,1b
    .usedw  (data_num           )   //输出fifo内数据个数,1b
);

endmodule
```

【例7.10.3】 E²PROM 读写顶层的 Verilog HDL 描述。

```verilog
module eeprom_rd_wr
(
    input   wire                sys_clk     ,   //输入工作时钟,频率50MHz
```

```verilog
    input   wire                sys_rst_n   ,   //输入复位信号,低电平有效
    input   wire                key_wr      ,   //按键写
    input   wire                key_rd      ,   //按键读

    inout   wire                sda         ,   //串行数据
    output  wire                scl         ,   //串行时钟
    output  wire                wp          ,

    output  wire    [7:0]       led
);

//wire define
wire            read        ;   //读数据
wire            write       ;   //写数据
wire    [7:0]   po_data     ;   //fifo输出数据
wire    [7:0]   rd_data     ;   //eeprom读出数据
wire            wr_en       ;
wire            rd_en       ;
wire            i2c_end     ;
wire            i2c_start   ;
wire    [7:0]   wr_data     ;
wire    [15:0]  byte_addr   ;
wire            i2c_clk     ;

assign wp = 1'b0;
assign led = ~po_data;

//调用例 7.1.5 按键滤波消抖,实现写按键消抖
key_filter  key_wr_inst
(
    .sys_clk    (sys_clk    ),  //系统时钟 50MHz
    .sys_rst_n  (sys_rst_n  ),  //全局复位
    .key_in     (key_wr     ),  //按键输入信号
    .key_flag   (write      )   //key_flag 为 1 时表示按键有效,0 表示按键无效
);

//调用例 7.1.5 按键滤波消抖,实现读按键消抖
```

```verilog
key_filter  key_rd_inst
(
    .sys_clk    (sys_clk    ),  //系统时钟 50MHz
    .sys_rst_n  (sys_rst_n  ),  //全局复位
    .key_in     (key_rd     ),  //按键输入信号
    .key_flag   (read       )   //key_flag为1时表示按键有效,0表示按键无效
);
//调用例 7.10.2 的 I2C 总线读写 FIFO 数据
//------------- i2c_rw_data_inst --------------
i2c_rw_data i2c_rw_data_inst
(
    .sys_clk     (sys_clk    ),  //输入系统时钟,频率 50MHz
    .i2c_clk     (i2c_clk    ),  //输入i2c驱动时钟,频率 1MHz
    .sys_rst_n   (sys_rst_n  ),  //输入复位信号,低有效
    .write       (write      ),  //输入写触发信号
    .read        (read       ),  //输入读触发信号
    .i2c_end     (i2c_end    ),  //一次i2c读/写结束信号
    .rd_data     (rd_data    ),  //输入自i2c设备读出的数据
    .wr_en       (wr_en      ),  //输出写使能信号
    .rd_en       (rd_en      ),  //输出读使能信号
    .i2c_start   (i2c_start  ),  //输出i2c读/写触发信号
    .byte_addr   (byte_addr  ),  //输出i2c设备读/写地址
    .wr_data     (wr_data    ),  //输出写入i2c设备的数据
    .fifo_rd_data(po_data    )   //输出自fifo中读出的数据
);

//调用例 7.10.1 的 I2C 控制
//------------- i2c_ctrl_inst --------------
i2c_ctrl
#(
    .DEVICE_ADDR   (7'b1010_000       ),  //i2c设备器件地址
    .SYS_CLK_FREQ  (26'd50_000_000    ),  //i2c_ctrl模块系统时钟频率
    .SCL_FREQ      (18'd250_000       )   //i2c的SCL时钟频率
)
i2c_ctrl_inst
(
```

```verilog
    .sys_clk      (sys_clk   ),   //输入系统时钟,50MHz
    .sys_rst_n    (sys_rst_n ),   //输入复位信号,低电平有效
    .wr_en        (wr_en     ),   //输入写使能信号
    .rd_en        (rd_en     ),   //输入读使能信号
    .i2c_start    (i2c_start ),   //输入 i2c 触发信号
    .addr_num     (1'b1      ),   //输入 i2c 字节地址字节数
    .byte_addr    (byte_addr ),   //输入 i2c 字节地址
    .wr_data      (wr_data   ),   //输入 i2c 设备数据
    .rd_data      (rd_data   ),   //输出 i2c 设备读取数据
    .i2c_end      (i2c_end   ),   //i2c 一次读/写操作完成
    .i2c_clk      (i2c_clk   ),   //i2c 驱动时钟
    .i2c_scl      (scl       ),   //输出至 i2c 设备的串行时钟信号 scl
    .i2c_sda      (sda       )    //输出至 i2c 设备的串行数据信号 sda
);

endmodule
```

新建 Quartus II 工程,添加以上例子的源文件,综合后锁定引脚如图 7.10.1 所示,布局布线并适配生成下载.sof 文件。如图 7.10.2 所示,通过口袋机可以观察存储器读写的情况。当按下触摸按键 B 时,可以观测 LED 指示读取的数据;当按下触摸按键 C 时,写入新数据,验证了设计的正确性。

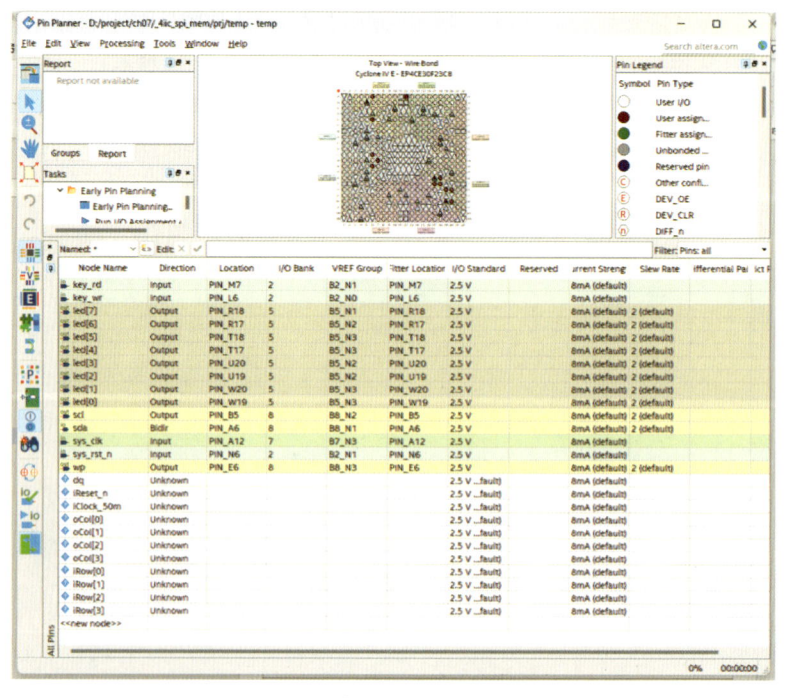

图 7.10.1 I²C 协议控制引脚定义

图 7.10.2　I²C 协议控制显示

7.11　ADC/DAC 实战演练

AD 转换是指模数转换，即将模拟信号转换为数字信号。转换类型主要包括积分型、逐次逼近型、并行比较型/串行并行型、调制型、电容器阵列逐次比较型和电压频率转换型。DA 转换是指数模转换，将数字信号转换为模拟信号。需要注意的指标是转换范围、转换精度和转换时间。

本次实验需要完成的功能：口袋机实验平台 JC-PM17 扩展板驱动 AD/DA 芯片。JC-PM17 模块的 AD/DA 模块的 U1 是 ADS7816，AD 采集芯片，是 12 b 精度的数模转换芯片，最高采样频率为 200 kHz；U2 是 DAC7512，是 12 b 精度的 DA 转换芯片，两个芯片都是采用 SPI 接口与口袋机通信，SPI 总线可共用 CLK、MOSI 和 MOSI 三条线，片选分别为两根。

【例 7.11.1】ADC7816 控制的 Verilog HDL 描述。

```
module ADC_CTRL (
    //system signals
    input       wire                iClock      ,
    input       wire                iReset_n    ,
    //
    input       wire                iDout       ,
    output      reg                 oCs_n       ,
    output      reg                 oDclk       , //
```

```verilog
    output      reg [11:0]           oRecdata   //12 bit data
);
parameter  k = 4166;    //4166
reg    [12:0]    clk_cnt;

always @ (posedge iClock,negedge iReset_n)begin
    if (!iReset_n)
        clk_cnt <= 11'd0;
    else if (clk_cnt == k)
        clk_cnt <= 11'd0;
    else
        clk_cnt <= clk_cnt + 1'b1;
end
reg    clk;
always @ (posedge iClock,negedge iReset_n)begin
    if (!iReset_n)
        clk <= 'd0;
    else if (clk_cnt == k)
        clk <= ~clk;
    else
        clk <= clk;
end
reg             rec_flag;
reg    [4:0]    rec_cnt;

always @ (posedge clk,negedge iReset_n)begin
    if (!iReset_n)
        rec_cnt <= 4'd0;
    else if (rec_flag == 1'b1)
        rec_cnt <= 4'd0;
    else
        rec_cnt <= rec_cnt + 1'b1;
end
```

```verilog
        always @ (posedge clk,negedge iReset_n)begin
            if (!iReset_n)begin
                oDclk <= 1'b1;
                oCs_n <= 1'b1;
                rec_flag <= 1'b0;
            end
            else begin
                case (rec_cnt)
                    0:begin oCs_n <= 1'b0;oDclk <= 1'b0; rec_flag <= 1'b0; end
                    1,3,5,7,9,11,13,15,17,19,21,23,25,27,29:begin oDclk <= 1'b1; end
                    2,4,6,8,10,12,14,16,18,20,22,24,26,28:begin oDclk <= 1'b0; end
                    30:begin oDclk <= 1'b1; oCs_n <= 1'b1; rec_flag <= 1'b1; end
                    default:begin rec_flag <= 1'b0;end
                endcase
            end
        end

        always @ (posedge clk,negedge iReset_n)begin
            if (!iReset_n)begin
                oRecdata <= 'd0;
            end
            else begin
                case (rec_cnt)
                    7: oRecdata[11] <= iDout;
                    9: oRecdata[10] <= iDout;
                    11: oRecdata[9] <= iDout;
                    13: oRecdata[8] <= iDout;
                    15: oRecdata[7] <= iDout;
                    17: oRecdata[6] <= iDout;
                    19: oRecdata[5] <= iDout;
                    21: oRecdata[4] <= iDout;
                    23: oRecdata[3] <= iDout;
                    25: oRecdata[2] <= iDout;
                    27: oRecdata[1] <= iDout;
                    29: oRecdata[0] <= iDout;
                    default:begin oRecdata = oRecdata; end
```

```
            endcase
        end
end

endmodule
```

【例 7.11.2】 DAC7512 控制的 Verilog HDL 描述。

```verilog
module Dac_Ctrl (
    //system signals
    input       wire            iClock      ,
    input       wire            iReset_n    ,
    //
    input       wire[15:0]      iSdata      ,
    input       wire            iStart      ,
    output      reg             oSend       ,

    output      reg             oSclk       ,
    output      reg             oSdin       ,
    output      reg             oLdac       ,
    output      reg             oSync       ,
    output      wire            oReset
    
);

assign oReset = 1'b1;
reg         [5:0]       sbit_cnt;

always @ (posedge iClock,negedge iReset_n)begin
    if (!iReset_n)
        sbit_cnt <= 6'd0;
    else if (sbit_cnt == 'd36)
        sbit_cnt <= 6'd0;
    else if (iStart)
        sbit_cnt <= sbit_cnt + 1'b1;
end

always @ (posedge iClock,negedge iReset_n)begin
```

```verilog
            if (!iReset_n)begin
                oSync <= 1'b1;
                oLdac <= 1'b1;
                oSend <= 1'b0;
                oSclk <= 1'd0;
            end
            else if (iStart)begin
                case(sbit_cnt)
                    0:begin oLdac <= 1'b1;oSend <= 1'b0;end
                    1:begin oSync <= 1'b1; end
                    2:begin oSync <= 1'b0; end
                    3:begin oSync <= 1'b0; oSclk <= 1'b1; end
                    4,6,8,10,12,14,16,18,20,22,24,26,28,30,32,34:begin oSclk <= 1'b0; end
                    5,7,9,11,13,15,17,19,21,23,25,27,29,31,33:begin oSclk <= 1'b1; end
                    35:begin oLdac <= 1'b0;oSend <= 1'b1; oSync <= 1'b1;end
                    36:oSend <= 1'b0;
                    37:begin oLdac <= 1'b1; end
                endcase
            end
        end

        always @ (posedge iClock,negedge iReset_n)begin
            if (!iReset_n)begin
                oSdin <= 1'b0;
            end
            else if(iStart)begin
                case(sbit_cnt)
                    3:oSdin <= 0;//iSdata[15];
                    5:oSdin <= 0;//iSdata[14];
                    7:oSdin <= 0;//iSdata[13];
                    9:oSdin <= 0;//iSdata[12];
                    11:oSdin <= iSdata[11];
                    13:oSdin <= iSdata[10];
                    15:oSdin <= iSdata[9];
                    17:oSdin <= iSdata[8];
```

```verilog
            19:oSdin <= iSdata[7];
            21:oSdin <= iSdata[6];
            23:oSdin <= iSdata[5];
            25:oSdin <= iSdata[4];
            27:oSdin <= iSdata[3];
            29:oSdin <= iSdata[2];
            31:oSdin <= iSdata[1];
            33:oSdin <= iSdata[0];
            default:oSdin <= oSdin;
        endcase
    end
end

endmodule
```

【例 7.11.3】 通过 DAC 实现波形变换的 Verilog HDL 描述。

```verilog
module Dac_Tx (
    //system signals
    input       wire    iClock      ,
    input       wire    iReset_n    ,
    //
    output      wire    oSclk   ,   //SPI串行时钟发送下降沿锁存数据
    output      wire    oSdin   ,   //串行数据24位下降沿锁存数据
    input       wire    iSdo    ,
    output      wire    oLdac,  //可以一直为低电平
    output      wire    oSync,  //同步信号低电平有效
    output      reg     oReset, //外部复位信号 低电平有效 有时间限制
    output      wire    oGain   //放大倍数控制 高电平-参考*2 低电平-参考
);

assign oGain = 0;

reg [3:0]cnt;
//复位延时控制芯片硬件复位时序部分
always @ (posedge iClock,negedge iReset_n)begin
    if (!iReset_n)
        cnt <='d0;
```

```verilog
        else if (cnt == 15)
            cnt <= 'd0;
        else
            cnt <= cnt + 1'b1;
end
always @ (posedge iClock,negedge iReset_n)begin
    if (!iReset_n)
        oReset <='d0;
    else if (cnt == 5)
        oReset <= 'd1;
    else
        oReset <= oReset;
end
reg        iStart;
always @ (posedge iClock,negedge iReset_n)begin
    if (!iReset_n)
        iStart <='d0;
    else if (cnt == 10)
        iStart <= 'd1;
    else
        iStart <= iStart;
end
//调用例 7.11.2 DAC 驱动模块
Dac_Ctrl u2(
    //system signals
    .iClock     (iClock),
    .iReset_n   (iReset_n),
    //

    .iSdata     (step),     //待发送数据 24 位
    .iStart     (iStart),   //发送使能信号 高电平
    .oSend      (Send),     //一帧数据传输结束标志

    .oSclk      (oSclk ),   //SPI 串行时钟发送下降沿锁存数据
    .oSdin      (oSdin ),   //串行数据 24 位下降沿锁存数据
    .oLdac      (  ),
```

```verilog
        .oSync      (oSync ),    //同步信号低电平有效
        .oReset     ()
);
        //三角波产生部分代码
        reg    [15:0]      step;
        always @ (posedge iClock,negedge iReset_n)begin
            if(!iReset_n)begin
                step <= 'd0;
            end
            else if (step >= 16'hFFF0)
                step <= 'd0;
            end
            else if ((step < 16'hFFF0) && Send)begin
                step <= step + 16'h07F0;
            end
            else
                step <= step;
        end

        assign oLdac = 1'b0;
        assign Sdata = step;

endmodule
```

新建 Quartus Ⅱ 工程，添加以上例子的源文件，综合后锁定引脚，布局布线并适配生成下载.sof 文件，可通过 ADC 将输入不同的模拟电压值转换为数字量，并通过数码管显示，可设计简易电压表；可通过 DAC 将三角波的数字量数据转换为模拟量，并通过示波器显示出三角波，也可转换为其他波形数据，设计简易波形发生器，验证设计的正确性。

【小结】

本章重点介绍数字系统常用接口电路设计，包括：① 输出接口控制，如 LED 显示控制、数码管显示控制、蜂鸣器控制、点阵显示和 RGB 灯点阵显示控制等；② 输入接口控制，如阵列键盘控制、按键脉冲产生控制；③ 电机控制，如直流电机控制和步进电机控制等；④ 总线操作控制，如 I^{2}C 总线控制、SPI 总线控制、串行 ADC 和 DAC 控制等。通过 Verilog HDL 进行硬件描述和 Quartus Ⅱ 搭建工程，进行硬件调试，验证了设计的正确性。

【习题】

7-1 使用状态机的编码方式，实现 8 个 LED 灯循环点亮，从右到左，一次只点亮一个 LED 灯，延时 1 s。

7-2 在 4 个数码管上循环滚动显示一串数码"F-01234567890-FF"，其中 F 在数码管上要求不显示出来，显示到最后一个数码后，从头开始循环滚动显示；有复位功能，每次复位后，都从信息起始处滚动显示。

7-3 通过 4 个数码管显示对应四个按键按下次数，每按下一按键后，该按键次数加 1，对应数码管以十进制的形式显示出来，数码管计数最大为 9，超出后要求对应的数码管不显示。

7-4 设计键控八位流水灯电路。有 3 种流水灯效果，可通过按键选择其中任何一种运行。要求每按一次按键，按键次数加 1。按键次数在 0、1、2 这三个数循环，每按键一次对应一种流水方式。方式 0：先奇数灯依次点亮（1、3、5、7），后偶数灯依次点亮（2、4、6、8），间隔 0.5 s。方式 1：按照每两个灯依次点亮（1/2、3/4、5/6、7/8），间隔 0.5 s，然后按同样顺序依次熄灭两个灯，间隔 0.5 s。方式 2：八个灯同时点亮，然后同时熄灭，间隔 0.5 s。

7-5 使用按键产生脉冲信号，该信号用作十六进制计数器的时钟信号。当按下按键时，计数器实现加 1 计数，计数结果显示在数码管上。

7-6 使用穆尔型状态机实现"110"序列检测器。要求首先绘制状态图，然后使用 Verilog HDL 代码实现，最后用 Quartus Ⅱ 软件进行逻辑功能仿真，并给出仿真波形。

应用篇

本篇重点介绍复杂数字系统的设计与应用，包括数字钟、交通灯控制器、频率计、电子密码锁、抢答器、最大公约数算法实现、智能家居监控设计等，最后提出了一些设计与实战内容，通过完成设计与实战内容可以加深学生对本课程的学习，以及提高其复杂数字系统设计能力。

第8章 复杂数字电路系统设计

学习引导

本章重点介绍复杂数字系统的设计与实现，通过口袋机及外围模块实现数字系统硬件调试等内容。

学习目标

（1）掌握 FPGA 的应用开发技术；

（2）进一步加深对数字电路与系统设计的理解，掌握较复杂数字系统设计与实现的方法；

（3）掌握各类外围模块的驱动与使用，构建复杂数字系统。

（4）掌握模块化设计（模块化设计方便后续系统调用），对之前章节常用模块进行调用。

思政目标

本章主要介绍复杂数字电路系统的设计与实现，鼓励学生主动开展学习活动，不断拓展自身视野，着力培养其终身学习的良好习惯。

8.1 简易数字钟设计实战

1. 项目设计要求

本项目设计一个能进行秒、分、时计时的简易数字钟，并通过八位数码管显示，时钟采用 24 h 计时法，其系统框图如图 8.1.1 所示。

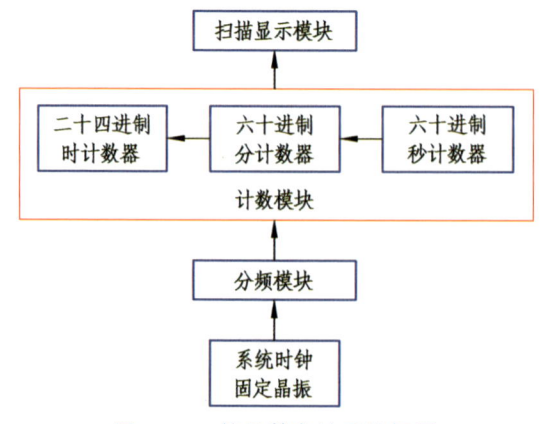

图 8.1.1 简易数字钟系统框图

2. 项目设计思路

关于数字钟的实现方法非常多，难易程度各不相同。本项目通过调用前面章节的一些常用模块，进行模块化设计、参数化设计，构建数字钟，体现模块化设计的便捷性，并对以后其他复杂系统设计所要进行的程序移植给出了指导。

本项目的数字钟设计结构如图 8.1.2 所示，顶层文件为 digital_clock。u1 模块产生 1 s 的时钟信号，作为秒计数模块的时钟信号，该模块由顶层调用例 4.1.6 参数化任意进制加计数器实现；u2_s、u2_m 和 u2_h 分别代表数字钟的秒计数、分钟计数和小时计数，这三个模块由顶层调用三次例 4.1.10 参数化 BCD 码计数器实现，秒和分钟计数默认参数是 60，时钟计数参数为 24；u3 模块是顶层调用例 3.9.1 分频器，作为后续动态显示电路的位扫描信号；u2_s、u2_m 和 u2_h 模块的数据通过 u4 处理为需要显示的位码和段码，顶层通过调用例 7.3.2 对动态显示数据处理，由顶层调用例 7.3.1 驱动 74HC595 进行数据串并转换，使数码管动态显示时间。程序设计参见例 8.1.1。

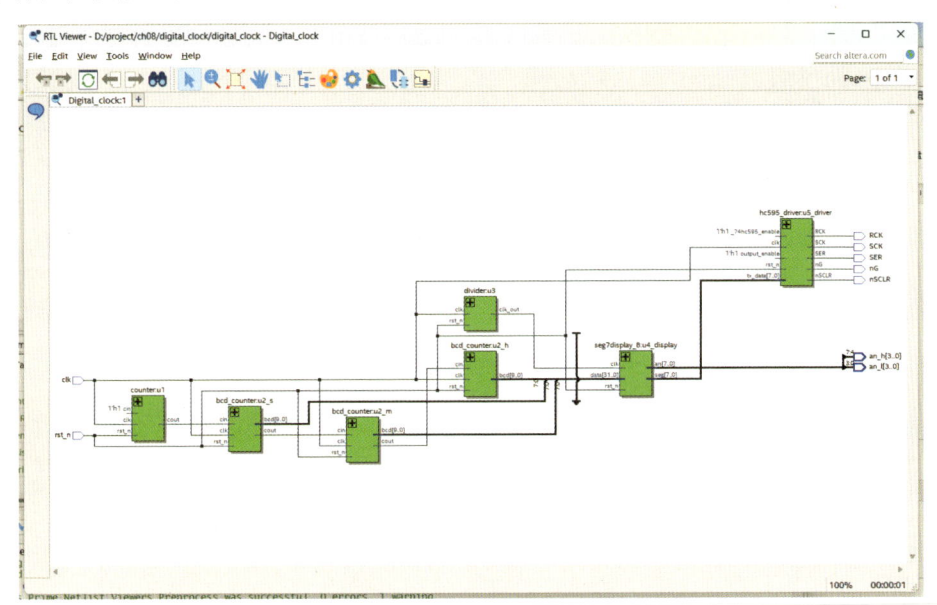

图 8.1.2　数字钟设计结构图

【例 8.1.1】基于 Verilog HDL 的简易数字钟设计与实现。

```verilog
//数字钟顶层文件
module digital_clock(
    input clk,
    input rst_n,
    output [3:0] an_h,an_l,

    output SER,
    output nG,
    output RCK,
```

```verilog
    output SCK,
    output nSCLR);

    wire clk_1s;
    //调用例 4.1.6 参数化二进制计数器
     counter #(.COUNT_MAX(50000000),.N(26)) u1( //产生1秒信号
        .clk(clk),
        .rst_n(rst_n),
        .cin(1),
        .count(),
        .cout(clk_1s)
    );

    wire cout_s;
    wire [9:0] bcd_s;
    //调用例 4.1.10 参数化 BCD 码计数器，实现秒计时
     bcd_counter #(.M(60),.N(6)) u2_s(
        .clk(clk),
        .rst_n(rst_n),
        .cin(clk_1s),
        .bcd(bcd_s),
        .cout(cout_s)
       );

    wire cout_m;
    wire [9:0] bcd_m;
    //调用例 4.1.10 参数化 BCD 码计数器，实现分计时
     bcd_counter #(.M(60),.N(6)) u2_m(
        .clk(clk),
        .rst_n(rst_n),
        .cin(cout_s),
        .bcd(bcd_m),
        .cout(cout_m)
      );

    wire [9:0] bcd_h;
    //调用例 4.1.10 参数化 BCD 码计数器，实现小时计时
    bcd_counter #(.M(24),.N(5)) u2_h(
        .clk(clk),
        .rst_n(rst_n),
```

```verilog
            .cin(cout_m),
            .bcd(bcd_h),
            .cout()
            );

    wire clk_1khz;
//调用例 3.9.1 分频器，用于动态扫描显示
divider #(.CLK_FREQ (50000000),           //系统时钟输入频率：50 MHz
          .CLK_OUT_FREQ(1000) )   //分频器待输出时钟频率：1 kHz
     u3 ( .clk(clk),
          .rst_n(rst_n),
          .clk_out(clk_1khz)
          );
wire [7:0] seg;
//调用例 7.3.2 动态显示数据处理
seg7display_8 u4_display(
  .clk(clk_1khz),
  .rst_n(rst_n),
  .data({4'b0010,4'b0011,bcd_h[7:0],bcd_m[7:0],bcd_s[7:0]}),
  //显示时间
  .seg(seg),
  .an({an_h,an_l})
      );


//调用例 7.3.1 驱动 74HC595 进行数据处理
hc595_driver u5_driver(
     .clk(clk),
     .rst_n(rst_n),

        ._74hc595_enable(1'b1),
        .output_enable(1'b1),
        .tx_data(seg),

        .SER(SER),
        .nG(nG),
        .RCK(RCK),
        .SCK(SCK),
        .nSCLR(nSCLR)
     );
endmodule
```

3. 项目显示结果

新建 Quartus Ⅱ 工程，对设计的源程序进行综合、实现，引脚定义如图 8.1.3 所示，最后将编程下载到口袋机，显示"23011439"（23 年，1 时 14 分 39 秒），如图 8.1.4 所示，验证设计的正确性。

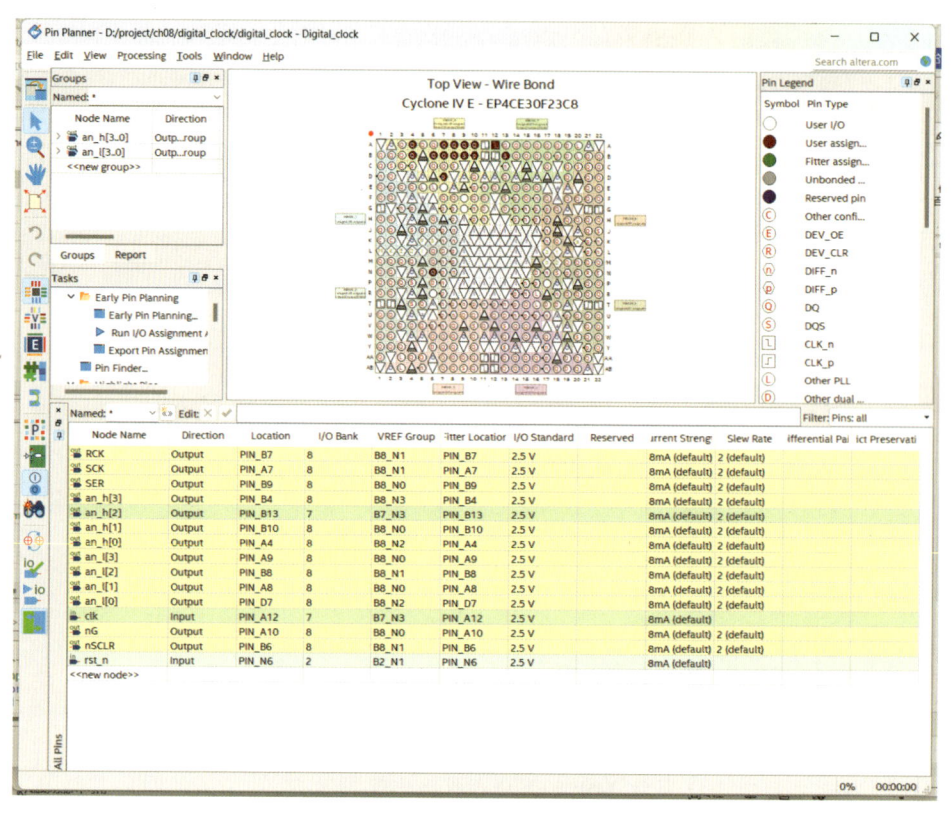

图 8.1.3　数字钟显示引脚定义

图 8.1.4　数字钟显示

4. 项目扩展练习

以上只是实现了简单的数字钟计数及显示,可通过扩展模块使功能完善。
(1)秒用 LED 灯闪烁表示,每秒闪烁一次。
(2)通过添加按键,实现对数字钟秒、分和时校对,可以分别对个位和十位校准。
(3)添加蜂鸣器,实现时钟整点报时及闹钟功能。
(4)添加年、月和日计数模块,实现万年历,并能够使用数码管滚动显示。
(5)使用液晶 LCD1602 对万年历进行显示。

8.2 交通灯控制设计实战

1. 项目设计要求

本项目设计一个由一条主路和一条支路汇合成的十字路口交通灯控制器。具体要求如下:
(1)主、支路各设三个 LED 灯,分别代表红灯、黄灯、绿灯。
(2)主、支路各设两个显示数码管,倒计时显示。
(3)信号灯变换次序为:主路绿灯、支路红灯 30 s;主路黄灯、支路红灯 5 s;主路红灯、支路绿灯 20 s;主路红灯、支路黄灯 5 s。

其系统框图如图 8.2.1 所示。

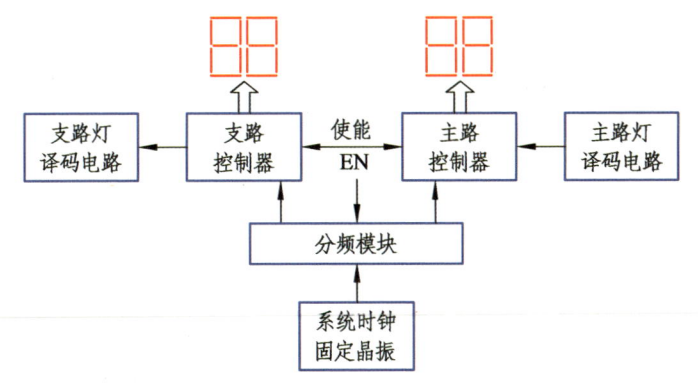

图 8.2.1 交通灯控制器系统框图

2. 项目设计思路

本项目的交通灯设计结构如图 8.2.2 所示,顶层文件为 traffic_led。u1 模块产生 1 s 的时钟信号,作为计数模块的时钟信号,该模块由顶层调用例 7.3.3 参数化分频器实现,产生 1 Hz 信号用于计时;u2 模块是顶层调用例 7.3.3 参数化分频器产生 1 kHz 信号,作为后续动态显示电路的位扫描信号;u4_m 模块和 u5_s 模块分别作为主路和支路的通行/禁行时间的减计数器,当计数到 0 时,根据交通灯不同状态设置初始值,并重新减计数,由顶层调用两次模块文件 timer 实现;u3 模块作为主控器状态转换模块,输出灯的状态,同时输出当前状态下减计数器的初始值,由顶层调用文件 traffic_control 实现。u4_m 和

349

u5_s 模块的数据通过 u6 处理为需要显示的位码和段码,顶层通过调用例 7.3.2 对动态显示数据处理,由顶层调用例 7.3.1 驱动 74HC595 进行数据串并转换,使数码管动态显示交通灯倒计数时间。程序设计参见例 8.2.1。

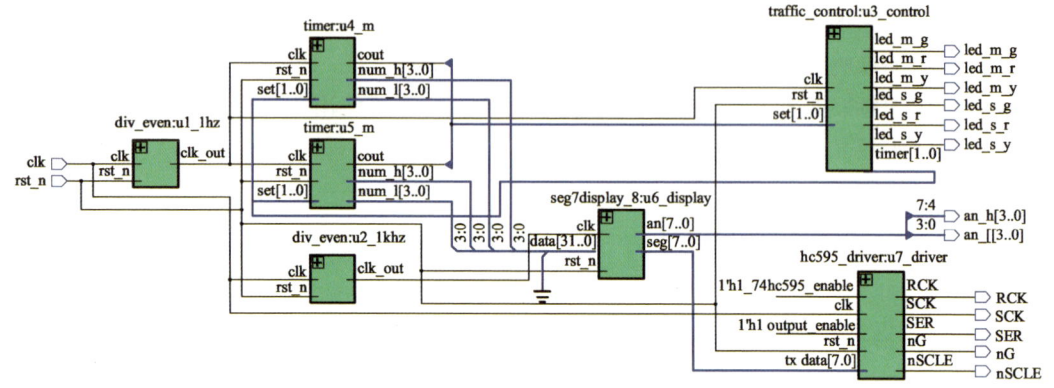

图 8.2.2 交通灯设计结构图

【例 8.2.1】 基于 Verilog HDL 的交通灯控制器设计与实现。

```verilog
//交通灯控制器顶层模块
module traffic_led(
    input clk,
    input rst_n,
    output led_m_r,led_m_y,led_m_g,
    output led_s_r,led_s_y,led_s_g,
    output [3:0] an_h,an_l,

    // 74HC595 接口
    output SER,
    output nG,
    output RCK,
    output SCK,
    output nSCLR);

wire clk_1hz,clk_1khz;
//调用例 7.3.3 分频模块,产生 1 Hz 信号用于计时
div_even #(50000000) u1_1hz(
 .clk(clk),
 .rst_n(rst_n),
 .clk_out(clk_1hz)
 );
//调用例 7.3.3 分频模块,产生 1 kHz 信号用于动态扫描显示
```

```verilog
div_even #(50000) u2_1khz(
 .clk(clk),
 .rst_n(rst_n),
 .clk_out(clk_1khz)
 );

wire cout_m,cout_s;
wire [1:0] timer;
//实例化交通灯主控制模块
  traffic_control u3_control(
  .clk(clk_1hz),
  .rst_n(rst_n),
  .set({cout_m,cout_s}),
  .led_m_r(led_m_r),
  .led_m_y(led_m_y),
  .led_m_g(led_m_g),
  .led_s_r(led_s_r),
  .led_s_y(led_s_y),
  .led_s_g(led_s_g),
  .timer(timer)
  );
  wire [3:0] num_h_m,num_l_m;
//实例化交通灯定时模块，用于主路计时
timer u4_m(
   .clk(clk_1hz),
   .rst_n(rst_n),
   .set(timer),
   .cout(cout_m),
   .num_h(num_h_m),
   .num_l(num_l_m)
);
   wire [3:0] num_h_s,num_l_s;
//实例化交通灯定时模块，用于支路计时
timer #(.STATE1(8'b0011_0100),.STATE3(8'b0001_1001))
u5_s(
    .clk(clk_1hz),
    .rst_n(rst_n),
```

```verilog
        .set(timer),
        .cout(cout_s),
        .num_h(num_h_s),
        .num_l(num_l_s)
    );

    wire [7:0] seg;
    //调用例 7.3.2 处理显示的数据
    seg7display_8 u6_display(
        .clk(clk_1khz),
        .rst_n(rst_n),
        .data({4'b0000,4'b0000,num_h_m,num_l_m,4'b0000,4'b0000,num_h_s,num_l_s}),
            //待显示的 4 位十六进制数
        .seg(seg),
        .an({an_h,an_l})
        );
    //调用例 7.3.1 驱动 74HC595 芯片
    hc595_driver u7_driver(
        .clk(clk),
        .rst_n(rst_n),

        ._74hc595_enable(1'b1),
        .output_enable(1'b1),
        .tx_data(seg),

        .SER(SER),
        .nG(nG),
        .RCK(RCK),
        .SCK(SCK),
        .nSCLR(nSCLR)
    );
endmodule

//交通灯主控模块
module traffic_control(
    input clk,
    input rst_n,
  input [1:0] set,
```

```verilog
    output reg led_m_r,led_m_y,led_m_g,
    output reg led_s_r,led_s_y,led_s_g,
    output reg [1:0] timer
);

parameter s0 = 2'b00, s1=2'b01, s2=2'b10, s3=2'b11;//状态说明
    reg [2:0] next_state = s0;   //现态、次态
    //状态模块
    always @ (posedge clk or negedge rst_n) begin
        if( !rst_n ) begin
            next_state <= s0;
            timer <= 2'b11;
            led_m_r <= 0;led_m_y <= 0;led_m_g <= 0;
            led_s_r <= 0;led_s_y <= 0;led_s_g <= 0;
        end
        else
    //次态
        case (next_state)
            s0: begin    //主绿支红
                led_m_r <= 0;led_m_y <= 0;led_m_g <= 1;
                led_s_r <= 1;led_s_y <= 0;led_s_g <= 0;
                if(set[1] == 1 ) begin next_state<= s1;timer = 2'b01;end
                else begin next_state <=s0;timer = 2'b11;end
                end
            s1: begin     //主黄支红
                led_m_r <= 0;led_m_y <= 1;led_m_g <= 0;
                led_s_r <= 1;led_s_y <= 0;led_s_g <= 0;
                if(set == 2'b11) begin next_state<= s2;timer = 2'b10;end
                else begin next_state <=s1;timer = 2'b11;end
                end
            s2: begin     //主红支绿
                led_m_r <= 1;led_m_y <= 0;led_m_g <= 0;
                led_s_r <= 0;led_s_y <= 0;led_s_g <= 1;
                if(set[0] == 1) begin next_state<= s3;timer = 2'b01;end
                else begin next_state <=s2;timer = 2'b11;end
                end
            s3: begin     //主红支黄
                led_m_r <= 1;led_m_y <= 0;led_m_g <= 0;
```

```verilog
                    led_s_r <= 0;led_s_y <= 1;led_s_g <= 0;
                    if(set == 2'b11) begin next_state<= s0;timer = 2'b00;end
                 else begin next_state <=s3;timer = 2'b11;end
                 end
             default: begin
                 next_state<= s0;timer = 2'b11;
                 led_m_r <= 0;led_m_y <= 0;led_m_g <= 0;
                 led_s_r <= 0;led_s_y <= 0;led_s_g <= 0;
                 end
         endcase
      end

endmodule

//交通灯定时模块
module timer # (STATE1 = 8'b0010_1001,STATE2 = 8'b0000_0100,STATE3 = 8'b0010_0100)
(
   input clk,
   input rst_n,
   input [1:0] set,
   output reg cout,
   output reg [3:0] num_h,num_l
);

      always @ (posedge clk or negedge rst_n) begin
   if (!rst_n) begin
      {num_h,num_l} = STATE1;
      cout <= 0;
   end
   else begin
      case ( set )
      2'b00: begin {num_h,num_l} = STATE1;cout = 0;end
      2'b01: begin {num_h,num_l} = STATE2;;cout = 0;end
      2'b10: begin {num_h,num_l} = STATE3;;cout = 0;end
      default: begin
          if ( {num_h,num_l} > 8'b0000_0000 )
             if ( num_l == 0 ) begin
```

```
                    num_l <= 4'b1001;
                    num_h <= num_h-1;
                end
            else num_l <= num_l-1;
            if ( {num_h,num_l} == 8'b0000_0010 ) cout = 1;
            else cout = 0;
        end
        endcase
    end
end
endmodule
```

3. 项目显示结果

新建 Quartus Ⅱ 工程，对设计的源程序进行综合、实现，引脚定义如图 8.2.3 所示，布局布线生成.sof 下载文件，最后将程序下载到口袋机。图 8.2.4~图 8.2.7 所示为交通灯的运行过程，验证了设计的正确性。

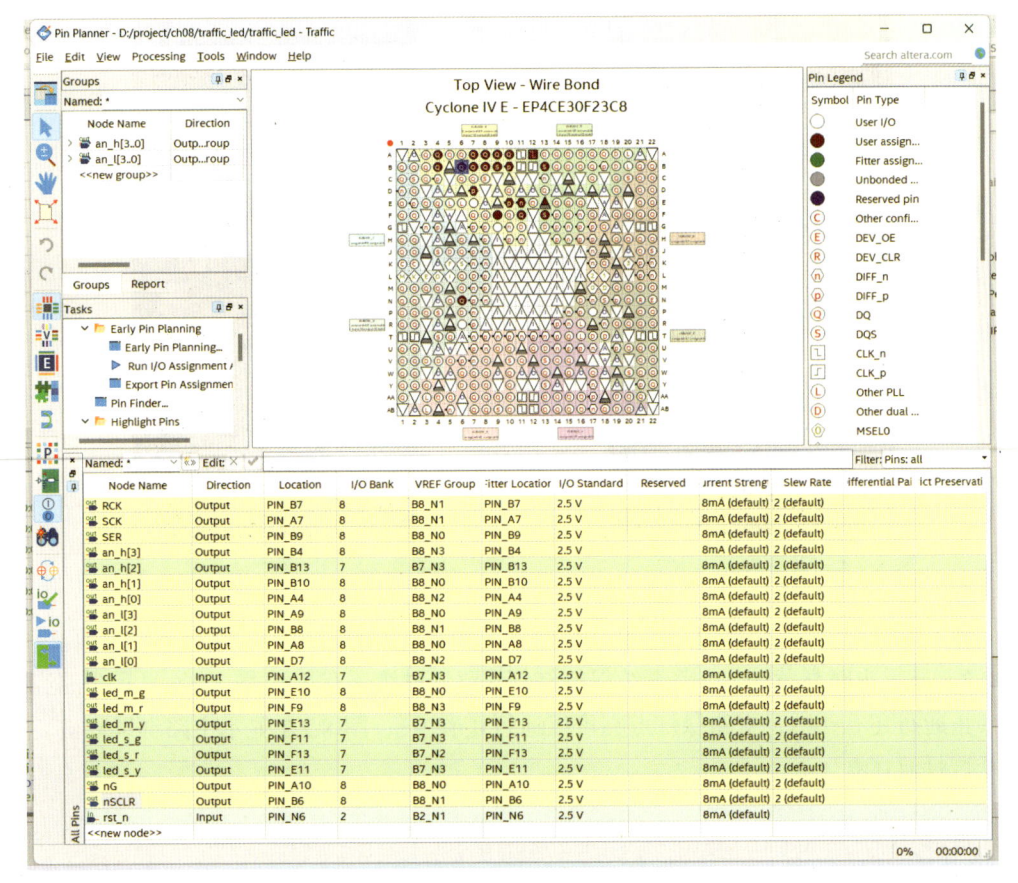

图 8.2.3　交通灯引脚定义

图 8.2.4　主路绿灯，支路红灯　　　　　图 8.2.5　主路黄灯，支路红灯

图 8.2.6　主路红灯，支路绿灯　　　　　图 8.2.7　主路红灯，支路黄灯

图 8.2.4 显示主路亮绿灯，支路亮红灯，主路还可以通行 24 s，支路禁行还有 29 s；图 8.2.5 显示主路亮黄灯，支路继续保持红灯，黄灯过渡还有 3 s；图 8.2.6 显示主路亮红灯禁止通行还有 14 s，支路绿灯点亮可以通行还有 9 s；图 8.2.7 显示主路继续红灯，支路黄灯过渡还有 1 s。

4．项目扩展练习

以上只是实现了简单的交通灯控制电路，通过扩展模块使功能更加完善。

(1)在黄灯亮起时,每秒闪烁一次。
(2)红灯点亮时,添加蜂鸣器,提醒该路人行道可以使用。
(3)添加按键,实现对交通灯状态的人工切换。
(4)添加左转指示和计时,完善相应控制状态。

8.3 电子密码锁设计

1. 项目设计要求

本项目设计一个电子密码锁,其系统框图如图 8.3.1 所示。具体要求如下:
(1)密码锁的初始密码为"20230831"。
(2)使用阵列键盘进行密码输入。
(3)采用 4 位数码管显示输入的密码。
(4)采用 LED 灯指示密码锁状态,闪烁代表密码错误,点亮代表密码锁打开。

2. 项目设计思路

本项目设计电子密码锁,设计结构如图 8.3.2 所示,通过阵列键盘操作密码锁,数码管显示输入的密码,若密码正确,RGB 灯点阵将被点亮,蜂鸣器响起。

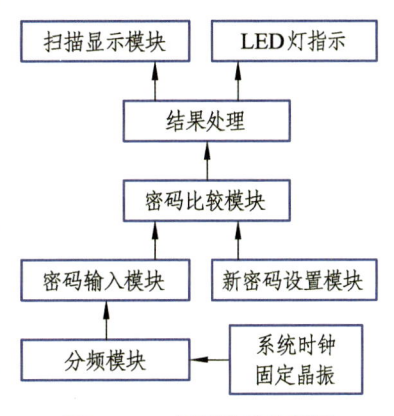

图 8.3.1　密码锁系统框图

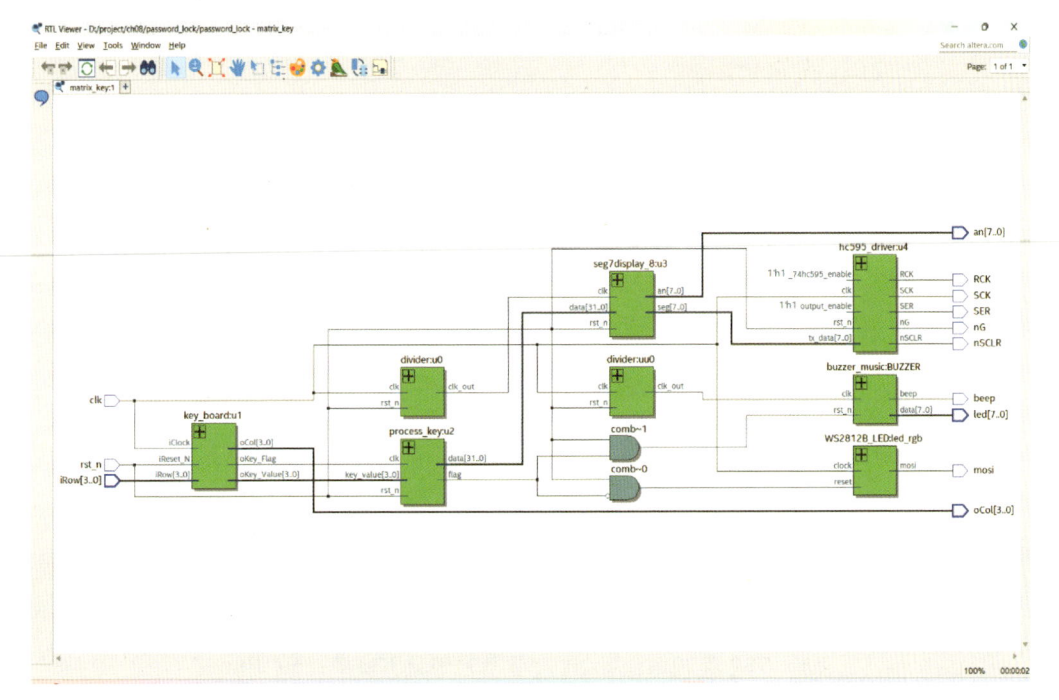

图 8.3.2　密码锁系设计结构

本项目顶层文件为 password_lock。u0 模块是顶层调用例 3.9.1 分频，产生 1 kHz 信号，用于数码管动态扫描信号；u1 模块是顶层调用例 7.4.1 驱动矩阵键盘作为密码输入信号；u1 模块是顶层调用例 7.5.1 按键脉冲产生电路实现，每次按键都会产生一个脉冲；u2 模块是按键对输入数据进行处理，密码输入正确后通过调用蜂鸣器模块和 RGB 灯点阵模块进行显示；顶层通过调用例 7.3.2 对动态显示数据进行处理，由顶层调用例 7.3.1 驱动 74HC595 进行数据串并转换，使数码管动态显示电子密码锁的密码。程序设计参见例 8.3.1。

【例 8.3.1】基于 Verilog HDL 的电子密码锁设计与实现。

```verilog
module password_lock (
    // 输入时钟及异步复位（上电复位）信号
    input clk,
    input rst_n,

    //矩阵键盘行列信号
    input  [3:0] iRow,
    output [3:0] oCol,
    // 74HC595 接口
    output SER,
    output nG,
    output RCK,
    output SCK,
    output nSCLR,
    // 数码管位选信号
    output [7:0] an,
    //WS2812
    output mosi,

    //buzzer
    output beep,
    output [7:0] led
    );

    wire clk_1khz;
    //调用例 3.9.1 分频，产生 1 kHz 信号用于数码管动态扫描
    divider
        #( 50000000,        //系统时钟输入频率：50 MHz
           1000 )           //分频器待输出时钟频率：1 kHz
```

```verilog
            u0 (
                    .clk(clk),
                    .rst_n(rst_n),
                    .clk_out(clk_1khz) );

    //调用例 7.6.1RGB 灯显示,指示密码锁打开

    WS2812B_LED led_rgb(
    .clock(clk),
    .reset(rst_n & (!locked_flag)),

    .mosi(mosi)
    );


    //调用例 3.9.1 分频,产生 24 MHz 信号用于音乐播放
    wire clk_pll;
    divider
        #( 50000000,            //系统时钟输入频率: 50 MHz
           24000000 )           //分频器待输出时钟频率: 24 MHz
            uu0 (
                    .clk(clk),
                    .rst_n(rst_n),
                    .clk_out(clk_pll) );
    //调用例 7.7.1 音乐模块
    buzzer_music BUZZER (
        .clk(clk_pll),
        .rst_n(rst_n & locked_flag),
        .beep(beep),
        .data(led)
        );


    wire [3:0] key_value;
    wire key_flag;
    //调用例 7.4.1 驱动矩阵键盘
    key_board u1(
        //系统信号
        .iClock(clk),
```

```verilog
        .iReset_N(rst_n),
    //矩阵键盘信号
        .iRow(iRow),
        .oCol(oCol),
        .oKey_Flag(key_flag),
        .oKey_Value(key_value)      //按键键值
    );

    wire [31:0] data;
    wire locked_flag;

    //调用按键数据处理模块
    process_key u2(
        .clk(key_flag),
        .rst_n(rst_n),
        .key_value(key_value),
        .flag(locked_flag),
        .data(data)
    );

    wire [7:0] seg;
    //调用例7.3.2处理显示的数据
    seg7display_8 u3(
        .clk(clk_1khz),
        .rst_n(rst_n),
        .data(data),         //待显示的键值
        .seg(seg),           //段码
        .an(an)              //位码
    );
    //调用例7.3.1驱动74HC595芯片
    hc595_driver u4(
        .clk(clk),
        .rst_n(rst_n),

        ._74hc595_enable(1'b1),    //74595使能有效
        .output_enable(1'b1),      //输出使能有效
        .tx_data(seg),
```

```verilog
        .SER(SER),
        .nG(nG),
        .RCK(RCK),
        .SCK(SCK),
        .nSCLR(nSCLR)
        );


endmodule

//按键数据处理
module process_key (
    // 输入时钟及异步复位(上电复位)信号
    input clk,
    input rst_n,
    //矩阵键盘行列信号
    input  [3:0] key_value,
    output reg flag,
    output [31:0] data
    );
    reg [31:0] data_temp;
    assign data = data_temp;
    always @ (posedge clk or negedge rst_n) begin
        if ( !rst_n ) begin
            data_temp <= 32'hffffffff;
            flag <= 1'b0;
        end
        else
            case ( key_value )
                0,1,2,3,4,5,6,7,8,9:begin
                    data_temp <= {data_temp[27:0],key_value};
                    flag <= 1'b0;
                end
                10:begin
                    data_temp <= {4'hf,data_temp[31:4]};
                    flag <= 1'b0;
```

```verilog
                end
            11:begin
                data_temp <= data_temp;
                if ( data_temp == 32'h20230831 )    //初始密码
                    flag <= 1'b1;
                else
                    flag <= 1'b0;
                end
            default: begin
                data_temp <= data_temp;
                flag <= 1'b0;
                end
        endcase
    end

endmodule
```

3. 项目显示结果

新建 Quartus Ⅱ 工程，对设计的源程序进行综合、实现，引脚定义如图 8.3.3 所示，布局布线生成 .sof 下载文件，最后将程序下载到口袋机。如图 8.3.4 所示，矩阵键盘输入密码 20230831 时，数码管显示密码，按确定按钮后，电子密码锁打开，蜂鸣器播放音乐，RGB 灯点亮，验证了设计的正确性。

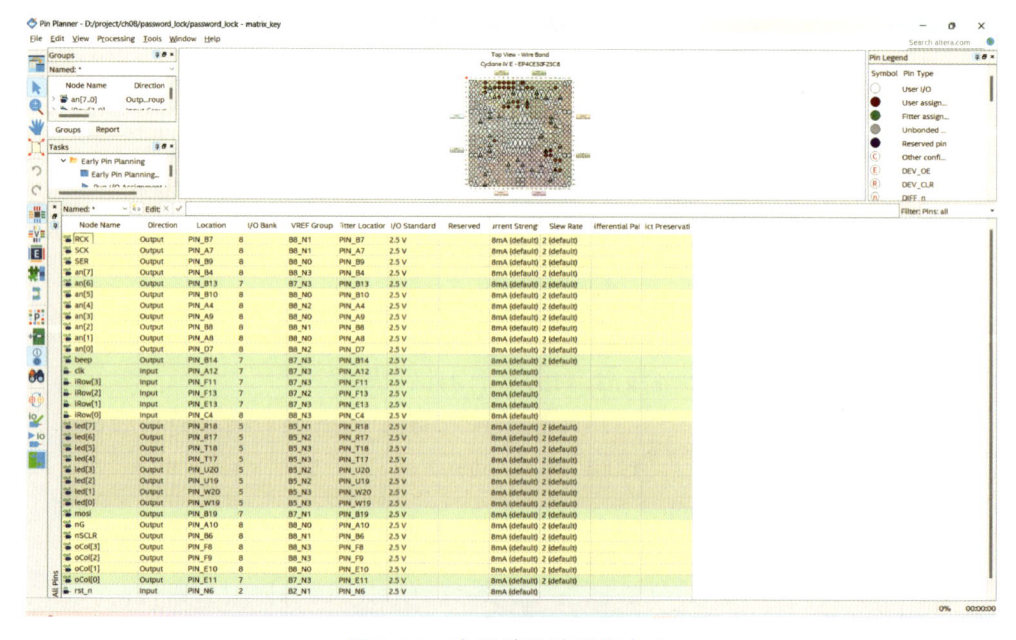

图 8.3.3　密码锁设计引脚定义

图 8.3.4　电子密码锁实验

4. 项目扩展练习

以上只是实现了简单的电子密码锁功能，通过扩展模块使功能更加完善。

（1）添加密码重置功能。

（2）修改数码管动态显示模块，能够指示更多信息，如密码显性/隐性显示等。

（3）添加模块，完善对键盘相应功能按键的操作。

（4）采用液晶 LCD1602 对密码锁相关操作进行显示。

8.4　频率计设计实战

1. 项目设计要求

本项目设计一个能测量方波信号频率的频率计，测得频率后要求用十进制数稳定显示输出结果。测量的频率范围是 1~9 999 Hz，用 4 位数码管显示测量频率。当测量频率大于 9 999 Hz 时，显示"EEEE"，表示越限。

设计原理：在 1 s 内对被测信号的上升沿计数，计数器的值就是被测信号的频率。为了使数码管显示数据稳定，在 1 s 计数结束后，计数值被锁存，然后对计数器清零，为下一次测频计数周期做好准备。因此，可以先设计一个周期为 4 s 的控制电路，其中 1 s 用于控制计数器计数，其余 3 s 用于数据显示。其系统框图如图 8.4.1 所示。

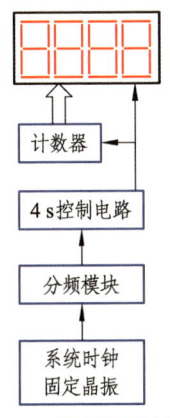

图 8.4.1　频率计系统框图

2. 项目设计思路

频率计设计结构如图 8.4.2 所示。本项目顶层文件为 freq_meter。u1 模块产生 0.5 Hz 分频信号，作为对待测频率信号进行频率测量的基准信号，该模块由顶层调用例 3.9.1 参数化分频器实现；u2 模块是顶层调用例 3.9.1 分频器，用于动态扫描显示；u3 模块首先产生一个 4 s 周期的信号，其中 1 s 时间内进行计数器计数，其余 3 s 时间，计数器停止计数，用于数码管稳定显示，由顶层调用模块文件 freq_test 实现；u4 模块将频率测量结果转换成数码管显示的十进制数据，通过顶层调用模块文件 freq_process 实现；u5 模块顶层通过调用例 7.3.2 对动态显示数据处理，u6 由顶层调用例 7.3.1 驱动 74HC595 进行数据串并转换，使数码管动态显示频率值。频率计项目的程序设计参见例 8.4.1。

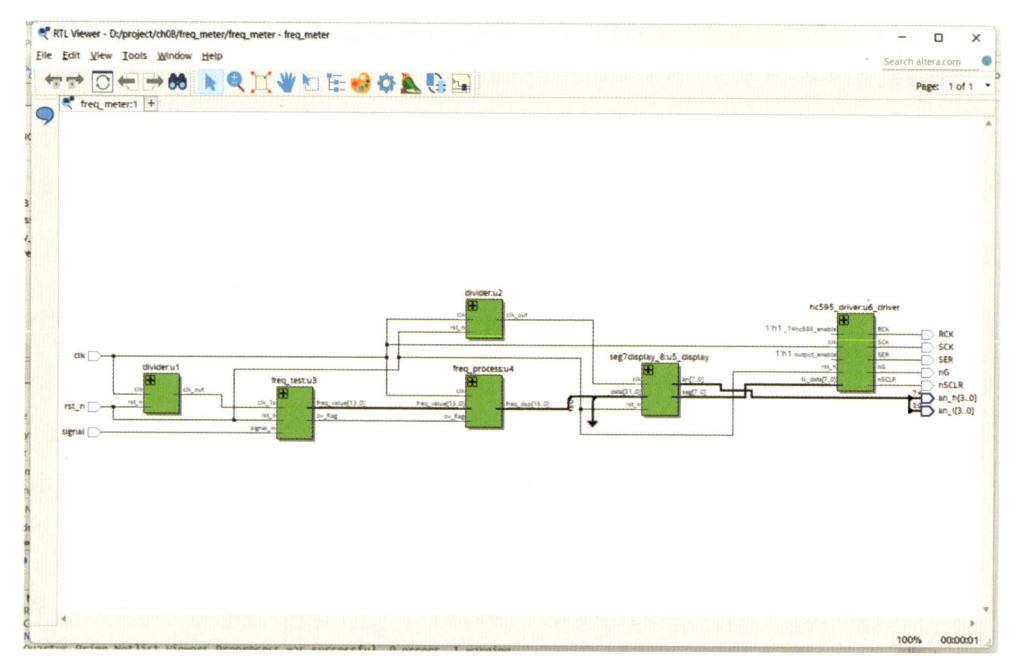

图 8.4.2 频率计设计结构

【例 8.4.1】 基于 Verilog HDL 的频率计设计与实现。

```
//频率计顶层模块，signal 为待测频率的输入信号
module freq_meter(
    input clk,
    input rst_n,
    input signal,
    output [3:0] an_h,an_l,

    output SER,
    output nG,
```

```verilog
    output RCK,
    output SCK,
    output nSCLR
    );

wire [15:0] freq_dsp;
wire [13:0] freq_value;
wire clk_1s, clk_1khz, ov_flag;
//调用例3.9.1分频器
divider #(.CLK_FREQ(50000000),.CLK_OUT_FREQ(0.5))
        u1(.clk(clk),
            .rst_n(rst_n),
            .clk_out(clk_1s) );
//调用例3.9.1分频器,用于动态扫描显示
divider #(.CLK_FREQ(50000000),.CLK_OUT_FREQ(1000))
        u2(.clk(clk),
            .rst_n(rst_n),
            .clk_out(clk_1khz) );
//频率测量模块
freq_test u3(   .clk_1s(clk_1s),
                .rst_n(rst_n),
                .signal_in(signal),
                .ov_flag(ov_flag),
                .freq_value(freq_value) );
//数据处理模块
freq_process u4(    .clk(clk),
                    .ov_flag(ov_flag),
                    .freq_value(freq_value),
                    .freq_dsp(freq_dsp) );
wire [7:0] seg;
//调用例7.3.2动态显示数据处理
seg7display_8 u5_display(
    .clk(clk_1khz),
    .rst_n(rst_n),
    .data({16'hFFFF,freq_dsp}),   //显示频率值
```

```verilog
        .seg(seg),
        .an({an_h,an_l})
    );
    //调用例7.3.1驱动74HC595进行数据处理
    hc595_driver u6_driver(
        .clk(clk),
        .rst_n(rst_n),
        
        ._74hc595_enable(1'b1),
        .output_enable(1'b1),
        .tx_data(seg),
        
        .SER(SER),
        .nG(nG),
        .RCK(RCK),
        .SCK(SCK),
        .nSCLR(nSCLR)
    );

endmodule
```

//测频率模块,每4 s测量1次,clk_1s = delay = 1时的1 s时间用于测量,其余3 s用于显示。即使待测频率没有改变,在测量结束后,结果显示3 s,之后重新测量。该频率计的测量范围为1~9 999 Hz,采用4位数码管动态显示,ov_flag作为测量溢出标志位,当测量频率大于9 999 Hz时,显示"EEEE",表示越限。

```verilog
module freq_test(
    input clk_1s, rst_n,
    input signal_in,
    output reg ov_flag,
    output reg [13:0] freq_value
    );
    reg [13:0] freq_temp;
    reg delay;
    
    always @(posedge clk_1s or negedge rst_n) begin
```

```verilog
            if(!rst_n) delay <= 0;
            else delay <= ~delay;                    //周期 4 s
    end

    always @(posedge signal_in or negedge rst_n) begin
        if(!rst_n) begin
            freq_temp <= 0;
            ov_flag <= 0;
        end
        else begin
            if(delay == 0) freq_temp <=0;
            else if (delay ==1 )begin
                if(clk_1s) freq_temp <= freq_temp + 1;
                else freq_value <= freq_temp;
            end
            if (freq_value > 9999) ov_flag <=1;        //测量越限
            else ov_flag <= 0;
        end
    end
endmodule

//数据处理模块,将测量的频率数据转换为 4 位 BCD 码显示
module freq_process(
 input clk,
    input ov_flag,
    input [13:0] freq_value,
    output [15:0] freq_dsp
    );
    reg [3:0] gewei,shiwei,baiwei,qianwei;
    wire [3:0] sm0,sm1,sm2,sm3;
    integer i,j,m;
    reg [13:0] freq_disp;
    
    always @(posedge clk) begin
        if (ov_flag) begin                            //数值越限,显示"EEEE"
```

```verilog
                gewei =4'hE;
                shiwei = 4'hE;
                baiwei = 4'hE;
                qianwei = 4'hE;
            end
        else begin
            freq_disp = freq_value;
            for (i=0;i<10;i=i+1)
                if(((i*1000)<= freq_disp)&(((i+1)*1000)>freq_disp))
                    qianwei = i;
            freq_disp = freq_disp - qianwei * 1000;
            for (j=0;j<10;j=j+1)
                if(((j*100)<= freq_disp)&(((j+1)*100)>freq_disp))
                    baiwei = j;
            freq_disp = freq_disp - baiwei * 100;
            for (m=0;m<10;m=m+1)
                if(((m*10)<= freq_disp)&(((m+1)*10)>freq_disp))
                    shiwei = m;
            gewei = freq_disp - shiwei * 10;
        end
    end

    assign sm3 = (qianwei ==0) ? 4'hF : qianwei;
    assign sm2 = ((qianwei ==0)&(baiwei==0)) ? 4'hF : baiwei;
    assign sm1 = ((qianwei ==0)&(baiwei==0)&(shiwei==0)) ? 4'hF : shiwei;
    assign sm0 = gewei;
    assign freq_dsp = {sm3,sm2,sm1,sm0};
endmodule
```

如果测试频率的高位没有数字，就熄灭对应位数码管。为了熄灭数码管，将例 7.3.2 中显示"F"对应的段码修改为：4'b1111: seg = 8'b11111111;。

3. 项目测试

通过对例 8.4.1 所描述频率计的 signal 输入端外接待测信号可以测量其频率。

下面验证例 8.4.1 所设计频率计的正确性。采用如图 8.4.3 所示的测试电路，通过 u1 模块产生对开发板上 50 MHz 的时钟信号进行不同的分频，按键 key 可以改变分频信号频率，且分频后的待测信号频率通过计算为已知值，将已知的待测信号输入频率计模块 u2 中，如果频率计显示出的频率与已知分频后的信号频率相同，则验证了所设计频率计的正确性。频率计的测试电路描述参考例 8.4.2。测试中，按键的值对应 0~15，通过 LED 灯指示按键值，待测的信号由模块 u1 通过计数器的不同输出端得到不同频率信号，语句 signal = clkdiv[led + 10]描述分频信号，频率最大值为 50 MHz/2^{11} = 24 414 Hz。

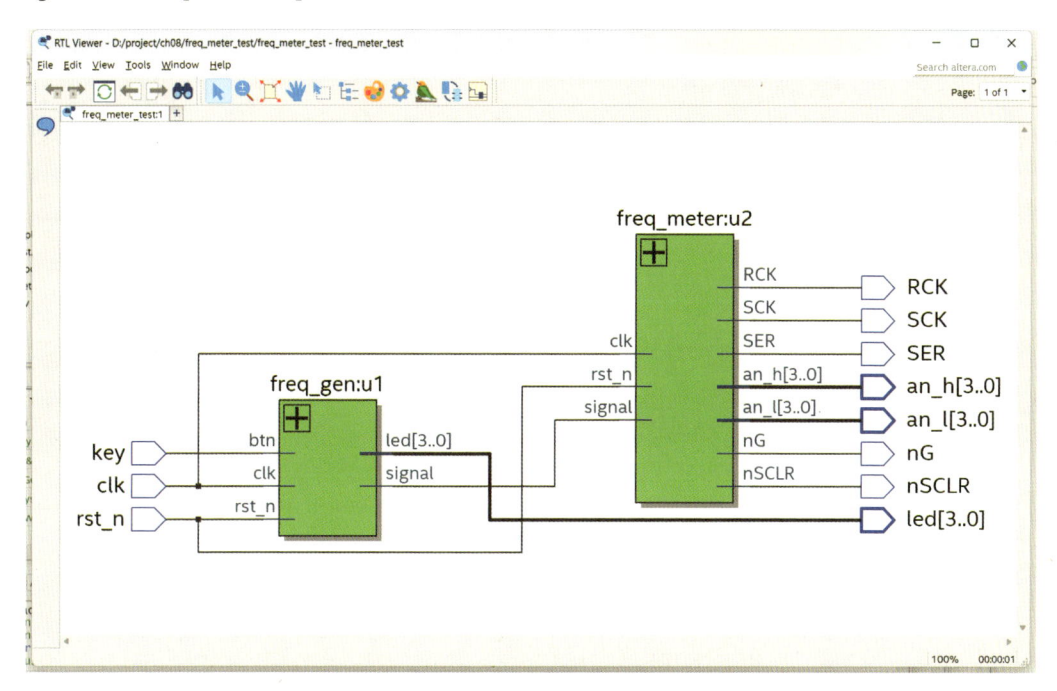

图 8.4.3 频率计测试电路

【例 8.4.2】 对例 8.4.1 所设计的频率计进行测试验证。

```
//测试顶层模块
module freq_meter_test(
    input clk,
    input rst_n,
    input key,
    output [3:0] an_h,an_l,
    output [3:0] led,

    output SER,
    output nG,
    output RCK,
    output SCK,
    output nSCLR
```

```verilog
        );

    wire signal;
//产生待测频率信号
freq_gen u1(.clk(clk),
            .rst_n(rst_n),
            .btn(key),
            .signal(signal),
            .led(led)
            );
//调用例 8.4.1 频率计模块
freq_meter u2( .clk(clk),
               .rst_n(rst_n),
               .signal(signal),
               .an_h(an_h),
               .an_l(an_l),
               .SER(SER),
               .nG(nG),
               .RCK(RCK),
               .SCK(SCK),
               .nSCLR(nSCLR)
               );
endmodule


//产生待测频率模块
module freq_gen(
    input clk, rst_n,
    input btn,
    output signal,
    output reg [3:0] led
    );
    reg [25:0] clkdiv;

    always @ (posedge btn, negedge rst_n) begin
        if(!rst_n) led <= 0;
```

```
            else led <= led + 1;
    end
    assign signal = clkdiv[led + 10];        //产生分频信号


    always @ (posedge clk, negedge rst_n)
        if(!rst_n)  clkdiv <= 0;
        else    clkdiv <= clkdiv + 1;
endmodule
```

4. 项目显示结果

频率计实验引脚定义如图 8.4.4 所示。本项目设计的频率计测量范围小于 9999，当待测频率超出测量范围时，频率计显示"EEEE"；待测信号频率不超范围时可以显示正确的信号频率值，如图 8.4.5 所示，此时 LED 灯指示为 0010，表示按键值为 2，根据分频描述 signal = clkdiv[led + 10]，此时待测信号频率为计数器 clkdiv[12]的频率，根据计算待测频率为 50 MHz/2^{13} = 6 103.5 Hz，而频率计测量显示出来的数据为 6103；通过按键改变待测信号的频率，频率计均能够正确显示，频率计测量值与理论计算的待测波形频率值相差不超过 1 Hz。

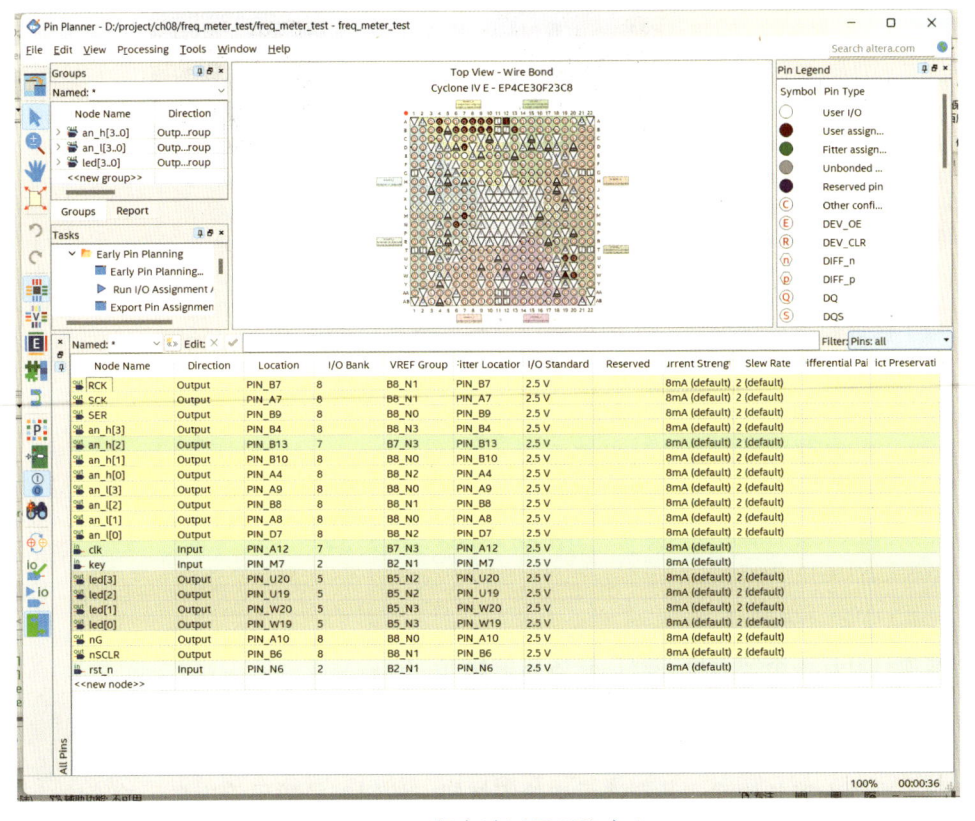

图 8.4.4 频率计测量引脚定义

图 8.4.5　频率计正常测量

5. 项目扩展练习

（1）通过按键可改变量程，如 ×10 挡、×100 挡等。
（2）修改数据处理模块，实现小数位显示，提高精度。
（3）添加模块，可以测量其他波形的频率。
（4）通过液晶 LCD1602 对频率计信息进行显示。
（5）超出测量范围时蜂鸣器报警提示。

8.5　抢答器设计实战

1. 项目设计要求

本项目设计一个智力抢答器，具体要求如下：
（1）抢答器供 4 名选手使用，主持人可以清零。
（2）主持人按开始键，计时数码管显示 9s 倒计时。
（3）主持人按开始键，若有选手按抢答按钮，按钮编号数码管应显示抢答成功选手的编号，并锁存显示，计时数码管保持显示抢答时间。

（4）主持人可以在无人抢答和抢答结束后清零，两数码管归零。

抢答器系统框图如图 8.5.1 所示。

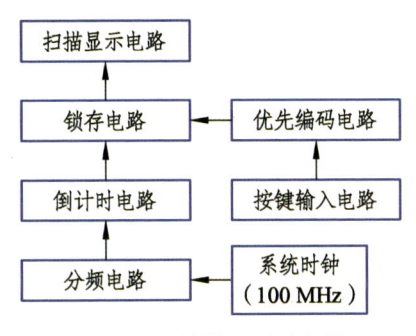

图 8.5.1　抢答器系统框图

2. 项目设计思路

本项目设计抢答器，设计结构如图 8.5.2 所示。本设计层模块为 responder_top。u1 为分频模块，调用例 7.3.3 分频模块，产生 1 kHz 信号用于动态扫描显示；u2 模块调用例 7.3.3 分频模块，产生 1 Hz 信号用于倒计时；u3 为抢答器倒计时计数模块 rsponder_count，设计为减计数器进行倒计时；u4 为按键编码模块 key_encoder，对表示选手号的 4 个信息进行编码；u5 模块由顶层通过调用例 7.3.2 对动态显示数据进行处理，u6 模块由顶层调用例 7.3.1 驱动 74HC595 进行数据串并转换，使数码管动态显示选手号和抢答时间，左边一位数码管显示选手号，右边一位数码管显示选手抢答时的倒计时。实现抢答器项目的程序设计参见例 8.5.1。

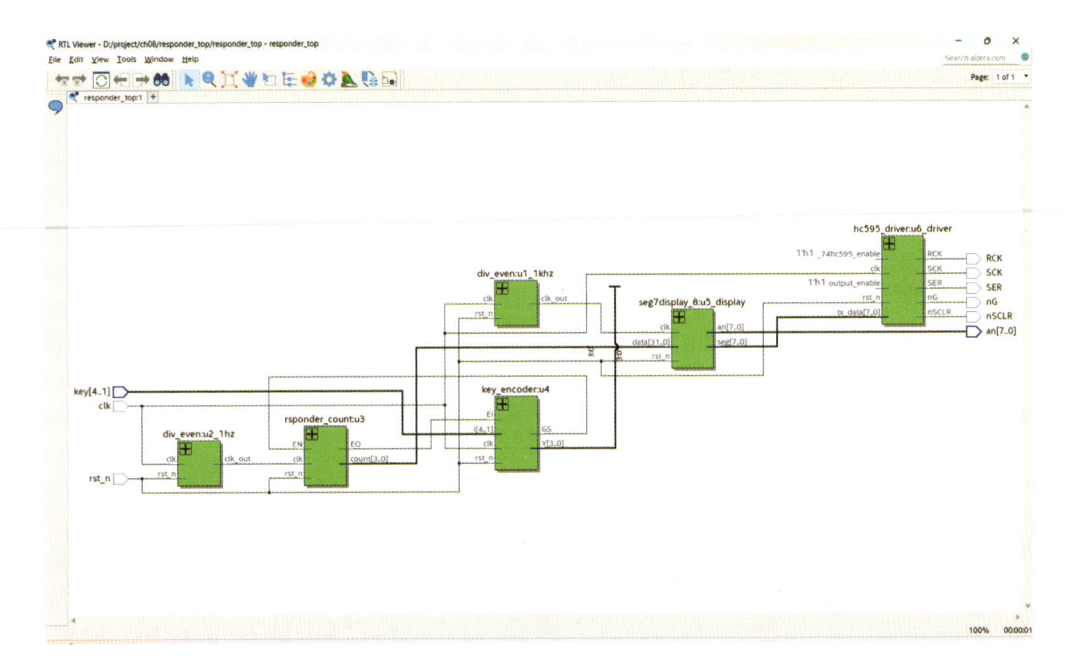

图 8.5.2　抢答器设计结构图

【例 8.5.1】 基于 Verilog HDL 的抢答器设计与实现。

```verilog
//抢答器顶层模块设计
module responder_top(
    input clk,
    input rst_n,
    input [4:1] key,
    output [7:0] an,

    // 74HC595 接口
    output SER,
    output nG,
    output RCK,
    output SCK,
    output nSCLR
    );

wire clk_1khz;
//调用例 7.3.3 分频模块，产生 1 kHz 信号用于动态扫描显示
div_even #(50000) u1_1khz(
    .clk(clk),
    .rst_n(rst_n),
    .clk_out(clk_1khz)
    );
wire clk_1hz;
//调用例 7.3.3 分频模块，产生 1 Hz 信号用于倒计时
div_even #(50000000) u2_1hz(
    .clk(clk),
    .rst_n(rst_n),
    .clk_out(clk_1hz)
    );
wire [3:0] key_count;
wire GS,EO;
//按键编码，1~4 号选手
key_encoder u4(.clk(clk),
                .I(key),
                .rst_n(rst_n),
```

```verilog
                        .EI(EO),
                        .Y(key_count),
                        .GS(GS)
                        );
    wire [3:0] responder_count;
    //抢答倒计时
    rsponder_count u3( .clk(clk_1hz),
                        .rst_n(rst_n),
                        .EN(GS),
                        .EO(EO),
                        .count(responder_count)
                        );
wire [7:0] seg;
    //调用例7.3.2处理显示的数据
    seg7display_8 u5_display(
        .clk(clk_1khz),
        .rst_n(rst_n),
        .data({12'hfff,key_count,12'hfff,responder_count}),
        //待显示的4位十六进制数
        .seg(seg),
        .an(an)
        );
    //调用例7.3.1驱动74HC595芯片
    hc595_driver u6_driver(
        .clk(clk),
        .rst_n(rst_n),

        ._74hc595_enable(1'b1),
        .output_enable(1'b1),
        .tx_data(seg),

        .SER(SER),
        .nG(nG),
        .RCK(RCK),
        .SCK(SCK),
        .nSCLR(nSCLR)
```

);

endmodule

//按键编码模块，对表示选手号的按键进行编码
```verilog
module key_encoder(
input clk,
    input [4:1] I,
    input EI,rst_n,
    output reg [3:0] Y,
    output reg GS
);
    reg con;
    always @ ( posedge clk or negedge rst_n)
    begin
    if (!rst_n)   begin Y = 4'b0000;GS = 1;con = 1;end
    else
     if (EI && con)   begin
         case (I)
         4'b1110: begin Y = 4'b0001;GS = 0;con = 0 ;end
         4'b1101: begin Y = 4'b0010;GS = 0;con = 0 ;end
         4'b1011: begin Y = 4'b0011;GS = 0;con = 0 ;end
         4'b0111: begin Y = 4'b0100;GS = 0;con = 0 ;end
         default ;
         endcase
    end
    end
endmodule
```
//抢答器倒计时计数模块
```verilog
module rsponder_count(
input clk,rst_n,
input EN,
output reg EO,
output reg[3:0] count
);
always @ ( posedge clk or negedge rst_n )
```

```
            if (!rst_n) begin count = 9;EO = 1;end
            else begin
                if ( EN ) begin
                    if (count > 1 ) begin
                        count = count - 1;
                        EO = 1;
                    end
                    else begin count = 0;EO = 0;end
                end
                else EO = 0;
            end
endmodule
```

3. 项目显示结果

新建 QuartusⅡ工程，对设计的源程序进行综合、实现，引脚定义如图 8.5.3 所示，布局布线生成.sof下载文件，最后将程序下载到口袋机。图 8.5.4 显示了 2 号选手在倒计时间剩余 5 s 时抢答成功；图 8.5.5 显示 4 号选手在倒计时间剩余 6 s 时抢答成功，验证了设计的正确性。

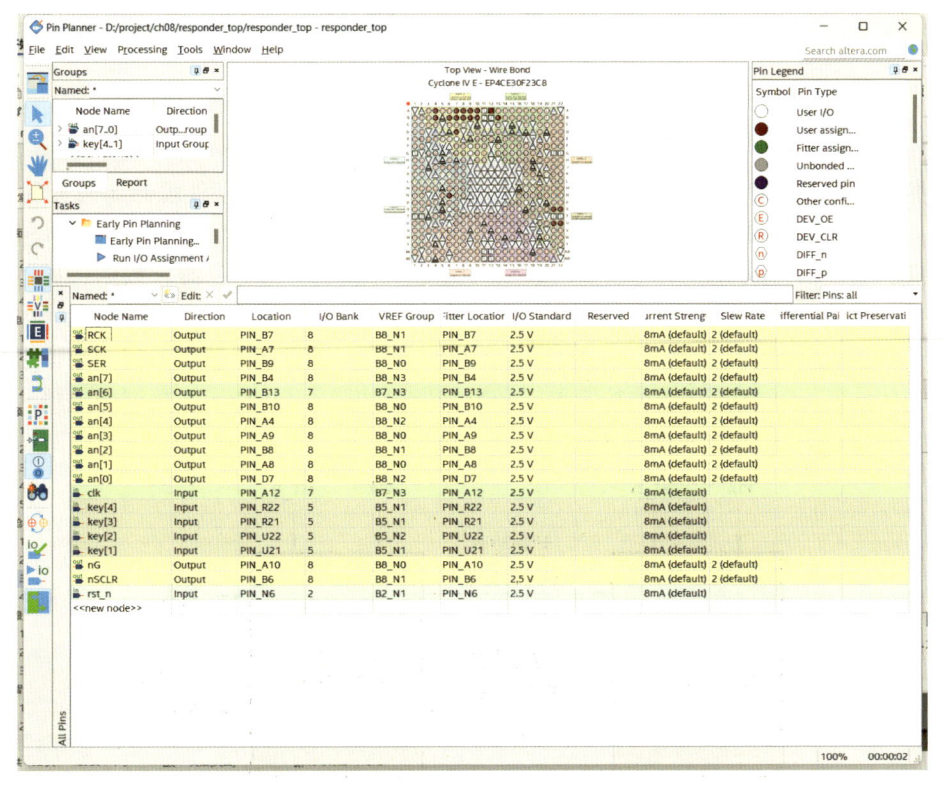

图 8.5.3 抢答器引脚定义

图 8.5.4　2 号选手在倒数 5 s 时抢答 　　　　图 8.5.5　4 号选手在倒数 6 s 时抢答

4. 项目扩展练习

（1）增加抢答选手。
（2）时间到，没有选手抢答，发出提示音。
（3）选手抢答成功后蜂鸣器报警提示。
（4）通过液晶 LCD1602 对信息进行显示。

8.6　最大公约数算法实战

1. 项目设计要求

本实战实现一个最大公约数（GCD）算法，主要介绍采用数字处理器如何实现 GCD 算法。数字处理器的通用结构如图 8.6.1 所示，其中，控制单元（Control Unit）一般由状态机组成，以完成对时序的控制；数据通道（Datapath）由寄存器、数据选择器和不同的组合逻辑模块组成。数字处理器的数据通道将一些输出信号送入控制单元，如各种条件标志；而控制单元为数据通道提供各种控制信号，如寄存器信号 load、数据选择器信号 select 等。GCD 算法中的控制单元和数据通道如图 8.6.2 所示，数据通道单元结构如图 8.6.3 所示，控制单元的状态转换图如图 8.6.4 所示。

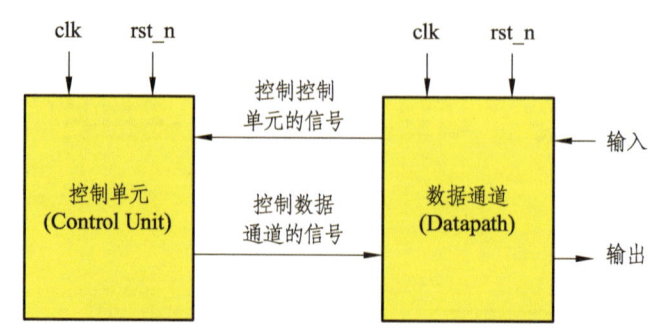

图 8.6.1　数字处理器实现算法的通用结构

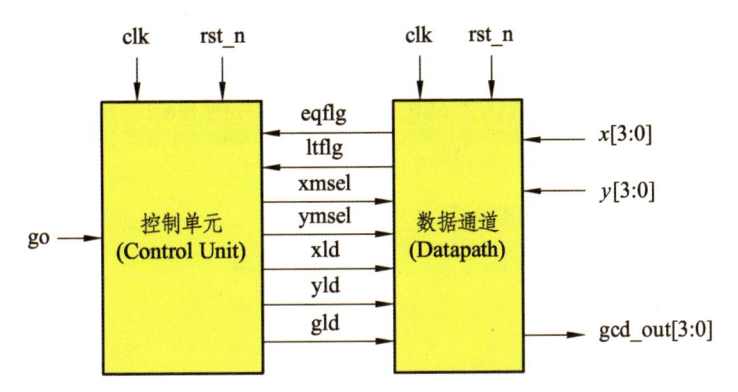

图 8.6.2　GCD 算法中的控制单元和数据通道

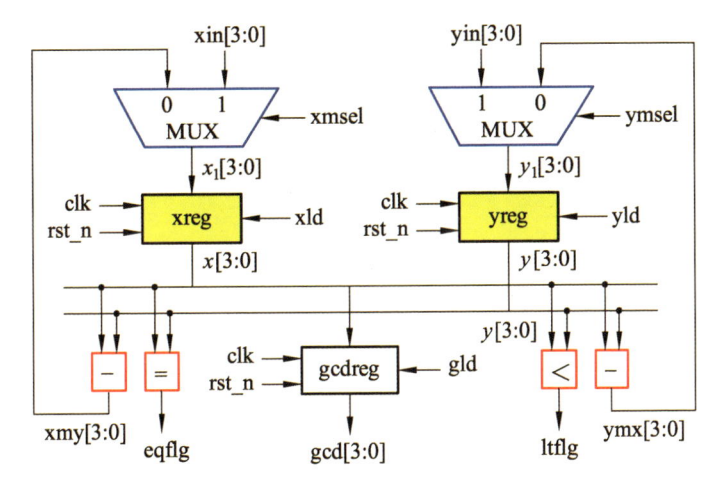

图 8.6.3　GCD 算法中的数据通道单元结构

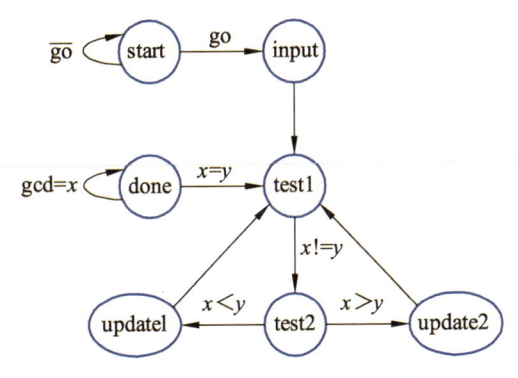

图 8.6.4　GCD 算法控制单元的状态转换图

2. 项目设计思路

本实战最大公约数算法的设计结构如图 8.6.5 所示,由顶层模块 gcd2_top 和 6 个子模块构成。模块 u1 是矩阵键盘模块,输入需要求最大公约数的两个数据;模块 u2 是对按键数据进行处理,数据处理后确定 GCD 算法启动和通过动态扫描显示进行显示;模块 GCD 为最大公约数求解算法模块,该模块又包括控制单元模块 U2 和数据通道模块

379

U1；模块 u3 为分频模块，产生 1 kHz 信号，用于动态显示时的频率扫描；模块 u4 对数码管显示的数据进行位码和段码控制；模块 u5 为数据并/串转换模块，驱动 74595 实现数码管数据显示。最大公约数算法实战的代码可以参考例 8.6.1。

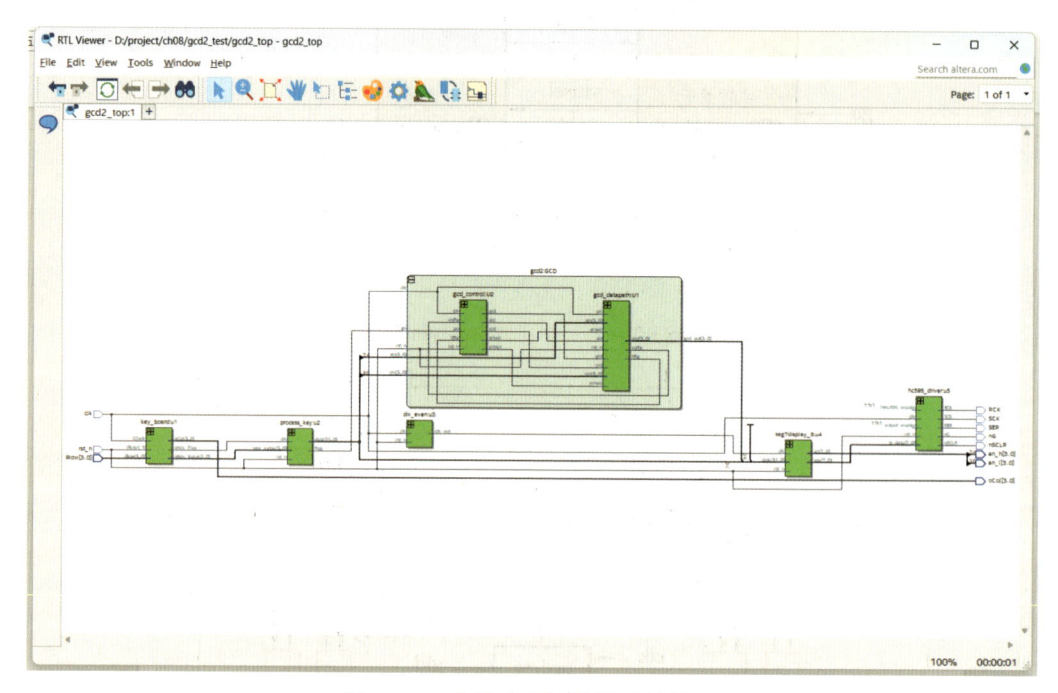

图 8.6.5 求最大公约数设计结构图

【例 8.6.1】 基于 Verilog HDL 的抢答器设计与实现。

```verilog
//验证求最大公约数顶层模块设计
module gcd2_top(
    input clk,
    input rst_n,
    output [3:0] an_h,an_l,              //位码控制信号

    //矩阵键盘行列信号
    input  [3:0] iRow,
    output [3:0] oCol,
    // 74HC595 接口
    output SER,
    output nG,
    output RCK,
    output SCK,
    output nSCLR
```

```verilog
    );

    wire [3:0] key_value;
    wire key_flag;
    //调用例7.4.1驱动矩阵键盘
    key_board u1(
        //系统信号
        .iClock(clk),
        .iReset_N(rst_n),
        //矩阵键盘信号
        .iRow(iRow),
        .oCol(oCol),
        .oKey_Flag(key_flag),
        .oKey_Value(key_value)    //按键键值
    );

    wire [31:0] data_xy;
    wire gcd_flag;

    //调用按键数据处理模块
    process_key u2(
        .clk(key_flag),
        .rst_n(rst_n),
        .key_value(key_value),
        .flag(gcd_flag),
        .data(data_xy)
    );

    wire [3:0] gcd;
    gcd2 U1(
        .clk(clk),
        .rst_n(rst_n),
        .go(gcd_flag),
        .xin(data_xy[7:4]),
        .yin(data_xy[3:0]),
        .gcd_out(gcd)
    );
```

```verilog
//调用例7.3.3分频模块,产生1kHz信号用于动态扫描显示
div_even #(50000) u2_1khz(
    .clk(clk),
    .rst_n(rst_n),
    .clk_out(clk_1khz)
    );
wire [7:0] seg;
wire [31:0] data;
assign data = {data_xy[7:4],8'hff,data_xy[3:0],12'hfff,gcd};
//调用例7.3.2处理显示的数据
seg7display_8 u6_display(
    .clk(clk_1khz),
     .rst_n(rst_n),
    .data(data),                    //待显示的4位十六进制数
    .seg(seg),
    .an({an_h,an_l})
    );
//调用例7.3.1驱动74HC595芯片
hc595_driver u7_driver(
    .clk(clk),
    .rst_n(rst_n),
    
    ._74hc595_enable(1'b1),
    .output_enable(1'b1),
    .tx_data(seg),
    
    .SER(SER),
    .nG(nG),
    .RCK(RCK),
    .SCK(SCK),
    .nSCLR(nSCLR)
);
endmodule


//---------------------处理按键输入数据---------------------
module process_key (
    // 输入时钟及异步复位(上电复位)信号
```

```verilog
    input clk,
    input rst_n,
    //矩阵键盘行列信号
    input [3:0] key_value,
    output reg flag,
    output [31:0] data
    );
    reg [31:0] data_temp;
    assign data = data_temp;
    always @ (posedge clk or negedge rst_n) begin
        if ( !rst_n ) begin
            data_temp <= 32'hffffffff;
            flag <= 1'b0;
        end
        else
            case ( key_value )
                0,1,2,3,4,5,6,7,8,9:begin
                    data_temp <= {data_temp[27:0],key_value};
                    flag <= 1'b0;
                end
                10:begin
                    data_temp <= {4'hf,data_temp[31:4]};
                    flag <= 1'b0;
                end
                11:begin
                    data_temp <= data_temp;
                    flag <= 1'b1;
                end
                default: begin
                    data_temp <= data_temp;
                    flag <= 1'b0;
                end
            endcase
    end

endmodule
```

```verilog
//--------------------求最大公约数算法顶层设计---------------------
module gcd2(
    input clk,
    input rst_n,
    input go,
    input [3:0] xin, yin,
    output [3:0] gcd_out
);

    wire eqflg,ltflg,xmsel,ymsel;
    wire xld,yld,gld;

    gcd_datapath U1(
        .clk(clk),
        .rst_n(rst_n),
        .xmsel(xmsel),
        .ymsel(ymsel),
        .xld(xld),
        .yld(yld),
        .gld(gld),
        .xin(xin),
        .yin(yin),
        .gcd(gcd_out),
        .eqflg(eqflg),
        .ltflg(ltflg)
    );

    gcd_control U2(
        .clk(clk),
        .rst_n(rst_n),
        .go(go),
        .eqflg(eqflg),
        .ltflg(ltflg),
        .xmsel(xmsel),
        .ymsel(ymsel),
        .xld(xld),
        .yld(yld),
```

```verilog
        .gld(gld)
    );

endmodule

//--------------------算法中的数据通道--------------------
module gcd_datapath(
    input clk,rst_n,xmsel,ymsel,xld,yld,gld,
    input [3:0] xin,yin,
    output [3:0] gcd,
    output reg eqflg,ltflg
);
    wire [3:0] xmy,ymx,gcd_out;
    wire [3:0] x,y,x1,y1;

    assign xmy = x - y;
    assign ymx = y - x;

    always @ (*) begin
        if (x == y) eqflg = 1;
        else eqflg = 0;
    end

    always @ (*) begin
        if(x < y) ltflg = 1;
        else ltflg = 0;
    end

    mux2g #(.N(4))
        M1(
            .a(xmy),
            .b(xin),
            .s(xmsel),
            .y(x1)
        );
    mux2g #(.N(4))
        M2(
```

```verilog
            .a(ymx),
            .b(yin),
            .s(ymsel),
            .y(y1)
        );
    register #(.N(4))
        R1(
            .load(xld),
            .clk(clk),
            .rst_n(rst_n),
            .D(x1),
            .Q(x)
        );
    register #(.N(4))
        R2(
            .load(yld),
            .clk(clk),
            .rst_n(rst_n),
            .D(y1),
            .Q(y)
        );
    register #(.N(4))
        R3(
            .load(gld),
            .clk(clk),
            .rst_n(rst_n),
            .D(x),
            .Q(gcd_out)
        );
    assign gcd = gcd_out;

endmodule

//---------------------选择器---------------------
module mux2g #(parameter N=4)(
    input [N-1:0] a,b,
    input s,
```

```verilog
        output reg [N-1:0] y
);
    always @ (*) begin
        if(s == 0) y = a;
        else y = b;
    end
endmodule

//--------------------寄存器--------------------
module register #(parameter N = 8)(
    input load,clk,rst_n,
    input [N-1:0] D,
    output reg [N-1:0]Q
);
    always @ (posedge clk or negedge rst_n) begin
        if(rst_n == 0) Q <= 0;
        else if (load == 1) Q <= D;
    end
endmodule

//--------------------算法中控制单元--------------------
module gcd_control(
    input clk,rst_n,go,eqflg,ltflg,
    output reg xmsel,ymsel,xld,yld,gld
);
    reg [2:0] present_state,next_state;
    parameter start = 3'b000,
              input_test = 3'b001,
              test1 = 3'b010,
              test2 = 3'b011,
              update1 = 3'b100,
              update2 = 3'b101,
              done = 3'b110;

    always @(posedge clk or negedge rst_n) begin
        if (!rst_n) present_state <= start;
        else present_state <= next_state;
```

```verilog
    end

    always @ (*) begin
        case(present_state)
            start:
                if(go == 1) next_state <= input_test;
                else next_state <= start;
            input_test:
                next_state <= test1;
            test1:
                if(eqflg == 1) next_state <= done;
                else next_state <= test2;
            test2:
                if(ltflg == 1) next_state <= update1;
                else next_state <= update2;
            update1:
                next_state <= test1;
            update2:
                next_state <= test1;
            done:
                next_state <= done;
            default:
                next_state <= start;
        endcase
    end

    always @ (*) begin
        xld = 0;
        yld = 0;
        gld = 0;
        xmsel = 0;
        ymsel = 0;
        case(present_state)
            input_test:begin
                xld = 1;
                yld = 1;
                xmsel = 1;
```

```
                ymsel = 1;
            end
        update1:
            yld = 1;
        update2:
            xld = 1;
        done:
            gld = 1;
        default ;
        endcase
    end
endmodule
```

3. 项目显示结果

新建 Quartus Ⅱ 工程，对设计的源程序进行综合、实现，引脚定义如图 8.6.6 所示，布局布线生成.sof 下载文件，最后将程序下载到口袋机。图 8.6.7 显示了 2 和 8 的最大公约数为 2；图 8.6.8 显示了 3 和 9 的最大公约数为 3，验证了设计的正确性。

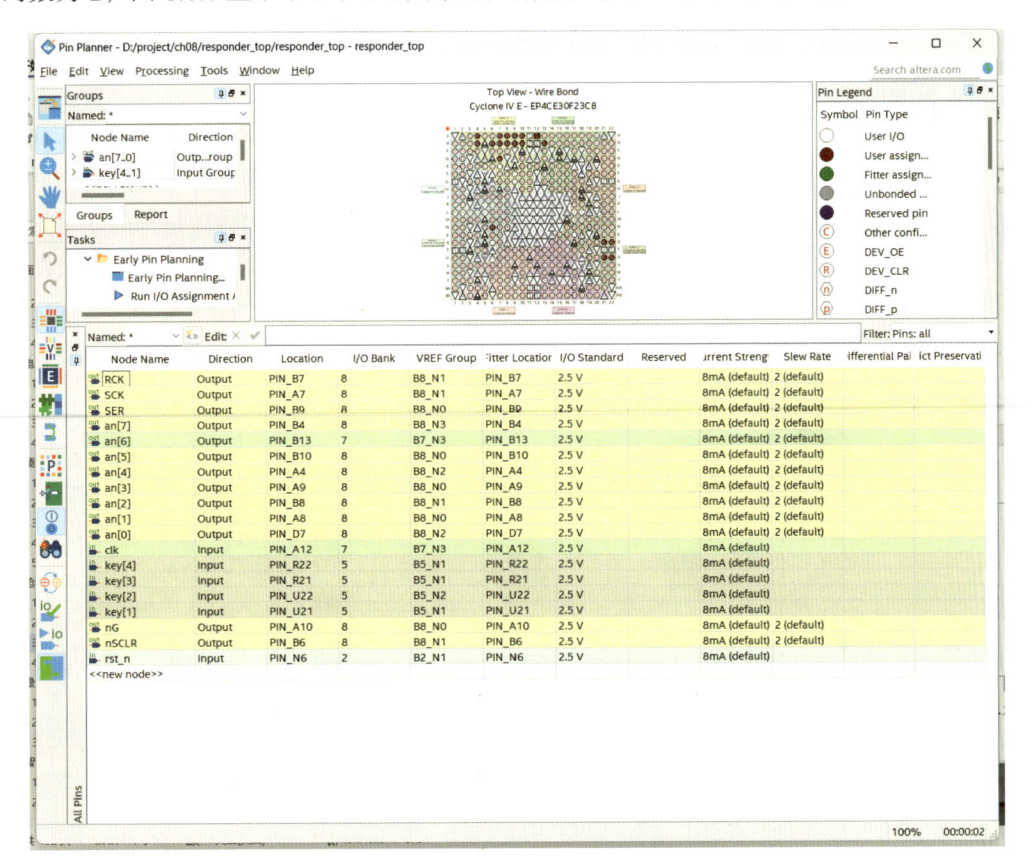

图 8.6.6　GCD 算法的引脚定义

图 8.6.7　2 和 8 的公约数为 2 　　　　　图 8.6.8　3 和 9 的公约数为 3

4．项目扩展练习

（1）扩展为求多位数的公约数。
（2）扩展多种算法功能，并通过按键进行功能切换。
（3）添加自学习功能，随机产生两个数据，学习者输入结果，判断对错。
（4）通过液晶 LCD1602 对信息进行显示。

8.7　智能家居监控设计实战

1．项目设计要求

本实战设计一个智能家居监控系统，旨在解决实验室的安全和环境监测问题，包括智能门禁模块、传感器模块和实验室自动排风设备控制系统。通过使用矩阵键盘进行门禁操作，系统记录人员的进出情况。数码管动态显示器用于展示实验室内各项指标的安全与正常状态。温湿度传感器用于实验室环境的全面自动化监测。实验室自动排风控制模块根据温湿度传感器的反馈，启动电机以确保实验室的安全。其系统框图如图 8.7.1 所示。

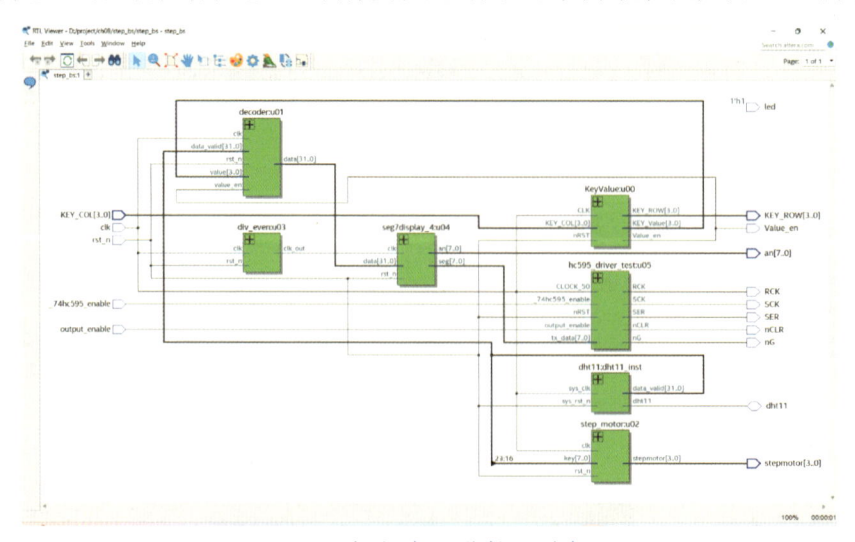

图 8.7.1　智能家居监控系统框图

2. 项目设计思路

本实战采用外接温湿度传感器 DHT11 进行环境温度和湿度测量。DHT11 传感器如图 8.7.2 所示,DHT11 数字温湿度传感器是一款含有已校准数字信号输出的温湿度复合传感器,它应用专用的数字模块采集技术和温湿度传感技术,确保产品具有极高的可靠性和卓越的长期稳定性。传感器包括一个电阻式感湿元件和一个 NTC 测温元件,并与一个高性能 8 位单片机相连接。因此,该产品具有品质卓越、超快响应、抗干扰能力强、性价比高等优点。每个 DHT11 传感器都在极为精确的湿度校验室中进行校准。校准系数以程序的形式存在 OTP 内存中,传感器内部在检测信号的处理过程中要调用这些校准系数。单线制串行接口,使系统集成变得简易快捷;超小的体积、极低的功耗,使其成为该类应用中在苛刻应用场合的理想选择。产品为 4 针单排引脚封装,连接方便,接口电路原理图如图 8.7.3 所示。

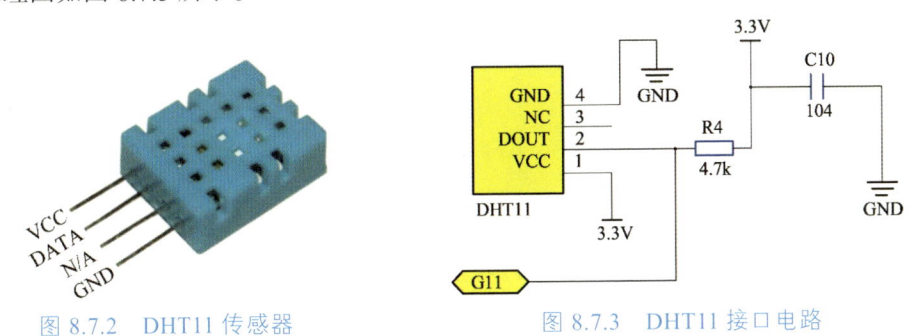

图 8.7.2　DHT11 传感器　　　　图 8.7.3　DHT11 接口电路

本实战的设计结构图如图 8.7.4 所示,由顶层模块 step_bs 和 7 个子模块构成。模块 u00 是矩阵键盘模块,进行密码输入和功能模式切换;模块 u01 是对显示数据进行处理,数据处理后动态扫描显示;模块 u02 为电机控制模块,可以控制电机的启停,实现温湿度控制;模块 u03 为分频模块,产生 1 kHz 信号,用于动态显示时的频率扫描;模块 u04 对数码管显示的数据进行位码和段码控制;模块 u05 为数据并/串转换模块,驱动 74595 实现数码管数据显示;模块 dht11 用于控制温湿度传感器,采集数据并转换成数字信号,数据通过数码管动态扫描显示。

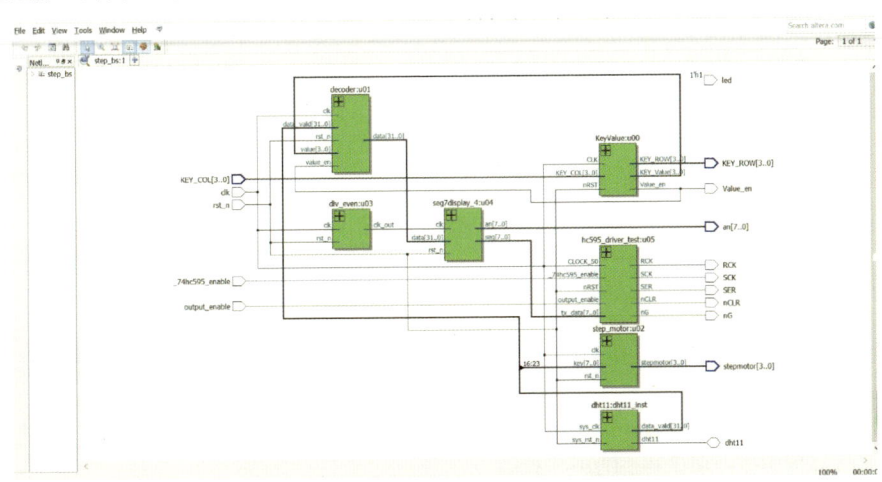

图 8.7.4　智能家居监控设计结构图

智能家居监控系统设计代码可参考例 8.7.1。

【例 8.7.1】 基于 Verilog HDL 的智能家居监控系统设计。

```verilog
//--------------------温湿度采集顶层模块--------------------
module step_bs(
    input clk,rst_n,          // 输入时钟及异步复位（上电复位）信号

    //矩阵键盘信号
    input [3:0]KEY_COL,        //列
    output [3:0]KEY_ROW,       //行
    output Value_en,           //键值有效
    output led,
    inout     dht11,
    output [7:0] an,           //数码管位码
    output [3:0] stepmotor,    //步进电机

    // 74HC595 控制及数据信号
    input _74hc595_enable,     //输入使能
    input output_enable,       //输出使能

    // 74HC595 接口
    output SER,    //串行输入
    output nG,     //输出
    output RCK,    //锁存
    output SCK,    //时钟
    output nCLR    //复位
);
assign led = 1'd1;
wire [3:0]KEY_Value;        //矩阵键盘按下的值
KeyValue u00(
    .CLK(clk),
    .nRST(rst_n),
    .KEY_ROW(KEY_ROW),
    .KEY_COL(KEY_COL),
    .KEY_Value(KEY_Value),
    .Value_en(Value_en)
);
dht11 dht11_inst(
    .sys_clk              (clk),
```

```verilog
        .sys_rst_n           (rst_n),
        .dht11               (dht11),
        .data_valid     (data_valid)
    );
    wire [31:0]data_valid;
    wire [31:0] data;        //数码管显示数据
    wire [7:0] step_key;     //电机控制按键
    step_motor u02(
        .rst_n(rst_n),
        .clk(clk),
        .key(data_valid[23:16]),
        .stepmotor(stepmotor)
    );

    decoder u01(
        .value(KEY_Value),
        .data_valid(data_valid),
        .rst_n(rst_n),
        .clk(clk),
        .data(data),
        .value_en(Value_en)
    );

    wire clk_1khz;           //分频1kHz
    div_even #(50000) u03(
        .clk(clk),
        .rst_n(rst_n),
        .clk_out(clk_1khz)
    );

    wire [7:0] seg;          //数码管段码
    seg7display_4 u04(
        .clk(clk_1khz),
        .rst_n(rst_n),
        .data(data),
        .seg(seg),
        .an(an)
    );
```

```verilog
    hc595_driver_test u05(
        .CLOCK_50(clk),
        .nRST(rst_n),

        ._74hc595_enable(_74hc595_enable),
        .output_enable(output_enable),
        .tx_data(seg),

        .SER(SER),
        .nG(nG),
        .RCK(RCK),
        .SCK(SCK),
        .nCLR(nCLR)
    );
endmodule

//--------------------矩阵键盘按键值处理模块--------------------
module KeyValue(
    CLK,
    nRST,
    KEY_ROW,
    KEY_COL,
    KEY_Value,
    Value_en
);
    input CLK;
    input nRST;
    input [3:0]KEY_COL;                //列
    output reg Value_en;
    output reg [3:0]KEY_ROW;           //行
    output reg [3:0]KEY_Value;         //矩阵键盘按下的值

    wire [3:0]key_flag;                //按键标志位
    wire [3:0]key_state;

    reg [4:0]state;
    reg row_flag;                      //标识已定位到行
```

```verilog
    reg [1:0]rowIndex;              //行索引
    reg [1:0]colIndex;              //列索引
    
    localparam
        NO_KEY    =   5'b00001,
        ROW_ONE   =   5'b00010,
        ROW_TWO   =   5'b00100,
        ROW_THREE =   5'b01000,
        ROW_FOUR  =   5'b10000;
    
    KeyPress u0(
        .CLK(CLK),
        .nRST(nRST),
        .KEY_IN(KEY_COL[0]),
        .KEY_FLAG(key_flag[0]),
        .KEY_STATE(key_state[0])
    );
    
    KeyPress u1(
        .CLK(CLK),
        .nRST(nRST),
        .KEY_IN(KEY_COL[1]),
        .KEY_FLAG(key_flag[1]),
        .KEY_STATE(key_state[1])
    );
    
    KeyPress u2(
        .CLK(CLK),
        .nRST(nRST),
        .KEY_IN(KEY_COL[2]),
        .KEY_FLAG(key_flag[2]),
        .KEY_STATE(key_state[2])
    );
    
    KeyPress u3(
        .CLK(CLK),
        .nRST(nRST),
        .KEY_IN(KEY_COL[3]),
```

```verilog
        .KEY_FLAG(key_flag[3]),
        .KEY_STATE(key_state[3])
);

//==========通过状态机判断行==========//
always @(posedge CLK or negedge nRST)
    if(!nRST)
        begin
            state <= NO_KEY;
            row_flag <= 1'b0;
            KEY_ROW <= 4'b0000;
        end
    else
        case(state)
            NO_KEY: begin
                row_flag <= 1'b0;
                KEY_ROW <= 4'b0000;
                if(key_flag != 4'b0000) begin
                    state <= ROW_ONE;
                    KEY_ROW <= 4'b1110;
                end
                else
                    state <= NO_KEY;
            end

            ROW_ONE: begin
                //这里做判断只能用KEY_COL而不能用key_state
                //由于消抖模块使得key_state很稳定
                //不会因为KEY_ROW的短期变化而变化
                //而KEY_COL则会伴随KEY_ROW实时变化
                if(KEY_COL != 4'b1111) begin
                    state <= NO_KEY;
                    rowIndex <= 4'd0;
                    row_flag <= 1'b1;
                end
                else begin
                    state <= ROW_TWO;
                    KEY_ROW <= 4'b1101;
```

```verilog
                end
        end

        ROW_TWO: begin
            if(KEY_COL != 4'b1111) begin
                state <= NO_KEY;
                rowIndex <= 4'd1;
                row_flag <= 1'b1;
            end
            else begin
                state <= ROW_THREE;
                KEY_ROW <= 4'b1011;
            end
        end

        ROW_THREE: begin
            if(KEY_COL != 4'b1111) begin
                state <= NO_KEY;
                rowIndex <= 4'd2;
                row_flag <= 1'b1;
            end
            else begin
                state <= ROW_FOUR;
                KEY_ROW <= 4'b0111;
            end
        end

        ROW_FOUR: begin
            if(KEY_COL != 4'b1111) begin
                rowIndex <= 4'd3;
                row_flag <= 1'b1;
            end
            state <= NO_KEY;
        end
    endcase

//===========判断按键所在列=============//
always @(posedge CLK or negedge nRST)
```

```verilog
        if(!nRST)
            colIndex <= 2'd0;
        else if(key_state != 4'b1111)
            case(key_state)
                4'b1110: colIndex <= 2'd0;
                4'b1101: colIndex <= 2'd1;
                4'b1011: colIndex <= 2'd2;
                4'b0111: colIndex <= 2'd3;
            endcase


//==========通过行列计算键值==========//
    always @(posedge CLK or negedge nRST)
        if(!nRST)
            Value_en <= 1'b0;
        else if(row_flag)
            begin
                Value_en <= 1'b1;
                KEY_Value <= 4*rowIndex + colIndex;
            end
        else
            Value_en <= 1'b0;

endmodule

//--------------------按键按下检测模块--------------------
module KeyPress(
    CLK,
    nRST,
    KEY_IN,
    KEY_FLAG,
    KEY_STATE
);
    input CLK;
    input nRST;
    input KEY_IN;

    output reg KEY_FLAG;            //按键按下标志位 高电平为按下
    output reg KEY_STATE;
```

```verilog
reg key_a, key_b;
reg en_cnt, cnt_full;
reg [3:0]state;
reg [19:0]cnt;
wire flag_H2L, flag_L2H;

//运用状态机对矩阵键盘进行检测
//定义状态
localparam
    Key_up          =   4'b0001,
    Filter_Up2Down  =   4'b0010,
    Key_down        =   4'b0100,
    Filter_Down2Up  =   4'b1000;

//======判断按键输入信号跳变沿========//
always @(posedge CLK or negedge nRST)
    if(!nRST)
        begin
            key_a <= 1'b0;
            key_b <= 1'b0;
        end
    else
        begin
            key_a <= KEY_IN;
            key_b <= key_a;
        end
assign flag_H2L = key_b && (!key_a);
assign flag_L2H = (!key_b) && key_a;

//============计数使能模块==========//
always @(posedge CLK or negedge nRST)
    if(!nRST)
        cnt <= 1'b0;
    else if(en_cnt)
        cnt <= cnt + 1'b1;
    else
        cnt <= 1'b0;
```

```verilog
//=============计数模块=============//
always @(posedge CLK or negedge nRST)
    if(!nRST)
        cnt_full <= 1'b0;
    else if(cnt == 20'd999_999)
        cnt_full <= 1'b1;
    else
        cnt_full <= 1'b0;

//=============有限状态机=============//
always @(posedge CLK or negedge nRST)
    if(!nRST)
        begin
            en_cnt <= 1'b0;
            state <= Key_up;
            KEY_FLAG <= 1'b0;
            KEY_STATE <= 1'b1;
        end
    else
        case(state)
            //保持没按
            Key_up: begin
                KEY_FLAG <= 1'b0;
                if(flag_H2L) begin
                    state <= Filter_Up2Down;
                    en_cnt <= 1'b1;
                end
                else
                    state <= Key_up;
            end
            //正在向下按
            Filter_Up2Down: begin
                if(cnt_full) begin
                    en_cnt <= 1'b0;
                    state <= Key_down;
                    KEY_STATE <= 1'b0;
                    KEY_FLAG <= 1'b1;
```

```verilog
            end
            else if(flag_L2H) begin
                en_cnt <= 1'b0;
                state <= Key_up;
            end
        else
            state <= Filter_Up2Down;
        end
        //保持按下状态
        Key_down: begin
            KEY_FLAG <= 1'b0;
            if(flag_L2H) begin
                state <= Filter_Down2Up;
                en_cnt <= 1'b1;
            end
            else
                state <= Key_down;
        end
        //正在释放按键
        Filter_Down2Up: begin
            if(cnt_full) begin
                en_cnt <= 1'b0;
                state <= Key_up;
                KEY_FLAG <= 1'b1;
                KEY_STATE <= 1'b1;
            end
            else if(flag_H2L) begin
                en_cnt <= 1'b0;
                state <= Key_down;
            end
            else
                state <= Filter_Down2Up;
        end
        //其他未定义状态
        default: begin
            en_cnt <= 1'b0;
            state <= Key_up;
            KEY_FLAG <= 1'b0;
```

```verilog
                    KEY_STATE <= 1'b1;
            end
        endcase
endmodule

//------------------显示数据处理模块--------------------
module decoder(
    input [3:0] value,
    input       rst_n,
    input       clk,
    input       value_en,
    input [31:0] data_valid,
    output reg [31:0] data

);
reg [8:0]    nxt_state,cur_state;
wire [31:0]  secre;
assign       secre = 32'h123_45678;
parameter
    s0 = 9'b00000_0001,
    s1 = 9'b00000_0010,
    s2 = 9'b00000_0100,
    s3 = 9'b00000_1000,
    s4 = 9'b00001_0000,
    s5 = 9'b00010_0000,
    s6 = 9'b00100_0000,
    s7 = 9'b01000_0000,
    s8 = 9'b10000_0000;
always @(posedge clk or negedge rst_n)
    if(!rst_n)
        cur_state <= s0;
    else
        cur_state <= nxt_state;
always @(posedge clk or negedge rst_n)
    if(!rst_n)
        nxt_state <= s0;
    else case(cur_state)
        s0:begin
```

```verilog
            data <= 0;
            if(value_en)begin
                data <= {data[27:0],value};
                nxt_state <= s1;
            end else begin
                data <= data;
                nxt_state <= nxt_state;
            end
        end
        s1:begin
            if(value_en)begin
                data <= {data[27:0],value};
                nxt_state <= s2;
            end else begin
                data <= data;
                nxt_state <= nxt_state;
            end
        end
        s2:begin
            if(value_en)begin
                data <= {data[27:0],value};
                nxt_state <= s3;
            end else begin
                data <= data;
                nxt_state <= nxt_state;
            end
        end
        s3:begin
            if(value_en)begin
                data <= {data[27:0],value};
                nxt_state <= s4;
            end else begin
                data <= data;
                nxt_state <= nxt_state;
            end
        end
        s4:begin
            if(value_en)begin
```

```verilog
                data <= {data[27:0],value};
                nxt_state <= s5;
            end else begin
                data <= data;
                nxt_state <= nxt_state;
            end
        end
        s5:begin
            if(value_en)begin
                data <= {data[27:0],value};
                nxt_state <= s6;
            end else begin
                data <= data;
                nxt_state <= nxt_state;
            end
        end
        s6:begin
            if(value_en)begin
                data <= {data[27:0],value};
                nxt_state <= s7;
            end else begin
                data <= data;
                nxt_state <= nxt_state;
            end
        end
        s7:begin
            if(value_en)begin
                if({data[27:0],value} == secre)begin
                    nxt_state <= s8;
                    data <= data_valid;
                end
                else begin
                    nxt_state <= s0;
                    data <= 0;
                end
            end else begin
                data <= data;
                nxt_state <= nxt_state;
```

```verilog
                end
            end
        s8:begin
                if(value_en)begin
                    data <= 0;
                    nxt_state <= s0;
                end else begin
                    data <= data_valid;
                    nxt_state <= nxt_state;
                end
            end
        endcase

endmodule

//--------------------电机控制模块--------------------
module step_motor(
input rst_n,clk,
input [7:0] key,
output reg [3:0] stepmotor
);

reg [2:0] step = 3'b0;
reg [19:0] count = 20'd0;
reg [19:0] div = 20'd500000;
reg speedclk = 1'b0;

always @(negedge rst_n or posedge clk)
begin
    if(!rst_n)
    begin
        count<=13'd0;
        speedclk<=0;
    end
    else if(count >= div)
    begin
        count=13'd0;
        speedclk<=~speedclk;
```

```verilog
            end
        else
        begin
            count = count+13'd1;
        end
    end

    always @(negedge rst_n or posedge speedclk)
    begin
        if(!rst_n)
        begin
            step <= 3'b0;
            stepmotor <= 4'b0;
        end
        else    if(key<8'd28)  begin
            step <= step + 3'b1;
            case(step)
            3'b000: stepmotor<=4'b0111;//顺时针
            3'b001: stepmotor<=4'b1011;
            3'b010: stepmotor<=4'b1101;
            3'b011: stepmotor<=4'b1110;
            3'b100: stepmotor<=4'b0111;
            3'b101: stepmotor<=4'b1011;
            3'b110: stepmotor<=4'b1101;
            3'b111: stepmotor<=4'b1110;
            default:;
            endcase
        end
    end

endmodule
//---------------------温湿度采集模块dht11--------------------
module  dht11
(
    input    wire       sys_clk      ,   //系统时钟,频率50MHz
    input    wire       sys_rst_n    ,   //复位信号,低电平有效

    inout    wire       dht11        ,   //控制总线
```

```verilog
        output  wire [31:0] data_valid

);

    reg [7:0]   temp_int    ;   //温度整数部分
    reg [7:0]   temp_float  ;   //温度小数部分
    reg [7:0]   humi_int    ;   //湿度整数部分
    reg         sign        ;   //输出符号位,高电平显示负号
    assign      data_valid = {8'd0,temp_int,temp_float,humi_int};
//parameter define
    parameter   S_WAIT_1S  = 3'd1 ,   //上电等待1s状态
                S_LOW_18MS = 3'd2 ,   //主机拉低18ms,发送开始信号状态
                S_DLY1     = 3'd3 ,   //等待20~40μs状态
                S_REPLY    = 3'd4 ,   //DHT11响应80μs状态
                S_DLY2     = 3'd5 ,   //拉高等待80μs状态
                S_RD_DATA  = 3'd6 ;   //接收数据状态

    parameter   T_1S_DATA   = 999999 ; //1s时间计数值
    parameter   T_18MS_DATA = 17999  ; //18ms时间计数值

//reg define
    reg         clk_1us     ;   //1μs时钟,用于驱动整个模块
    reg [4:0]   cnt         ;   //时钟分频计数器
    reg [2:0]   state       ;   //状态机状态
    reg [20:0]  cnt_us      ;   //μs计数器
    reg         dht11_out   ;   //总线输出数据
    reg         dht11_en    ;   //总线输出使能信号

    reg [5:0]   bit_cnt     ;   //字节计数器
    reg [39:0]  data_tmp    ;   //读出数据寄存器


    reg         dht11_d1    ;   //总线信号打一拍
    reg         dht11_d2    ;   //总线信号打两拍
    reg [31:0]  data        ;   //除校验位数据
    reg [6:0]   cnt_low     ;   //低电平计数器

    wire        dht11_fall; //总线下降沿
    wire        dht11_rise; //总线上升沿
```

```verilog
//当使能信号为1是总线的值为 DATA_out 的值,为 0 时值为高阻态
assign dht11    =   (dht11_en == 1 ) ? dht11_out : 1'bz;
//检测总线信号的上升沿下降沿
assign dht11_rise =   (~dht11_d2) & (dht11_d1)    ;
assign dht11_fall =   (dht11_d2)  & (~dht11_d1)   ;
//对 dht11 信号打拍
always@(posedge clk_1us or negedge sys_rst_n)
    if(sys_rst_n == 1'b0)
       begin
           dht11_d1 <= 1'b0 ;
           dht11_d2 <= 1'b0 ;
       end
    else
       begin
           dht11_d1 <= dht11    ;
           dht11_d2 <= dht11_d1 ;
       end

//cnt:分频计数器
always@(posedge sys_clk or negedge sys_rst_n)
    if(sys_rst_n == 1'b0)
       cnt <= 5'b0;
    else  if(cnt == 5'd24)
       cnt <= 5'b0;
    else
       cnt <= cnt + 1'b1;
//clk_1us:产生单位时钟为 1μs 的时钟
always@(posedge sys_clk or negedge sys_rst_n)
    if(sys_rst_n == 1'b0)
       clk_1us <= 1'b0;
    else  if(cnt == 5'd24)
       clk_1us <= ~clk_1us;
    else
       clk_1us <= clk_1us;

//bit_cnt:读出数据 bit 位数计数器
always@(posedge clk_1us or negedge sys_rst_n)
    if(sys_rst_n == 1'b0)
```

```verilog
            bit_cnt <= 6'b0;
        else    if(bit_cnt == 40 && dht11_rise == 1'b1)
            bit_cnt <= 6'b0;
        else    if(dht11_fall == 1'b1 && state == S_RD_DATA)
            bit_cnt <= bit_cnt + 1'b1;

//状态机状态跳转
always@(posedge clk_1us or negedge sys_rst_n)
    if(sys_rst_n == 1'b0)
        state  <=  S_WAIT_1S  ;
    else
        case(state)
        S_WAIT_1S:
            if(cnt_us == T_1S_DATA) //上电1s后跳入起始状态
                state  <=  S_LOW_18MS  ;
            else
                state  <=  S_WAIT_1S  ;
        S_LOW_18MS:
            if(cnt_us == T_18MS_DATA)
                state  <=  S_DLY1  ;
            else
                state  <=  S_LOW_18MS  ;
        S_DLY1:
            if(cnt_us == 10)    //等待10μs后进入下一状态
                state  <=  S_REPLY  ;
            else
                state  <=  S_DLY1  ;
        S_REPLY:  //上升沿到来且低电平保持时间大于70μs,则跳转到下一状态
            if(dht11_rise == 1'b1 && cnt_low >= 70)
                state  <=  S_DLY2  ;
                //若1ms后,dht11还没响应,则回去继续发送起始信号
            else    if(cnt_us >= 1000)
                state  <=  S_LOW_18MS ;
            else
                state  <=  S_REPLY  ;
        S_DLY2:  //下降沿到来且计数器值大于70μs,则跳转到下一状态
            if(dht11_fall == 1'b1 && cnt_us >= 70)
                state  <=  S_RD_DATA  ;
```

```verilog
                else
                    state       <=  S_DLY2      ;
            S_RD_DATA:  //读完数据后，回到起始状态
                if(bit_cnt == 40 && dht11_rise == 1'b1)
                    state       <=  S_LOW_18MS  ;
                else
                    state       <=  S_RD_DATA   ;
            default:
                    state       <=  S_WAIT_1S   ;
        endcase

//各状态下的计数器赋值
//cnt_us:每到一个新的状态就让该计数器重新计数
always@(posedge clk_1us or  negedge sys_rst_n)
    if(sys_rst_n == 1'b0)
        begin
            cnt_low <=  7'd0        ;
            cnt_us  <=  21'd0       ;
        end
    else
        case(state)
        S_WAIT_1S:
            if(cnt_us == T_1S_DATA)
                cnt_us   <=  21'd0 ;
            else
                cnt_us   <=  cnt_us + 1'b1;
        S_LOW_18MS:
            if(cnt_us == T_18MS_DATA)
                cnt_us   <=  21'd0 ;
            else
                cnt_us   <=  cnt_us + 1'b1;
        S_DLY1:
            if(cnt_us == 10)
                cnt_us   <=  21'd0 ;
            else
                cnt_us   <=  cnt_us + 1'b1;
        S_REPLY:
            if(dht11_rise == 1'b1 && cnt_low >= 70)
```

```verilog
            begin
                cnt_low <= 7'd0     ;
                cnt_us  <= 21'd0 ;
            end
        //当dht11发送低电平回应时,计算其低电平的持续时间
        else    if(dht11 == 1'b0)
            begin
                cnt_low <= cnt_low + 1'b1 ;
                cnt_us  <= cnt_us + 1'b1 ;
            end
        //若1ms后,dht11还没响应,则回去继续发送起始信号
        else    if(cnt_us >= 1000)
            begin
                cnt_low <= 7'd0     ;
                cnt_us  <= 21'd0 ;
            end
        else
            begin
                cnt_low <= cnt_low          ;
                cnt_us  <= cnt_us + 1'b1 ;
            end
    S_DLY2:
        if(dht11_fall == 1'b1 && cnt_us >= 70)
            cnt_us  <= 21'd0 ;
        else
            cnt_us  <= cnt_us + 1'b1;
    S_RD_DATA:
        if(dht11_fall == 1'b1 || dht11_rise == 1'b1)
            cnt_us  <= 21'd0 ;
        else
            cnt_us  <= cnt_us + 1'b1;
    default:
        begin
            cnt_low <= 7'd0     ;
            cnt_us  <= 21'd0 ;
        end
endcase
```

```verilog
//各状态下的单总线赋值
always@(posedge clk_1us or  negedge sys_rst_n)
   if(sys_rst_n == 1'b0)
      begin
           dht11_out  <=  1'b0   ;
           dht11_en   <=  1'b0   ;
      end
   else
      case(state)
      S_WAIT_1S:
           begin
              dht11_out    <=  1'b0   ;
              dht11_en     <=  1'b0   ;
           end
      S_LOW_18MS:  //拉低总线18ms
           begin
              dht11_out    <=  1'b0   ;
              dht11_en     <=  1'b1   ;
           end
//后面状态释放总线即可，由DHT11操控总线
      S_DLY1:
           begin
              dht11_out    <=  1'b0   ;
              dht11_en     <=  1'b0   ;
           end
      S_REPLY:
           begin
              dht11_out    <=  1'b0   ;
              dht11_en     <=  1'b0   ;
           end
      S_DLY2:
           begin
              dht11_out    <=  1'b0   ;
              dht11_en     <=  1'b0   ;
           end
      S_RD_DATA:
           begin
```

```verilog
                    dht11_out   <=  1'b0    ;
                    dht11_en    <=  1'b0    ;
                end
            default:;
        endcase


//data_tmp:将读出的数据寄存在 data_tmp 中
always@(posedge clk_1us or  negedge sys_rst_n)
    if(sys_rst_n == 1'b0)
        data_tmp    <= 40'b0;
    else    if(state==S_RD_DATA && dht11_fall==1'b1 && cnt_us<=50)
        data_tmp[39-bit_cnt]    <=  1'b0;
    else    if(state==S_RD_DATA && dht11_fall == 1'b1 && cnt_us>50)
        data_tmp[39-bit_cnt]    <=  1'b1;
    else
        data_tmp    <=  data_tmp;


//data_out:输出数据显示,按一次按键切换一次数据
always@(posedge clk_1us or  negedge sys_rst_n)
    if(sys_rst_n == 1'b0)
        data    <=  32'b0;
    else    if(data_tmp[7:0]==data_tmp[39:32] + data_tmp[31:24] +
                            data_tmp[23:16] + data_tmp[15:8])
        data    <=  data_tmp[39:8];    //若检验位正确,则数据值有效
    else
        data    <=  data;


//data_out:对数码管显示的湿度和温度进行赋值
always@(posedge clk_1us or  negedge sys_rst_n)
    if(sys_rst_n == 1'b0)
    begin
        temp_int    =0;
        temp_float  =0;
        humi_int    =0;
    end
    else
    begin
```

```verilog
        //温度低四位显示温度小数数据
            humi_int[7:4]   <= data[31:24] /10;  //湿度小数位为 0
              humi_int[3:0] <= data[31:24] % 10;
            temp_int[7:4]   <= data[15:8] / 10;
              temp_int[3:0] <= data[15:8] % 10;
            temp_float <= data[3:0];
          end
    //sign:符号位的显示
    always@(posedge clk_1us or negedge sys_rst_n)
      if(sys_rst_n == 1'b0)
          sign   <= 1'b0;
      else  if(data[7] == 1'b1)
    //当温度低八位最高位为 1 时,显示负号
          sign   <= 1'b1;
      else
          sign   <= 1'b0;

    endmodule
```

3. 项目显示结果

新建 Quartus Ⅱ 工程,对设计的源程序进行综合、实现,引脚定义如图 8.7.5 所示,布局布线生成.sof 下载文件,最后将程序下载到口袋机,整体硬件如图 8.7.6 所示。

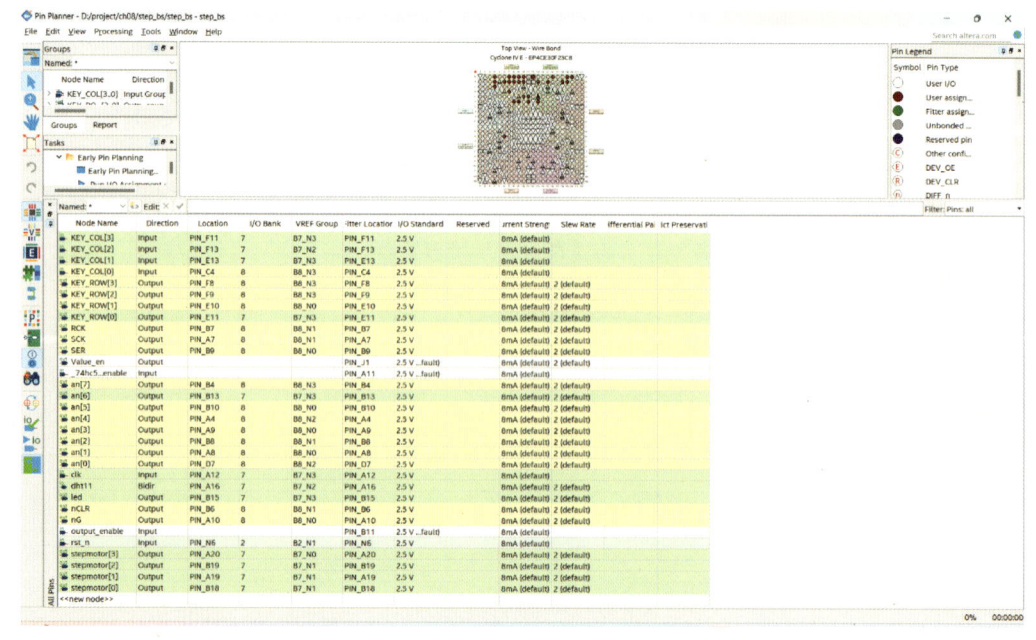

图 8.7.5　智能家居电路结构图引脚定义

图 8.7.6　温湿度测量显示

完成以下功能测试：

（1）通过矩阵键盘输入密码，密码正确时方可进入实验室，确保实验室进出安全。

（2）通过温度湿度传感器实时监控实验室各项数据，通过显示器模块直观显示。

（3）智能实验室控制系统对湿度自动控制，当实验室内湿度超出设定的阈值时排风扇电机自动打开；当实验室内湿度低于阈值时，排风扇自动关闭；湿度阈值可根据实际情况由工作人员进行修改。

通过以上测试验证了设计的正确性。

4. 项目扩展练习

（1）添加温度控制，实现自动升/降温。

（2）添加报警模块，提示环境参数超出设定阈值。

（3）添加合适的控制算法对温湿度进行快速准确控制。

（4）通过液晶 LCD1602 对信息进行显示，更加直观。

8.8　设计与实战

实战 1　含有异步清零、同步使能的可逆十进制计数器设计

1. 实验目的

（1）掌握可逆计数器的基本功能。

（2）掌握计数器的设计方法。

（3）使用 Quartus Ⅱ 软件对可逆计数器进行设计并仿真。

（4）学会程序下载及调试。

2. 预习要求

（1）预习时序逻辑电路的设计方法。

（2）预习异步清零、同步使能的含义。
（3）预习分频器的设计方法。
（4）预习结构化的设计方法。

3. 实验内容

本实验将学习使用 QuartusⅡ软件完成可逆十进制计数器的设计与实现。设计原理：对口袋机系统 50 MHz 信号进行分频，得到 1 Hz 的信号，该信号作为可逆十进制计数器的时钟信号，通过 4 个 LED 灯来显示计数器的计数状态，通过 1 个 LED 灯表示计数器的进/借位，该计数器具有加/减计数控制键，具有异步清零和同步使能控制键。设计完成后，对可逆十进制计数器进行功能仿真，添加管脚约束，进行综合、适配，生成.sof 下载文件，通过口袋机进行硬件调试及验证。

4. 实验报告要求

（1）画出顶层原理图，编写各模块源程序代码。
（2）编写可逆十进制计数器的仿真测试代码，并画出仿真波形。
（3）列出输入、输出信号对应的锁定引脚。
（4）通过口袋机和扩展模块显示实验现象，总结本次实验体会。
（5）扩展练习，尝试扩展应用场合或改进策略。

实战 2 双向移位寄存器设计

1. 实验目的

（1）掌握移位寄存器的基本功能。
（2）掌握移位寄存器的设计方法。
（3）使用 QuartusⅡ软件对移位寄存器进行设计并仿真。
（4）学会程序下载及调试。

2. 预习要求

（1）预习移位寄存器的基本功能。
（2）预习分频器的设计方法。
（3）预习结构化的设计方法。

3. 实验内容

本实验将学习使用 QuartusⅡ软件完成八位双向移位寄存器的设计与实现。设计原理：对口袋机系统 50 MHz 信号进行分频，得到 1 Hz 的信号，该信号作为移位寄存器的时钟信号，通过 8 个 LED 灯显示寄存器的状态，移位寄存器具有异步复位、左/右移位、并行置数等功能。设计完成后，对双向移位寄存器进行功能仿真，添加管脚约束，进行综合、适配，生成.sof 下载文件，通过口袋机进行硬件调试及验证。

4. 实验报告要求

（1）画出顶层原理图，编写各模块源程序代码。
（2）编写双向移位寄存器的仿真测试代码，并画出仿真波形。
（3）列出输入、输出信号对应的锁定引脚。
（4）通过口袋机和扩展模块展示实验现象，总结本次实验体会。
（5）扩展练习，尝试扩展应用场合或改进策略。

实战 3　数码管动态扫描显示电路设计

1. 实验目的

（1）掌握数码管动态扫描显示的基本原理。
（2）掌握显示译码器的设计方法。
（3）使用 Quartus Ⅱ 软件对动态扫描显示电路进行设计并仿真。
（4）学会程序下载及调试。

2. 预习要求

（1）预习显示译码器的功能表。
（2）预习分频器、计数器的设计方法。
（3）预习结构化的设计方法。

3. 实验内容

本实验将学习使用 Quartus Ⅱ 软件来完成数码管动态扫描显示电路的设计与实现。对口袋机系统 50 MHz 信号进行适当的分频，设计一个八进制计数器，通过八进制计数器的 8 种状态分别控制 8 个数码管的位码和需要显示的 4 位二进制码，最后将 4 位二进制码通过显示译码器（字库）输出需要的字形，且该电路还具有全局复位功能。设计完成后，对八进制计数器和控制电路进行功能仿真，添加管脚约束，进行综合、适配，生成 .sof 下载文件，通过口袋机进行硬件调试及验证。

4. 实验报告要求

（1）画出顶层原理图，编写各模块源程序代码。
（2）编写八进制计数器和控制电路的仿真测试代码，并画出仿真波形。
（3）列出输入、输出信号对应的锁定引脚。
（4）通过口袋机和扩展模块展示实验现象，总结本次实验体会。
（5）扩展练习，尝试扩展应用场合或改进策略。

实战 4　键盘显示电路设计

1. 实验目的

（1）掌握键盘优先编码的基本原理。

（2）使用 Quartus Ⅱ 软件对键盘显示电路进行设计并仿真。
（3）学会程序下载及调试。

2. 预习要求

（1）预习 CASE 语句与 IF 语句的使用方法。
（2）预习优先编码器的功能及设计方法。
（3）预习动态扫描显示电路的设计方法。

3. 实验内容

本实验将学习使用 Quartus Ⅱ 软件，通过原理图连线来完成键盘显示电路的设计与实现。十个拨码开关表示键盘的 0~9，并且 9 的优先级最高，依次降低，0 的优先级最低；用 10 个 LED 分别表示对应的键盘数值被按下；通过设计优先编码器输出 4 位二进制代码，并用七段数码管动态显示所按键盘的数值。具体要求如下：

（1）设计优先编码器模块，编写测试代码及仿真，并封装成电路图。
（2）设计七段数码管显示模块，并封装成电路图。
（3）顶层创建原理图，调用第（1）、（2）两步中的原理图，正确连线，实现键盘显示电路。
（4）进行功能仿真，添加管脚约束，进行综合、适配，生成 .sof 下载文件，通过口袋机进行硬件调试及验证。

4. 实验报告要求

（1）画出顶层原理图，编写各模块源程序代码。
（2）编写优先编码器的仿真测试代码，并画出仿真波形。
（3）列出输入、输出信号对应的锁定引脚。
（4）通过口袋机和扩展模块显示实验现象，总结本次实验体会。
（5）扩展练习，尝试扩展应用场合或改进策略。

实战 5 出租车模拟计价器设计

1. 实验目的

（1）了解出租车计价器的工作原理，掌握出租车计价器的设计思路和设计方法。
（2）掌握里程计算的设计方法。
（3）综合应用计数器、分频器、数码管动态显示等电路。
（4）熟练 Quartus Ⅱ 开发流程、仿真及下载调试。

2. 预习要求

（1）预习频率计设计方法。
（2）根据频率计原理计算行驶里程。
（3）预习按键输入和显示输出设计方法。
（4）进行模块的合理划分，并设计各子模块及必要的仿真。
（5）设计顶层模块及引脚锁定。

3. 实验内容

（1）设计一个出租车模拟计价器，为简化处理，假设计费只与里程相关，行程不足 3 km，计费 10 元，超过 3 km 后 2 元/km。该计价器具有以下功能：

① 计算功能：计算出出租车的行驶路程。
② 复位功能：能用按键将计价器清零。
③ 计算功能：计算出租车总费用。
④ 显示功能：同时使用 8 个数码管扫描显示行驶里程、行驶时间和车费。

（2）进行设计的仿真及下载验证。通过编写仿真测试代码，对出租车计价器各功能模块进行功能仿真，添加管脚约束，进行综合、适配，生成 .sof 下载文件，通过口袋机进行硬件调试及验证。

4. 实验报告要求

（1）画出顶层原理图及设计流程。
（2）编写各模块源程序代码。
（3）画出相关计数器仿真波形。
（4）列出输入、输出信号对应的锁定引脚。
（5）通过口袋机和扩展模块显示实验现象，总结本次实验体会。

实战 6　具有 4 种信号灯的交通灯控制器设计

1. 实验目的

（1）了解交通灯控制器的工作原理，掌握设计思路和设计方法。
（2）掌握有限状态机的设计方法。
（3）综合应用计数器、分频器、数码管动态显示等电路。
（4）熟练 Quartus Ⅱ 开发流程、仿真及下载调试。

2. 预习要求

（1）预习 8.2 节交通灯控制器的设计方法。
（2）预习有限状态机的设计方法。
（3）预习按键输入和显示输出的设计方法。
（4）进行模块的合理划分，并设计各子模块及必要的仿真。
（5）设计顶层模块及引脚锁定。

3. 实验内容

（1）设计一个具有 4 种信号灯的交通灯控制器，由 1 条主路和 1 条支路组成十字路口，每个入口设置红、黄、绿、左转放行灯 4 种信号灯，设计要求：

① 控制功能：主路直行绿灯 30 s，黄灯 5 s，左转放行 15 s，黄灯 5 s，然后支路直行绿灯 20 s，黄灯 5 s，左转放行 10 s，黄灯 5 s。
② 复位功能：能用按键将交通灯复位至主路绿灯支路红灯开始，计数器复位。

③ 计时功能：通行时间倒计时。

④ 显示功能：同时使用 8 个数码管扫描显示 4 个入口倒计时，并使用 16 个 LED 灯来显示相应信号灯状态。

（2）进行设计的仿真及下载验证。

通过编写仿真测试代码，对交通灯控制器各功能模块进行功能仿真，添加管脚约束，进行综合、适配，生成.sof 下载文件，通过口袋机进行硬件调试及验证。

4. 实验报告要求

（1）画出顶层原理图及设计流程。
（2）编写各模块源程序代码。
（3）画出相关计数器仿真波形。
（4）画出状态转换图。
（5）列出输入、输出信号对应的锁定引脚。
（6）通过口袋机和扩展模块显示实验现象，总结本次实验体会。

实战 7　拔河游戏机设计

1. 实验目的

（1）了解拔河游戏机的工作原理，掌握设计思路和设计方法。
（2）掌握计数器和译码器的设计方法。
（3）综合应用计数器、分频器、数码管动态显示等电路。
（4）熟练 Quartus II 开发流程、仿真及下载调试。

2. 预习要求

（1）预习可逆计数器的设计方法。
（2）预习编码器及译码器的设计方法。
（3）预习按键输入和显示输出设计方法。
（4）进行模块的合理划分，并设计各子模块及必要的仿真。
（5）设计顶层模块及引脚锁定。

3. 实验内容

（1）设计一个拔河游戏机，用 7 个 LED 灯来表示拔河的"电子绳子"，中间灯亮即为拔河的中心点。游戏双方通过迅速地不断按动按键，谁按得快，LED 灯就向谁的方向移动一次，每次只有一个灯亮，当灯移动到任一方终端就获胜，此时双方按键均不起作用，输出保持，只有复位才能使 LED 灯恢复到中心点。比赛开始由裁判下达开始命令后，双方按键输入才有效。使用数码管动态显示双方的分数，获胜方自动加分。

（2）进行设计的仿真及下载验证。通过编写仿真测试代码，对拔河游戏机各功能模块进行功能仿真，添加管脚约束，进行综合、适配，生成.sof 下载文件，通过口袋机进行硬件调试及验证。

4. 实验报告要求

（1）画出顶层原理图及设计流程图。
（2）编写各模块源程序代码。
（3）编写可逆计数器的仿真测试代码，并画出仿真波形。
（4）列出输入、输出信号对应的锁定引脚。
（5）通过口袋机和扩展模块显示实验现象，总结本次实验体会。

实战 8　全自动洗衣机控制器设计

1. 实验目的

（1）了解全自动洗衣机的工作原理，掌握设计思路和设计方法。
（2）掌握计数器和译码器的设计方法。
（3）综合应用计数器、分频器、数码管动态显示等电路。
（4）熟练 Quartus Ⅱ 开发流程、仿真及下载调试。

2. 预习要求

（1）预习分频器和计数器的设计方法。
（2）预习编码器及译码器的设计方法。
（3）预习按键输入和显示输出设计方法。
（4）进行模块的合理划分，并设计各子模块及必要的仿真。
（5）设计顶层模块及引脚锁定。

3. 实验内容

（1）设计一个全自动洗衣机控制器电路，实现对洗衣机的全自动控制。根据全自动洗衣机的控制原理设计一个控制电路，使之能够控制洗衣机全自动完成浸泡洗涤、漂洗、脱水等整个工作过程；或者由用户选择，洗衣机单独执行浸泡、洗涤、漂洗和脱水中的某个洗衣程序。洗衣机应具有以下功能：

① 启动/暂停：在每个工作状态下，如果想要洗衣机暂停工作，可按下启动/暂停键，则洗衣机立刻暂停当前的操作。例如，在第一次加水过程中，若按下启动/暂停键，则进水阀门立刻关闭，暂停上水，计时暂停；当再次按下启动/暂停键，则进水阀门又打开，并继续计时，直到加水满后，进入洗衣过程。

② 打开洗衣机盖/合上洗衣机盖：当洗衣机在甩干过程中，若打开洗衣机盖，则洗衣机应立即暂停工作，停止电机运转和排水；只有合上洗衣机盖，洗衣机才能继续工作。

③ 水位控制：有一个水位控制键，逐次按动它，水位可以在高、中、低和少这 4 个挡位间切换，以控制上水时加水的多少。

④ 洗衣模式选择：有一个洗衣模式选择键，在洗衣机上电后开始启动之前，按动此键，可以选择洗衣机单独执行不同的洗衣程序：浸泡、洗涤、漂洗、脱水；若不按此键，则默认全程自动执行浸泡、洗涤、漂洗和脱水这 4 个程序。

（2）进行设计的仿真及下载验证。通过编写仿真测试代码，对全自动洗衣机控制器的各功能模块进行功能仿真，添加管脚约束，进行综合、适配，生成.sof 下载文件，通过口袋机进行硬件调试及验证。

4．实验报告要求

（1）画出顶层原理图及设计流程图。
（2）编写各模块源程序代码。
（3）编写各模块的仿真测试代码，并画出仿真波形。
（4）列出输入、输出信号对应的锁定引脚。
（5）通过口袋机和扩展模块显示实验现象，总结本次实验体会。

实战 9　电梯控制器设计

1．实验目的

（1）了解电梯控制器的工作原理，掌握设计思路和设计方法。
（2）掌握计数器和译码器的设计方法。
（3）综合应用计数器、分频器、数码管动态显示等电路。
（4）熟练 Quartus Ⅱ 开发流程、仿真及下载调试。

2．预习要求

（1）预习可逆计数器的设计方法。
（2）预习编码器及译码器的设计方法。
（3）预习按键输入和显示输出设计方法。
（4）进行模块的合理划分，并设计各子模块及必要的仿真。
（5）设计顶层模块及引脚锁定。

3．实验内容

（1）设计一个电梯控制器，使其按电梯的调度算法，根据电梯内的命令控制板上楼层选择按键信号和电梯门口的呼叫按键信号，控制电梯的运行状态，从而控制电梯完成 4 个楼层的载客服务。
（2）电梯的调度算法为：电梯在一次运行中，要在到达这一运行方向上请求到达的最后一个楼层之后才改变运行方向。这样能够在不按照时间顺序对各个命令和呼叫排队的情况下较快地满足所有乘客的要求，同时运行效率较高，不必频繁改变电梯运行方向。
（3）进行设计的仿真及下载验证。通过编写仿真测试代码，对电梯控制器的各功能模块进行功能仿真，添加管脚约束，进行综合、适配，生成.sof 下载文件，通过口袋机进行硬件调试及验证。

4．实验报告要求

（1）画出顶层原理图及设计流程图。
（2）编写各模块源程序代码。

（3）编写各模块的仿真测试代码，并画出仿真波形。
（4）列出输入、输出信号对应的锁定引脚。
（5）通过口袋机和扩展模块显示实验现象，总结本次实验体会。

实战 10　电子日历和电子时钟设计

1. 实验目的

（1）了解电子日历和时钟的工作原理，掌握设计思路和设计方法。
（2）掌握计数器和译码器的设计方法。
（3）综合应用计数器、分频器、数码管动态显示等电路。
（4）熟练 Quartus Ⅱ 开发流程、仿真及下载调试。

2. 预习要求

（1）预习分频器和任意计数器的设计方法。
（2）预习译码器的设计方法。
（3）预习按键输入和显示输出设计方法。
（4）进行模块的合理划分，并设计各子模块及必要的仿真。
（5）设计顶层模块及引脚锁定。

3. 实验内容

（1）设计一个电子日历和电子时钟，具有以下功能：
① 计时功能：包括对时间和日期的计时（秒、分、小时、星期、日、月、年）。
② 校时功能：能用按键方便地设置各时间单位计数初值（秒、分、小时、星期、日、月、年），选择了某对象后，对应的数码管闪烁点亮，以表示要对该对象初值进行设置。
③ 清零功能：能用按键将时间清为 0 点 0 分 0 秒或将日期清为 00 年 01 月 01 日，星期一或将闹钟定时设置清为 0 点 0 分。
④ 定时提醒（闹钟）功能：能在设定的时间发出闹铃音即持续 20 s 的急促的"嘀嘀"声，若按住设置计数初值键不放，可屏蔽闹铃音。
⑤ 整点报时功能：每逢整点，产生"嘀嘀嘀嘀嘟"四短一长的报时音。
⑥ 显示功能：同时采用 6 个数码管动态扫描显示时间、日历或闹钟定时的值。使用一个能进行模式切换的按键，当按动不同的次数时，分别选择显示时间、日期、星期和闹钟定时。

（2）进行设计的仿真及下载验证。通过编写仿真测试代码，对电子日历和电子钟的各功能模块进行功能仿真，添加管脚约束，进行综合、适配，生成 .sof 下载文件，通过口袋机进行硬件调试及验证。

4. 实验报告要求

（1）画出顶层原理图及设计流程图。

（2）编写各模块源程序代码。

（3）编写可逆计数器的仿真测试代码，并画出仿真波形。

（4）列出输入、输出信号对应的锁定引脚。

（5）通过口袋机和扩展模块显示实验现象，总结本次实验体会。

实战 11　反应测量仪设计

1. 实验目的

（1）了解反应测量仪的工作原理，掌握设计思路和设计方法。

（2）掌握计数器和译码器的设计方法。

（3）综合应用计数器、分频器、数码管动态显示等电路。

（4）熟练 QuartusⅡ开发流程、仿真及下载调试。

2. 预习要求

（1）预习分频器和计数器的设计方法。

（2）预习编码器及译码器的设计方法。

（3）预习按键输入和显示输出设计方法。

（4）进行模块的合理划分，并设计各子模块及必要的仿真。

（5）设计顶层模块及引脚锁定。

3. 实验内容

（1）设计一个反应测量仪，可测量人体反应时间，即一个 LED 灯随机点亮，看到灯亮立即按键，测量灯亮到按键的这一段时间，该段时间即为人体反应时间。

（2）要求 LED 灯随机点亮，看到灯亮立即按键，测量这段时间，并将该反应时间以十进制数的形式反映到 4 个数码管上，以 ms 为单位，当高位为 0 时不显示。

（3）进行设计的仿真及下载验证。通过编写仿真测试代码，对反应测量仪各功能模块进行功能仿真，添加管脚约束，进行综合、适配，生成.sof 下载文件，通过口袋机进行硬件调试及验证。

4. 实验报告要求

（1）画出顶层原理图及设计流程图。

（2）编写各模块源程序代码。

（3）编写各模块的仿真测试代码，并画出仿真波形。

（4）列出输入、输出信号对应的锁定引脚。

（5）通过口袋机和扩展模块显示实验现象，总结本次实验体会。

【小结】

本章重点介绍综合应用项目的设计，包括简易数字钟设计、交通灯控制设计、电子密码锁设计、频率计设计、抢答器设计、最大公约数算法设计和智能家居监控系统设计等。通过口袋机及外围模块进行硬件调试，验证设计的正确性，进一步加深对数字系统设计的理解，以掌握较复杂的数字系统设计方法。

【习题】

8-1 设计自动售饮料机，当复位信号无效，售货机处于工作状态，此时连续在售货机投入硬币（可以是 5 角或 1 元），投入最后一枚硬币时，如果之前投入的硬币总和为 2.5 元，则可以取走一瓶饮料；如果少于 2.5 元则继续投币，如果为 3 元则显示可以取走一瓶饮料，而且显示出相应的找零。试采用 Quartus Ⅱ 软件进行逻辑功能仿真，并给出仿真波形。试采用适当的实验平台进行硬件测试。

8-2 设计一个乒乓球游戏模型。要求用左右两个按键（代表选手 A 和选手 B）作为左右球拍控制信号发生器，8 个发光管分别依次点亮作为乒乓球运行路线，用 2 个两位数码管分别显示两位选手的得分情况，系统设一个清 0 控制按键，控制比赛重新开始。采用 Quartus Ⅱ 软件进行逻辑功能仿真，并给出仿真波形。试采用适当的实验平台进行硬件测试。

8-3 设计一个具有时、分、秒计时的数字钟电路，按 24 小时制计时。要求：

（1）输出时、分、秒的 8421BCD 码，计时输入脉冲频率为 1 Hz；

（2）具有分、时校正功能，校正输入脉冲频率为 1 Hz；

（3）采用分层次、分模块的方法，用 Verilog HDL 语言进行设计。

8-4 设计一个银行自动排号叫号系统，实现自动排号叫号功能，并有相应显示和语音提示。采用 Quartus Ⅱ 软件进行逻辑功能仿真，并给出仿真波形。试采用适当的实验平台进行硬件测试。

附 录

附录 A 口袋机 FPGA 引脚定义

口袋机 FPGA 引脚定义如下：

```
#复位引脚 KEYA
set_location_assignment    PIN_N6  -to  RESET

#时钟引脚 50 M
set_location_assignment    PIN_A12 -to  CLOCK

#LED 引脚
set_location_assignment    PIN_W19 -to  LED[0]
set_location_assignment    PIN_W20 -to  LED[1]
set_location_assignment    PIN_U19 -to  LED[2]
set_location_assignment    PIN_U20 -to  LED[3]
set_location_assignment    PIN_T17 -to  LED[4]
set_location_assignment    PIN_T18 -to  LED[5]
set_location_assignment    PIN_R17 -to  LED[6]
set_location_assignment    PIN_R18 -to  LED[7]

#UART
set_location_assignment    PIN_J8  -to  UART_RXD
set_location_assignment    PIN_J7  -to  UART_TXD

#touch key
#set_location_assignment   PIN_C6  -to  KEYA
set_location_assignment    PIN_M7  -to  KEYB
set_location_assignment    PIN_L6  -to  KEYC
set_location_assignment    PIN_M6  -to  KEYD
set_location_assignment    PIN_U21 -to  KEYL
set_location_assignment    PIN_R21 -to  KEYR
set_location_assignment    PIN_U22 -to  KEYU
```

```
set_location_assignment    PIN_R22 -to  KEY0
```

#SW 输入引脚
```
set_location_assignment    PIN_M17 -to  SW[0]
set_location_assignment    PIN_L18 -to  SW[1]
set_location_assignment    PIN_L7  -to  SW[2]
set_location_assignment    PIN_K20 -to  SW[3]
```

#WM8978 音频芯片引脚
```
set_location_assignment    PIN_P21 -to  AU_SDA
set_location_assignment    PIN_P22 -to  AU_SCL
set_location_assignment    PIN_L22 -to  AU_LRCK
set_location_assignment    PIN_M21 -to  AU_SCLK
set_location_assignment    PIN_M22 -to  AU_SDOUT
set_location_assignment    PIN_N22 -to  AU_SDIN
set_location_assignment    PIN_N21 -to  AU_MCLK
```

#AD5689
```
set_location_assignment    PIN_Y21  -to  AD5689_SDIN
set_location_assignment    PIN_V22  -to  AD5689_SO
set_location_assignment    PIN_W21  -to  AD5689_SCLK
set_location_assignment    PIN_W22  -to  AD5689_GAIN
set_location_assignment    PIN_V21  -to  AD5689_LADC_N
set_location_assignment    PIN_Y22  -to  AD5689_SYNC_N
set_location_assignment    PIN_AA21 -to  AD5689_RESET_N
```

#SD
```
set_location_assignment    PIN_P16 -to  SD_CD
set_location_assignment    PIN_N20 -to  SD_CMD
set_location_assignment    PIN_N19 -to  SD_CLK
set_location_assignment    PIN_R19 -to  SD_DAT0
set_location_assignment    PIN_P15 -to  SD_DAT1
set_location_assignment    PIN_M20 -to  SD_DAT2
set_location_assignment    PIN_M19 -to  SD_DAT3
```

#flash
```
set_location_assignment    PIN_D19 -to  F_RB
set_location_assignment    PIN_C20 -to  F_RE
```

```
set_location_assignment        PIN_C19 -to  F_CE
set_location_assignment        PIN_D22 -to  F_CLE
set_location_assignment        PIN_D21 -to  F_ALE
set_location_assignment        PIN_C22 -to  F_WE
set_location_assignment        PIN_C21 -to  F_WP
set_location_assignment        PIN_G18 -to  F_IO[0]
set_location_assignment        PIN_F20 -to  F_IO[1]
set_location_assignment        PIN_F19 -to  F_IO[2]
set_location_assignment        PIN_D20 -to  F_IO[3]
set_location_assignment        PIN_G17 -to  F_IO[4]
set_location_assignment        PIN_F17 -to  F_IO[5]
set_location_assignment        PIN_E22 -to  F_IO[6]
set_location_assignment        PIN_E21 -to  F_IO[7]

#USB CH376
set_location_assignment        PIN_P6  -to  CH_INT_N
set_location_assignment        PIN_P4  -to  CH_RST
set_location_assignment        PIN_L7  -to  CH_SDO
set_location_assignment        PIN_M3  -to  CH_SDI
set_location_assignment        PIN_M4  -to  CH_SCK
set_location_assignment        PIN_K7  -to  CH_SCS

#ADS7816
set_location_assignment        PIN_E12 -to  ADS_CLK
set_location_assignment        PIN_D10 -to  ADS_MISO
set_location_assignment        PIN_C10 -to  ADS_CS_A
set_location_assignment        PIN_E9  -to  ADS_CS_B

#ADC831
set_location_assignment        PIN_L21 -to  ADC_CLK_A
set_location_assignment        PIN_F21 -to  ADC_D_A[0]
set_location_assignment        PIN_F22 -to  ADC_D_A[1]
set_location_assignment        PIN_H21 -to  ADC_D_A[2]
set_location_assignment        PIN_H22 -to  ADC_D_A[3]
set_location_assignment        PIN_J21 -to  ADC_D_A[4]
set_location_assignment        PIN_J22 -to  ADC_D_A[5]
set_location_assignment        PIN_K21 -to  ADC_D_A[6]
set_location_assignment        PIN_K22 -to  ADC_D_A[7]
set_location_assignment        PIN_M16 -to  ADC_CLK_B
```

```
set_location_assignment    PIN_K19 -to ADC_D_B[0]
set_location_assignment    PIN_K18 -to ADC_D_B[1]
set_location_assignment    PIN_H18 -to ADC_D_B[2]
set_location_assignment    PIN_H20 -to ADC_D_B[3]
set_location_assignment    PIN_J18 -to ADC_D_B[4]
set_location_assignment    PIN_H19 -to ADC_D_B[5]
set_location_assignment    PIN_J17 -to ADC_D_B[6]
set_location_assignment    PIN_K17 -to ADC_D_B[7]

#ethernet
set_location_assignment    PIN_P2  -to ETH_COL
set_location_assignment    PIN_P1  -to ETH_CRS
set_location_assignment    PIN_N2  -to ETH_GTXC
set_location_assignment    PIN_N5  -to ETH_MDC
set_location_assignment    PIN_N8  -to ETH_MDIO
set_location_assignment    PIN_M1  -to ETH_RESET
set_location_assignment    PIN_V2  -to ETH_RXC
set_location_assignment    PIN_Y2  -to ETH_RXD[0]
set_location_assignment    PIN_Y1  -to ETH_RXD[1]
set_location_assignment    PIN_W2  -to ETH_RXD[2]
set_location_assignment    PIN_W1  -to ETH_RXD[3]
set_location_assignment    PIN_V1  -to ETH_RXD[4]
set_location_assignment    PIN_U2  -to ETH_RXD[5]
set_location_assignment    PIN_U1  -to ETH_RXD[6]
set_location_assignment    PIN_R2  -to ETH_RXD[7]
set_location_assignment    PIN_R1  -to ETH_RXER
set_location_assignment    PIN_T5  -to ETH_TXC
set_location_assignment    PIN_M2  -to ETH_TXD[0]
set_location_assignment    PIN_T7  -to ETH_TXD[1]
set_location_assignment    PIN_V4  -to ETH_TXD[2]
set_location_assignment    PIN_V3  -to ETH_TXD[3]
set_location_assignment    PIN_R7  -to ETH_TXD[4]
set_location_assignment    PIN_T4  -to ETH_TXD[5]
set_location_assignment    PIN_R6  -to ETH_TXD[6]
set_location_assignment    PIN_L8  -to ETH_TXD[7]
set_location_assignment    PIN_AA1 -to ETH_RXDV
set_location_assignment    PIN_N1  -to ETH_TXEN
set_location_assignment    PIN_P3  -to ETH_TXER
```

附录 B 口袋机扩展模块简介

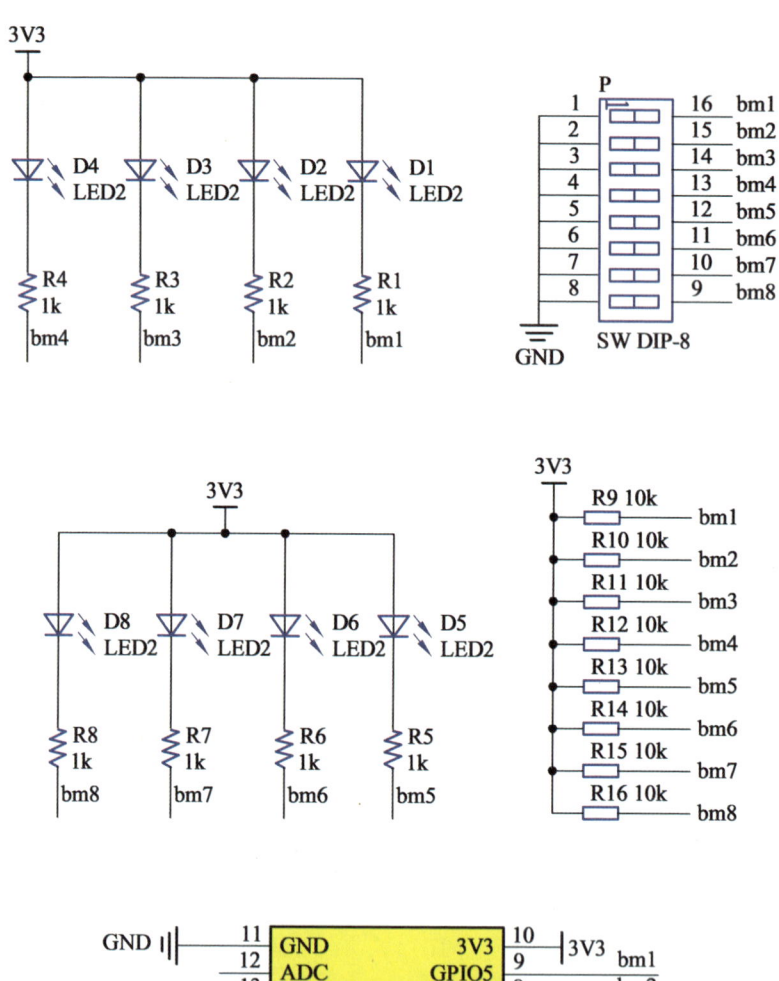

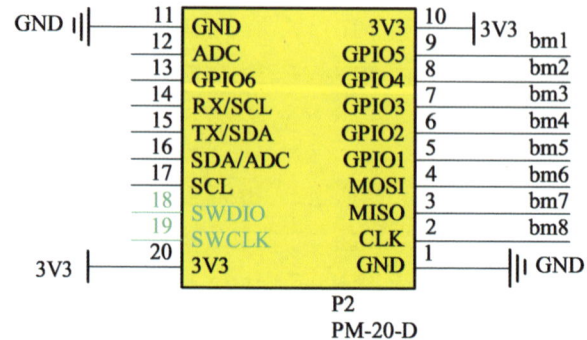

附图 B.1 拨码开关

\ 附 录 \

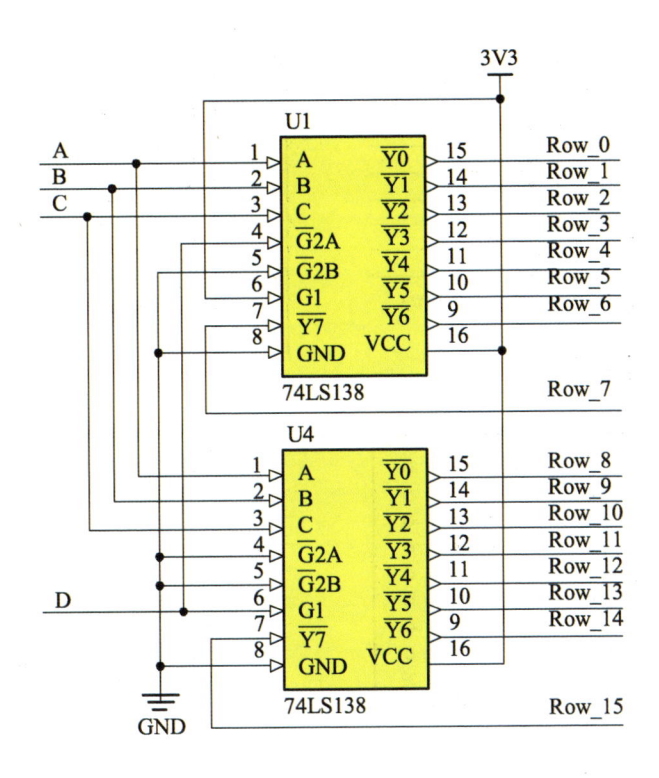

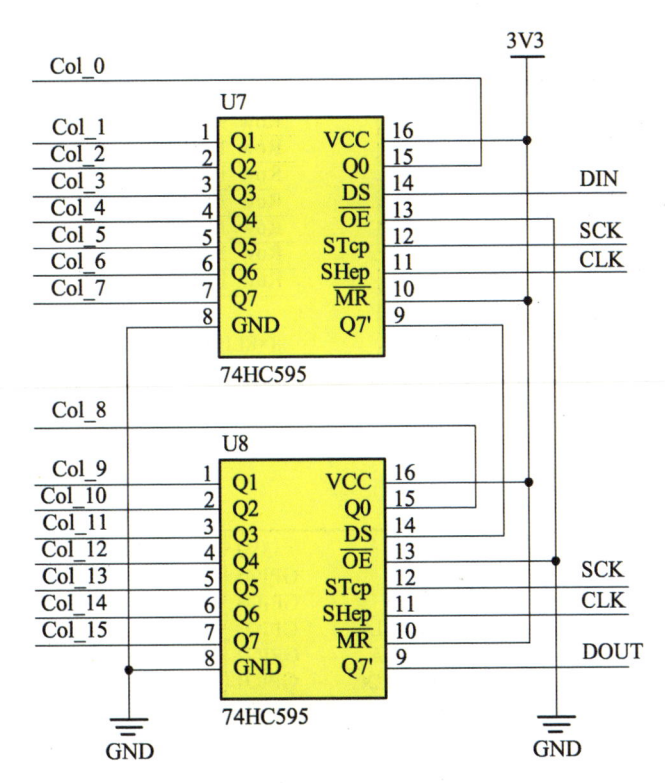

附图 B.2 点阵

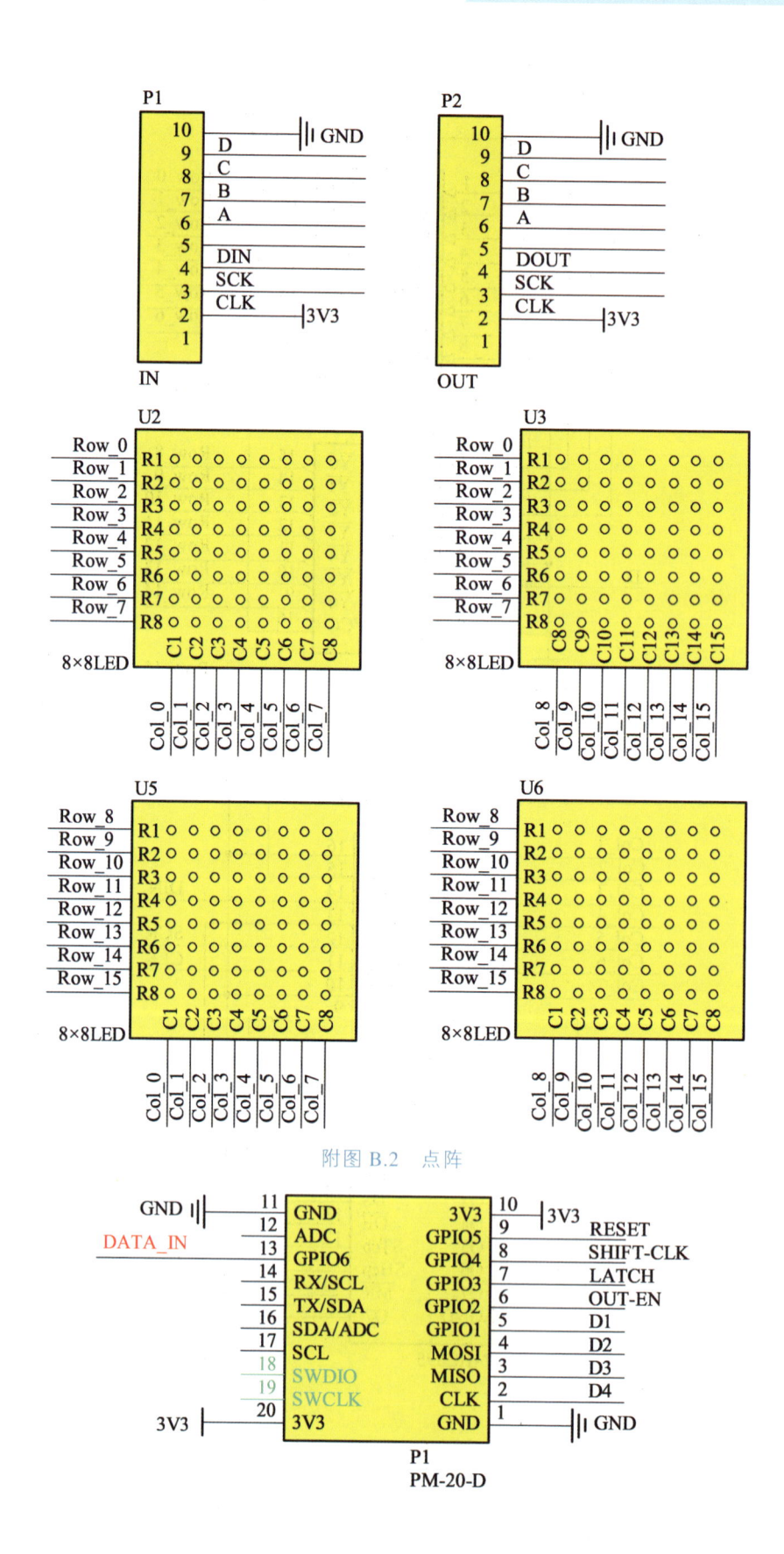

附 录

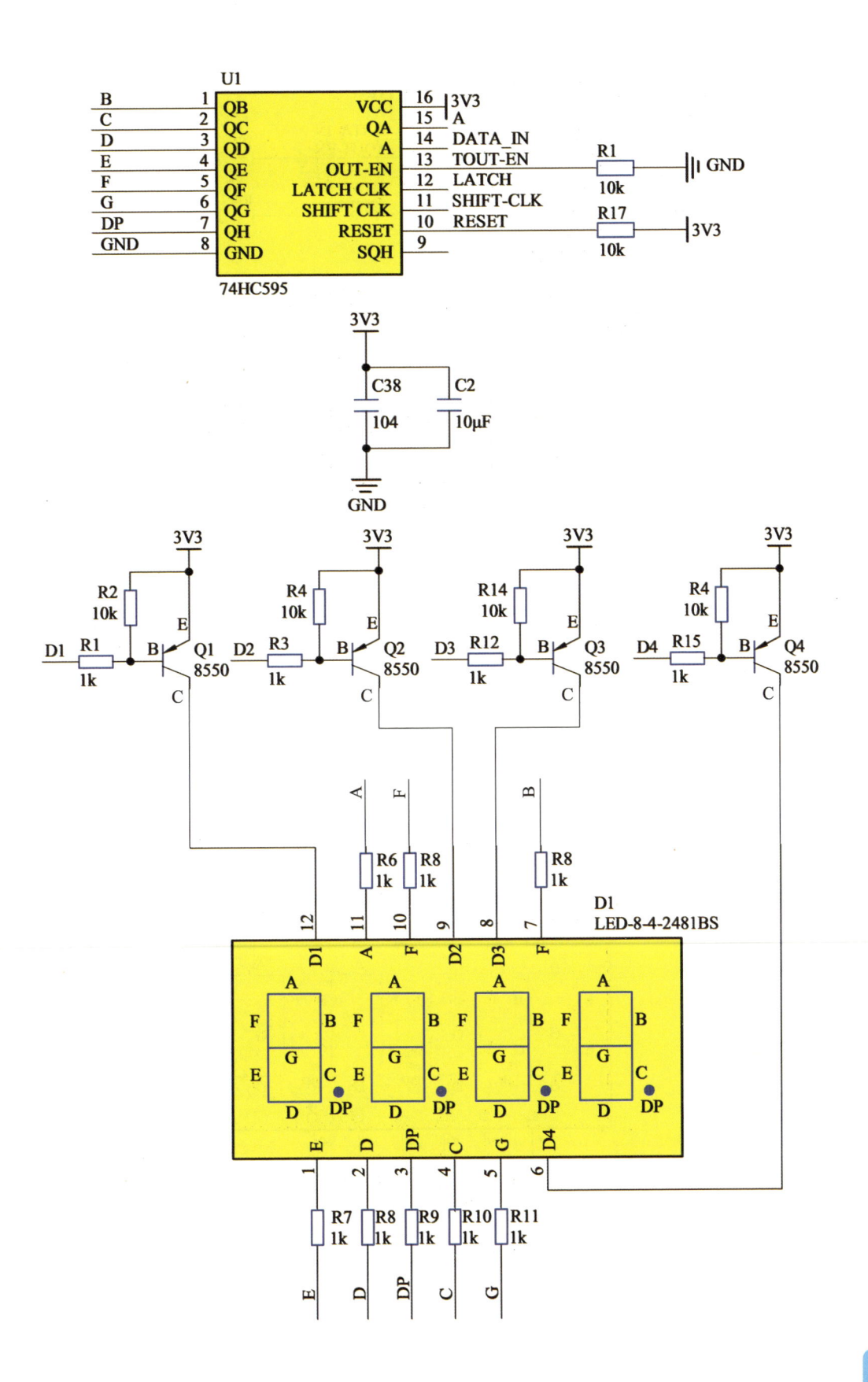

附图 B.3 数码管

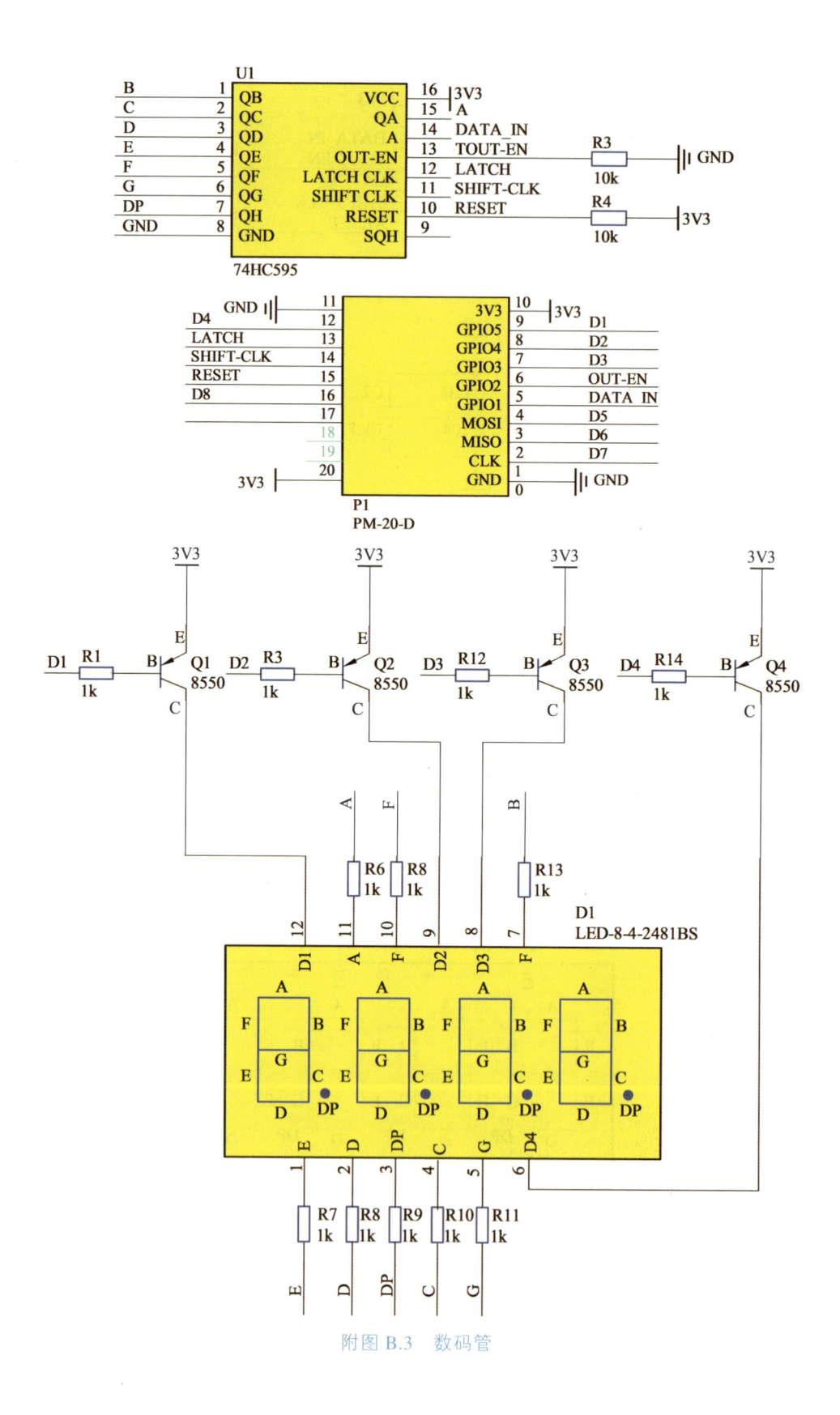

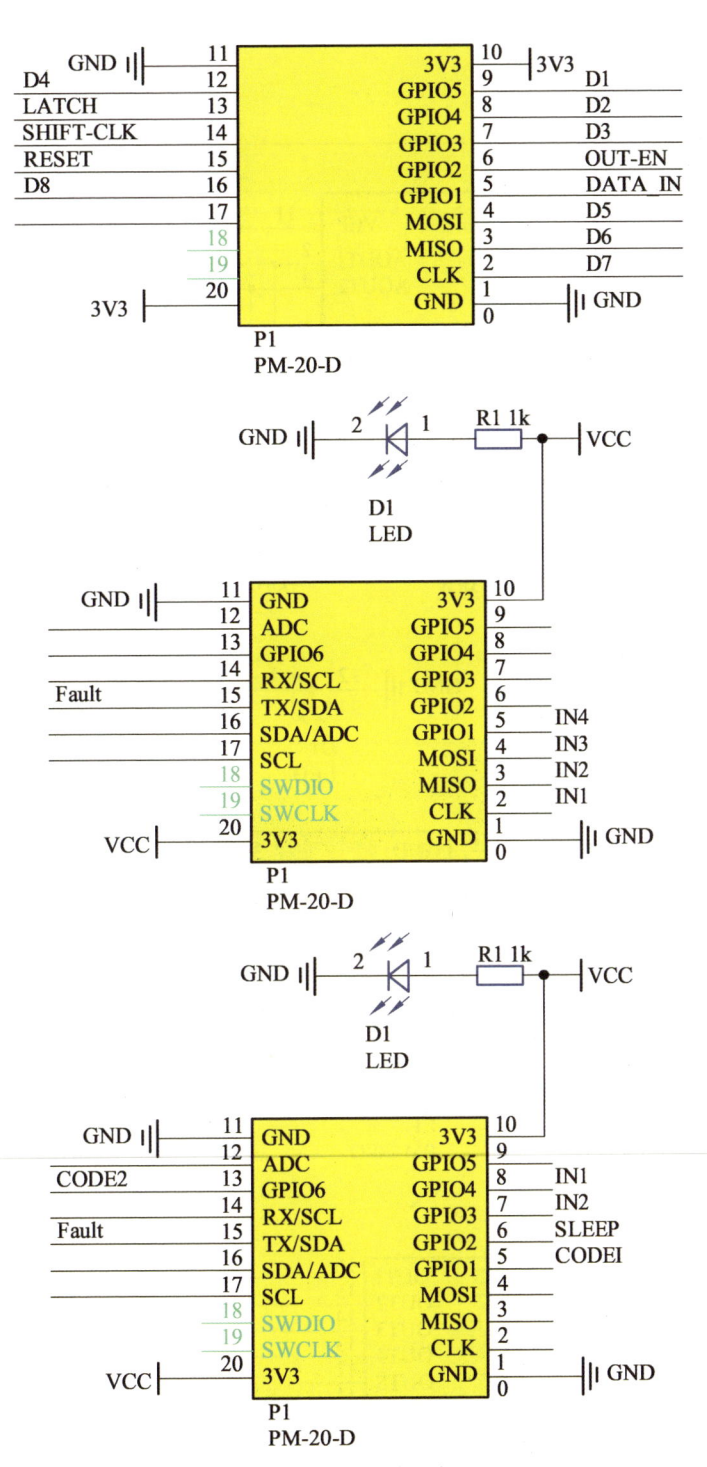

附图 B.4　直流电机

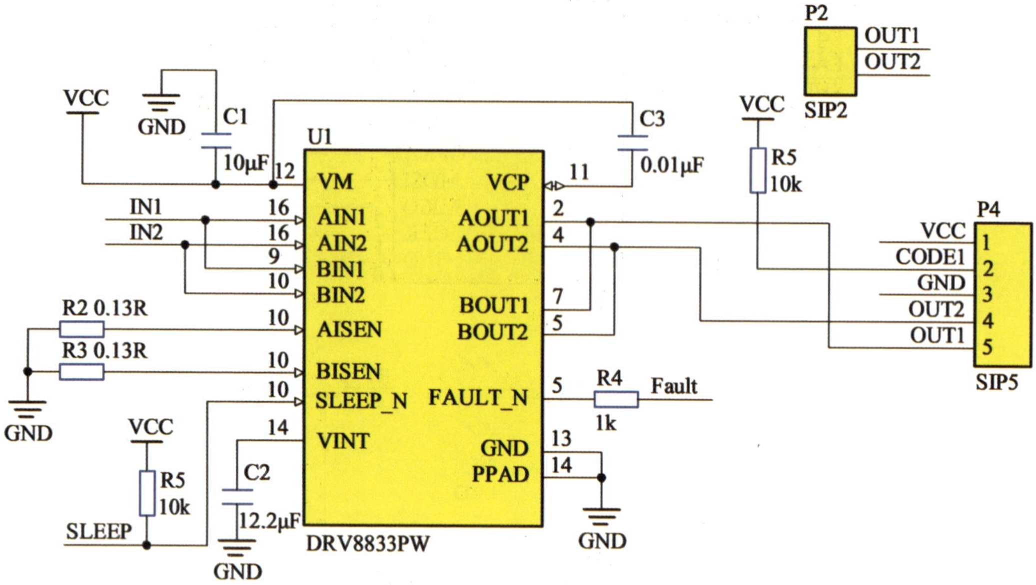
VCC
GND
C1
10μF
U1
C3
0.01μF
P2
OUT1
OUT2
SIP2
VCC
R5
10k
VM
VCP
IN1
IN2
AIN1
AIN2
BIN1
BIN2
AOUT1
AOUT2
BOUT1
BOUT2
P4
VCC
CODE1
GND
OUT2
OUT1
SIP5
R2 0.13R
R3 0.13R
AISEN
BISEN
SLEEP_N
FAULT_N
R4
1k
Fault
GND
VCC
R5
10k
VINT
C2
12.2μF
GND
PPAD
SLEEP
GND
DRV8833PW
GND

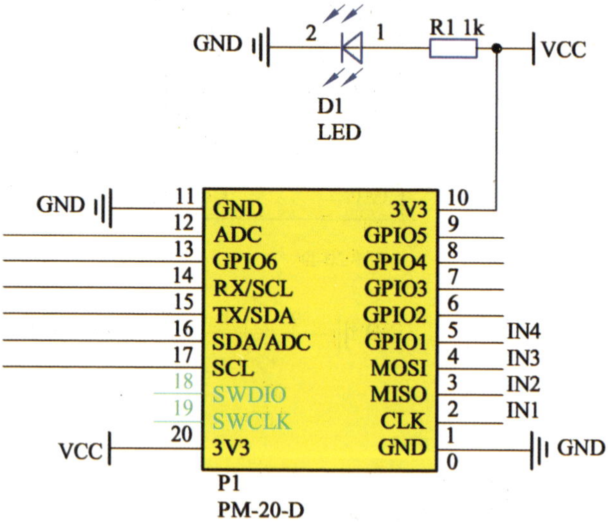
GND
D1
LED
R1 1k
VCC
GND
ADC
GPIO6
RX/SCL
TX/SDA
SDA/ADC
SCL
SWDIO
SWCLK
3V3
3V3
GPIO5
GPIO4
GPIO3
GPIO2
GPIO1
MOSI
MISO
CLK
GND
IN4
IN3
IN2
IN1
VCC
GND
P1
PM-20-D

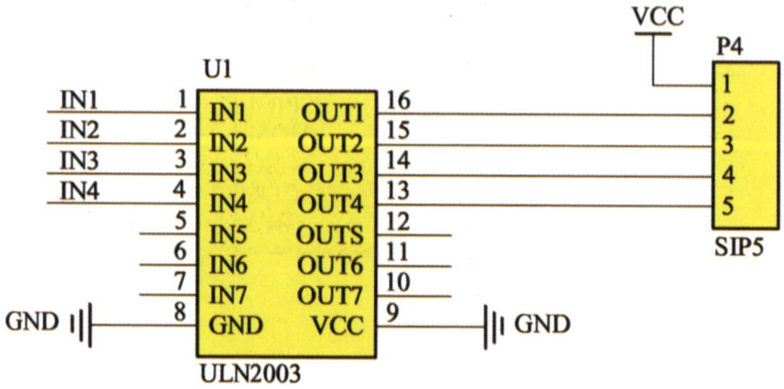
VCC
P4
U1
IN1
IN2
IN3
IN4
IN5
IN6
IN7
GND
OUT1
OUT2
OUT3
OUT4
OUTS
OUT6
OUT7
VCC
GND
GND
SIP5
ULN2003

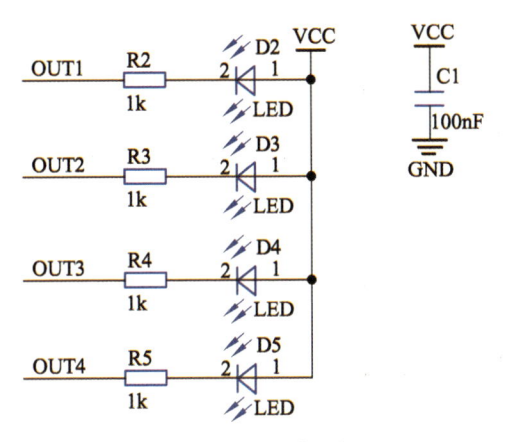

附图 B.5　步进电机

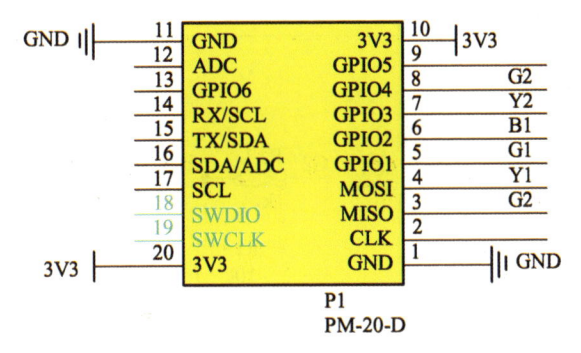

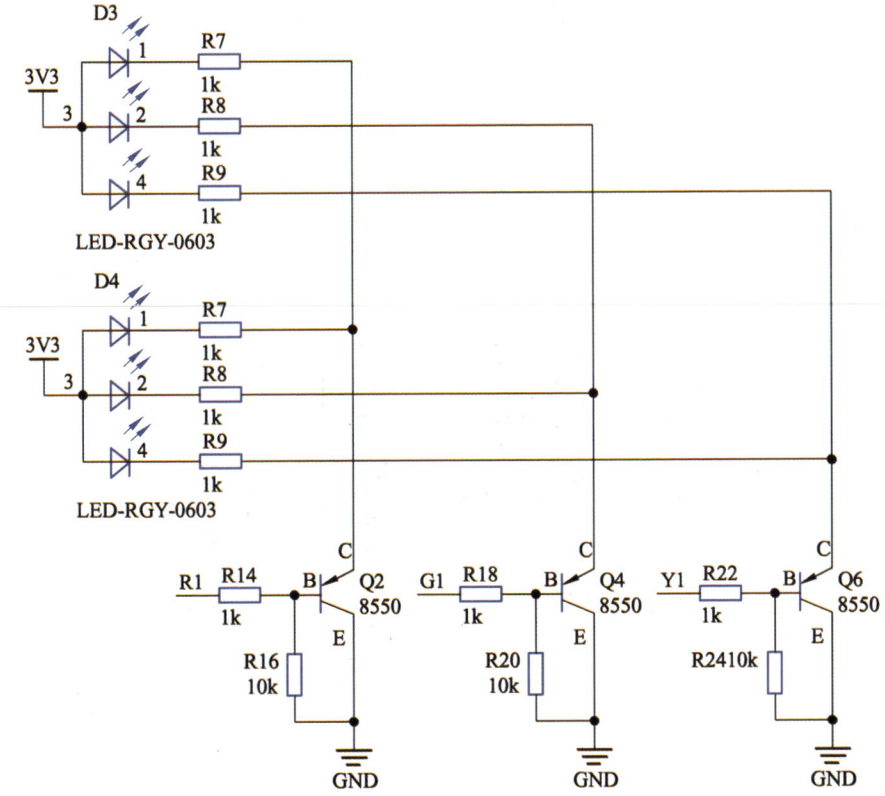

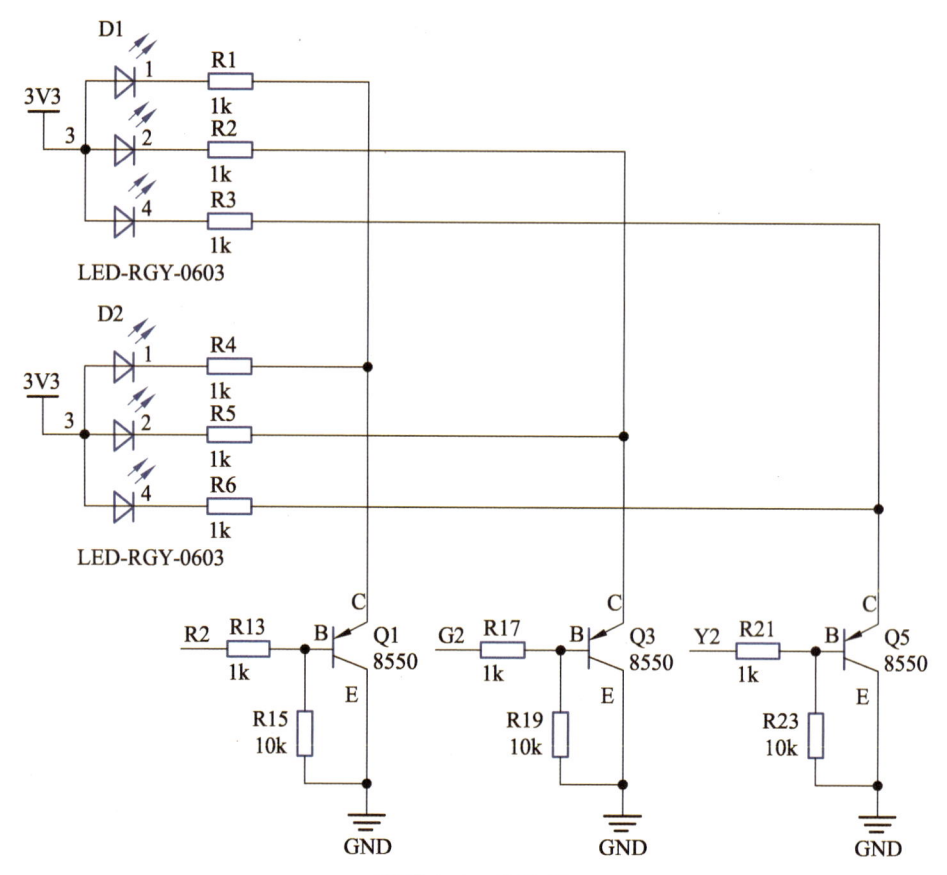

附图 B.6　交通灯

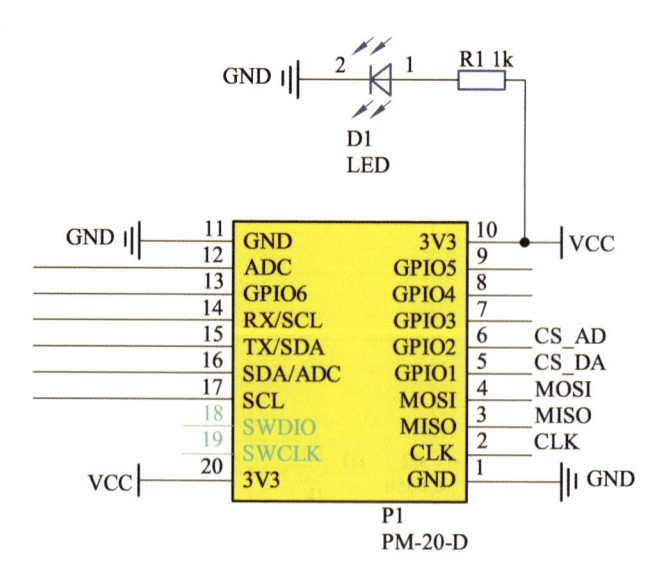

附图 B.7　AD-DA

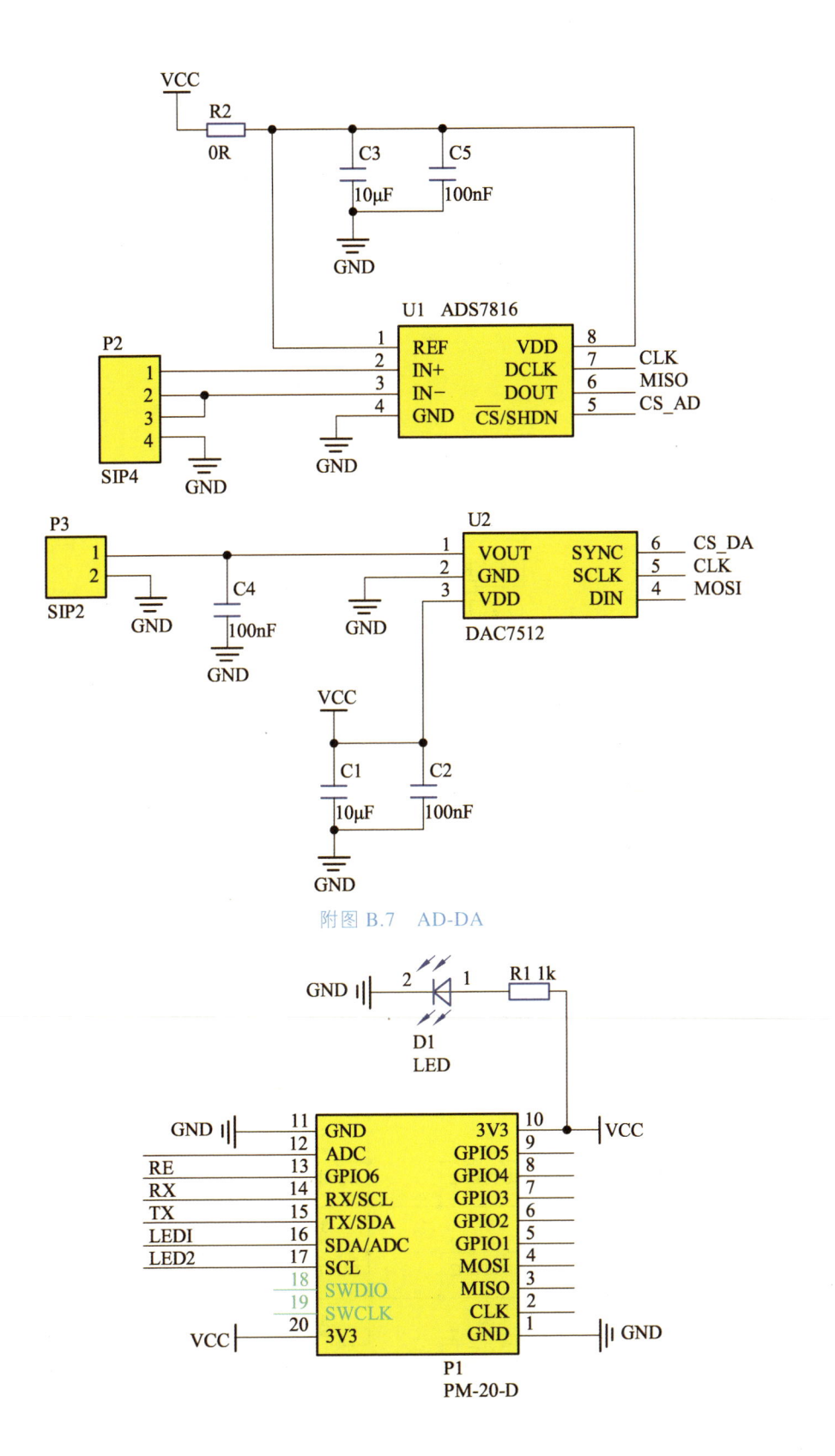

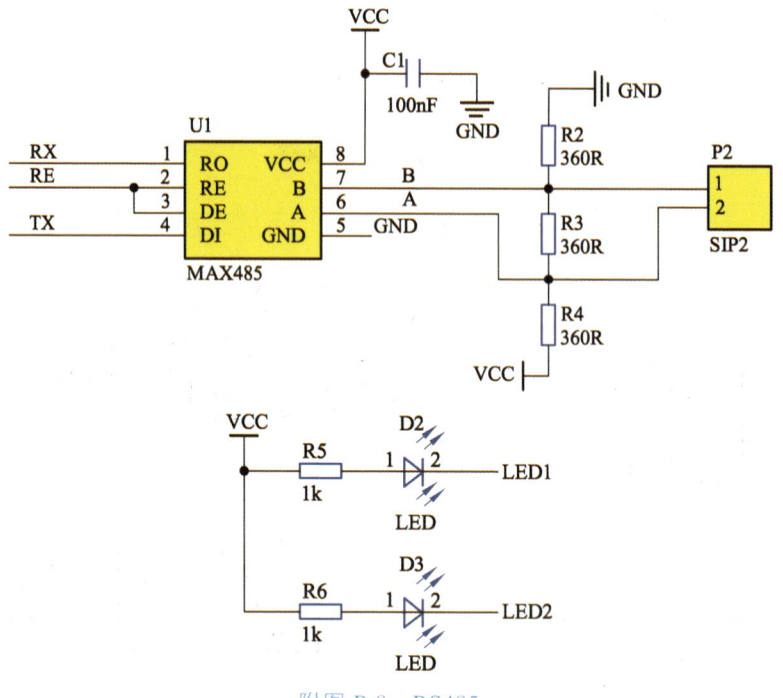

附图 B.8 RS485

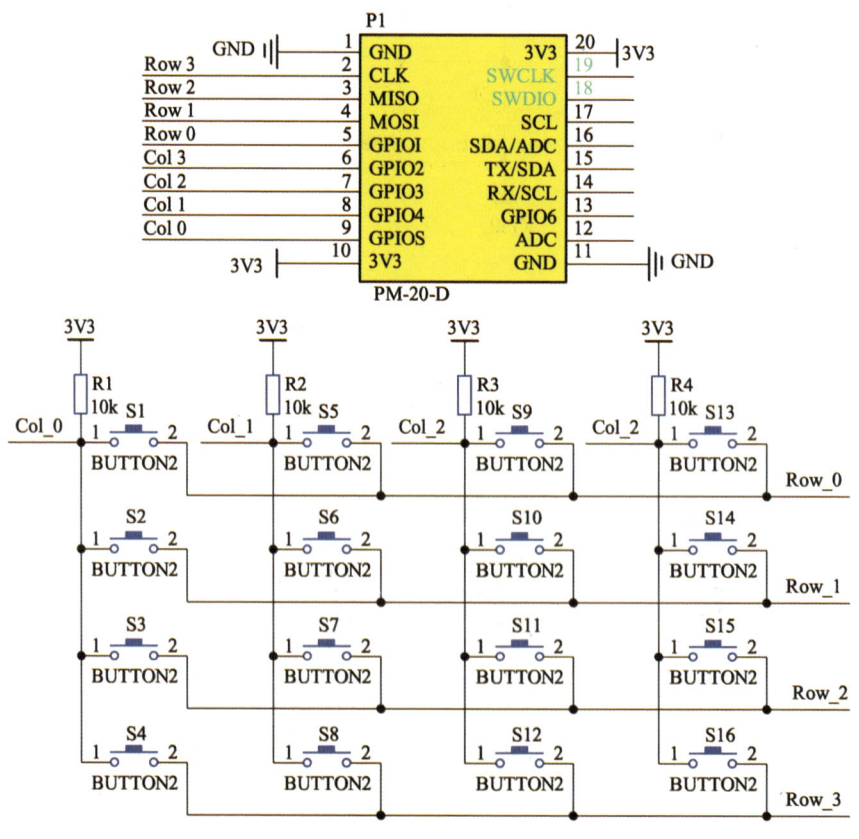

附图 B.9 矩阵键盘

附图 B.10　I2C-SPI 存储器

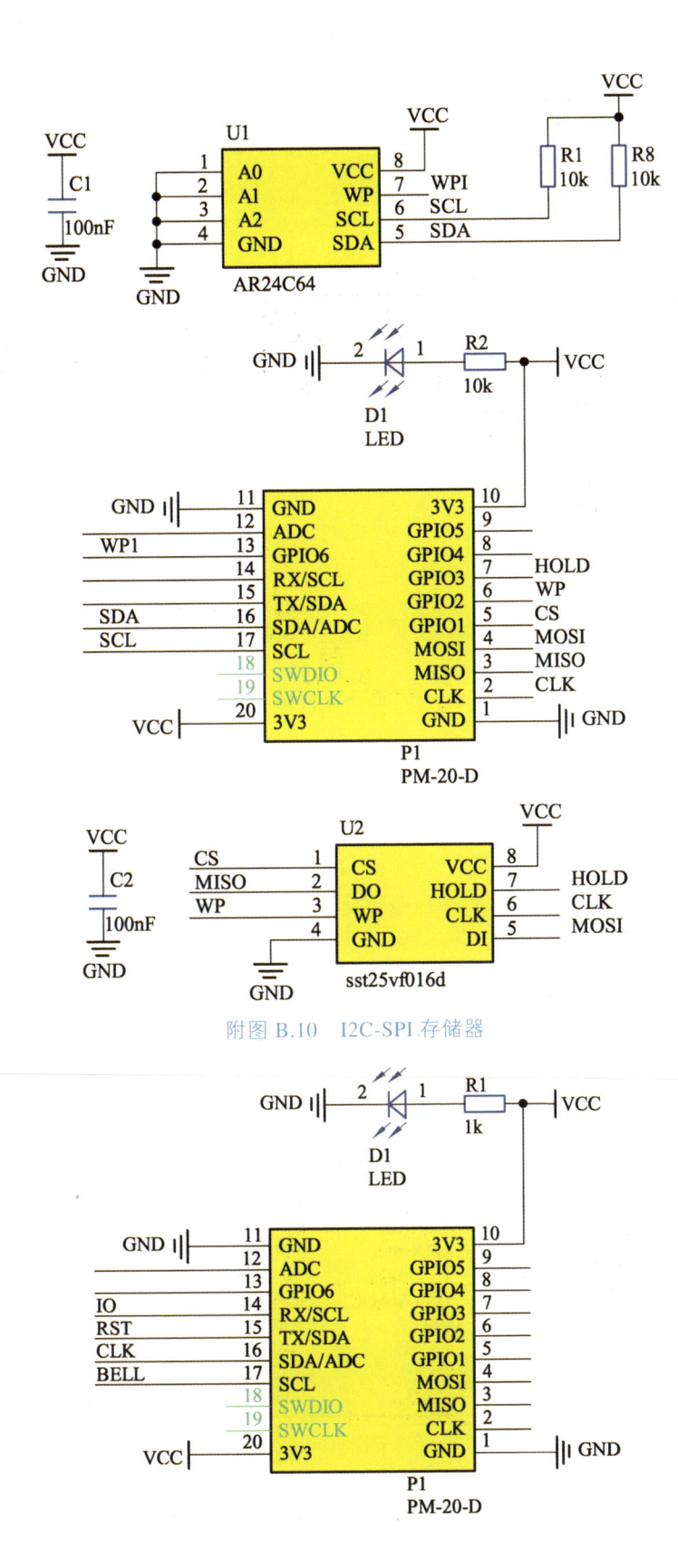

附图 B.11 RTC

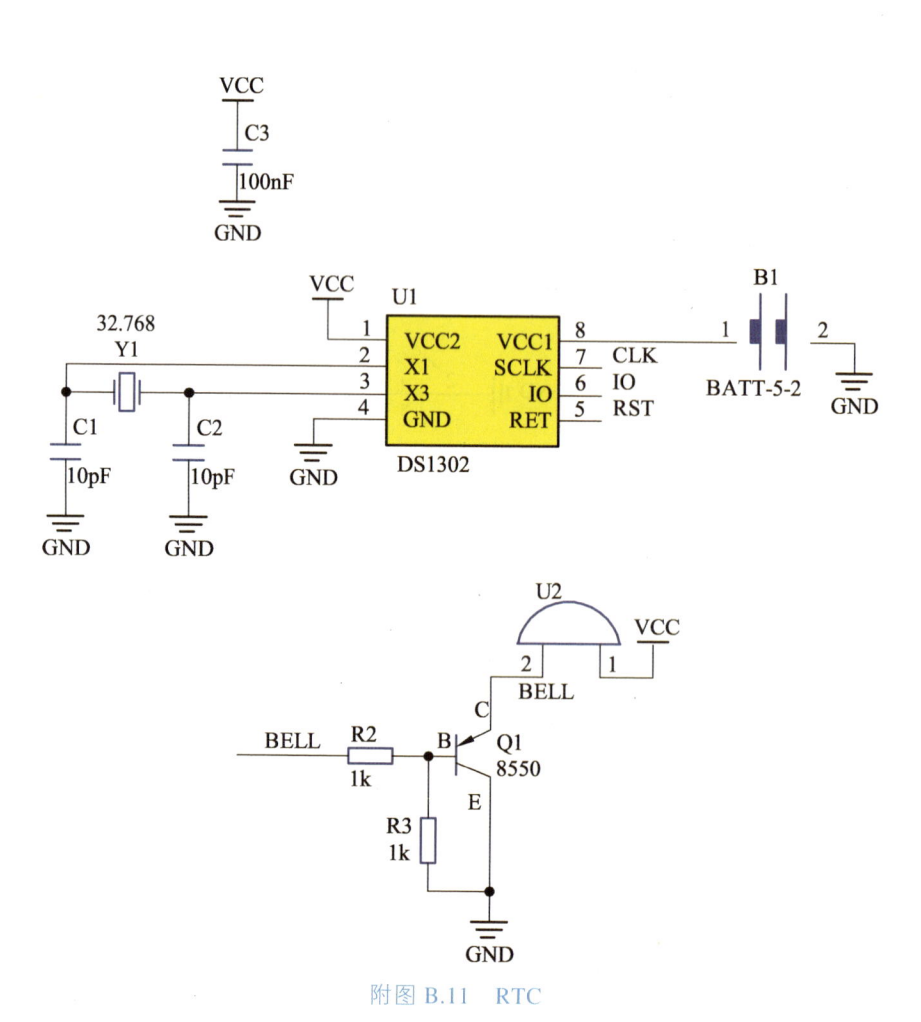

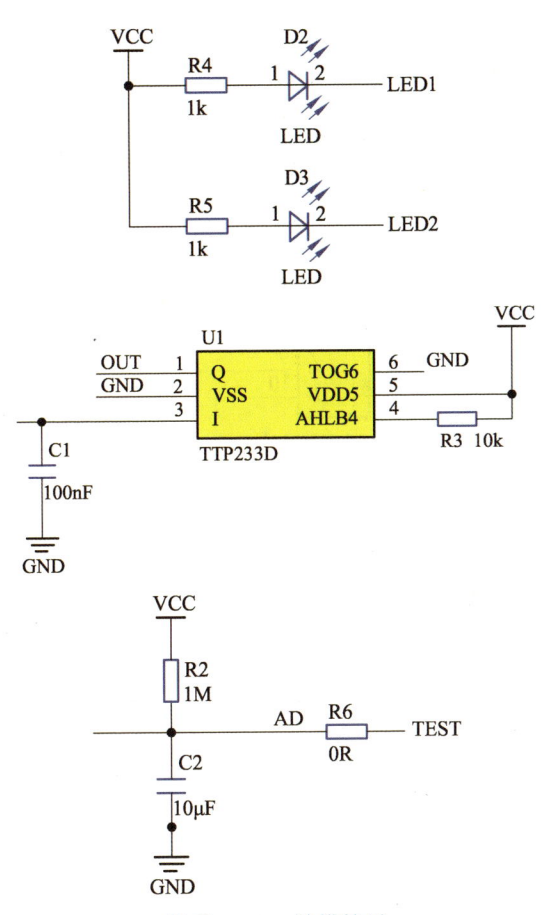

附图 B.12　触摸按键

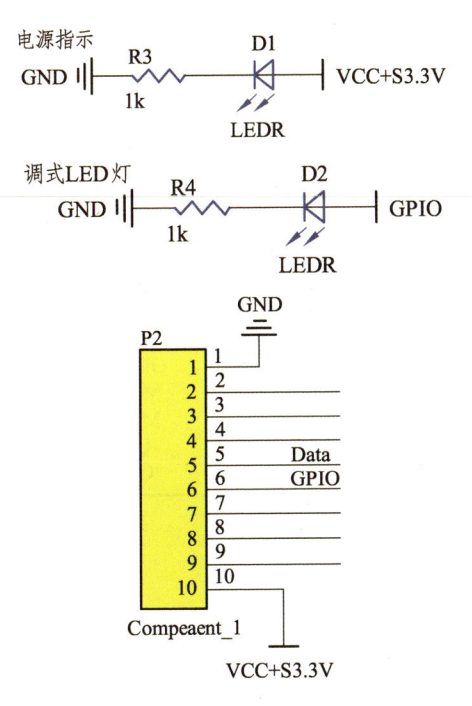

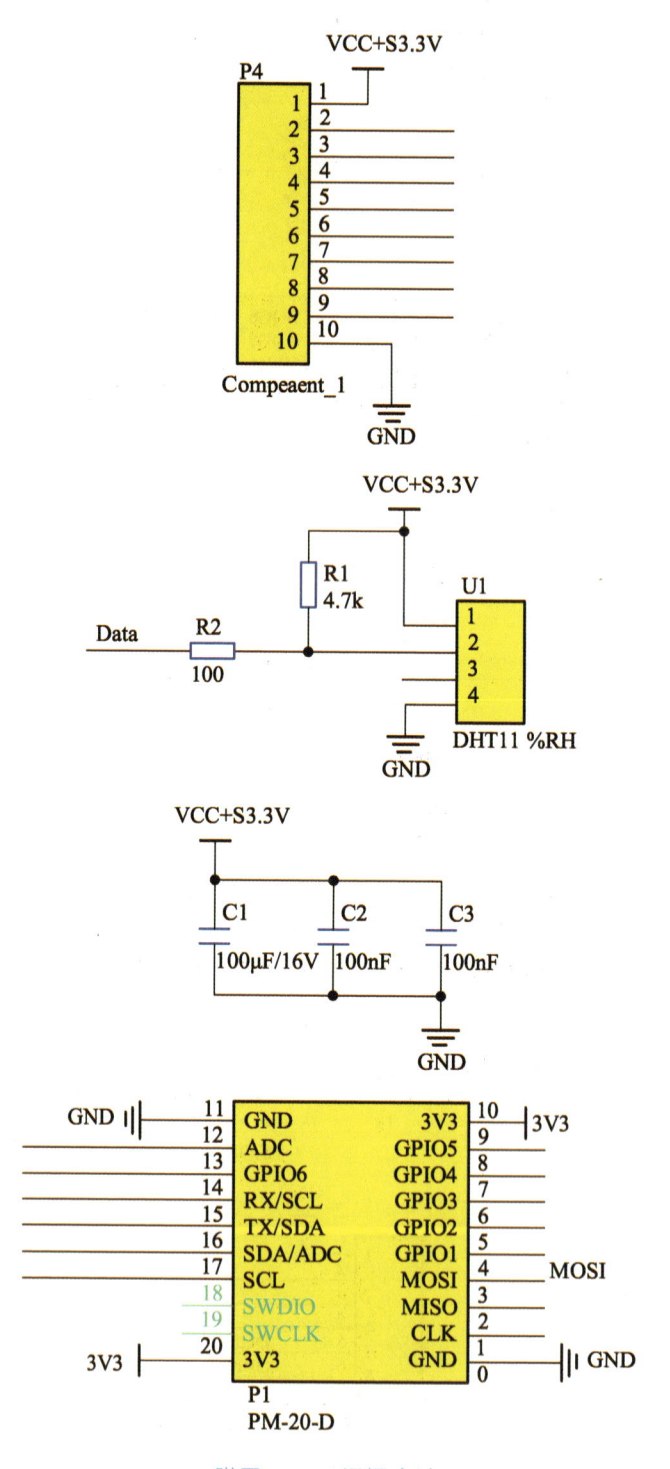

附图 B.13　温湿度计

附图 B.14　WS2812

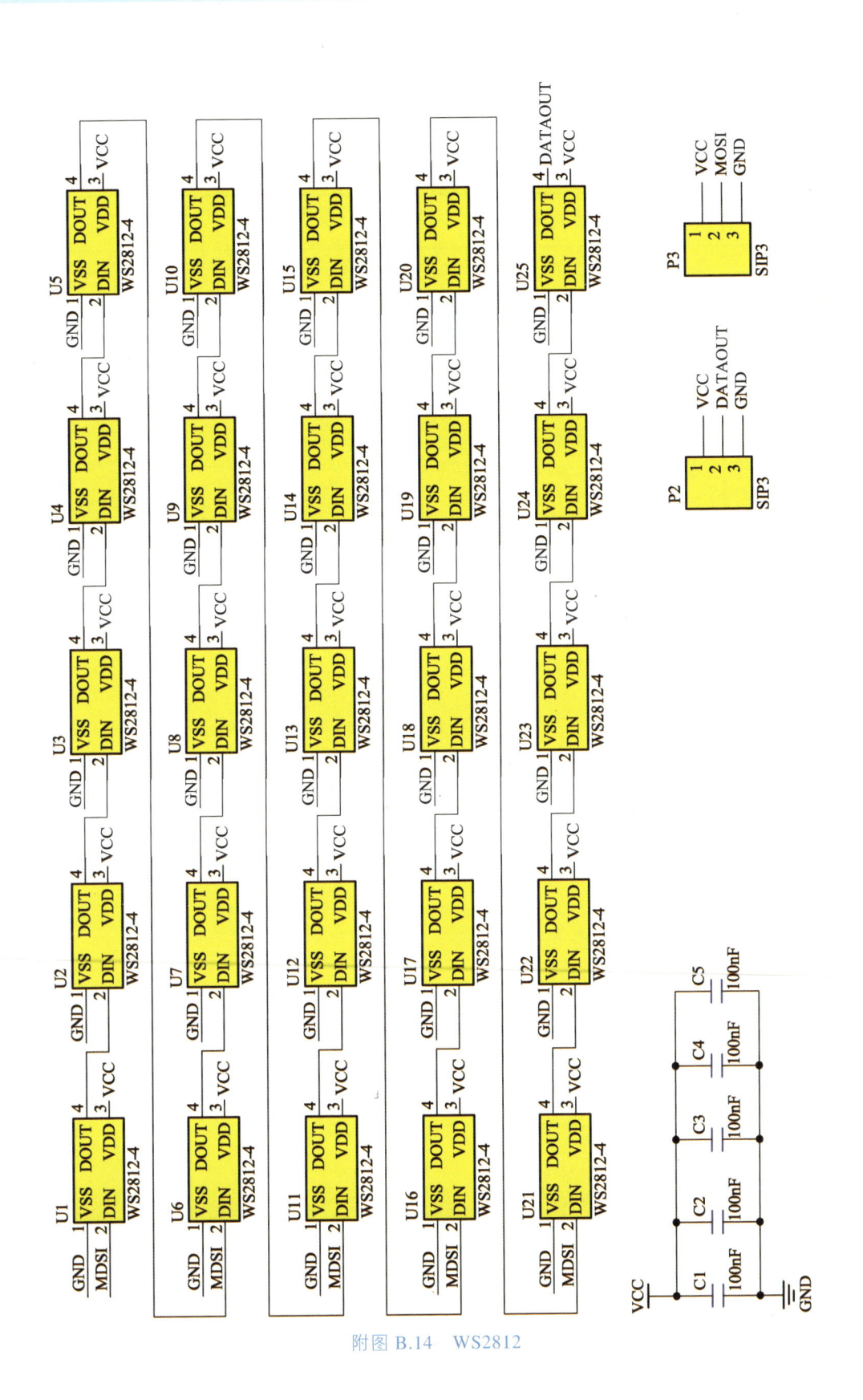

附录 C 常用基本逻辑符号对照

附录 C.1 常用基本逻辑符号对照

序号	名称	国标符号	书中符号
1	与门	&	AND
2	或门	≥1	OR
3	异或门	=1	XOR

参考文献

[1] 赵科，鞠艳杰. 基于 Verilog HDL 的数字系统设计与实现[M]. 北京：电子工业出版社，2019.

[2] 赵科，郑剑海. 基于 Verilog HDL 的数字系统设计简明教程——全部案例基于远程云端平台实现[M]. 北京：中国铁道出版社，2021.

[3] 杨健，岳绚，王永喜. EDA 技术与 VHDL 基础[M]. 北京：清华大学出版社，2013.

[4] 至芯科技教研组. FPGA 从入门到精通（实战篇）.[M]. 北京：电子工业出版社，2021.

[5] 贺敬凯. Xilinx FPGA 应用开发[M]. 2 版. 北京：清华大学出版社，2017.

[6] 潘松，黄继业，陈龙. EDA 技术与 Verilog HDL[M]. 北京：清华大学出版社，2010.

[7] 何宾. EDA 原理及 Verilog HDL 实现[M]. 北京：清华大学出版社，2017.

[8] 廉玉欣，候博雅，王猛，侯云鹏. 基于 Xilinx Vivado 的数字逻辑实验教程[M]. 北京：电子工业出版社，2016.

[9] 艾明晶. EDA 设计实验教程[M]. 北京：清华大学出版社，2014.

[10] 李国丽，朱维勇，何剑春. EDA 与数字系统设计[M]. 2 版. 北京：机械工业出版社，2013.

[11] 张德学，张小军，郭华. FPGA 现代数字系统设计及应用[M]. 北京：清华大学出版社，2015.

[12] 刘睿强，童贞理，尹洪剑. Verilog HDL 数字系统设计及实践[M]. 北京：机械工业出版社，2011.

[13] MICHAEL D. CILETTI. Verilog HDL 高级数字设计[M]. 2 版. 林水生，阎波，等译. 北京：电子工业出版社，2014.